21世纪高等学校计算机规划教材

21st Century University Planned Textbooks of Computer Science

数据处理与管理

（Excel、Access及文献检索）

Data Processing and Management

白玥 主编

陈志云 副主编

高校系列

人民邮电出版社

北京

图书在版编目（ＣＩＰ）数据

数据处理与管理：Excel、Access及文献检索 / 白
玥主编. -- 北京：人民邮电出版社，2015.2（2019.1重印）
21世纪高等学校计算机规划教材. 高校系列
ISBN 978-7-115-38303-7

Ⅰ. ①数… Ⅱ. ①白… Ⅲ. ①数据处理－高等学校－
教材②数据管理－高等学校－教材 Ⅳ. ①TP274

中国版本图书馆CIP数据核字(2015)第013235号

内 容 提 要

本书分为 Excel 高级应用、数据组织与管理、Access 数据库基础、文献检索、数据处理与管理综合应用五大组成部分。旨在帮助读者在学习了最基本的办公自动化技术之后，进一步掌握与未来生活和工作密不可分的数据处理和管理技巧。包括了：Excel 公式和函数的高级应用、Excel 图表的高级应用、Excel 数据分析与决策，以及当 Excel 力不能及时需要引入的数据结构基本知识、关系数据库基础知识、Access 基本应用、SQL 查询的使用、文献检索、常用搜索引擎和图书文献数据库使用等。

本书通过大量非常实用的例题、实验和习题，把晦涩难懂的基本概念和不易掌握的软件技巧，深入浅出、融会贯通地讲解，并且提供了全部实例和 Excel 函数的索引，方便读者使用。

本书适合高等学校文、史、哲、法、教类文科专业，以及金融、统计、管理相关专业学生，作为计算机应用课程的教材使用；也可供给想深层次掌握 Excel 和 Access 高级技巧的各类社会计算机应用人员，或作为准备参加数据处理与管理的计算机等级考试人员作为参考书使用。

◆ 主　编　白　玥
　　副主编　陈志云
　　责任编辑　吴宏伟
　　责任印制　张佳莹　焦志炜

◆ 人民邮电出版社出版发行　　北京市丰台区成寿寺路11号
　　邮编　100164　电子邮件　315@ptpress.com.cn
　　网址　http://www.ptpress.com.cn
　　固安县铭成印刷有限公司印刷

◆ 开本：787×1092　1/16
　　印张：20　　　　　　　　　　2015年2月第1版
　　字数：522 千字　　　　　　　2019年1月河北第5次印刷

定价：45.00 元

读者服务热线：(010)81055256　印装质量热线：(010)81055316
反盗版热线：(010)81055315

前　言

数据处理和数据管理的需求古已有之，古人用其"通神明之德，类万物之情"。处于信息爆炸、大数据时代的当代人，能否准确、灵活地使用相关信息技术，熟练地进行数据的获取、存储、管理、利用、分析和处理，很大程度上反映了一个当代人生活、工作甚至娱乐的效率和能力。

编写本书目的是为解决以下 4 个问题：

第一，目前，在实际应用领域，最为普及的数据处理软件莫过于 Microsoft 公司的 Excel，很多高等学校甚至中学都设有类似 Excel 扫盲性质的课程，然而，很多人发现，当学习了 Excel 最基本使用方法之后，真正遇到工作、生活中稍微复杂点的数据处理问题，仍然不知如何快捷、高效地解决。在微博、人人网、微信朋友圈里看到一鳞半爪的 Excel 使用技巧便如获至宝，但因没有经过系统的学习和训练，碰到问题始终感到"书到用时方恨少"，如果临时上网搜索，不是找不到准确指导，就是碰到的答案语焉不详。因此，亟需进行更深入的 Excel 高级使用方法学习。

第二，Excel 固然已经竭尽所能地在数据分析、图表制作、财务计算等事务上包罗万象，但作为一个电子表格软件，在面对更严密、安全的数据结构要求和复杂、多变的数据查询要求时，难免捉襟见肘，即使学习了 Excel 的 VBA 编程仍然不能满足需求。这个时候，就有必要学习和掌握一种数据库管理系统软件了，而最容易入门、界面最友好的数据库管理系统软件莫过于同属 Office 套装软件的 Access。

第三，如今，很多高等学校特别是以文科、师范专业为主的学校，都面临着计算机基础课教学内容的选择问题：一方面，有些学校学生入学时的计算机水平已经比较高，很多学生在中学阶段就已经学习过 Office 办公软件的最基本操作，再学最基本知识学生"喂不饱"；另一方面，很多学校希望在计算机基础教学中普及计算思维，但文科学生学习高级语言程序设计通常会感到步履维艰，好不容易掌握的一点编程技术在日后的学习和工作中也未必能再用上。亟需一门既能培养学生的计算思维能力，又能对学生的未来有直接裨益的计算机课程。

第四，很多高校的教务部门、研究生院反映，现在很多大学生，包括高年级本科生和研究生，都不掌握进行专业资料查询和检索所需要的基本文献检索能力，只会使用最单一的关键词在百度、谷歌等个别最知名的搜索引擎进行大海捞针般的搜索。

针对上述普遍情况，本书独树一帜地设计了主要内容。

本书的特色除了体现在内容的设计上急读者所急，在讲授方法上也想读者所想：

第一，在本书在编写过程中，通过大量非常实用的例题、实验和习题，把晦涩难懂的基本概念和不易掌握的软件技巧，深入浅出、融会贯通地讲解出来。

第二，本书提供了全部例题以及 Excel 函数的索引，非常方便读者在自学和复习时方便地查询、选用。

本书的作者都是华东师范大学计算机基础教学第一线的优秀教师，都是上海市精品课程主讲教师，都拥有多部教材的写作经验，主编、参编的教材多次获得过上海市和全国优秀教材奖，同时还拥有丰富的计算机软件项目完成经验，指导学生参加上海市和全国计算机应用、设计大赛屡获大奖。

本书由白玥主编，陈志云副主编，第 1.1 节、第 2.1 节由陈志云编写，第 1.2 节、第 1.3 节由江红编写，第 1.4 节由余青松编写，第 2.2 节由吴萍、王肃编写，第 3 章、第 5.4 节由白玥编写，第 4 章由王肃编写，第 5.1～5.3 节由朱晴婷编写，全书由朱敏主审。华东师范大学计算中心的章晓琳、郭骏、陈慧、刘艳、戴李君、郑骏、赵俊逸、王行恒等老师在本书的起草、编写和校对工作中做了很多工作。

本书习题答案、教学课件等相关资料可在人民邮电出版社教学服务与资源网网站 http://www.ptpedu.com.cn/ 中输入书号 38303 查询后下载。

用于编者水平所限，书中缺点错误、鲁鱼亥豕在所难免，还望广大读者批评指正、不吝赐教。

编　者
2014 年 12 月

目　录

例题检索

第1章
Excel 高级应用

数据处理包括对数据的采集、存储、检索、加工、变换和传输，是每个人在学习、生活和工作中都会遇到的需求。现代社会，为了高效、准确地实现目标，人们都尽量采用计算机进行数据处理。

目前最常见的用计算机进行数据处理的方式是通过电子表格、数据库或程序设计软件完成，其中电子表格因为其简单、直观、容易上手等优势，为人们所熟知和了解，已是最为普及的用计算机处理数据的方式。

但在初步掌握了电子表格软件的基本操作、简单公式和图表应用等之后，人们在遇到日常学习和工作中稍微复杂一点的数据处理问题时，仍然会感到捉襟见肘、效率不高。而事实上，现代计算机软件技术已经非常发达，数据处理软件的功能也已十分全面，常见的数据处理问题都有简便、快捷的解决方案。如果能深入掌握软件的精髓，就不会再手握屠龙利器，却只知杀猪宰羊。

本章将以 Excel 为例，介绍数据处理软件的高级应用方法。

1.1　数据的表示

计算机是用来解决各种现实问题的工具，但计算机中的任何信息最终都要转换成二进制数码，才能被存储和处理。为了有效地利用计算机，首先要考虑怎样将现实中的问题描述成计算机能够理解和接受的表示方法，这是一个抽象的过程，因为只有将问题转换成数据，或者数据之间的关系，才有可能通过计算机这一工具来解决问题。

本节的学习目的，是掌握 Excel 的数据类型及其特点，以及如何获取所需要的处理和分析的数据、怎样以较为合适的方式进行数据的显示与表达，为后面的数据组织与计算打下基础。

1.1.1　数据类型

在解决实际问题前，首先要对所涉及的具有不同属性的数据进行分类，根据它们的特点，给予不同的编码表示方法和不同的存储空间，然后进行不同种类的计算，这就是计算机中数据类型的概念。

例如，要了解一所学校的好坏，可以从该校最近 3～5 年的全体学生高考总分的平均分情况，以及其在一个地区的排名情况来了解。其中，年份、分数、排名等都是数据；学生进入一所学校后，学校会给学生安排学号，学生的学号、姓名、出生年月、是否党员、所在系别、所学专业等信息反映了学生的状况，这些也是数据。

不同的数据有不同的特点：

- 利用多门课程的考试分数，可以得到每名学生的考试平均分，并依据平均分进行排序。

- 根据出生年月和当前的日期可以计算出学生的年龄。

- 通过是否党员，可以了解要组织党员学生进行活动时，会有多少学生参加，并列出这些学生的姓名等。

Excel 的数据类型分为数值型、文本型、日期型和逻辑型，不同的数据类型对应着不同的运算方式。

1. 数值型数据

数值型数据是表示数量、可以进行数值运算的数据类型。它们由数字、小数点、正负号和表示乘幂的字母 E 组成，可以进行诸如加、减、乘、除等数值运算，也可以进行比较，或参与 SUM()、AVERAGE()、Max()和 Min()等数值型函数的运算（关于函数的详细介绍参见第 1.2 节）。

（1）数值型数据的表示

在 Excel 中，正负整数、小数、分数、百分比、科学计数法等数值型数据的表示方法有所不同，如表 1-1-1 所示，但输入到单元格后，默认都自动右对齐。

表 1-1-1　　　　　　　　　　　　　不同形式的数值型数据

正数	负数	小数	分数	百分比	货币	科学计数法
1233	−534	23.5	2/3	78%	$12.00	1.21E+11
123	−9012	0.909	10 5/7	78.00%	$566.00	2.31E-11
213.534	−90.32	212.64	2 1/11	0.90%	€34.00	3.23E+11

受存储器空间结构的限制，计算机中的数据大小和精度是有限的。在 Excel 中，数值型数据最大正数可达 9.99×10^{307}，最小负数可达 -9.99×10^{307}，但精度只能精确到 15 位数字。当在单元格中的数字超过 15 位时，第 15 位以后的数字将使用数字 0 代替。

（2）数值型数据的运算

数值型数据可以参与算术运算和比较运算，与数值型数据运算相关的运算符号及运算举例如表 1-1-2 和表 1-1-3 所示。

表 1-1-2　　　　　　　　　　　　　数值型数据的算术运算

算术运算	运算符	举例		运算结果
加法	+	=D8+D7	=8+7	数值类型
减法	−	=D8−D7	=8−7	数值类型
乘法	*	=D8*D7	=8*7	数值类型
除法	/	=D8/D7	=8/7	数值类型
乘方	^	=D8^D7	=8^7	数值类型

表 1-1-3　　　　　　　　　　　　　数值型数据的比较运算

比较运算	运算符	举例		运算结果
等于	=	=D8=D7	=8=7	逻辑型数据
大于	>	=D8>D7	=8>7	逻辑型数据
小于	<	=D8<D7	=8<7	逻辑型数据

比较运算	运算符	举例	运算结果
大于等于	>=	=D8>=D7 =8>=7	逻辑型数据
小于等于	<=	=D8<=D7 =8<=7	逻辑型数据
不等于	<>	=D8<>D7 =8<>7	逻辑型数据

数值型数据也可以参与相关的函数运算，通过【例1-1-1】可以体会数值型数据运算在实际工作中的使用情况。涉及到的相关函数，可以通过1.2节内容深入了解。

【例1-1-1】数值型数据函数应用（MAX、COUNTIF 等）。

在 fl1-1-1 成绩统计.xlsx 的 A2:D59 区域中，包含了某班学生大学计算机课程的平时成绩和期末考试成绩，按平时占 40%，考试占 60%，计算全班学生的总评，填入 E2:E59 区域；计算期末最高分和最低分，分别填入 D60 和 D61；统计总评为 0～59、60～74、75～84、85 分以上的学生数，分别填入 E60:E63 区域中。

【例1-1-1 解答】

① 在 E2 单元格中输入：=C2*0.4+D2*0.6。按 Enter 键确认后，拖曳该单元格的填充柄到 E59，完成公式的复制。

② 在 D60 单元格中输入：=MAX(D2:D59)。在 D61 单元格中输入：=MIN(D2:D59)。

③ 在 E60 单元格中输入：=COUNTIF($E$2:$E$59,"<60")。按 Enter 键确认后，拖曳该单元格的填充柄到 E61，修改 E61 中的公式为：=COUNTIF($E$2:$E$59,"<75")-E60。类似的，复制并修改 E62 中的公式为：=COUNTIF($E$2:$E$59,"<85")-E61-E60。复制并修改 E63 中的公式为：=COUNTIF($E$2:$E$59,">=85")。

在数值计算时，经常会得到一些小数，有时候甚至是无限循环或不循环小数，在显示的时候如果需要保留若干位小数，除了用 Excel 格式设置的方法外（只是显示形式，并没有真正进行四舍五入），也可以通过 INT()、ROUND()等函数进行设置。

在 Excel 中，能进行数值运算的函数还有很多，详见第 1.2 节，或者在 Excel 中，按 F1 键进入帮助进行学习和了解。

2. 文本型数据

（1）文本型数据的表示

在 Excel 的单元格中输入字母、汉字等开头的文字后，数据会自动左对齐，默认的情况下，Excel 将它们识别为文本类型数据。另外，阿拉伯数字如果跟随在字母或汉字之后，则自动被识别为文本类型数据，如果独立输入，则自动被识别为数值型数据；如果先输入半角的单引号，其后面的阿拉伯数字则自动被识别为文本型数据。

（2）文本型数据的运算

文本类型的数据不像数值类型的数据那样可以进行加、减、乘、除等算术运算，但它们可以进行比较运算，还可以通过连接运算进行连接，或者用函数从一个长的文本串中，取出想要的部分数据。在进行连接运算时，如果被连接的数据是数值型的，运算结果将自动转化为文本型数据。表 1-1-4 为文本型数据的相关运算。

除了直接运算外，文本类型的数据经常需要求子串，Excel 中提供的"分列"功能，以及 Left()、Right()、Mid()等函数可用于取得子串，具体见第 1.2 节的内容。

表 1-1-4 文本型数据的相关运算

运算	运算符	举例		运算结果
等于	=	=D16=D15	=8=7	逻辑类型
大于	>	=D16>D15	=8>7	逻辑类型
小于	<	=D16<D15	=8<7	逻辑类型
大于等于	>=	=D16>=D15	=8>=7	逻辑类型
小于等于	<=	=D16<=D15	=8<=7	逻辑类型
不等于	<>	=D16<>D15	=8<>7	逻辑类型
连接	&	=D16&D15	="A"&"B"	文本类型

【例 1-1-2】文本型数据的连接运算（& CONCATNATE）。

在 f11-1-2 表现评语.xlsx 的 Sheet3 表格中，包含了对某专业大学生的"思想表现""学习情况""集体活动"和"打扫卫生"4 个方面的所有评语，Sheet1 表格中的前 4 名学生的对应单元格中，已经输入了这 4 方面的评语，现在请为所有学生填写 4 个方面的评语，然后将每位学生的评语文本连接起来，填入右侧的"综合评定"列中，从而完成每位学生的综合评定。

【例 1-1-2 解答】

① 在 C6:F59 范围的各个单元格中，通过公式输入评语，例如：C6 单元格中输入：=Sheet3!$A$2，便为该生输入了"要求上进"的思想表现评语。

② 在 G2 单元格中输入"=C2&"，"&D2&"，"&E2&"，"&F2&"。""。按 Enter 键确认后，拖曳该单元格的填充柄到 G59，完成公式的复制。可以看到每位学生的综合评定已经给出。

说明：

① 由于每位学生每个方面的评语各不相同，C6:F59 范围中各个单元格的输入方法类似，以 C6 单元格为例，可以在输入"="号后，直接单击 Sheet3 标签切换到 Sheet3，再单击 A2 单元格，编辑栏中可以看到"=Sheet3!A2"，按 F4 键将引用转换为绝对引用。

② 在公式中，如果要将文本字符串直接用于计算，需要在文本字符串的两边加上半角的双引号，双引号中间的表示文本字符常量。

在本例的 G2 单元格中，也可以使用"=CONCATENATE(C6,D6,E6,F6)"来完成文本的连接，如果要在所连接的各个文本中间添加逗号，在文本的最后添加句号，该如何修改这个公式？

【例 1-1-3】字符串长度判断、取子串（MID、MOD、LEN、IF）。

在 f11-1-3 字符串.xlsx 的 Sheet1 表格中，包含了某专业大学生的姓名和身份证号码，为了完善学生信息，表格中还需要输入学生的性别、出生年月、年龄等信息，可以通过身份证号码的特征，来获取这些信息。本例中获取的是性别信息。

【例 1-1-3 解答】

① 分析身份证号码的特点：根据现行的居民身份证号码编码规定，正在使用的 18 位身份证号码从左向右的第 17 位表示性别（奇数为男，偶数为女），第 18 位为效验位。

② 获取身份证号码中的第 17 位，可以选择以下任意一种方法：

• 采用"分列"的方法，将身份证单元格中的数据分为 3 个部分，将第 17 位数据存入单独的单元格，其过程如图 1-1-1～图 1-1-4 所示。

图 1-1-1　选定身份证号数据所在区域

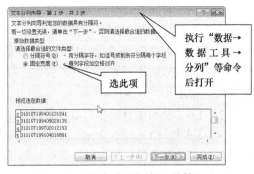

图 1-1-2　"文本分列向导"对话框

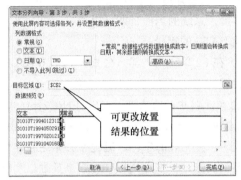

图 1-1-3　单击添加分隔线

图 1-1-4　为分隔后的数据设置数据类型

- 通过 MID(text,start_num,num_chars)函数，获取所需要的数据，本例在 D2 单元格中输入公式"=MID(C2,17,1)"。取得第 17 位数据，并复制到其他单元格。

③ 对第 17 位数据使用 MOD(number,divisor)函数判断奇偶，其中 number 表示被除数，即第 17 位数据，divisor 表示除数，这里选择 2，MOD 函数的作用是取得整除的余数，如果余数为 0，则表示被除数是偶数。本例中，在 E2 单元格中输入公式"=MOD(D2,2)"。

④ 通过 IF 函数，可以根据 MOD 函数的结果，显示性别。

说明：

在 MOD 函数中，可以将文本型的数字字符作为自变量，如本例中的被除数，通过函数的计算，结果成为数值型数据，这是因为 Excel 中的数据类型可以在函数计算过程中进行相互转化。

　　早期使用的是 15 位身份证号码，从左向右的第 15 位是性别（奇数为男，偶数为女）。如果数据中存在 15 和 18 位两种不同学生的身份证长度，应该如何修改？提示：可以先通过身份证排序，然后再输入不同的公式分别进行处理；判断身份证号码的长度，需要用到 LEN(text)函数。本例中，如需针对 15 位身份证号码来获取性别信息，则 D2 单元格中应输入"=IF(MOD(MID(C2,15,1),2)=1,"男","女")"。

3. 日期与时间型数据

（1）日期与时间型数据的表示

按照 Excel 所能识别的格式输入日期或时间，得到的便是日期与时间型数据。例如：在某单元格中输入 2014-1-19，按 Enter 键确认后，单元格中数据自动右对齐，并显示为 2014/1/19，输入 9:48:23，则系统自动右对齐，并理解为 9 点 48 分 23 秒。

（2）日期与时间型数据的运算

在 Excel 中，日期的本质是整数类型，一天对应着整数 1，系统日期是从 1900 年 1 月 1 日开始，到 9999 年 12 月 31 日为止；时间则是小数，每秒对应着 1/(24×60×60)。通常日期与时间型数据可以进行加或减运算，加、减一个整数，则得到一个新的时间或日期，两个日期与时间数据相减，则得到相差几天或多长时间。在 Excel 中，也提供了不少用于处理日期与时间型数据的函数。

【例 1-1-4】从出生日期中提取年龄信息（TODAY YEAR DATE MID IF 等）。

在 fl1-1-4 年龄.xlsx 的 Sheet3 表格中，包含了某专业大学生的姓名和身份证号码，并已经从身份证号码中获取了学生的性别和出生日期，现在需要从出生日期信息中提取学生的年龄信息。

【例 1-1-4 解答】

① 在已经知道出生日期的情况下，可以通过使用"当前年份-出生年份"的方法，粗略地计算出年龄，系统的当前日期可以通过 TODAY()函数获得。通过 YEAR(DATE)函数，可以获得某个日期 DATE 的年份。

② 在 F2 单元格中输入公式"=YEAR(TODAY())-YEAR(E2)"，便能计算出对应学生的年龄。

说明：

E2 单元格中的公式是"=IF(LEN(C2)=15,"19"&MID(C2,7,2)&"/"&MID(C2,9,2)&"/"&MID(C2,11,2),MID(C2,7,4)&"/"&MID(C2,11,2)&"/"&MID(C2,13,2))"。这里，MID 函数用于从身份证号中取出代表年、月、日的字符，通过字符串连接的方法获得最终的出生年月，因此，出生年月实际是文本类型数据，但在用 YEAR(E2)函数时，系统进行了自动转换，因此还是正常输出了数值类型的年份信息，可以用于减法运算。

如果使用 DATE(year,month,day)函数，则在自变量都是文本类型数据的情况下，可以构造产生一个日期类型的数据，请尝试修改本例中的 E2 单元格，使最终获得的是日期类型的出生年月。

4. 逻辑型数据

（1）逻辑型数据的表示

逻辑类型的数据只有 TRUE 表示"真"和 FALSE 表示"假"。例如 IF 函数就是一种逻辑函数，可以根据参数中的逻辑值进行计算。逻辑型数据也可以与数值型数据相互转换，TRUE 转换为 1，FALSE 转换为 0；反过来，0 转换为 FALSE，其他非 0 数据转换为 TRUE。

（2）逻辑型数据的运算

逻辑运算包括 AND 与运算、OR 或运算和 NOT 取反运算。AND 运算的结果是当所有参数的值都为真时，结果才是真，OR 运算的结果是参与运算的结果中，只有一个参数的结果是真的时候，运算结果都为真，NOT 运算则将真变成假，将假变成真。

逻辑值的获得除了逻辑运算外，还可以通过比较运算得到，例如=3>5 的结果就是 FALSE。

【例 1-1-5】逻辑型数据运算（IF、AND、OR）。

在 fl1-1-5 成绩等第计算.xlsx 的 Sheet1 表格中，包含了某校学生某次语文、数学、英语的考试成绩，计算每位学生的总分，然后根据以下条件给出等第：语文、数学、英语三科都大于等于60 分，且总分大于等于 200 分，4 个条件同时满足时为"及格"，否则为"不及格"。

【例 1-1-5 解答】

① 先利用自动求和计算每位学生的总分。

② 可以使用逻辑函数 AND（参数 1,参数 2……）来获得 4 个条件同时满足的结果。

③ 在 G2 单元格中输入公式"=IF(AND(C2>=60,D2>=60,E2>=60,F2>=200),"及格","不及格")"，按 Enter 键后，拖曳填充柄到最后一名学生对应单元格。

也可以使用 OR（参数 1,参数 2……）函数来得到需要的结果，这时，公式应该变为"=IF(OR(C2<60,D2<60,E2<60,F2<200),"不及格","及格")"。

 求总分时使用了公式"=SUM()"，没参加考试的学生求和结果默认会显示"0"，不仅不够美观，在求总分的平均值时，还可能出现错误，即零分也参与求平均值了，如何解决？

1.1.2 数据的获取

Excel 数据输入方式多种多样，包括直接手动输入、利用填充柄快速输入系列数据、从外部导入数据以及利用 Excel 本身的随机数产生函数输入等。同时，为提高数据准确性，Excel 还提供了数据有效性的验证工具。

1. 快速填充

除了复制、粘贴，拖曳填充柄复制相邻数据，自定义序列等用于快速输入以外，还可以利用 Ctrl+Enter 组合键、双击填充柄等方法来完成相同内容的输入。

【例 1-1-6】快速填充数据。

在 fl1-1-6 基本信息输入.xlsx 的 Sheet1 表格中，需要输入某班学生的基本信息，其中入学时间、班级、专业的内容每位学生都相同，尝试使用 Ctrl+Enter 组合键的方法进行快速输入。

【例 1-1-6 解答】

① 选定 C2:C59 单元格区域，在 C2 单元格中输入：2014-9-1。

② 按 Ctrl+Enter 组合键，完成 C2:C59 单元格区域中所有数据的输入。

 ① 双击填充柄也可以复制数据。比如，在 G2 单元格中输入：计算机通信，按 Enter 键，然后双击 G2 单元格的填充柄，则可以看到 G2:G59 单元格区域中都填充了"计算机通信"的文字。

② 文字和字母开头的序号快速输入法：如果 F2 单元格中输入的是 JSJ001，按 Enter 键后，拖曳 F2 单元格的填充柄到 F59 单元格，则可以看到 JSJ 后面的数字会自动变成序列。

2. 外部数据导入

Excel 中的数据除了可以通过直接输入得到外，也可以从外部其他文件中导入。利用"数据"菜单中的"获取外部数据"组中的命令，便可以导入其他格式的文件，如图 1-1-5 所示。

图 1-1-5 可以打开的各种数据类型

【例 1-1-7】导入.txt 类型文本数据到 Excel。

在 fl1-1-7 考试结果.txt 文件中，存储着某门课程某次考试的单选和多选等得分结果，内容包括学生考试计算机号、学号、姓名、系别、单选成绩、多选成绩、填空成绩和成绩总和，数据之间使用空格分隔，将其导入到 Excel 表格中，以方便计算总分和进行数据分析。

【例 1-1-7 解答】

① 在 Excel 中选择"数据"选项卡"获取外部数据"组中的"自文本"命令。

② 从素材文件夹中选择 f1-1-7 考试结果.txt 文件。

③ 弹出如图 1-1-6 所示的"文本导入向导-第 1 步，共 3 步"对话框，单击"分隔符号"单选按钮，因为需要导入的文本文件中的数据是用分隔符号分隔的。单击"下一步"按钮。

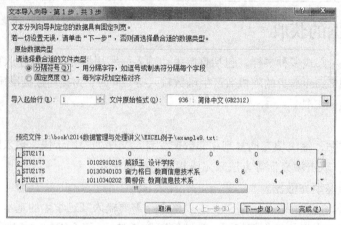

图 1-1-6 "文本导入向导-第 1 步，共 3 步"对话框

④ 弹出如图 1-1-7 所示的"文本导入向导-第 2 步，共 3 步"对话框，在"分隔符号"下方组中选中"空格"复选框，因为需要导入的文本文件中数据是用空格分隔的。单击"下一步"按钮。

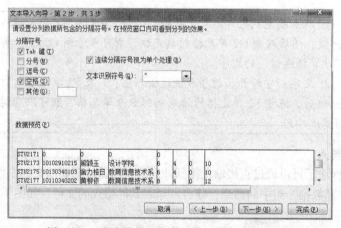

图 1-1-7 "文本导入向导-第 2 步，共 3 步"对话框

⑤ 弹出如图 1-1-8 所示的"文本导入向导-第 3 步，共 3 步"对话框，在所给的文本文件中，第二个数据是学号，如果选择默认的常规类型，系统会将学号自动识别为数值类型数据，所以单击"数据预览"中"文本"后的学号列，选择"列数据格式"中的"文本"，将学号设置为文本类型数据；"数据预览"区域右边第 2 列为填空成绩，因为本次测验没有填空题，填空成绩都为零，导入时可以忽略，所以选择该列后单击"列数据格式"中的"不导入此列（跳过）"。单击"完成"按钮，便完成了文本文件的外部数据导入。

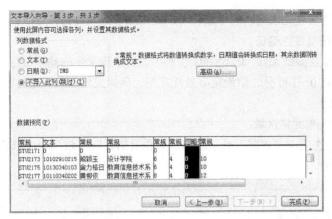

图 1-1-8　"文本导入向导-第 2 步，共 3 步"对话框

说明：

（1）导入的文本文件在保存时，默认仍然是文本文件格式，可以重新选择 Excel 的 xlsx 格式进行保存；对导入后的数据进行调整，添加表头、删除没有信息的行后，结果如图 1-1-9 所示。

	A	B	C	D	E	F	G
1	机器号	学号	姓名	院系	单选	多选	合计
2	STU2173	10102910215	熊颖玉	设计学院	6	4	10
3	STU2175	10130340103	金力格日	教育信息技术	6	4	10
4	STU2177	10110340202	黄榉依	教育信息技术	8	4	12
5	STU2179	10110340227	尹佳	教育信息技术	10	6	16
6	STU21711	10110340229	李盈	教育信息技术	10	2	12
7	STU21713	10110340313	戴文豪	教信系	8	6	14
8	STU21715	10110340316	傅新洋	教信系	4	4	8
9	STU21717	10110510208	谢莹莹	学前教育系	8	6	14
10	STU21719	10110510222	曹湜翰	学前教育	4	0	4
11	STU21721	10110530105	崔倩玮	艺术教育	4	4	8
12	STU21723	10110540101	陈郁欣	特殊教育	8	6	14
13	STU21725	10130340246	魏巧茹	教信系	6	4	10

图 1-1-9　导入的数据调整后效果

（2）除了文本类型的数据，还可以在 Excel 中导入其他类型数据，详见本书第 5.4 节。

3. 随机数据的产生

现实工作和生活中经常需要产生随机数据，例如抽签等活动，可以利用 Excel 的随机函数 Rand() 等完成。

【例 1-1-8】随机数据的产生（INT RAND）。

在 fl1-1-8 随机函数.xlsx 的 Sheet1 表格中，有学生的学号和姓名，请添加序号，并通过随机函数，产生学生各门课程的成绩，假设成绩范围在 0～100。

【例 1-1-8 解答】

① 在 A2 和 A3 单元格中分别输入 1 和 2，并选中 A1:A2 范围，拖曳填充柄到 A59 单元格，完成序号输入。

② 在 D2 单元格中输入"=INT(RAND()*90+10)"，按 Enter 键后，拖曳填充柄到 H2 单元格，然后再拖曳到 H59 单元格，完成 D2:H59 单元格区域的公式填充。

其中 INT() 函数称为取整函数，它将数字向下舍入到最接近的整数（不超过原数的最小整数）。

4. 有效性规则与验证

手动输入 Excel 表格数据容易出错，为提高数据输入的准确性，Excel 提供了专门用于普通数据输入的有效性规则和验证机制以及针对公式输入的审核机制。

（1）一般数据输入时的有效性验证

针对需要手动输入数据的区域，可以设置有效性规则，以便输入出错时系统给予提示或警告，确保输入正确。对于已经完成输入的区域，可以设置圈释无效数据，方便核对和修改。

【例 1-1-9】数据有效性验证。

在"fl1-1-9 有效性验证.xlsx"的 Sheet1 表格中，有某班学生的基本信息，需要输入学生各科成绩，成绩的范围在 0～100 分，请设定有效性规则，确保成绩输入不超过范围。

【例 1-1-9 解答】

① 选定 D2:H59 单元格区域。

② 在"数据"选项卡"数据工具"组的"数据有效性"下拉列表中选择"数据有效性"命令，如图 1-1-10 所示。

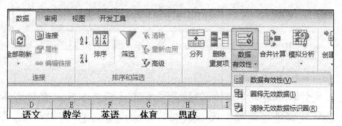

图 1-1-10 "数据有效性"命令

③ 在随之打开的"数据有效性"对话框中，利用"设置"选项卡选择允许输入的数据类型和数据范围，如图 1-1-11 所示。

④ 在"数据有效性"对话框 "输入信息"选项卡中，设置输入提示，如图 1-1-12 所示。

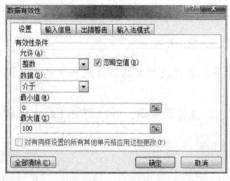

图 1-1-11 "设置"选项卡

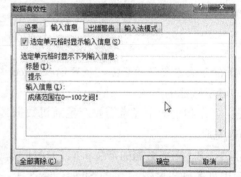

图 1-1-12 "输入信息"选项卡

⑤ 在"数据有效性"对话框"出错警告"选项卡中，设置出错警告，如图 1-1-13 所示。

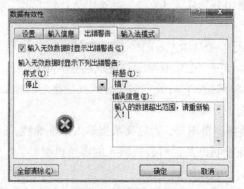

图 1-1-13 "出错警告"选项卡

⑥ 单击"确定"按钮后回到数据表格，单击 D2 单元格，可以看到如图 1-1-14 所示的提示，如果输入的数据超过了设定的范围，则会出现如图中所示的警告对话框。

说明：

① 出错警告的设置不一定非得那么严格，如图 1-1-15 所示，如果"样式"下拉列表中选择"警告"或者"信息"，则在系统给出出错提示的同时，还会允许用户输入数据。

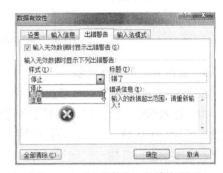

图 1-1-14　输入数据单元格中的提示以及输入错误后的警告　　图 1-1-15　"出错警告"的其他设置

② 对于已经完成输入的数据，可以通过设置"圈释无效数据"命令，将超过设定范围的数据用红色圈出，方便修改。

 可以设置输入范围的不仅限于数值数据，在本例中，如果学号必须得 11 位，能否通过有效性设置，来保证输入的学号一定是 11 位长度的？

（2）公式审核和求值

Excel 电子表格中的公式往往带有单元格引用，默认情况下，单元格中显示的只是公式计算的结果，这就使得公式中的错误不容易被发现和改正。图 1-1-16 所示为包含了大量公式的工作表，如果公式有错误如何发现？

图 1-1-16　包含大量公式计算的表格

利用"公式"选项卡的"公式审核"功能组（见图 1-1-17）中"追踪从属单元格"命令，便可以看到所选单元格在哪些单元格的公式中被用到，如图 1-1-18 所示。相关例子参见第 1.2 节。

图 1-1-17　公式审核功能

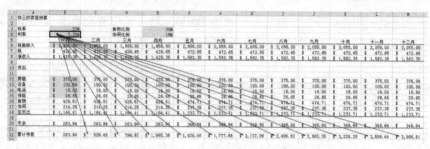

图 1-1-18　单元格中的数据被多个单元格的公式引用

5. 数据输入及表格规划

在 Excel 中，合理布局表格数据，可以提高数据计算与分析效率。

为了使数据能适应变化，最好把可能经常会更改的数据单独列出，放在常量区域，将计算公式放在另外一个区域，公式尽可能使用单元格引用，以适应数据的变化。这里的常量可以是数值类型、文本类型、日期与时间类型等。

例如：在做家庭收支情况分析时，将第一个月的纯收入、工资增长率、存储利率、用于食物、娱乐等消费的比例等作为常量，每个月的收入、支出、节余项通过公式计算得到，这样，当工资增长率等数据发生变化时，只要更改一次常量区域中的数据，公式不需要修改，就可以获得新的结果。图 1-1-19 和图 1-1-20 标注了数据的布局情况，它们都将常量区域与计算区域进行了区分。图 1-1-19 的例子中，只要常量区域或计算区域中不增加或删除列，就不会影响到另一个区域的布局；图 1-1-20 所示为更灵活，两个区域相互独立，分别增加或减少行和列，都不会影响到另一个区域的布局。

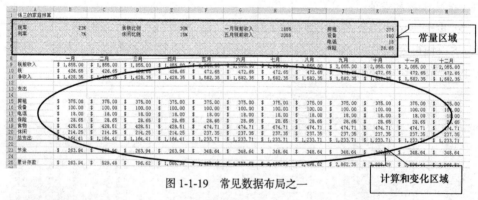

图 1-1-19　常见数据布局之一

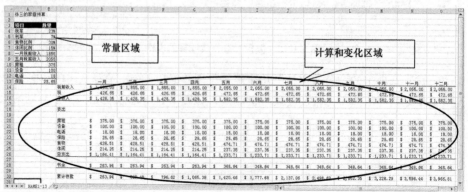

图 1-1-20　常见数据布局之二

合理的布局除了具有更改方便、美观的特点外，还使得电子表格的试算特点更加突出，例如，对于如图 1-1-20 所示的表格数据，单元格 O30 中显示了该年的累计存款数，如果在其他条件不变的情况下，某年的 5 月收入调整为 5000 元了，存款累计是多少？只需要调整 B9 单元格中的数据，结果就可以知道了，这就是电子表格的试算功能。

1.1.3　数据的输出与显示

在 Excel 中完成了数据的输入、计算和分析，将结果以合适的方式呈现出来也很重要，适当的格式能够清晰地表达数据要反映的意图。Excel 本身提供了不少格式化的方法，如基本的自动套用格式、单元格常用的格式化命令等。除此之外，Excel 还提供了自定义输出和显示格式、设置条件格式以突出重要数据等功能。

1. 自定义格式

利用自定义格式的方法，可以编制独特的数字目录、电话号码、产品编号等内容，使它们以非常规的数据形式显示出来。

（1）自定义格式的编码组成

自定义格式编码最多由 4 节组成，即正数格式码、负数格式码、0 的格式码和文本的格式码，它们之间用半角分号隔开，分别定义了数据在正数、负数、零和文本时的显示方式。如图 1-1-21 所示，说明了应用图中自定义的 4 节的格式后，单元格中数据的显示方式。

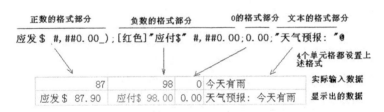

图 1-1-21　自定义格式说明和举例

在自定义格式时，并不一定要把 4 节都定义好，如果只定义两个节，则第一节用于表示正数和零，第二节用于表示负数。如果只定义一个节，则所有数字都会使用该格式。

自定义格式时，会用到多种代码，表 1-1-5 说明了在 Excel 中常用的格式代码及其含义。

表 1-1-5　　　　　　　　　　　　　常用格式码及含义

格式符	功能及用法
通用格式	对未格式化的单元格使用默认格式，在列宽许可的情况下，尽可能地显示较高的精度，在列宽不许可的情况下，使用科学记数法显示数值
#	数字的占位符，不显示无效的 0。如单元格的格式码为：#,###.##，则 1233456.6789 将被显示为 1,233,456.68。0234.30 将被显示为 234.3
0	作数字的占位符，如果数字的位数少于格式中的零，则显示无效的零。如单元格的格式码为：0,000.00，则 1233456.6789 将被显示为 1,233,456.68。0234.30 将被显示为 0,234.30
%	把输入的数字乘以 100，然后以百分数的形式显示出来
"text"	显示双引号内的文本。如设置自定义格式为："33981"0#，输入 1 将被显示为：3398101，输入 22，将被显示为：3398122
[颜色]	用指定的颜色格式化单元格内容，如在定义了[红色]的格式的单元格中输入的内容将以红色显示
[条件]	对单元格进行条件格式化，允许的条件有：<, >, <=, >=, <>, =

（2）自定义格式的设置与应用

在选定单元格后，利用格式对话框设置自定义格式，则单元格中的数据将用自定义格式显示。

【例 1-1-10】自定义格式。

请将 fl1-1-10 自定义格式.xlsx 的表格最后一列"价格汇总"的数据格式化为"人民币#,##0.00 元"的格式。

【例 1-1-10 解答】

① 选定 H2:H29 区域，在"开始"选项卡"单元格"组中的"格式"下拉列表中选择"设置单元格格式"命令，打开"设置单元格格式"对话框。

② 选择"数字"选项卡中的"自定义"选项，并在右边文本框中输入"人民币#,##0.00 元"，如图 1-1-22 所示。

图 1-1-22 在"设置单元格格式"对话框中设置自定义格式

③ 单击"确定"按钮后，表格 H 列中的数据显示如图 1-1-23 所示。

	产品 ID	采购订单	创建日期	数量	单位成本	事务	公司名	价格汇总
2	19	92	2006/1/22	20	7	采购	康富食品	人民币5,370.00元
3	56	93	2006/1/22	120	28	采购	日正	人民币4,950.00元
4	52	93	2006/1/22	100	5	采购	日正	人民币14,060.00元
5	51	92	2006/1/22	40	40	采购	康富食品	人民币5,060.00元
6	48	92	2006/1/22	100	10	采购	康富食品	人民币1,040.00元
7	43	90	2006/1/22	100	34	采购	佳佳乐	人民币225.00元
8	41	92	2006/1/22	40	7	采购	康富食品	人民币1,000.00元
9	40	92	2006/1/22	120	14	采购	康富食品	人民币210.00元
10	34	90	2006/1/22	60	10	采购	佳佳乐	人民币1,400.00元
11	1	90	2006/1/22	40	14	采购	佳佳乐	人民币10,200.00元
12	20	92	2006/1/22	40	61	采购	康富食品	人民币5,060.00元
13	66	91	2006/1/22	80	13	采购	妙生	人民币400.00元
14	17	92	2006/1/22	40	29	采购	康富食品	人民币10,200.00元
15	14	92	2006/1/22	40	17	采购	康富食品	人民币70.00元
16	8	92	2006/1/22	40	30	采购	康富食品	人民币350.00元

图 1-1-23 最右列数据完成了自定义格式设置

在格式码中指定的字符被用来作为占位符或格式指示符。0 作为一个占位符，它在没有任何数字被显示的位置上显示一个 0。符号"_）"在一个表示正数的节中代表空格，以保证这个正数中可以留下一个空格，空格的宽度与圆括号"）"的宽度一致。正数、负数和 0 靠单元格的右边线对齐。

2. 条件格式

利用条件格式，则可以轻松区分不同的数据，或公式的结果；在数据变化时，无需另外设定格式，就可以看到符合条件的数据的格式的自动变化。

① 如果要将上例中 H 列的数据格式更改为如图 1-1-24 所示的样子，自定义格式对话框的文本框中应输入什么？

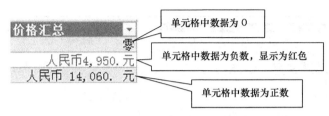

图 1-1-24　更改自定义格式后的显示

② 在定义了正数、负数、零的自定义格式的单元格中输入文本，结果会怎样？在自定义格式的某个节中不作定义，仅用分号与下一节隔开，结果会怎样？

③ 通过选择日期中的中文日期格式，可以将日期数据设置为中文方式显示。将 fl1-1-10 自定义格式.xlsx 表格中的"创建日期"设置为"二〇〇一年三月十四日"的格式该怎么设置？

Excel 中的条件格式是指基于某种条件，更改单元格区域中数据的表现形式。如果条件成立，就基于该条件设置单元格的格式；条件不成立，就不设置单元格的格式。

【例 1-1-11】条件格式。

fl1-1-11 条件格式.xlsx 表格中的内容已进行了部分格式化，现在需要根据以下要求设置条件格式：

（1）将一季度中大于 10 的单元格设置为黄色填充效果。

（2）将二季度中低于平均值的单元格图案颜色设置为红色，图案样式设置为 25% 灰色。

（3）将三季度中重复值单元格设置为蓝色填充效果。

（4）将合计列利用自动求和功能求得各个产品的年度销售合计，格式设置为蓝色数据条和三色交通灯图标集，并添加人民币符号、保留两位小数。

（5）将 G 列数据设置为 F 列数字的中文大写。

【例 1-1-11 解答】

① 选定 B3:B13 单元格区域，选择"开始"选项卡"样式"组中的"条件格式"→"/突出显示单元格规则"→"大于"命令，如图 1-1-25 所示。

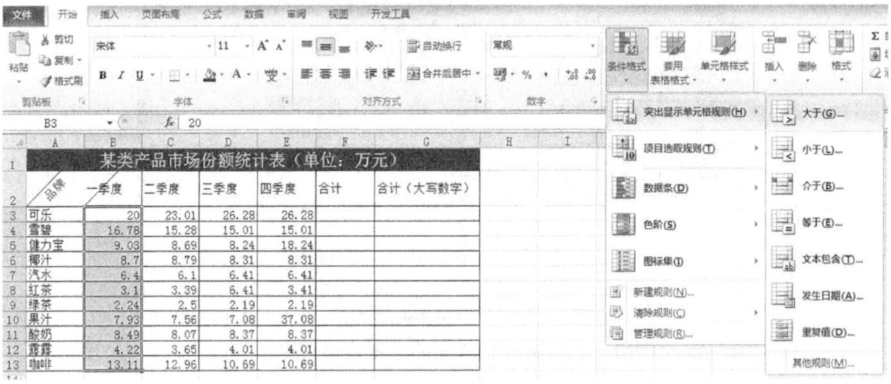

图 1-1-25　条件格式设置命令

② 在出现的"大于"对话框中，输入 10，并在"设置为"下拉框中选择"自定义格式"选项，单击"确定"按钮，打开"设置单元格格式"对话框，在"填充"选项卡中选择黄色，如图 1-1-26 所示。

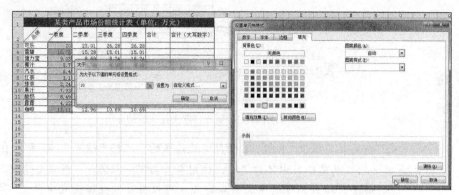

图 1-1-26　设置 B3:B13 单元格数据大于 10 时黄色底纹的条件格式

③ 选定 C3:C13 单元格区域后，选择"条件格式"→"项目选取规则"→"低于平均值"命令，打开如图 1-1-27 所示的"低于平均值"对话框，通过自定义格式设置单元格填充颜色。

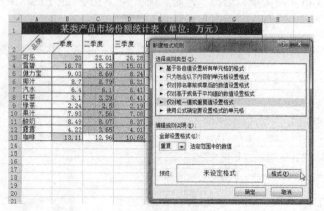

图 1-1-27　"低于平均值"对话框

④ 选定 D3:D13 单元格区域后，单击"条件格式"→"新建规则"命令，打开"新建格式规则"对话框，如图 1-1-28 所示，选择新规则类型为"仅对唯一值或重复值设置格式"，在编辑规则说明中选择"重复"选项，单击"格式"按钮设置蓝色背景格式。

图 1-1-28　条件格式中的"新建格式规则"

⑤ 利用"自动求和"按钮，完成 F3:F13 单元格区域中求和结果输入，设置人民币符号并保

留 2 位小数。

⑥ 保持 F3:F13 单元格区域处于选定状态，在"条件格式"下拉列表中分别选择"数据条"和"图标集"命令中的子命令，如图 1-1-29 所示，便可看到合计列数据中出现了与数据大小相关的数据条和图标指示。

图 1-1-29　设置"数据条"和"图标集"条件格式

⑦ 在 G3 单元格中输入公式"=F3*10000"并复制公式到 G13 单元格，按 Enter 键确认后，选定 G3:G13 单元格区域，设置单元格格式，选择"特殊"类型格式为"中文大写数字"，最后结果如图 1-1-30 所示。

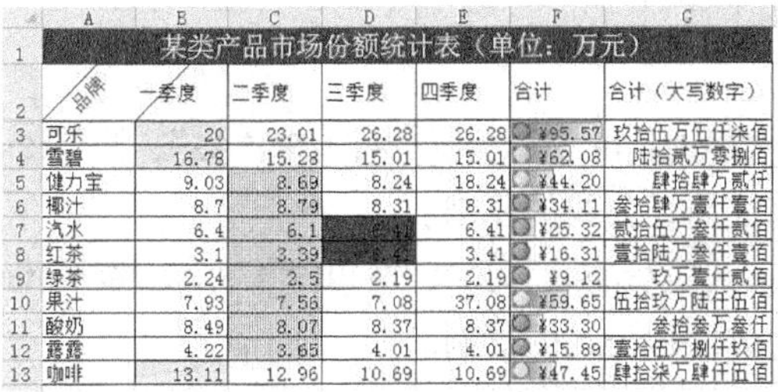

图 1-1-30　设置条件格式后的数据

说明：

（1）在"新建格式规则"对话框中选择"基于各自值设置所有单元格的格式"的规则类型，可以设置多个条件格式，格式样式包括双色或三色刻度、数据条或图标集。

（2）利用"条件格式"下拉列表中的"管理规则"命令，可以打开如图 1-1-31 所示的"条件格式规则管理器"对话框，可以更改和删除规则，或者单击"删除规则"按钮右边的箭头来移动条件，从而改变设置条件的优先级。

图 1-1-31　"条件格式规则管理器"对话框

在本例中，如果要将三季度与四季度中数据不一致单元格的图案颜色设置为黑色，图案样式为 50%灰色，该如何设置？

1.2 公式与函数的高级应用

工欲善其事必先利其器，当数据量庞大、处理要求复杂时，不掌握高级的公式和函数应用技巧，就无法高效地完成任务。在这一节，我们将由浅入深，一起来学习和掌握一些公式和函数的高级功能和应用。

1.2.1 公式的组成

Excel 中常常需要使用公式执行计算、返回信息、操作其他单元格的内容以及测试条件等。公式始终以等号开始，由常量、单元格引用、函数和运算符组成。

【例 1-2-1】认识公式的组成（计算圆周长和圆面积）。

在 "fl1-2-1 公式组成.xlsx" 的 A2:A9 单元格区域中，包含了 8 个圆的半径，取值为-2～5。

（1）计算圆的周长，结果填入到 B2:B9 单元格区域中。

（2）计算圆的面积，结果填入到 C2:C9 单元格区域中。

计算结果如图 1-2-1（a）所示。

【例 1-2-1 解答】

① 在 B2 单元格中输入圆周长的计算公式 "=2*PI()*A2"，按 Enter 键确认后，拖曳该单元格的填充柄到 B9 单元格，完成周长公式的复制。

② 在 C2 单元格中输入圆面积的计算公式 "=PI()*A2^2"，按 Enter 键确认后，拖曳该单元格的填充柄到 C9 单元格，完成面积公式的复制。

③ 文件另存为：fl1-2-1 公式组成-结果.xlsx。

 在实际应用中，圆的半径不能取负值。请在 "fl1-2-1 公式组成.xlsx" 的 "公式改进" 工作表中，利用 IF 函数，重新判断并计算圆的周长和面积：如果半径>=0，计算周长和面积；否则，显示 "无意义"。计算结果如图 1-2-1（b）所示。

B2	▾	f_x	=2*PI()*A2
	A	B	C
1	半径	圆周长	圆面积
2	-2	-12.5664	12.56637
3	-1	-6.28319	3.141593
4	0	0	0
5	1	6.283185	3.141593
6	2	12.56637	12.56637
7	3	18.84956	28.27433
8	4	25.13274	50.26548
9	5	31.41593	78.53982

（a）计算圆的周长和面积

C2	▾	f_x	=IF(A2>=0,PI()*A2^2,"无意义")		
	A	B	C	D	E
1	半径	圆周长	圆面积		
2	-2	无意义	无意义		
3	-1	无意义	无意义		
4	0	0	0		
5	1	6.283185	3.141593		
6	2	12.56637	12.56637		
7	3	18.84956	28.27433		
8	4	25.13274	50.26548		
9	5	31.41593	78.53982		

（b）判断并计算圆的周长和面积

图 1-2-1 公式的功能和组成

说明：

本例通过一个计算圆的周长和面积的简单实例，展示了公式的功能和组成。

（1）在公式"=2*PI()*A2"中，2 为常量，PI()为函数（返回值 3.14159…），A2 为单元格引用（相对引用，返回单元格 A2 中的值），*（星号）为运算符（表示数字的乘积）。

（2）公式"=IF(A2>=0,PI()*A2^2,"无意义")"利用 IF 函数实现条件测试功能：判断单元格 A2 是否不小于 0（即半径是否不小于 0）；如果是，则计算面积；否则，给出错误提示"无意义"。其中，^（脱字号）运算符表示数字的乘方（幂）。

1. 常量

常量为数值型、文本型、日期型和逻辑型的文本字符串。例如：计算机分数 98（数值型）、5 除以-4 的结果-1.25（数值型）、美联航 UA 行李托运费$100（数值型）、人民币贷款年利息 6.15%（数值型）、学生学号"B02132118"（文本型）、2014 年的端午节"2014 年 6 月 2 日"或者"2014/6/2"或者"2014-6-2"（日期型，在 Excel 内部表示为 41792）、比较运算 80>65 的结果 TRUE（逻辑型）、逻辑运算 AND(2+2=4, 2+3=6)的结果 FALSE（逻辑型）等。

（1）在 Excel 某个单元格中输入(100)，观察其显示结果。请问数字包含在括号中表示什么数字常量？

（2）在 Excel 某个单元格中输入 1/2，在另外一个单元格输入 0 1/2（注意 0 和 1/2 之间有个空格），分别观察其显示结果（特别注意在编辑栏中的内容显示结果），并判断它们分别表示哪种类型的常量？

（3）在 Excel 某个单元格中输入 1.2E+12，观察其显示结果（特别注意在编辑栏中的内容显示结果），并判断其表示哪种类型的常量？

（4）Excel 中还有一类特殊的常量，称为"数组常量"。

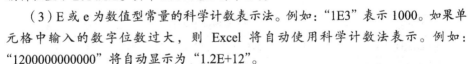

（1）数字前加"-"号，表示负数。例如："-10"表示负 10，显示为"-10"。

（2）"/"为数值型常量的分数表示法。例如："1 1/3"表示一又三分之一，显示为"1 1/3"。而输入真分数时，前面需要加 0 和空格，否则，Excel 解释为日期。例如："0 1/2"表示二分之一（Excel 编辑栏显示 0.5）；而"1/2"表示 1 月 2 日（Excel 编辑栏显示 2014/1/2。其中 2014 是当前年份）。

（3）E 或 e 为数值型常量的科学计数表示法。例如："1E3"表示 1000。如果单元格中输入的数字位数过大，则 Excel 将自动使用科学计数法表示。例如："1200000000000"将自动显示为"1.2E+12"。

2. 单元格的引用

为了标识工作表上的单元格或单元格区域，从而指明公式中所使用的数据的位置，Excel 提供了多种单元格引用方式，方便使用者根据不同需求选取最简洁的方式。

通过引用，可以在公式中使用工作表不同部分的数据；使用同一个工作簿中不同工作表上的单元格；使用其他工作簿中工作表中的数据。引用不同工作簿中的单元格也称为链接或外部引用。

Excel 中有 3 种单元格引用样式："A1"引用样式、"R1C1"引用样式和单元格名称引用。单元格的引用方式则可以分为相对引用、绝对引用和混合引用 3 种。

（1）绝对引用与相对引用

公式中的相对单元格引用（例如 A1）是对于包含公式和所引用单元格的相对位置。如果公式所在单元格的位置改变，或者复制公式到新的单元格，则目标单元格公式中的相对引用会自动调整。默认情况下，新建立的公式使用相对引用。例如，如果将单元格 B2 中的相对引用"=A1"复制到单元格 B3，则单元格 B3 的内容自动调整到"=A2"。

公式中的绝对单元格引用（例如$A$1）总是引用所指定单元格的位置。如果公式所在单元格的位置改变，或者复制公式到新的单元格，则目标单元格公式中的绝对引用保持不变。例如，如果将单元格 B2 中的绝对引用"=$A$1"复制到单元格 B3，则两个单元格中的公式一样，都是$A$1。

 思考　请问现实生活中的"上海中山北路 3663 号"和"这条街再过去两条马路"分别是绝对地址引用还是相对地址引用？

公式中的混合引用具有绝对列和相对行，或是绝对行和相对列。绝对引用列采用$A1、$B1 等形式；绝对引用行采用 A$1、B$1 等形式。如果公式所在单元格的位置改变，或者复制公式到新的单元格，则目标单元格公式中的相对引用改变，而绝对引用不变。例如，如果将一个混合引用"=A$1"从 B2 复制到 C3，则单元格 C3 的内容自动调整为"=B$1"。

切换相对引用、绝对引用和混合引用的快捷键为 F4。

（2）"A1"引用样式

默认情况下，Excel 使用"A1"引用样式，即列标和行号的组合表示法。列标使用字母标识，从 A 到 XFD，共 16,384 列；行号使用数字标识，从 1 到 1,048,576。"A1"引用样式示例见表 1-2-1。

表 1-2-1　　　　　　　　　　　　　"A1"引用样式举例

引用方式	引用的内容
B10	列 B 和行 10 交叉处的单元格
B10:B20	在列 B 和行 10 到行 20 之间的单元格区域
B15:E15	在行 15 和列 B 到列 E 之间的单元格区域
5:5	行 5 中的全部单元格
5:10	行 5 到行 10 之间的全部单元格
H:H	列 H 中的全部单元格
H:J	列 H 到列 J 之间的全部单元格
A10:E20	列 A 到列 E 和行 10 到行 20 之间的单元格区域
Sheet2!B1:B10	同一工作簿中工作表 Sheet2 中在列 B 的行 1 到行 10 之间的单元格区域
[Book2]Sheet2!B10	工作簿 Book2 中工作表 Sheet2 中列 B 和行 10 交叉处的单元格

（3）"R1C1"引用样式

Excel 也可以使用"R1C1"引用样式，即 R 行号和 C 列标的组合表示法。在"R1C1"样式中，行号在 R（Row）后，从 1 到 65,536；列标在 C（Column）后，从 1 到 256。使用"R1C1"引用样式，可以快速准确定位单元格，特别适用于 Excel 宏内的行和列的编程引用。当录制宏时，Excel 使用"R1C1"引用样式录制命令。"R1C1"引用样式示例参见表 1-2-2 所示。

执行"文件"选项卡中的"选项"命令，打开"Excel 选项"对话框，在"公式"类别中的"使用公式"设置处，选中或清除"R1C1 引用样式"复选框，如图 1-2-2 所示，可以打开或关闭"R1C1"引用样式。

表 1-2-2 　　　　　　　　　　　　　　"R1C1"引用样式举例

引用方式	引用的内容
R2C2	对在工作表的第 2 行、第 2 列的单元格的绝对引用
R[2]C[2]	对活动单元格的下面 2 行、右面 2 列的单元格的相对引用
R[-2]C	对活动单元格的同一列、上面 2 行的单元格的相对引用
R[-1]	对活动单元格整个上面一行单元格区域的相对引用
R	对当前行的绝对引用

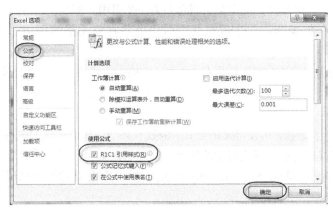

图 1-2-2　打开或关闭"R1C1"引用样式

（4）单元格的名称引用

在 Excel 中，还可以使用名称标识若干单元格组成的区域。通过选中单元格区域，然后在编辑栏"名称框"中输入指定的名称即可。使用名称，可以简化单元格区域的引用。

例如：如果定义区域 A1:Z1 的名称为 scores，则公式=sum(scores)等价于=sum(A1:Z1)。

（5）三维引用样式

三维引用用于引用同一工作簿中多张工作表上的同一单元格或单元格区域中的数据，进而可以使用 SUM、AVERAGE、COUNT、MAX、MIN 等统计函数进行数据分析。

三维引用的格式为："工作表名称的范围！单元格或区域引用"。其中，工作表名称的范围为"开始工作表名:结束工作表名"。三维引用使用存储在引用开始名和结束名之间的任何工作表。

例如，=SUM(Sheet2:Sheet8!B5)将对从工作表 Sheet2 到工作表 Sheet8 的 B5 单元格内的值求和。

3. 运算符

运算符用于对一个或多个操作数进行计算并返回结果值。Excel 运算符包括 4 种类型：算术、比较、文本连接和引用。

（1）算术运算符

算术运算符用于基本的数学运算，复杂的数学运算可使用 Excel 函数。Excel 算术运算符包括：+（加）、-（减）、*（乘）、/（除）、%（百分比）、^（乘方）。

（2）比较运算符

比较运算符用于比较两个值，结果为逻辑值 TRUE 或 FALSE。Excel 比较运算符包括：=（等于）、>（大于）、<（小于）、>=（大于或等于）、<=（小于或等于）、<>（不等于）。

（3）文本连接运算符

文本连接运算符（&）用于连接两个文本字符串。例如：="张三"&" 先生/女士"，结果为：张三 先生/女士。

（4）引用运算符

引用运算符用于对单元格区域进行合并计算。Excel 引用运算符包括以下几种。

- :（冒号）：区域运算符，生成对两个引用之间所有单元格的引用（包括这两个引用）。例如：B5:B15。
- ,（逗号）：联合运算符，将多个引用合并为一个引用。例如：SUM(B5:B15,D5:D15)。
- （空格）：交集运算符，生成对两个引用中共有单元格的引用。例如：SUM(B7:D7 C6:C8)。

Excel 运算符的优先级为：引用运算符（:、,、(空格)）>负数（-）>百分比（%）>乘和除（*、/）>加和减（+、-）>文本连接运算符（&）>比较运算符（=、>、<、<=、>=、<>）。

4. 函数

函数又称为工作表函数，是预定义的公式。函数对某个区域内的数值进行一系列运算，例如，SUM 函数对单元格或单元格区域进行加法运算。通过函数调用，可传递参数，进行特定的运算，并返回运算结果。例如：SUM(A1:Z1)，把区域 A1～Z1 的数据传递给求和函数 SUM，计算并返回其和。

Excel 工作表函数分为两大类：①Excel 预定义的内置函数；②用户创建的自定义函数。用户可以根据实际功能需要，创建特定的数据处理函数。

5. 数组公式

数组公式可以执行多项计算并返回一个或多个结果。数组公式对两组或多组名为数组参数的值执行运算。每个数组参数都必须有相同数量的行和列。

数组公式的输入步骤如下：

① 选择用于保存结果的单元格区域。

② 输入数组公式。

③ 按 Ctrl+Shift+Enter 组合键创建数组公式。

完成以上操作后，Excel 会自动用花括号"{}"将数组公式括起来。

说明：

（1）不要自己输入花括号，否则，Excel 认为输入的是一个正文标签。

（2）不能单独更改数组公式中某个单元格的内容，否则系统报错，也就是说，不能更改数组的某一部分，必须选择整个单元格区域，然后更改数组公式。

（3）要删除数组公式，请选择整个公式，按 Delete 键。

【例 1-2-2】"A1"引用样式、绝对引用、相对引用和数组公式。

在 "fl1-2-2 职工工资表.xlsx" 的 Sheet1 和 Sheet2 工作表中，存放了职工的基本工资、补贴、奖金和基本工资涨幅信息。

（1）利用数组公式计算职工的工资总计（含奖金以及不含奖金），将结果分别填入到 D2:D7 和 E2:E7 单元格区域中。

（2）根据涨幅百分比计算调整后的基本工资，将结果填入 F2:F7 单元格区域中。

计算结果如图 1-2-3 所示。

	F2		▼		fx	{=B2:B7*(1+Sheet2!$D$1)}	

	A	B	C	D	E	F
1	姓名	基本工资	补贴	总计(不含奖金)	总计(含奖金)	基本工资调整
2	李一明	¥ 2,028	¥ 301	¥ 2,329	¥ 3,767	¥ 2,129
3	赵丹丹	¥ 1,436	¥ 210	¥ 1,646	¥ 2,169	¥ 1,508
4	王清清	¥ 2,168	¥ 257	¥ 2,425	¥ 4,170	¥ 2,276
5	胡安安	¥ 1,394	¥ 331	¥ 1,725	¥ 2,863	¥ 1,464
6	钱军军	¥ 1,374	¥ 299	¥ 1,673	¥ 2,741	¥ 1,443
7	孙莹莹	¥ 1,612	¥ 200	¥ 1,812	¥ 5,150	¥ 1,693

图 1-2-3　A1 引用样式、绝对引用、相对引用和数组公式应用示例

【例 1-2-2 解答】

① 利用数组公式计算工资总计（不含奖金）。选择数据区域 D2:D7，然后在编辑栏中输入公式"=B2:B7+C2:C7"，并使编辑栏仍处在编辑状态。按 Ctrl+Shift+Enter 组合键锁定数组公式，Excel 将在公式两边自动加上花括号"{}"。

② 利用数组公式和步骤①的结果计算工资总计（含奖金）。选择数据 E2:E7 单元格区域，然后在编辑栏中输入公式"=D2:D7+Sheet2!A2:A7"。按 Ctrl+Shift+Enter 组合键，创建计算工资总计（含奖金）的数组公式。

③ 利用数组公式计算调整后的基本工资。选择数据 F2:F7 单元格区域，然后在编辑栏中输入公式"=B2:B7*(1+Sheet2!$D$1)"。按 Ctrl+Shift+Enter 组合键，创建计算根据上调后的基本工资的数组公式。

④ 文件另存为：fl1-2-2 职工工资表-结果.xlsx。

说明：

本例使用了 Excel 默认的"A1"引用样式和数组公式。并使用了单元格的相对引用（例如 B2、D2 等）、绝对引用（例如 $D$1）、同一工作簿中其他工作表上的单元格区域引用（例如 Sheet2!A2:A7）等引用方式。

【例 1-2-3】"R1C1"引用样式、单元格的名称引用和三维引用。

在"fl1-2-3 商品信息.xlsx"的 Sheet1～Sheet4 工作表中，存放了几家商场商品的销售单价、销售数量和新增折扣店数量等信息。

（1）切换到 R1C1 引用样式。

（2）尝试利用数组公式，计算 Sheet1 中的商品销售总金额，将计算结果填入到 R13C2 单元格中。

（3）根据 Sheet1 工作表中提供的单元格名称，计算特价品平均价格，将计算结果填入到 R14C2 单元格中。

（4）根据 Sheet2～Sheet3 工作表中提供的新增折扣店数量信息，在 Sheet1 工作表中统计新增折扣店总数量，将计算结果填入到 R15C2 单元格中。

最终结果如图 1-2-4 所示。

【例 1-2-3 解答】

① 切换到 R1C1 引用样式。执行"文件"选项卡中的"选项"命令，打开"Excel 选项"对话框，在"公式"类别中的"使用公式"设置处，选中"R1C1 引用样式"复选框。

② 利用数组公式计算 Sheet1 中的商品销售总金额。

	R13C2		▼		fx	{=SUM(R2C1:R11C1*R2C2:R11C2)}	

	1	2	3	4	5
1	销售单价	销售数量			
2	26	194			
3	45	284			
4	76	350			
5	89	619			
6	16	647			
7	49	748			
8	68	731			
9	70	764			
10	95	551			
11	32	633			
12					
13	销售总金额	322308			
14	特价品均价	40.75			
15	新增折扣店	14			

图 1-2-4　R1C1 引用样式、单元格的
名称引用和三维引用示例

选择单元格 R13C2，然后在编辑栏中输入公式 "=SUM(R2C1:R11C1*R2C2:R11C2)" 并使编辑栏仍处在编辑状态。按 Ctrl+Shift+Enter 组合键锁定数组公式，Excel 将在公式两边自动加上花括号 "{}"。

③ 计算特价品平均价格。在 Sheet1 的单元格 R14C2 中输入公式 "=AVERAGE(特价 items)"。

④ 计算新增折扣店总数量。在 Sheet1 的单元格 R15C2 中输入公式 "=SUM(Sheet2:Sheet4!R13C2)"。

说明：

（1）本例使用了 Excel 的 "R1C1" 引用样式，并使用了单元格的名称引用（例如：单元格名称 "特价 items" 标识特价商品所在的单元格区域）、三维引用样式（例如 Sheet2:Sheet4!R13C2）等引用方式。

（2）本例更能体现通过用一个数组公式代替多个公式的方式来简化工作表模式的功能。假定有 10000 行销售单价和销售数量信息，则通过在单个单元格中创建一个数组公式即可对成千上万条记录计算销售总金额或统计其他信息。

通过【例 1-2-3】可以看出数组公式具有以下优点：

（1）简洁性。借助数组公式可以对多个数据执行多种运算。解决一个复杂的问题可以只需要一个公式，而用普通公式可能需要多步运算，甚至要填加辅助列（请读者尝试利用以前学习过的方法计算 "销售总金额"）。

（2）一致性。单击数组公式所在单元格区域（例如，【例 1-2-2】中工资总计（不含奖金）D2:D7 单元格区域中的任一单元格，将看到相同的公式（{=B2:B7+C2:C7}）。这种一致性有助于保证更高的准确性。

（3）安全性。不能更改数组的局部，是一种附加安全措施。

1.2.2　公式审核和公式求解

在单元格中使用公式和函数不当时，会产生错误信息。使用公式审核可以查找选定单元格公式的引用错误；使用公式求解，可以单步调试公式的运行过程和结果。

1. 使用公式和函数产生的常见错误信息

使用公式和函数产生的常见错误信息参见表 1-2-3 所示。

表 1-2-3　　　　　　　　　　使用公式和函数产生的常见错误信息

错误信息	错误原因	举例
#DIV/0!	公式中除法运算分母为 0	如果 A2=123，A3=0，则公式=A2/A3 会产生该错误信息
#N/A	当在函数或公式中没有可用数值时，将产生错误值#N/A	使用 VLOOKUP 函数的公式，未在源表内出现的数据，就会显示#N/A
#NAME?	在公式中引用了不存在的名称，或者函数的参数个数或类型不匹配，产生该错误信息	对于公式=func1(A1)，当工作表函数 func1 不存在时，会产生该错误信息
#NULL!	公式或函数中的区域运算符或单元格引用不正确	公式=SUM(A1:A5 B1:B5)将会产生错误信息#NULL，因为单元格区域 A1:A5 和 B1:B5 没有交集

错误信息	错误原因	举例
#NUM!	公式或函数中所用的某数字有问题。可能是公式结果值超出 Excel 数值范围（$-1*10^{307} \sim 1*10^{308}$）；也可能是在需要数字参数的函数中使用了无法接受的参数	公式=POWER(999999,999999)或者=SQRT(-2)会产生该错误信息
#REF!	公式或函数中引用了无效的单元格。删除公式中所引用的单元格，或将已移动的单元格粘贴到其他公式所引用的单元格上，就会出现这种错误	如果 A1=123，A2=0，在 A3 中输入公式=A1*A2，得到正确的结果 0。但此时删除单元格 A1 或 A2，均会产生该错误信息
#VALUE!	公式或函数中所使用的参数或操作数类型错误。当公式中应该是数字或逻辑值时，却输入了文本；或者将单元格引用、公式或函数作为数组常量输入，就会出现这种错误	如果 A1="Hello"，A2=123，则公式=A1+A2 会产生该错误信息

2. 公式审核

使用 Excel 公式审核功能，可以查找与公式相关的单元格，显示受单元格内容影响的公式，追踪错误的来源。

【例 1-2-4】公式审核。

在 "fl1-2-4 房贷.xlsx" 中，存放了王先生为了买房而向银行贷款的信息。总房价为 56 万元，首付按照总房价 20%计算，其余从银行贷款，年利率为 5.23%，分 25 年半还清，计算每月应还给银行的贷款数额（假定每次为等额还款，还款时间为每月月初）。

（1）请对计算每月还款数额的单元格进行"追踪引用单元格"操作，观察单元格引用情况。

（2）请对总房款额单元格进行"追踪从属单元格"操作，观察单元格被引用情况。

（3）审核单元格 B8 的公式内容，检查公式错误信息。

【例 1-2-4 解答】

① 追踪公式中的引用单元格。选中"贷款计算"工作表的单元格 B6，在"公式"选项卡中，选择"公式审核"组中"追踪引用单元格"按钮。

② 显示单元格从属的公式单元格。选中单元格 B1，在"公式"选项卡中，选择"公式审核"组中"追踪从属单元格"按钮。结果如图 1-2-5 所示。

③ 清除跟踪箭头。在"公式"选项卡中，选择"公式审核"组中"移去箭头"按钮。

④ 显示/隐藏公式。在"公式"选项卡中，选择"公式审核"组中"显示公式"按钮。公式显示如图 1-2-6 所示。

	A	B
1	总房款额	¥560,000.00
2	首付房款额	¥112,000.00
3	李某需贷款数额	¥448,000.00
4	贷款年利率	5.23%
5	还款时间（年）	25.50
6	每月还款数额（期初）	¥-2,642.39
7	还款合计	¥-808,570.13
8		#VALUE!

图 1-2-5　追踪引用/从属单元格

	A	B
1	总房款额	560000
2	首付房款额	=B1*20%
3	李某需贷款数额	=B1-B2
4	贷款年利率	0.0523
5	还款时间（年）	25.5
6	每月还款数额（期初）	=PMT(B4/12, B5*12, B3, 0, 1)
7	还款合计	=B5*12*B6
8		=B1-A1

图 1-2-6　显示公式

⑤ 检查公式错误。选中单元格 B8，在"公式"选项卡中，选择"公式审核"组中"错误检查"按钮，以显示公式错误信息，如图 1-2-7 所示。

图 1-2-7　公式错误信息

3. 公式求值

使用 Excel 公式求值功能，可以单步执行公式，实现公式调试。往往用于理解复杂的嵌套公式如何计算最终结果，因为这些公式存在若干个中间计算和逻辑测试。例如，对于公式"=IF(AVERAGE(B2:B5)>50,SUM(C2:C5),0)"。

【例 1-2-5】公式求值。

单步调试"fl1-2-4 房贷.xlsx"中每月还款数额的计算公式。

【例 1-2-5 解答】

选中单元格 B6，在"公式"选项卡中，选择"公式审核"组中"公式求值"按钮。打开如图 1-2-8 所示的"公式求值"对话框，单击"求值"按钮，单步执行公式。

图 1-2-8　公式求值对话框

1.2.3　内置工作表函数

Excel 提供了十几个大类，几百个函数，可以完成大多数数据处理功能。Excel 主要包括以下函数类别：数学和三角函数、逻辑函数、文本函数、日期与时间函数、统计函数、财务函数、查询和引用函数、工程函数、数据库函数、信息函数以及用户自定义函数。

1. 数学和三角函数

Excel 数学和三角函数用于数学计算，其包括的主要函数如附录 A 表 1 所示。

【例 1-2-6】数学函数（RAND、RANDBETWEEN、ROUND、SQRT、SUBTOTAL、SUMIF、SUMIFS 等）应用示例。

在"fl1-2-6 学生信息表.xlsx"的 A2:A201 区域中，包含了某班 200 个学生的学号信息。

（1）请利用随机函数生成全班学生的身高（150.0～240.0cm，保留 1 位小数）、成绩（0~100 的整数）、月消费（0.0～1000.0，保留 1 位小数）。

（2）调整全班学生的成绩（开根号乘以 10，四舍五入到整数部分），填入 C2:C201 数据区域。

（3）利用 SUBTOTAL 函数计算全班学生的最长身高，填入 H2 单元格。

（4）统计月消费<50 的学生的总月消费，填入 H3 单元格中。

（5）统计高水平运动员（身高不小于 200.0cm 的学生）的总月消费，填入 H4 单元格中。

（6）统计考试及格（以调整后的成绩为准）的高水平运动员的总月消费，填入 H5 单元格中。

最终结果如图 1-2-9 所示。

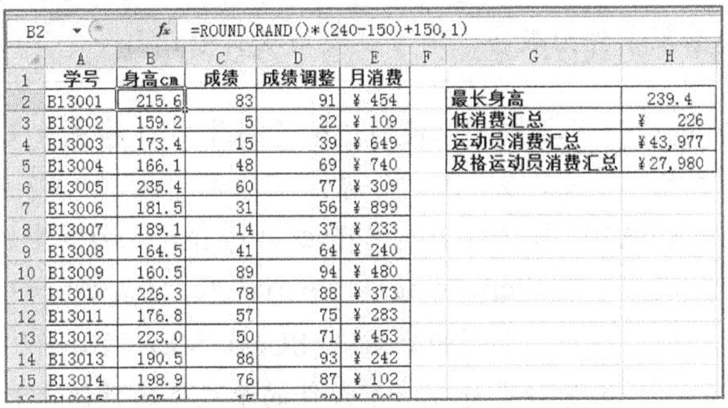

B2　=ROUND(RAND()*(240-150)+150,1)

	A	B	C	D	E	F	G	H
1	学号	身高cm	成绩	成绩调整	月消费			
2	B13001	215.6	83	91	¥ 454		最长身高	239.4
3	B13002	159.2	5	22	¥ 109		低消费汇总	¥　226
4	B13003	173.4	15	39	¥ 649		运动员消费汇总	¥43,977
5	B13004	166.1	48	69	¥ 740		及格运动员消费汇总	¥27,980
6	B13005	235.4	60	77	¥ 309			
7	B13006	181.5	31	56	¥ 899			
8	B13007	189.1	14	37	¥ 233			
9	B13008	164.5	41	64	¥ 240			
10	B13009	160.5	89	94	¥ 480			
11	B13010	226.3	78	88	¥ 373			
12	B13011	176.8	57	75	¥ 283			
13	B13012	223.0	50	71	¥ 453			
14	B13013	190.5	86	93	¥ 242			
15	B13014	198.9	76	87	¥ 102			

图 1-2-9　数学函数应用示例（学生信息统计）

【例 1-2-6 解答】

① 生成学生身高信息（保留 1 位小数）。在 B2 单元格中输入公式"=ROUND(RAND()*(240-150)+150,1)"，按 Enter 键确认后，拖曳该单元格的填充柄到 B201，完成公式的复制。

② 生成学生成绩信息。在 C2 单元格中输入公式“=RANDBETWEEN(0,100)”，按 Enter 键确认后，拖曳该单元格的填充柄到 C201，完成公式的复制。

③ 生成学生月消费信息(保留 1 位小数)。在 E2 单元格中输入公式“= ROUND(RAND()*1000,1)”，按 Enter 键确认后，拖曳该单元格的填充柄到 E201，完成公式的复制。

④ 调整学生的成绩（保留到整数部分）。在 D2 单元格中输入公式“=ROUND(SQRT(C2)*10,0)”，按 Enter 键确认后，拖曳该单元格的填充柄到 D201，完成公式的复制。

⑤ 利用 SUBTOTAL 函数统计学生最长身高。在 H2 单元格中输入公式“=SUBTOTAL(4,B2:B201)”。

⑥ 统计低月消费信息。在 H3 单元格中输入公式“=SUMIF(E2:E201,"<50")”。

⑦ 统计高水平运动员的月消费信息。在 H4 单元格中输入公式“=SUMIF(B2:B201,">=200",E2:E201)”。

⑧ 统计考试及格的高水平运动员的月消费信息。在 H5 单元格中输入公式“=SUMIFS(E2:E201,B2:B201,">=200",D2:D201,">=60")”。

⑨文件另存为：fl1-2-6 学生信息表-结果.xlsx。

说明：

（1）公式“RAND()*(b-a)+a”可生成 a 与 b 之间的随机实数。

（2）使用 RAND 或 RANDBETWEEN 函数生成随机数时，如果希望其不随单元格计算而改变，可以在编辑栏中输入随机函数，例如“=RAND()”，保持其编辑状态，然后按 F9 键，将公式永久性地改为随机数。

（3）函数 SUMIF(range, criteria, [sum_range])对满足条件的单元格的数值求和，包括:

① 对区域 range 中符合指定条件 criteria 的值求和，例如，=SUMIF(E2:E201,"<50");

② 将条件 criteria 应用于某个单元格区域 range，但却对另一个单元格区域 sum_range 中的对应值求和，例如，=SUMIF(B2:B201,">=200",E2:E201)。

（4）函数 SUMIF 中用于确定对哪些单元格求和的条件 criteria，其形式可以为数字、表达式、单元格引用、文本或函数。例如，条件可以表示为 3.14159、"<50" "D6" "200062" "Mary"或 TODAY()等。

 提示　任何文本条件或任何含有逻辑或数学符号的条件都必须使用英文双引号（"）括起来。如果条件为数字，则无须使用双引号。

（5）函数 SUMIF 的 criteria 参数中可以使用通配符问号（?）和星号（*）。问号匹配任意单个字符；星号匹配任意一串字符。假定在"fl1-2-6 学生信息表.xlsx"的 A2:A201 区域中存放学生的姓名，则公式"=SUMIF(A2:A201,"张*",E2:E201)"统计所有姓张的学生的总月消费信息。

（6）函数 SUMIFS(sum_range, criteria_range1, criteria1, [criteria_range2, criteria2], …)对区域中满足多个条件的单元格求和。例如，本例的公式"=SUMIFS(E2:E201,B2:B201,">=200",D2:D201, ">=60")"对区域 E2:E201（月消费）中符合以下条件的单元格的数值求和：B2:B201 中的相应数值>=200（高水平运动员）且 D2:D201 中的相应数值>=60（考试及格）。

说明：

（1）函数 SUMIF 和 COUNTIF（参见附录 A 表 5　Excel 统计函数）分别对区域中满足单个指定条件的单元格求和、计数；函数 SUMIFS 和 COUNTIFS（参见附录 A 表 5 Excel 统计函数）则分别对区域中满足多个指定条件的单元格求和、计数。

（2）SUMIFS 和 SUMIF 函数的参数顺序有所不同。在 SUMIFS 中，求和区域 sum_range 是第一个参数，而在 SUMIF 中则是第三个参数。参见附录 A 表 1 中相应的示例。

【例 1-2-7】数学函数（SUM、SUMPRODUCT、ROUND）、逻辑函数（IF）、统计函数（COUNTIF、COUNTIFS）以及数组公式的应用。

在"fl1-2-7 学习成绩表.xlsx"的 A2:I17 区域中，存放着学生学号、姓名、性别、班级以及语数外的成绩。

（1）请尝试使用数组公式计算每位学生的总分和平均分（保留到整数部分）。

（2）分别利用 4 种方法（COUNTIF/COUNTIFS、SUM 和 IF 配合、SUM 和*配合、SUMPRODUCT）统计各班学生人数、男生人数女生人数。

学生学习情况表以及学生信息统计结果如图 1-2-10 所示。

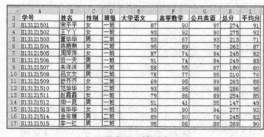

(a) 学生学习情况表　　　　　　　　　　　(b) 学生信息统计结果

图 1-2-10　数学函数、逻辑函数、统计函数、数组公式应用示例（学生信息统计）

【例 1-2-7 解答】

① 利用数组公式计算总分。选择 H3:H17 单元格区域，然后在编辑栏中输入公式"=E3:E17+F3: F17+G3:G17"并使编辑栏仍处在编辑状态。按 Ctrl+Shift+Enter 组合键锁定数组公式。

② 利用数组公式计算平均分。选择 I3:I17 单元格区域，然后在编辑栏中输入公式"=ROUND

(H3:H17/3,0)"并使编辑栏仍处在编辑状态。按 Ctrl+Shift+Enter 组合键锁定数组公式。

③ 利用 COUNTIF（方法 1）统计各班学生总数。在 B20 单元格中输入公式"=COUNTIF($D$3: $D$17,"一班")"，统计一班学生总数。将 B20 的公式复制到 B24 单元格中，将公式中的班级信息改为"二班"。

④ 利用 COUNTIFS（方法 1）统计各班男女生人数。在 B21 单元格中输入公式"=COUNTIFS ($C$3:$C$17,"男",$D$3:$D$17,"一班")"，统计一班男生人数。复制公式到 B22、B25、B26，并相应修改所需计算的班级和性别信息。

⑤ 利用数组公式、SUM 和 IF 配合（方法 2）统计各班学生总数。选择 B29 单元格，然后在编辑栏中输入公式"=SUM(IF(D3:D17="一班",1,0))"，按 Ctrl+Shift+Enter 组合键锁定数组公式。观察计算结果是否与方法 1 一致。如法炮制，在 B33 单元格，利用数组公式"{=SUM(IF(D3:D17=" 二班",1,0))}"，统计二班学生总数。

⑥ 利用数组公式、SUM 和 IF 配合（方法 2）统计各班男女生人数。选择 B30 单元格，然后在编辑栏中输入公式"=SUM(IF(C3:C17="男",IF(D3:D17="一班",1,0)))"，按 Ctrl+Shift+Enter 组合键锁定数组公式，统计一班男生人数。如法炮制，在单元格 B31、B34、B35，分别利用相应的数组公式统计各班男女生人数。

⑦ 利用数组公式、SUM 和*配合（方法 3）统计各班男女生人数。选择 F21 单元格，然后在编辑栏中输入公式"=SUM((D3:D17="一班")*(C3:C17="男"))"，按 Ctrl+Shift+Enter 组合键锁定数组公式，统计一班男生人数。如法炮制，在单元格 F22、F25、F26 分别利用相应的数组公式统计各班男女生人数。

⑧ 利用 SUMPRODUCT（方法 4）统计各班男女生人数。在 F30 单元格中输入公式"=SUMPR ODUCT((C3:C17="男")*(D3:D17="一班"))"，统计一班男生人数。如法炮制，分别在单元格 F31、F34、F35 利用 SUMPRODUCT 统计各班男女生人数。

⑨ 文件另存为：fl1-2-7 学习成绩表-结果.xlsx。

说明：

本例使用了 4 种不同的方法对区域中满足多个指定条件的单元格统计计数：COUNTIFS 函数、SUMPRODUCT 函数、SUM 和 IF 配合以及 SUM 和*配合，其中，后三种方法必须使用数组公式。在 SUM 和*配合的方法中，逻辑值 TRUE 被转换为数字 1，FALSE 被转换为数字 0 参与运算。

【例 1-2-8】三角函数的应用（绘制函数图像）。

在"fl1-2-8 正弦函数和余弦函数.xlsx"中同时绘制正弦函数和余弦函数，最终结果如图 1-2-11 所示。

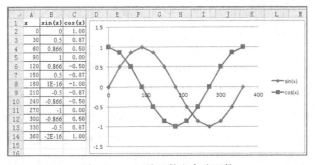

图 1-2-11　正弦函数和余弦函数

【例 1-2-8 解答】

（1）采用尽量简洁快速的方法在数据区域 A2:A14 中输入 x 的值（角度。一个周期的值，等差数列 0～360，公差或称步长为 30）。

（2）计算 sin 函数和 cos 函数的值。在 B2 单元格输入公式"=SIN(A2/360*2*PI())"，在 C2 单元格输入公式"=COS(A2/360*2*PI())"并填充至 B14 和 C14 单元格。

（3）绘制图表。选择 A1:C14 单元格区域，单击"插入"选项卡，选择"图表"组中"散点图"的子类型"带直线和数据标记的散点图"。

（4）文件另存为：f1-2-8 正弦函数和余弦函数-结果.xlsx。

拓展　如何绘制余弦函数、正切函数等其他数学和三角函数？

2. 逻辑函数

Excel 逻辑函数用于逻辑控制处理，其包括的主要函数如附录 A 表 1-2-5 所示。

【例 1-2-9】 逻辑函数（IF、IFERROR）以及数学函数（ROUND、SQRT）的应用。

"f1-2-9 学生成绩.xlsx"中存放着 30 名学生的语文成绩，以及 10 名学生千分考（200 道选择题，做对得 5 分、不做不得分、做错扣 2 分，分值范围为−400～1000 分）的原始成绩。

（1）请根据学生语文课程的百分制分数，确定其五级制（优、良、中、及格、不及格）的评定等级。假设评定条件为：

$$
成绩等级 = \begin{cases} 优 & 分数 >= 90 \\ 良 & 80 \leqslant 分数 < 90 \\ 中 & 70 \leqslant 分数 < 80 \\ 及格 & 60 \leqslant 分数 < 70 \\ 不及格 & 分数 < 60 \end{cases}
$$

（2）初步调整学生的千分考成绩：成绩<=0 显示"负分"，否则成绩调整为"开根号*3 并取整"。

结果如图 1-2-12 所示。

	A	B	C	D	E	F	G
1	学号	语文	等级		千分考成绩调整		
2	S01001	94	优		学生编号	原始成绩	调整成绩
3	S01002	84	良		FD001	960	93
4	S01003	50	不及格		FD002	400	60
5	S01004	69	及格		FD003	−356	负分
6	S01005	64	及格		FD004	890	89
7	S01006	74	中		FD005	123	33
8	S01007	73	中		FD006	6	7
9	S01008	74	中		FD007	−298	负分
10	S01009	51	不及格		FD008	1	3
11	S01010	63	及格		FD009	305	52
12	S01011	77	中		FD010	−4	负分

图 1-2-12　学生成绩等级和千分考成绩

【例 1-2-9 解答】

① 输入语文成绩等级评定公式。在 C2 单元格输入公式"=IF(B2>89,"优",IF(B2>79,"良",IF(B2>69,"中",IF(B2>59,"及格","不及格"))))"并填充至 C31 单元格。结果如图 1-2-12 所示。

② 输入千分考成绩调整公式。在 G3 单元格输入公式"=IFERROR(ROUND(SQRT(F3)*3,0),"

负分")”并填充至 G12 单元格。

③ 文件另存为：fl1-2-9 学生成绩-结果.xlsx。

说明：

（1）函数 IFERROR(value, value_if_error)捕获和处理表达式中的错误。如果公式的计算结果正确，则返回公式的结果 value；否则返回指定的值 value_if_error。

（2）计算得到的错误类型有：#N/A、#VALUE!、#REF!、#DIV/0!、#NUM!、#NAME?或#NULL!。具体参见表 1-2-3 使用公式和函数产生的常见错误信息。

　有没有更简洁的方法解决这个 IF 嵌套函数的问题？提示：请参见查找与引用函数 VLOOKUP 或 LOOKUP 或 CHOOSE、统计函数 FREQUENCY 等。

【例 1-2-10】逻辑函数（IF、AND 和 OR）以及数学和三角函数（ROUND、RAND、SIN、SQRT、EXP、LN、ABS、PI 等）的应用。

利用 IF、AND 和 OR 函数，以及数学和三角函数，计算“fl1-2-10 分段函数.xlsx”中当 x 取值为-10～10 的随机实数时，分段函数 y 的值。要求使用两种方法实现：一种方法先判断 $-1 \leqslant x < 2$ 条件，第二种方法先判断 $x < -1$ 或 $x \geqslant 2$ 条件。结果均保留两位小数。结果如图 1-2-13 所示。

$$
y = \begin{cases} \sin x + 2\sqrt{x + e^4} - (x+1)^3 & -1 \leqslant x < 2 \\ \ln(|x^2 - x|) - \dfrac{2\pi(x-1)}{7x} & x < -1 \text{或} x \geqslant 2 \end{cases}
$$

	A	B	C	D	E	F	G	H	I	J
	x	分段函数AND	分段函数OR							
2	6.59	2.85	2.85							
3	-3.93	1.84	1.84							
4	-4.72	2.21	2.21							
5	7.52	3.11	3.11							
6	1.18	5.50	5.50							
7	-4.70	2.20	2.20							

fx =IF(AND(A2>=-1,A2<2),SIN(A2)+2*SQRT(A2+EXP(4))-(A2+1)^3,LN(ABS(A2^2-A2))-2*PI()*(A2-1)/7/A2)

图 1-2-13　分段函数

【例 1-2-10 解答】

① 生成-10～10 的随机实数（保留两位小数）。在 A2 单元格输入公式"=ROUND(RAND()*20-10,2)"并填充至 A42 单元格。

② 利用 IF 和 AND 函数计算分段函数 y 的值。在 B2 单元格输入公式“=IF(AND(A2>=-1,A2<2),SIN(A2)+2*SQRT(A2+EXP(4))-(A2+1)^3,LN(ABS(A2^2-A2))-2*PI()*(A2-1)/7/A2)”并填充至 B42 单元格。利用增加小数位数或减少小数位数使结果保留 2 位小数。

③ 利用 IF 和 OR 函数计算分段函数 y 的值。在 C2 单元格输入公式 “=IF(OR(A2<-1,A2>=2),LN(ABS(A2^2-A2))-2*PI()*(A2-1)/7/A2,SIN(A2)+2*SQRT(A2+EXP(4))-(A2+1)^3)”并填充至 C42 单元格。利用增加小数位数或减少小数位数使结果保留 2 位小数。

④ 文件另存为：fl1-2-10 分段函数-结果.xlsx。

说明：

（1）因为 x 是随机生成的，所以本例同时使用 AND 和 OR 函数计算分段函数的值。

（2）本例练习使用 Excel 数学和三角函数的使用方法。注意，在书写 Excel 表达式时，乘号不能省略，例如，a 乘以 b 应写为 a*b。表达式中括号必须成对出现，而且只能使用圆括号，圆括号可以嵌套使用。表达式从左到右在同一个基准上书写，无高低、大小区分。

3. 文本函数

Excel 文本函数用于处理字符串，其包括的主要函数如附录 A 表 3 所示。

【例 1-2-11】文本函数（LEFT、RIGHT、LEN、LENB、FIND、UPPER 和 REPLACE 等）的应用。

“fl1-2-11 供应商信息.xlsx”存放着若干供应商的联系方式、身份证号码、E-mail 等信息。

（1）根据 A 列的供应商联系方式，抽取出供应商姓名和手机号码。

（2）抽取 E-mail 地址中的用户名（即 E-mail 地址中“@”字符之前的文本）并且字母转换为大写作为登录账号。

（3）抽取身份证号码的最后 6 位数作为登录密码。

（4）将身份证号码的前 3 位 510（四川省）变更为 320（江苏省）。

最终结果如图 1-2-14 所示。

B2　fx　=LEFT(A2,LENB(A2)-LEN(A2))

	A	B	C	D	E	F	G	H
1	供应商联系方式	姓名	手机号码	身份证号码	E-mail	登录账号	密码	身份证号码变更
2	王歆文13867658386	王歆文	13867658386	510725198509178510	xusir2016@yahoo.cn	XUSIR2016	178510	320725198509178510
3	王郁立13985712143	王郁立	13985712143	510725198602225170	periswallow@126.co	PERISWALLOW	225170	320725198602225170
4	刘倩芳13521911356	刘倩芳	13521911356	510725197904171572	acmmjiang@yahoo.cn	ACMMJIANG	171572	320725197904171572
5	陈熠洁13385745549	陈熠洁	13385745549	510725198705177837	ynlyf100@sina.com	YNLYF100	177837	320725198705177837
6	王鹏瑛13316769931	王鹏瑛	13316769931	510725197008234010	catrinajy@gmail.co	CATRINAJY	234010	320725197008234010
7	周一蓝13411697083	周一蓝	13411697083	51072519760716451X	leafivy@163.com	LEAFIVY	16451X	32072519760716451X
8	赵国赟13971657062	赵国赟	13971657062	510725197701136405	cany315@sohu.com	CANY315	136405	320725197701136405
9	张祯喆13624293735	张祯喆	13624293735	510725197107162112	zhang_ecnu@163.com	ZHANG_ECNU	162112	320725197107162112
10	范赵灵13372455173	范赵灵	13372455173	510725197402266352	sakuraforever911@y	SAKURAFOREVER9	266352	320725197402266352
11	王琪琪13817251968	王琪琪	13817251968	510725198307258738	xuanlingmuwjj@yaho	XUANLINGMUWJJ	258738	320725198307258738
12	邓丽丽13936177810	邓丽丽	13936177810	51072519810921489X	wangjia512@sohu.co	WANGJIA512	21489X	32072519810921489X
13	张娟娟15821864062	张娟娟	15821864062	510725197803239245	juanzi19851234@yah	JUANZI19851234	239245	320725197803239245
14	覃依妮15911855495	覃依妮	15911855495	510725198505144256	pp_198633@sina.com	PP_198633	144256	320725198505144256
15	宣华华13777293735	宣华华	13777293735	510725198008215123	zilongkang8@163.co	ZILONGKANG8	215123	320725198008215123

图 1-2-14　供应商姓名电话账号密码身份证信息

【例 1-2-11 解答】

① 供应商姓名抽取公式。在 B2 单元格输入公式“=LEFT(A2,LENB(A2)-LEN(A2))”并填充至 B15 单元格。

② 供应商手机号码抽取公式。在 C2 单元格输入公式“=RIGHT(A2,2*LEN(A2)-LENB(A2))”并填充至 C15 单元格。

③ 登录账号抽取公式。在 F2 单元格输入公式“=UPPER(LEFT(E2,FIND("@",E2)-1))”并填充至 F15 单元格。

④ 登录密码抽取公式。在 G2 单元格输入公式“=RIGHT(D2,6)”并填充至 G15 单元格。

⑤ 身份证号码变更公式。在 H2 单元格输入公式“=REPLACE(D2,1,3,"320")”并填充至 H15 单元格。

⑥ 文件另存为：fl1-2-11 供应商信息-结果.xlsx。

说明：

（1）从 Excel 中提取字符串的常用函数有 LEFT、RIGHT、MID、SUBSTITUTE、REPLACE 等。LEFT 函数从左向右提取，RIGHT 函数从右向左提取，MID 函数也从左向右提取，但不一定从第一个字符起，可以从文本字符串中间某个指定的位置开始提取。

（2）函数 LEN、LEFT、RIGHT、MID、FIND、SEARCH、REPLACE 面向使用单字节字符集（Single-Byte Character Set，SBCS）的语言。无论默认语言如何设置，这些函数始终将每个字符（不管是单字节还是双字节）按 1 计数。例如，LEN("丰田 car")返回 5。

（3）函数 LENB、LEFTB、RIGHTB、MIDB、FINDB、SEARCHB、REPLACEB 面向使用双

字节字符集（Double-Byte Character Set，DBCS）的语言。当启用支持 DBCS 语言（日语、简体中文、繁体中文以及朝鲜语）的编辑并将其设置为默认语言时，这些函数会将每个双字节字符按 2 计数。例如，LENB("丰田 car")返回 7。

（4）函数 SUBSTITUTE 用于在某一文本字符串中替换指定的文本；函数 REPLACE 则用于在某一文本字符串中替换指定位置处的指定字节数的文本。本例一定要使用 REPLACE 函数将身份证号码的前 3 位 510 变更为 320。因为如果使用公式"=SUBSTITUTE(D2,"510","320")"，则将身份证号码所有的 510 替换为 320，例如第一个供应商的身份证号码 510725198509178510（有两组510）将替换为 320725198509178320。

（1）请尝试使用其他公式抽取供应商手机号码。例如，在抽取了供应商姓名信息后，可在 C2 单元格输入公式"=MID(A2,LEN(B2)+1,LEN(A2)-LEN(B2))"抽取供应商手机号码。

（2）请尝试使用公式抽取 E-mail 地址中的主机域名（用户信箱的邮件接收服务器域名，即 E-mail 地址中"@"字符之后的文本）。提示：可输入公式"=RIGHT(E2,LEN(E2)-FIND("@",E2))"抽取 E-mail 地址中的主机域名。

4. 日期与时间函数

Excel 日期与时间函数用于处理日期和时间，其包括的主要函数如附录 A 表 4 所示。

【例 1-2-12】日期与时间函数（WEEKDAY、DATEDIF 等）、数学函数（SUM、SUMIF、SUMIFS、ROUND 等）、逻辑函数（IF、OR 等）以及数组公式的应用。

"f1-2-12 职工加班出差信息.xlsx"中记录着 4 名员工的加班和出差情况，加班工资按照小时计算（加班时间不足 1 小时但超过半小时的按 1 小时计算，不足半小时的则忽略不计）。

（1）统计每位员工的加班时长。

（2）判断加班时间是星期几，并确定是否为双休日。

（3）统计每位员工总的加班时长、双休日加班时长，并根据表格中的支付标准计算加班工资。

（4）统计每位员工的出差天数。

（5）请利用数组公式计算该单位所支出的出差补助总费用。

最终结果如图 1-2-15 所示。

图 1-2-15　职工加班出差费用统计

【例 1-2-12 解答】

① 统计每位员工的加班时长。在 D3 单元格输入公式"=ROUND(((C3-B3)*24),0)"并填充至

D12 单元格。

② 判断加班时间是星期几。在 E3 单元格输入公式 "=WEEKDAY(B3,2)" 并填充至 D12 单元格。

③ 判断加班时间是否为双休日。在 F3 单元格输入公式 "=IF(OR(E3=6,E3=7),"是","")" 并填充至 F12 单元格。

④ 统计每位员工加班总时长。选择数据区域 I3:I6，然后在编辑栏中输入公式 "=SUMIF(A3:A12,H3:H6,D3:D12)"，按 Ctrl+Shift+Enter 组合键锁定数组公式，Excel 将在公式两边自动加上花括号 "{}"。

⑤ 统计每位员工双休日总加班时长。选择数据区域 J3:J6，然后在编辑栏中输入公式 "=SUMIFS(D3:D12,A3:A12,H3:H6,F3:F12,"是")"，按 Ctrl+Shift+Enter 组合键锁定数组公式。

⑥ 统计每位员工加班工资。选择数据区域 K3:K6，然后在编辑栏中输入公式 "=J3:J6*I10+(I3:I6-J3:J6)*I9"，按 Ctrl+Shift+Enter 组合键锁定数组公式。

⑦ 统计每位员工出差总天数。在 D16 单元格输入公式 "=DATEDIF(B16,C16,"D")" 并填充至 D19 单元格。

⑧ 利用数组公式计算出差补助总支出费用。选择单元格 E20，然后在编辑栏中输入公式 "=SUM(D16:D19*E16:E19)"，按 Ctrl+Shift+Enter 组合键锁定数组公式。

⑨ 文件另存为：fl1-2-12 职工加班出差信息-结果.xlsx。

说明：

（1）函数 WEEKDAY(serial_number,[return_type]) 返回指定日期为星期几。默认情况下，其值为 1（星期天）到 7（星期六）之间的整数。其中，serial_number 是需要查找的指定日期。return_type 用于确定返回值类型的数字，常用的取值参见表 1-2-4 所示。

表 1-2-4   return_type 的取值及意义

取值	意义
1 或省略	从 1（星期日）到 7（星期六）的数字
2	从 1（星期一）到 7（星期日）的数字
3	从 0（星期一）到 6（星期日）的数字
11	从 1（星期一）到 7（星期日）的数字
12	从 1（星期二）到 7（星期一）的数字
13	从 1（星期三）到 7（星期二）的数字
14	从 1（星期四）到 7（星期三）的数字
15	从 1（星期五）到 7（星期四）的数字
16	从 1（星期六）到 7（星期五）的数字
17	从 1（星期日）到 7（星期六）的数字

（2）函数 DATEDIF(start_date,end_date,unit) 计算两个指定日期 start_date 和 end_date 之间相差的天数、月数或年数，参数 unit 确定差值的返回类型，其取值如表 1-2-5 所示。表中仍以 A1 中存放的日期 2014/2/1 和 B1 中存放的日期 2015/4/10 为例加以说明。

5. 统计函数

Excel 统计函数用于数据的统计分析，其包括的主要函数如附录 A 表 5 所示。

表 1-2-5 函数 DATEDIF 参数 unit 的取值

值	返回类型	示例	结果
"Y"	时间段中的整年数	=DATEDIF(A1,B1,"Y")	1（整年数）
"M"	时间段中的整月数	=DATEDIF(A1,B1,"M")	14（整月数）
"D"	时间段中的天数	=DATEDIF(A1,B1,"D")	433（天数）
"MD"	时间段中相差的天数。忽略日期中的年和月	=DATEDIF(A1,B1,"MD")	9（天数。不计年月）
"YM"	时间段中相差的月数。忽略日期中的年和日	=DATEDIF(A1,B1,"YM")	2（月数。不计年日）
"YD"	时间段中相差的天数。忽略日期中的年	=DATEDIF(A1,B1,"YD")	68（天数。不计年）

【例 1-2-13】统计函数（FREQUENCY、RANK、PERCENTRANK、MAX、MIN、LARGE、SMALL、AVERAGE、SUBTOTAL、MEDIAN、MODE 等）以及日期与时间函数（DATEDIF、YEAR、NOW 或 TODAY 等）的应用。

“f11-2-13 职工信息统计.xlsx”中记录着员工的出生日期和薪酬情况。

（1）在 G1 单元格中显示系统当前日期。

（2）请根据出生日期计算员工年龄（当年年龄和实足年龄）。

（3）统计员工实足年龄分布情况。

（4）计算员工的薪酬排名、薪酬百分比排名。

（5）统计最高薪酬、第二高薪酬、最低薪酬、倒数第二低薪酬、平均薪酬、中间薪酬以及出现次数最多的薪酬。

最终结果如图 1-2-16 所示。

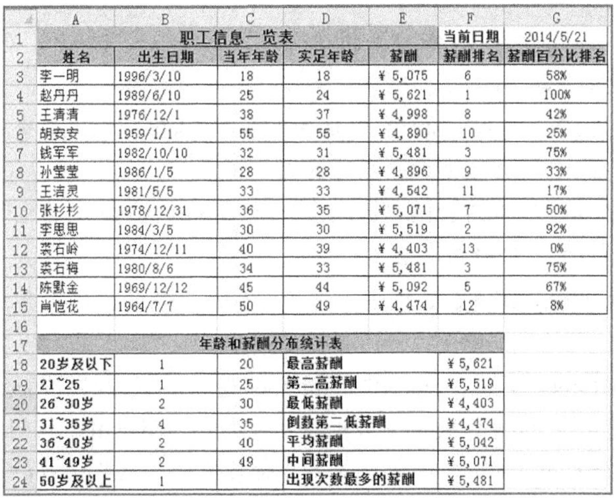

	A	B	C	D	E	F	G
1	职工信息一览表					当前日期	2014/5/21
2	姓名	出生日期	当年年龄	实足年龄	薪酬	薪酬排名	薪酬百分比排名
3	李一明	1996/3/10	18	18	¥ 5,075	6	58%
4	赵丹丹	1989/6/10	25	24	¥ 5,621	1	100%
5	王清清	1976/12/1	38	37	¥ 4,998	8	42%
6	胡安安	1959/1/1	55	55	¥ 4,890	10	25%
7	钱军军	1982/10/10	32	31	¥ 5,481	3	75%
8	孙莹莹	1986/1/5	28	28	¥ 4,896	9	33%
9	王洁灵	1981/5/5	33	33	¥ 4,542	11	17%
10	张杉杉	1978/12/31	36	35	¥ 5,071	7	50%
11	李思思	1984/3/5	30	30	¥ 5,519	2	92%
12	裘石岭	1974/12/11	40	39	¥ 4,403	13	0%
13	裘石梅	1980/8/6	34	33	¥ 5,481	3	75%
14	陈默金	1969/12/12	45	44	¥ 5,092	5	67%
15	肖恺花	1964/7/7	50	49	¥ 4,474	12	8%
16							
17	年龄和薪酬分布统计表						
18	20岁及以下	1	20	最高薪酬		¥ 5,621	
19	21~25	1	25	第二高薪酬		¥ 5,519	
20	26~30岁	2	30	最低薪酬		¥ 4,403	
21	31~35岁	4	35	倒数第二低薪酬		¥ 4,474	
22	36~40岁	2	40	平均薪酬		¥ 5,042	
23	41~49岁	2	49	中间薪酬		¥ 5,071	
24	50岁及以上	1		出现次数最多的薪酬		¥ 5,481	

图 1-2-16 员工年龄薪酬信息统计

【例 1-2-13 解答】

① 显示当前日期。在 G1 单元格输入公式"=TODAY()"。

② 计算每位员工的当年年龄（不管生日是否已过）。在 C3 单元格输入公式“=YEAR(NOW())-YEAR(B3)”，并填充至 C15 单元格。

③ 计算每位员工的实足年龄（从出生到计算时为止，共经历的周年数或生日数）。在 D3 单元格输入公式“=DATEDIF(B3,$G$1,"Y")”并填充至 D15 单元格。

④ 重新整理实足年龄段，为了使用 FREQUENCY 函数统计数值在区域内的出现频率，在 C18:C23 数据区域输入整理后的年龄段。利用频率统计函数统计员工实足年龄分布情况，选择数据区域 B18:B24，然后在编辑栏中输入公式"=FREQUENCY(D3:D15,C18:C23)"，按 Ctrl+Shift+Enter 组合键锁定数组公式。

⑤ 计算员工的薪酬排名，在 F3 单元格输入公式"=RANK(E3,$E$3:$E$15)"并填充至 F15 单元格。计算员工的薪酬百分比排名，在 G3 单元格输入公式"=PERCENTRANK($E$3:$E$15,E3)"并填充至 G15 单元格，并设置其格式为百分比样式，保留显示到整数部分。

⑥ 统计最高薪酬。在 F18 单元格输入公式"=MAX(E3:E15)"（也可以利用公式"=LARGE(E3:E15,1)"或者"=SMALL(E3:E15,13)"完成相同功能）。

⑦ 统计第二高薪酬，在 F19 单元格输入公式"=LARGE(E3:E15,2)"统计最低薪酬，在 F20 单元格输入公式"=MIN(E3:E15)"（也可以利用公式"=SMALL(E3:E15,1)"或者"=LARGE(E3:E15,13)"完成相同功能）。

⑧ 统计倒数第二低薪酬，在 F21 单元格输入公式"=SMALL(E3:E15,2)"；统计平均薪酬，在 F22 单元格输入公式"=AVERAGE(E3:E15)"（也可以利用公式"=SUBTOTAL(1,E3:E15)"完成相同功能）。

⑨ 统计中间薪酬，在 F23 单元格输入公式"=MEDIAN(E3:E15)"；统计出现次数最多的薪酬，在 F24 单元格输入公式"=MODE(E3:E15)"。

⑩ 文件另存为：fl1-2-13 职工信息统计-结果.xlsx。

说明：

（1）在现实生活和学习中，经常需要分段统计数据，比较轻松快捷的方法是利用 FREQUENCY 函数，统计数值在数据区域中的出现频率。

（2）FREQUENCY 函数的功能是统计数值在某个区域内的出现频率，然后返回一个垂直数组，因此必须以数组公式的形式输入。

（3）在函数 FREQUENCY(data_array, bins_array)中，data_array 是要为其计算频率的数组，bins_array 是对 data_array 中的数值进行分组的区间数组。

（4）FREQUENCY 函数返回的数组中的元素个数比 bins_array 中的元素个数多 1 个。多出来的那个元素表示最高区间之上的数值个数。

（5）RANK 函数返回指定数值在数值列表中的排位。数值的排位是其大小与列表中其他值的比值。

（6）在函数 RANK(number,ref,[order])中，number 是需要找到排位的数值；ref 是数值列表数组或对数值列表的引用（ref 中的非数值型数据将被忽略）；order 用于指明数值排位的方式，为 0（默认值）时数值的排位基于 ref 降序排列，不为 0 时数值的排位基于 ref 升序排列。

（7）RANK 函数对重复数值的排位相同，但重复数值将影响后续数值的排位。本例中"钱军军"和"裘石梅"薪酬排名并列第 3，则排位 4 空缺，"陈默金"的排位为 5。

（1）请思考，为什么需要重新整理分数段？这其中有什么规律可循？请回忆函数 COUNTIF(统计范围, 条件)是如何完成指定范围内满足条件的记录个数的统计功能的？体会一下借助一个数组公式（FREQUENCY 函数）的妙处。

（2）如果区域中数据点的个数为 n，则函数 LARGE(array,1)返回最大值（即 MAX(array)），函数 LARGE(array,n)返回最小值（即 MIN(array)）。

（3）请尝试利用 SMALL 函数统计第二高薪酬（提示：=SMALL(E3:E15,12)），以及利用 LARGE 函数统计倒数第二低薪酬（提示：=LARGE(E3:E15,12)）。推而广之，对于有 n 个数据的数据区域，如何利用 LARGE 函数计算其第 k 个最小值，利用 SMALL 函数计算其第 k 个最大值？

6. 财务函数

Excel 财务函数用于财务计算，如确定贷款的支付额、投资的未来值或净现值，以及债券或息票的价值。其包括的主要函数如附录 A 表 6 所示。

在统计函数中，用于投资理财的函数主要有：

- 与未来值 fv 有关的函数：FV、FVSCHEDULE。
- 与付款 pmt 有关的函数：PMT、IPMT、ISPMT、PPMT。
- 与现值 pv 有关的函数：PV、NPV、XNPV。
- 与复利计算有关的函数：EFFECT、NOMINAL。
- 与期间数有关的函数：NPER。

本文将重点介绍 PMT 和 FV 函数，其他函数的具体说明和使用请参见 Excel 帮助信息。

【例 1-2-14】财务函数的应用（PMT 函数）。

在"fl1-2-14 购房贷款.xlsx"中，存放着王先生向银行贷款购置住房的有关信息。假设总房价为 200 万元，首付按照总房价 20% 计算，其余从银行贷款，贷款利率为 5.23%，分 30 年还清，计算每月还给银行的贷款数额以及总还款额（假定每次为等额还款，还款时间为每月月末）。最终结果如图 1-2-17 所示。

	A	B
1	总房款额	¥2,000,000.00
2	首付房款额	¥400,000.00
3	需贷款数额	¥1,600,000.00
4	贷款年利率	5.23%
5	还款时间（年）	30.00
6	每月还款数额（期末）	¥-8,815.45
7	期末还款合计	¥-3,173,561.83

图 1-2-17　购房贷款结果

【例 1-2-14 解答】

① 输入计算首付房款额公式。在 B2 单元格输入公式"=B1*20%"。

② 输入需贷款余额公式。在 B3 单元格输入公式"=B1-B2"。

③ 输入每月还款数额（期末）公式。在 B6 单元格输入公式"=PMT(B4/12,B5*12,B3)"。

④ 输入期末还款合计公式。在 B7 单元格输入公式"=B6*B5*12"。

⑤ 文件另存为：fl1-2-14 购房贷款-结果.xlsx。

说明：

（1）函数 PMT(rate, nper, pv, [fv], [type]) 基于固定利率及等额分期付款方式，返回贷款的每期付款额。其中，rate 为贷款利率；nper 为该项贷款的付款总期数；pv 为现值或一系列未来付款的当前值的累积和（也称为本金）；fv（可选）为未来值，或在最后一次付款后希望得到的现金余额，如果省略 fv，则假设其值为 0，也就是一笔贷款的未来值为 0；type（可选）取值数字 0 或 1，用以指示各期的付款时间是在期末（0）还是期初（1），默认为 0。

（2）使用 PMT 函数时，注意确保所指定的 rate 和 nper 单位的一致性。例如，对于五年期年利率为 8.5% 的贷款，如果按月支付，rate 应为 8.5%/12，nper 应为 5*12；如果按年支付，rate 应为 8.5%，nper 为 5。

（3）对于所有投资统计函数（PMT、FV、PV 等）的参数，支出的款项（如银行存款），表示为负数；收入的款项（如股息收入），表示为正数。

思考　如果还款时间为每月月初，则 PMT 函数还需要再增加什么参数（可参考【例 1-2-4】公式审核示例中的计算公式）？如果还款时间为每年年初或年末，则如何使用 PMT 函数计算相应的还款数额？

【例 1-2-15】财务函数应用示例（FV 函数）。

在"fl1-2-15 积攒学习费用.xlsx"中，存放着小王为了进一步学习深造计划筹款情况。小王本科毕业工作后，计划两年后攻读硕士研究生，为了自力更生支付这笔比较大的学习费用，决定从现在起每月末存入储蓄存款账户 2500 元，如果年利为 4.25%，按月计息，计算两年以后小王账户的存款额。最终结果如图 1-2-18 所示。

	A	B
1	月末存款	￥-2,500
2	存款年利率	4.25%
3	存款时间（年）	2
4	存款总额	￥62,508.42

图 1-2-18　学习费用积攒结果

B4 单元格 =FV(B2/12,B3*12,B1)

【例 1-2-15 解答】

① 准备数据。在 B1～B3 单元格中分别输入每月存款额、存款年利率、存款期限。

② 计算两年后账户存款额。在 B4 单元格输入公式：=FV(B2/12,B3*12,B1)。

③ 文件另存为：fl1-2-15 积攒学习费用-结果.xlsx。

说明：

（1）在日常工作与生活中，经常会遇到要计算某项投资未来值的情况，此时可利用 Excel 函数 FV，计算和分析一些有计划、有目的、有效益的投资。

（2）FV(rate,nper,pmt,[pv],[type])函数基于固定利率及等额分期付款方式，返回某项投资的未来值。各参数的涵义与 PMT 函数参数类似：rate 为存款利率利率；nper 为年金的付款总期数；pmt 为各期所应支付的金额，其数值在整个年金期间保持不变（注意，如果省略 pmt，则必须包括 pv 参数）；pv（可选）为现值，或一系列未来付款的当前值的累积和（注意，如果省略 pv，则假设其值为 0，并且必须包括 pmt 参数）；type（可选）取值数字 0 或 1，用以指定各期的付款时间是在期初（1）还是期末（0），默认为 0。

7. 查找与引用函数

Excel 查找与引用函数用于在数据清单或表格中查找特定数值，或者需要查找某一单元格的引用。例如，如果需要在表格中查找与第一列中的值相匹配的数据，可以使用 VLOOKUP 函数。如果需要确定数据清单中数值的位置，可以使用 MATCH 函数。Excel 查找与引用函数如附录 A 表 7 所示。

【例 1-2-16】查找与引用函数（CHOOSE、VLOOKUP、INDIRECT）、文本函数（TEXT）、数学函数（ROUND）、日期与时间函数（WEEKDAY）的应用。

在"fl1-2-16 职工加班补贴信息.xlsx"中，存放着职工 6 月份的加班情况。

（1）请尝试分别使用 TEXT 函数和 CHOOSE 函数两种不同的方法，判断加班日期所对应的星期名称。

（2）利用 VLOOKUP 函数，根据表格中的加班工资标准，计算职工的加班工资。

（3）分别利用 VLOOKUP 函数和 INDIRECT 函数，根据不同职称的补贴比例（薪酬的百分比），计算职工的补贴（四舍五入到整数部分），结果分别置于 I3:I15（补贴 1）和 J3:J15（补贴 2）。

最终结果如图 1-2-19 所示。

【例 1-2-16 解答】

① 利用 TEXT 函数判断加班日期所对应的星期名称。在 E3 单元格输入公式 "=TEXT(D3,"aaaa")"，并填充至 E15 单元格。

职工6月份加班补贴情况表

姓名	职称	薪酬	加班日	星期(1)	星期(2)	加班时长	加班工资	补贴1	补贴2
邱师强	中级	¥6,075	2014/6/2	星期一	星期一	2	¥ 20	¥ 608	¥ 608
赵丹丹	高级	¥8,621	2014/6/28	星期六	星期六	1	¥ 10	¥1,293	¥1,293
林福清	初级	¥4,998	2014/6/14	星期六	星期六	7	¥ 70	¥ 250	¥ 250
胡安安	中级	¥7,890	2014/6/24	星期二	星期二	12	¥ 120	¥ 789	¥ 789
钱军军	高级	¥8,481	2014/6/25	星期三	星期三	6	¥ 60	¥1,272	¥1,272
孙莹莹	中级	¥6,896	2014/6/2	星期一	星期一	10	¥ 100	¥ 690	¥ 690
来福灵	初级	¥4,542	2014/6/13	星期五	星期五	4	¥ 40	¥ 227	¥ 227
张杉杉	高级	¥5,071	2014/6/3	星期二	星期二	5	¥ 50	¥ 761	¥ 761
李思思	高级	¥9,519	2014/6/13	星期五	星期五	11	¥ 110	¥1,428	¥1,428
裘石岭	初级	¥8,403	2014/6/23	星期一	星期一	3	¥ 30	¥ 420	¥ 420
裘石梅	中级	¥5,481	2014/6/6	星期五	星期五	8	¥ 80	¥ 548	¥ 548
陈默金	高级	¥9,092	2014/6/23	星期一	星期一	3	¥ 30	¥1,364	¥1,364
肖恺花	高级	¥8,474	2014/6/12	星期四	星期四	9	¥ 90	¥1,271	¥1,271

	加班工资（元/小时）	
	时长	单价
0	2小时以下	5
2	2~5小时	10
6	6~8小时	12
8	8~10小时	15
11	10小时以上	20

补贴对照表	
职称	补贴比例
初级	5%
中级	10%
高级	15%

图 1-2-19 职工加班补贴统计结果

② 利用 CHOOSE 函数判断加班日期所对应的星期名称。在 F3 单元格输入公式“=CHOOSE(WEEKDAY(D3),"星期日","星期一","星期二","星期三","星期四","星期五","星期六")”并填充至 F15 单元格。

③ 重新整理加班工资标准。为了使用 VLOOKUP 函数搜索不同加班时长所对应的加班工资单价信息，在 L4:L8 数据区域输入整理后的加班时长。

④ 利用 VLOOKUP 函数计算职工加班工资。选择数据区域 H3:H15，然后在编辑栏中输入公式“=VLOOKUP(G3,$L$4:$N$8,3)*G3:G15”，按 Ctrl+Shift+Enter 组合键锁定数组公式。

⑤ 利用 VLOOKUP 函数计算职工补贴（保留到整数部分）。在 I3 单元格输入公式“=ROUND(C3*VLOOKUP(B3,$M$12:$N$14,2,FALSE),0)”并填充至 I15 单元格。

⑥ 为了利用 INDIRECT 函数查询不同职称的补贴比例，请分别将 N12、N13、N14 单元格命名为其所对应的职称“初级”、“中级”、“高级”。

⑦ 利用 INDIRECT 函数计算职工补贴（保留到整数部分）。在 J3 单元格输入公式“=ROUND(C3*INDIRECT(B3),0)”并填充至 J15 单元格。

⑧ 文件另存为：fl1-2-16 职工加班补贴信息-结果.xlsx。

说明：

（1）函数 CHOOSE(index_num, value1, [value2], … , [valuen])使用 index_num 返回数值参数列表 value1～valuen 中的数值：如果 index_num 为 1，则返回 value1；如果为 2，则返回 value2，以此类推。

（2）函数 VLOOKUP(lookup_value, table_array, col_index_num, [range_lookup])有以下两种语法和用途。

① 当 range_lookup 为 TRUE 或被省略时：在单元格区域 table_array 的第一列搜索小于或等于 lookup_value 的最大值，然后返回 table_array 区域与该最大值同一行的第 col_index_num 列单元格中的值。

② 当 range_lookup 为 FALSE 时：在单元格区域 table_array 的第一列搜索等于 lookup_value 的那个值（精确匹配），然后返回 table_array 区域与该值同一行的第 col_index_num 列单元格中的值。

（3）注意，如果 VLOOKUP 函数的 range_lookup 为 TRUE 或被省略，则必须按升序排列 table_array 第一列中的值。

（4）当比较值位于查找数据区域的首列，并且要返回给定列中的数据时，可以使用 VLOOKUP（V 表示垂直方向（Vertical））函数。当比较值位于查找数据区域的首行，并且要返回给定行中的数据时，则使用函数 HLOOKUP（H 表示水平方向（Horizontal）函数。

（5）在 Excel 中，如果需要更改公式中对单元格的引用，而不是更改公式本身，一般可使用

INDIRECT 函数。函数 INDIRECT(ref_text, [a1])返回引用 ref_text 所对应的内容。其中，ref_text 是对单元格的引用，a1 用于指定引用类型：其值为 TRUE 或省略，ref_text 被解释为 A1 样式的引用；其值为 FALSE，则将 ref_text 解释为 R1C1 样式的引用。

思考　如果日期的星期序号（1 对应星期一、2 对应星期二…7 对应星期日），则本例使用 CHOOSE 函数判断加班日期所对应的星期名称需要做哪些调整？

【例 1-2-17】查找与引用函数（ROW、INDIRECT 等）、统计函数（LARGE、SMALL 等）、数学函数（ROUND）以及数组公式和数组常量的应用。

在"fl1-2-17 成绩信息.xlsx"中，存放着 15 名学生 3 门主课（语数英）的成绩。

（1）请利用数组公式和数组常量，并根据两种方案调整成绩：

① 语数英分别增加 1 分、2 分、3 分，调整后的成绩存放于数据区域 F2:H16 中。

② 语数英分别增加 3%、1%、2%，调整后的成绩（保留整数部分）存放于 I2:K16 单元格区域中。

（2）利用 LARGE 函数以及数组公式和数组常量，统计调整前语数英前 3 名学生的成绩，存放于 C18:E20 单元格区域中。

（3）利用 SMALL 函数以及 ROW 和 INDIRECT 函数，统计调整前语数英后 3 名学生的成绩，存放于 C21:E23 单元格区域中。

结果如图 1-2-20 所示。

	A	B	C	D	E	F	G	H	I	J	K
1	学号	姓名	语文	数学	英语	语文New1	数学New1	英语New1	语文New2	数学New2	英语New2
2	B13121501	宋平平	87	90	91	88	92	94	90	91	93
3	B13121502	王丫丫	91	87	90	92	89	93	94	88	92
4	B13121503	董华华	53	67	92	54	69	95	55	68	94
5	B13121504	陈熙熙	92	89	78	93	91	81	95	90	80
6	B13121505	周萍萍	87	74	84	88	76	87	90	75	86
7	B13121506	田一天	91	74	70	92	76	73	94	75	71
8	B13121507	朱洋洋	58	55	67	59	57	70	60	56	68
9	B13121508	吕文文	78	77	55	79	79	58	80	78	56
10	B13121509	舒齐齐	69	96	91	70	98	94	71	97	93
11	B13121510	范华华	90	94	88	91	96	91	93	95	90
12	B13121511	赵霞霞	79	86	89	80	88	92	81	87	91
13	B13121512	阳一昆	51	41	50	52	43	53	53	41	51
14	B13121513	翁华华	93	90	94	94	92	97	96	91	96
15	B13121514	金依珊	89	80	76	90	82	79	92	81	78
16	B13121515	李一红	95	86	88	96	88	91	98	87	90
17											
18			95	96	94						
19	前三名成绩		93	94	92						
20			92	90	91						
21			51	41	50						
22	倒数三名成绩		53	55	55						
23			58	67	67						

图 1-2-20　3 门主课分数信息

【例 1-2-17 解答】

① 利用数组公式和数组常量调整成绩（方案 1）。选择数据区域 F2:H16，然后在编辑栏中输入公式 "=C2:E16+{1,2,3}"。

② 利用数组公式和数组常量调整成绩（方案 2）。选择数据区域 I2:K16，然后在编辑栏中输入公式 "=ROUND(C2:E16*{1.03,1.01,1.02},0)"。

③ 利用 LARGE 函数以及数组公式和数组常量，统计 3 门主课前 3 名学生的成绩。选择 C18:C20 单元格区域，然后在编辑栏中输入公式 "=LARGE(C2:C16,{1;2;3})"。将公式填充至 E20 单元格。

④ 利用 SMALL 函数以及 ROW 和 INDIRECT 函数，统计 3 门主课倒数 3 名学生的成绩。选择 C21:C23 单元格区域，然后在编辑栏中输入公式 "=SMALL(C2:C16,ROW(INDIRECT("1:3")))"。将公式填充至 E23 单元格。

拓展　请读者思考,本例解答步骤④中利用查找与引用函数 ROW 和 INDIRECT 函数,统计 3 门主课倒数 3 名学生的成绩时,可否参照解答步骤③,利用 SMALL 函数实现? 提示：可利用数组公式"{=SMALL(C2:C16,{1;2;3})}"实现。

说明:

（1）在普通公式中,可输入包含数值的单元格引用,或数值本身,其中该数值与单元格引用被称为常量。同样,在数组公式中也可输入数组引用,或包含在单元格中的数值数组,其中该数值数组和数组引用被称为数组常量。

（2）数组常量是数组公式的组成部分。可以通过输入一系列项然后手动用花括号"{}"将该系列项括起来创建数组常量,最后还是需要使用 Ctrl+Shift+Enter 组合键锁定数组公式。

（3）如果使用逗号分隔各个项,将创建水平数组（一行）。如果使用分号分隔项,将创建垂直数组（一列）。要创建二维数组,应在每行中使用逗号分隔项,并使用分号分隔每行。

例如,{1,2,3,4}是单行数组（水平数组常量）,{1;2;3;4}是单列数组（垂直数组常量）,{1,2,3,4;5,6,7,8}是两行四列的数组（二维数组常量）。

① 创建水平数组常量{1,2,3,4}。选择单元格 A1 到 D1;在编辑栏中输入公式"={1,2,3,4}";按 Ctrl+Shift+Enter 组合键。

② 创建垂直数组常量{1;2;3;4}。选择单元格 A3 到 A6;在编辑栏中输入公式"={1;2;3;4}";按 Ctrl+Shift+Enter 组合键。

③ 创建两行四列的二维数组常量{1,2,3,4;5,6,7,8}。选择单元格区域 A8:D9（两行四列）;在编辑栏中输入公式"={1,2,3,4;5,6,7,8}";按 Ctrl+Shift+Enter 组合键。

④ 转置三行四列的二维数组常量{1,2,3,4;5,6,7,8;9,10,11,12}。选择单元格区域 A11:C14（四行三列）;在编辑栏中输入公式"=TRANSPOSE({1,2,3,4;5,6,7,8;9,10,11,12})";按 Ctrl+Shift+Enter 组合键。

各数组常量显示结果如图 1-2-21 所示。

图 1-2-21　数组常量示例

说明:

（1）数组常量可以包含数字、文本、逻辑值（例如 TRUE 和 FALSE）和错误值（例如#N/A）。数字可以是整数、小数和科学计数格式。文本则必须包含在半角的双引号内。例如,{1.5,#N/A,3;TRUE,FALSE,1.2E5;"华师大",0,"Campus"}是一个三行三列的二维数组常量。

（2）数组常量不能包含单元格引用、长度不等的行或列、公式、函数以及其他数组。换言之,它们只能包含以逗号或分号分隔的数字、文本、逻辑值或错误值。例如,输入公式"={1,2,A1:D4}"或者"={1,2,SUM(A2:C8)}",Excel 将显示警告消息。另外,数值不能包含百分号、货币符号、逗号或圆括号。

【例 1-2-18】查找与引用函数（LOOKUP、INDEX、MATCH 等）、日期与时间函数（WEEKDAY）以及命名数组的应用。

在"fl1-2-18 日期星期.xlsx"中,存放着日期 2014/1/1~2014/1/16。

（1）根据日期判断星期：使用 WEEKDAY 函数,判别日期的星期序号（1 对应星期日、2 对应星期一…7 对应星期六）。

（2）根据星期序号,分别利用 LOOKUP 函数（向量形式和数组形式）以及 INDEX 函数结合 MATCH 函数,确定对应的星期名称。

结果如图 1-2-22 所示。

【例 1-2-18 解答】

① 输入星期序号公式。在 B2 单元格输入公式"=WEEKDAY(A2)"并填充至 B17 单元格。

② 利用 LOOKUP 函数（向量形式）确定星期名称。在 C2 单元格输入公式"=LOOKUP(B2,$G$2:$G$8,$H$2:$H$8)"并填充至 C17 单元格。

③ 利用 LOOKUP 函数（数组形式）确定星期名称。

• 命名数组。单击"公式"选项卡，执行其"定义的名称"组中"定义名称"命令。在弹出的"编辑名称"对话框中，"名称"处输入"星期对照"，"引用位置"处输入"={1,"星期日";2,"星期一";3,"星期二";4,"星期三";5,"星期四";6,"星期五";7,"星期六"}"，如图 1-2-23 所示，单击"确定"按钮。

图 1-2-22　根据日期计算星期　　　　　图 1-2-23　命名数组常量

• 在 D2 单元格输入公式"=LOOKUP(B2,星期对照)"并填充至 D17 单元格。

④ 利用 INDEX 和 MATCH 函数确定星期名称。在 E2 单元格输入公式"=INDEX($H$2:$H$8,MATCH(B2,$G$2:$G$8,1))"并填充至 E17 单元格。

⑤ 文件另存为：fl1-2-17 日期星期-结果.xlsx。

思考

本例解答步骤③中利用 LOOKUP 函数的数组形式来确定星期名称时，可否直接使用数组常量实现？提示：可利用公式"=LOOKUP(B2,{1,"星期日";2,"星期一";3,"星期二";4,"星期三";5,"星期四";6,"星期五";7,"星期六"})"实现。

说明：

（1）使用数组常量的最佳方式是对其进行命名。命名的数组常量更易于使用，并且对于其他人来说，它们可以降低数组公式的复杂性。

（2）LOOKUP 函数具有两种语法形式：向量形式和数组形式。

① 向量形式 LOOKUP(lookup_value, lookup_vector, [result_vector])

在单行或单列区域（向量）lookup_vector 中搜索值 lookup_value，然后返回单行或单列区域 result_vector 中相同位置的值。例如本例中的"=LOOKUP(B2,$G$2:$G$8,$H$2:$H$8)"。

② 数组形式 LOOKUP(lookup_value, array)

在数组 array 的第一行或第一列中查找指定的值 lookup_value，并返回数组最后一行或最后一列内同一位置的值。例如表 1-2-11 中的示例"=LOOKUP(95, {0,60,70,80,90;"不及格","及格","中","良","优"})"，确定 95 分为"优"；以及本例中的公式"=LOOKUP(B2,星期对照)"。

（3）LOOKUP 的数组形式与 HLOOKUP 和 VLOOKUP 函数非常相似。区别在于：HLOOKUP

在第一行中搜索 lookup_value 的值，VLOOKUP 在第一列中搜索，而 LOOKUP 根据数组维度进行搜索。

（4）使用 HLOOKUP 和 VLOOKUP 函数，可以通过索引以向下或遍历的方式搜索并返回指定行或列的值，而 LOOKUP 始终返回行或列中的最后一个值。

（5）为了使 LOOKUP 函数能够正常运行，必须按升序排列查询的数据。如果无法使用升序排列数据，则考虑使用 VLOOKUP、HLOOKUP 或 MATCH 函数。

（6）一般情况下，最好使用 HLOOKUP 或 VLOOKUP 函数而不是 LOOKUP 的数组形式。LOOKUP 函数是为了与其他电子表格程序兼容而提供的。

（7）函数 MATCH(lookup_value, lookup_array, [match_type])在单元格区域 lookup_array 中搜索指定项 lookup_value，然后返回该项在单元格区域中的相对位置。match_type 指定 Excel 如何在 lookup_array 中查找 lookup_value 的值，其取值为-1、0 或 1，默认值为 1。match_type 参数的意义参见表 1-2-6 所示。

表 1-2-6　　match_type 参数的意义

值	意义
1	默认值。查找小于或等于 lookup_value 的最大值。lookup_array 中的值必须按升序排列
0	查找等于 lookup_value 的第一个值。lookup_array 中的值可以按任何顺序排列
-1	查找大于或等于 lookup_value 的最小值。lookup_array 中的值必须按降序排列

假设图 1-2-24 中存放学生的语文和数学成绩信息，注意语文成绩特意降序排列，数学成绩特意升序排列。

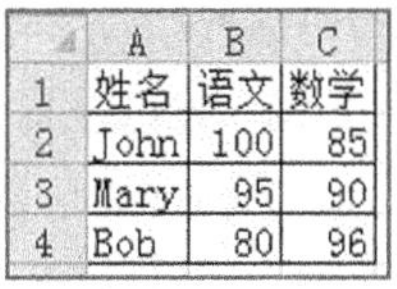

	A	B	C
1	姓名	语文	数学
2	John	100	85
3	Mary	95	90
4	Bob	80	96

图 1-2-24　学生成绩信息

对于语文成绩：

① 公式“=MATCH(90,B2:B4,-1)”在 B2:B4 区域查找≥90 的最小值 95 的相对位置，返回 2。

② 公式“=MATCH(90,B2:B4,0)”报错#N/A，因为 B2:B4 区域中无 90 分的语文成绩。

③ 公式“=MATCH(80,B2:B4,0)”返回 80 分在 B2:B4 区域中的相对位置 3。

④ 公式“=MATCH(90,B2:B4,1)”也报错#N/A，因为 B2:B4 区域降序排列。

对于数学成绩：

① 公式“=MATCH(95,C2:C4,1)”在 C2:C4 区域查找≤95 的最大值 90 的相对位置，返回 2。

② 公式“=MATCH(95,C2:C4,0)”报错#N/A，因为 C2:C4 区域中无 95 分的数学成绩。

③ 公式“=MATCH(85,C2:C4,0)”返回 85 分在 C2:C4 区域中的相对位置 1。

④ 公式“=MATCH(95,C2:C4,-1)”也报错#N/A，因为 C2:C4 区域升序排列。

（8）如果需要获得单元格区域中某个项目的位置而不是项目本身的内容，则应该使用 MATCH 函数而不是某个 LOOKUP 函数。本例使用 MATCH 函数为 INDEX 函数的参数 row_num 和 column_num 提供具体的行列信息。

（9）INDEX 函数具有两种语法形式：数组形式和引用形式。

① 数组形式 INDEX(array, row_num, [column_num])

当函数 INDEX 的第一个参数为数组常量时，使用此形式，用以返回单元格区域或数组 array 中由行号 row_num 和列号 column_num 所指定的元素值。例如公式“=INDEX(A1:B3,3,2)”返回 B3 单元格的值。

② 引用形式 INDEX(reference, row_num, [column_num], [area_num])

	A	B	C
1	产品名称	单价	库存量
2	苹果汁	¥18.00	39
3	牛奶	¥19.00	17
4			
5	蕃茄酱	¥10.00	13
6	盐	¥22.00	53

图 1-2-25　产品的单价和库存信息

返回一个或多个单元格区域引用 reference 中，指定的行 row_num 与列 column_num 交叉处的单元格引用。如果引用 reference 由不连续的选定区域组成，可以由 area_num 指定引用区域。区域序号为 1、2……，默认为 1。

假设图 1-2-25 中存放产品的单价和库存信息。

公式“=INDEX((A1:C3, A5:C6), 2, 2, 2)”返回第二个区域 A5:C6 中第 2 行和第 2 列的交叉处，即单元格 B6 的内容（盐的单价 22）。而公式“=SUM(INDEX(A2:C6, 0, 3, 1))”或“=SUM(INDEX(A2:C6, 0, 3))”则对第 1 个单元格区域 A2:C6 中的第 3 列（库存量）求和，即对 C2:C6 单元格区域求和，结果为 122。

8. 工程函数

Excel 工程函数用于工程分析，包括对复数进行处理的函数、在不同的数字系统（如十进制系统、十六进制系统、八进制系统和二进制系统）间进行数值转换的函数、在不同的度量系统中进行数值转换的函数等。

9. 数据库函数

当需要分析数据清单中的数值时，可以使用 Excel 数据库函数。Excel 数据库函数以 D 字母开始，也称为 D 函数。

10. 信息函数

Excel 信息函数用于确定存储在单元格或区域中数据的类型信息、数据错误信息、操作环境参数等属性信息，常用的包括：

（1）ISBLANK 函数判断指定值是否为空。

（2）ISERR 函数判断指定值是否为除#N/A 以外的任何错误值。

（3）ISERROR 函数判断指定值是否为任意错误值（#N/A、#VALUE!、#REF!、#DIV/0!、#NUM!、#NAME?或#NULL!）。

（4）ISEVEN 函数判断指定值是否为偶数。

（5）ISLOGICAL 函数判断指定值是否为逻辑值。

（6）ISNA 函数判断指定值是否为为错误值#N/A（值不存在）。

（7）ISNUMBER 函数判断指定值是否为数字。

（8）ISODD 函数判断指定值是否为奇数。

（9）ISTEXT 函数判断指定值是否为文本。

（10）ISNONTEXT 函数判断指定值是否不为文本（注意，此函数在值为空单元格时返回 TRUE）。

（11）ISREF 函数判断指定值是否为引用。

（12）CELL 函数返回单元格的格式、位置或内容的信息。例如：

① 如果在对单元格执行计算之前，验证其所包含的内容是数值而不是文本，则对于公式“=IF(CELL("type", A1) = "v", A1 * 2, 0)”，仅当单元格 A1 包含数值时，此公式才计算 A1*2；如果 A1 包含文本或为空，则此公式将返回 0。其中，"type"表示与单元格中的数据类型相对应的文本值：空则返回"b"；文本常量返回"l"；其他内容回"v"。

② 公式“=CELL("row")”返回当前单元格所在的行号，而公式“=CELL("row",A20)”返回指定单元格 A20 所在的行号 20。

【例 1-2-19】信息函数（ISBLANK、ISNUMBER、ISERROR）、逻辑函数（IF、ISERROR）、查找与引用函数（VLOOKUP）的应用。

在"fl1-2-19 学生成绩表.xlsx"中，存放着 15 名学生的语文成绩。

（1）请分别使用 IF 函数和 ISBLANK 或者 ISNUMBER 函数，根据 C 列中课程成绩是否为空，判断考试状态是"正常"还是"缺考"。

（2）分别使用 IF、ISERROR、VLOOKUP 函数以及 IFERROR、VLOOKUP 函数设计学生成绩查询器：输入学生的学号，查询相应的语文成绩，如果学号不存在，不是显示错误信息"#N/A"而是显示"查无此人"。

结果如图 1-2-26 所示。

	A	B	C	D	E	F	G	H	I
1	学号	姓名	语文	状态1	状态2		学生成绩查询器1		
2	S501	宋平平	87	正常	正常		请输入学号：		S501
3	S502	王丫丫		缺考	缺考		该生的成绩：		87
4	S503	董华华	53	正常	正常				
5	S504	陈燕燕	95	正常	正常				
6	S505	周萍萍	87	正常	正常		学生成绩查询器2		
7	S506	田一天	91	正常	正常		请输入学号：		A501
8	S507	朱洋洋	58	正常	正常		该生的成绩：		查无此人
9	S508	吕文文		缺考	缺考				
10	S509	舒齐齐	69	正常	正常				
11	S510	范华华	93	正常	正常				
12	S511	赵霞霞	79	正常	正常				
13	S512	阳一昆	51	正常	正常				
14	S513	翁华华	93	正常	正常				
15	S514	金依珊	89	正常	正常				
16	S515	李一红		缺考	缺考				

图 1-2-26　学生考试状态以及成绩查询

【例 1-2-19 解答】

① 使用 IF 函数和 ISBLANK 函数，判断考试状态。在 D2 单元格输入公式"=IF(ISBLANK(C2),"缺考","正常")"并填充至 D16 单元格。

② 使用 IF 函数和 ISNUMBER 函数，判断考试状态。在 E2 单元格输入公式"=IF(ISNUMBER(C2),"正常","缺考")"并填充至 E16 单元格。

③ 使用 IF、ISERROR、VLOOKUP 函数设计学生成绩查询器。在 I3 单元格输入公式"=IF(ISERROR(VLOOKUP(I2,$A$2:$C$16,3)),"查无此人",VLOOKUP(I2,$A$2:$C$16,3))"。

④ 使用 IFERROR、VLOOKUP 函数设计学生成绩查询器。在 I8 单元格输入公式"=IFERROR(VLOOKUP(I7,$A$2:$C$16,3),"查无此人")"。

提示　　IFERROR 函数基于 IF 函数并且使用相同的错误消息，但具有较少的参数。函数 IFERROR(A,B) 功能上等价于 IF(ISERROR(A), B, A)，但是书写更简洁。

11. 用户自定义函数

如果要在公式或计算中使用特别复杂的计算，而 Excel 预定义的内置函数又无法满足需要，则可以使用 Visual Basic for Applications 创建用户自定义函数。

1.3　数据分析和决策

1.3.1　数据的筛选和排序

如果 Excel 数据区域包含大量数据，一般需要通过筛选功能，只保留显示用户感兴趣的数据。

通过排序，使数据区域按照指定的列的升序或降序进行排列，从而使用户可以方便、快速地定位要查询的数据。

1. 数据的筛选

所谓筛选，即针对数据列，指定需满足的条件，从而查找并显示满足条件的数据子集。Excel 提供了两种筛选区域的命令。

（1）自动筛选

自动筛选是在数据区域中快速查找符合条件的数据对象的方法，它适用于简单筛选条件。

自动筛选一般分为两步：①选中要筛选的区域，执行"数据"选项卡"排序和筛选"组中的"筛选"命令，启用自动筛选功能，筛选区域中列标签的右侧将显示自动筛选箭头 ![箭头]，如图 1-3-1 所示；②单击要筛选列的自动筛选箭头 ![箭头]，指定筛选条件，Excel 将自动筛选并显示满足条件的数据。

图 1-3-1　自动筛选

当在多个数据列指定筛选条件时，这些筛选条件之间是"与"的关系。

再次执行"数据"选项卡"排序和筛选"组中的"筛选"命令，可以取消自动筛选。

例如，从产品清单中筛选出以"袋"为单位数量，并且单价最低的 20 种产品信息。其对应的"自定义筛选"方式如图 1-3-2 所示，"10 个最大的值"筛选方式如图 1-3-3 所示。

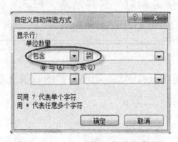

图 1-3-2　以"袋"为单位数量

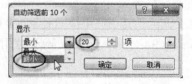

图 1-3-3　单价最低的 20 种产品

（2）高级筛选

高级筛选适用于复杂条件。高级筛选不会显示列的自动筛选下拉列表，用户需要在数据区域的上方或下方单独建立高级筛选条件区域，并输入筛选条件。条件区域用于设置复杂的筛选条件。

高级筛选一般分为两步：①建立条件区域，并指定筛选条件；②单击"数据"选项卡"排

序和筛选"组中的"高级"按钮，打开"高级筛选"对话框，如图
1-3-4 所示。分别指定要筛选的数据区域、条件区域，以及筛选结
果的存放位置，单击"确定"按钮，筛选并显示满足条件的数据。

图 1-3-4　高级筛选

说明：

（1）条件区域一般位于数据区域的上方或下方，并且与数据区
域之间至少空 1 行。条件区域第 1 行为要筛选的对象：如果按列筛
选，则必须与数据区域的列名称相同；如果按公式条件筛选，也可
以是任意指定名称。条件区域的其他行为筛选的条件。

（2）在条件区域中，同一行中的条件被解释为逻辑"与"操作；不同行之间被解释为逻辑"或"
操作。

例：如果要显示产品名称中包含"肉"的产品，则其条件区域设置如图 1-3-5（a）所示。Excel
通配符作为筛选时可替换内容，其中，？（问号）表示任何单个字符，例如，sm?th 查找"smith"
和"smyth"；*（星号）表示任何零到多个字符，例如，*east 查找"Northeast"和"Southeast"。

例：如果要显示供应商为"佳佳乐"且类别为"饮料"的数据，或者供应商为"百达"且类
别为"调味品"的数据，则其条件区域设置如图 1-3-5（b）所示，筛选结果如图 1-3-6 所示。

（a）高级筛选条件区域 1　　　（b）高级筛选条件区域 2　　　（c）高级筛选条件区域 3

图 1-3-5　高级筛选条件区域的设置

	A	B	C	D	E	F	G	H	I	J
1	产品ID	产品名称	供应商	类别	库存量<订购量	单价	库存量	订购量	再订购量	中止
2		*肉*	佳佳乐	饮料	FALSE					
3			百达	调味品						
4										
5										
7	产品ID	产品名称	供应商	类别	单位数量	单价	库存量	订购量	再订购量	中止
8	1	苹果汁	佳佳乐	饮料	每箱24瓶	¥18.00	39	0	10	Yes
9	2	牛奶	佳佳乐	饮料	每箱24瓶	¥19.00	17	40	25	No
12	61	海鲜酱	百达	调味品	每箱24瓶	¥28.50	113	0	25	No

图 1-3-6　高级筛选条件区域及部分数据区域

例：如果要显示库存量小于订购量的数据，则其条件区域设置如图 1-3-5（c）所示。其中，
G8 单元格存放如图 1-3-6 所示的高级筛选数据区域中"库存量"列（字段）下的第一个库存量数
据（图中所示为 39）；H8 单元格存放高级筛选数据区域中"订购量"列（字段）下的第一个订购
量数据（图中所示为 0）。

2. 数据的排序

所谓排序，即将数据区域中的 1 个或多个数据列按一定的顺序排列。排序方式可以按字母、
笔划、数值、单元格颜色、字体颜色、单元格图标、自定义序列等逻辑进行升序或降序排列。Excel
一般针对列进行排序，也可以针对行进行排序（通过"排序"对话框中的"选项"命令按钮设置）。

（1）排序方式

Excel 遵循的排序方式包括以下 4 种。

① 数字对象：数字从最小的负数到最大的正数进行排序。注：日期和时间的排序与数字对
象相同。

② 文本对象：按字母先后顺序对文本项进行排序时，Excel 从左到右逐个字符地进行排序。
文本以及包含数字的文本，按下列次序从小到大升序排序：

0 1 2 3 4 5 6 7 8 9 （空格）!"#$%&()*,./:;?@[\]^_`{|}~+<=>ABCDEFGH IJKLMNOPQRSTUVWXYZ

对于中文文本，可以选择按字母（汉语拼音）或按笔划（汉字的笔划数）进行排序。空格始终排在最后。

③ 逻辑值：FALSE 排在 TRUE 之前。

④ 序列排序：按照序列定义中指定的顺序。

（2）列排序

Excel 允许对多列进行排序，要排序的列字段称之为"关键字"，具体分为"主要关键字"和"次要关键字"。

列排序一般步骤为：选择要排序的数据区域；选择"开始"选项卡，执行"编辑"组"排序和筛选"中的"自定义排序"命令，或者选择"数据"选项卡，单击"排序和筛选"组中的"排序"按钮，均可打开"排序"对话框，如图 1-3-7 所示。分别指定各关键字（单击"添加条件"按钮可添加次要关键字。在排序条件类似的情况下，还可通过单击"复制条件"按钮添加次要关键字后微调条件），以及排序依据（数值、单元格颜色、字体颜色或单元格图标）和排序方式（升序、降序或自定义序列）；单击"确定"按钮，按指定条件排序并显示数据。

图 1-3-7 是对学生成绩表按照成绩的排序结果：根据总分从高到低排序，总分相同，则按语文成绩从高到低排序，语文成绩还是相同，再按数学成绩从高到低排序。

图 1-3-7 "排序"对话框

【例 1-3-1】混合文本排序。

在"fl1-3-1 产品编号.xlsx"中，存放着 10 个产品的编号（ID）和订购数量，参见图 1-3-8（a）所示。请根据产品 ID 升序排序，要求：先按字母从 A 到 Z 的顺序排序，同一字母再按 1、2、3……数字递增的顺序（即数值从小到大）排序。对产品 ID 直接升序排序的（错误）结果参见图 1-3-8（b）所示。正确的排序结果参见图 1-3-8（c）所示。

	A	B		A	B		A	B
1	产品ID	订购数量	1	产品ID	订购数量	1	产品ID	订购数量
2	B23	20	2	A10007	16	2	A8	20
3	B102	30	3	A301	4	3	A96	36
4	A96	36	4	A786	18	4	A301	4
5	A301	4	5	A8	20	5	A786	18
6	A786	18	6	A96	36	6	A10007	16
7	B3178	45	7	B1006	34	7	B23	20
8	B1006	34	8	B102	30	8	B45	15
9	A8	20	9	B23	20	9	B102	30
10	B45	15	10	B3178	45	10	B1006	34
11	A10007	16	11	B45	15	11	B3178	45

（a）原始数据　　（b）默认排序结果（错误）　（c）正确排序结果

图 1-3-8 混合文本排序

【例 1-3-1 解答】

方法一：利用公式生成一列辅助列排序。

① 生成辅助列。在 C2 单元格输入公式"=LEFT(A2)&TEXT(MID(A2,2,6),"00000")"并填充至 C11 单元格。

② 根据辅助列排序。单击 C2:C11 单元格区域中任一单元格，单击"开始"选项卡，执行"编辑"组"排序和筛选"中的"升序"命令，或者选择"数据"选项卡，单击"排序和筛选"组中的"升序"按钮，生成正确的排序结果。

③ 删除或者隐藏 C 列。

④ 文件另存为：fl1-3-1 产品编号-结果 1.xlsx。

方法二：利用分列生成两列辅助列排序。

① 将产品 ID 列拆分为两列。选择 A2:A11 单元格区域，选择"单元格"选项卡，单击"单元格工具"组中的"分列"按钮。

② 完成"文本分列向导"3 步操作。在"文本分列向导"第 1 步，选择"固定宽度"单选按钮，如图 1-3-9（a）所示，单击"下一步"按钮。在"文本分列向导"第 2 步，在标尺上刻度为 1 处或者数据预览区中要建立分列的数据处单击鼠标，建立分列线，如图 1-3-9（b）所示，单击"下一步"按钮。在"文本分列向导"第 3 步，设置"目标区域"由$A$2 改为$C$2，如图 1-3-9（c）所示，单击"完成"按钮。将产品 ID 列拆分到 C 列（字母）和 D 列（数字）。

（a）选择固定宽度　　　　　（b）建立分列线　　　　　（c）确定目标区域

图 1-3-9　文本分列向导

③ 根据两列辅助列排序。单击 A1:D11 单元格区域中任一单元格，选择"开始"选项卡，执行"编辑"组"排序和筛选"中的"自定义排序"命令，或者单击"数据"选项卡"排序和筛选"组中的"排序"按钮，打开"排序"对话框。勾选"数据包含标题"复选框；设置主要关键字为"列 C"；单击"复制条件"按钮，然后设置次要关键字为"列 D"，如图 1-3-10 所示。单击"确定"按钮。

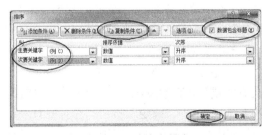

图 1-3-10　自定义排序

④ 删除或者隐藏 C 列和 D 列。

⑤ 文件另存为：fl1-3-1 产品编号-结果 2.xlsx。

1.3.2　数据的分类汇总

1. 分类汇总的含义

分类汇总是数据处理的常用方法之一。例如，对产品信息进行分类汇总，可以及时了解各供应商、商品种类的库存和订购量情况。对工资表进行分类汇总，可以了解各部门、各职称的工资分布情况。

分类汇总中包含两个操作要点：分类和汇总。分类是类别，例如供应商、商品种类，即按此类别进行分类。汇总是指要按类别统计的数据，例如库存量、订购量等。

图 1-3-11　"分类汇总"对话框

2. 分类汇总的方法

若要插入分类汇总，需要先将数据区域按要分类的列字段排序，以便将要进行分类汇总的行组合到一起。

分类汇总的步骤为：选择已排序的数据区域；单击"数据"选项卡"分级显示"组中的"分类汇总"按钮，打开"分类汇总"对话框，如图 1-3-11 所示。分别指定分类字段、汇总方式（即统计方式，可以为求和、计数、平均值、最小值、最大值等）以及选定汇总项；单击"确定"按钮，Excel 按分类字段进行汇总数据的计算并显示结果数据。

在"分类汇总"对话框中，单击"全部删除"按钮，可以删除分类汇总的结果，重新显示分类汇总前的数据。

3. 分类汇总的嵌套和级

所谓嵌套，即针对同一数据区域进行两次以上的分类汇总操作。例如，对于商品信息表，先对类别进行分类汇总；然后对供应商进行分类汇总。要实现嵌套分类汇总，在"分类汇总"对话框中，一定要取消选择"替换当前分类汇总"复选框。

数据区域进行分类汇总后，数据区域会分级显示。如果只有一次分类，Excel 会显示三级：总计、分类计、明细数据；如果两次嵌套分类，Excel 会显示四级：总计、一次分类计、两次分类计、明细数据；依次类推。

1.3.3　数据透视表

数据透视表是交互式报表，可对大量数据快速汇总并建立交叉列表。通过转换其行和列，可以看到源数据的不同汇总结果，而且可显示感兴趣区域的明细数据。

数据透视表是对数据区域进行分类汇总后建立的交互式交叉列表。创建数据透视表前，需要明确数据区域、用于分类的各级字段以及汇总的数据字段。

要创建数据透视表，首先单击要创建透视表的数据区域内的任一单元格，然后选择"插入"选项卡，执行"表格"组"数据透视表"中的"数据透视表"命令，打开"创建数据透视表"对话框，选择数据源类型（表或区域、外部数据源等），指定放置数据透视表的位置（新工作表或者现有工作表的某个单元格开始），单击"确定"按钮。在右侧的"数据透视表字段列表"任务窗格中，分别拖曳要添加到报表中的字段到"报表筛选""列标签""行标签"或"数值"区域，布局数据透视表的内容，如图 1-3-12 所示。在数据透视表布局界面，利用汇总数据项右侧下拉列表中的"值字段设置"命令，或者双击数据透视表数据区域的数据项，可以打开"值字段设置"对话框，调整各数据项的汇总方式：求和（默认）、计数、平均值等。

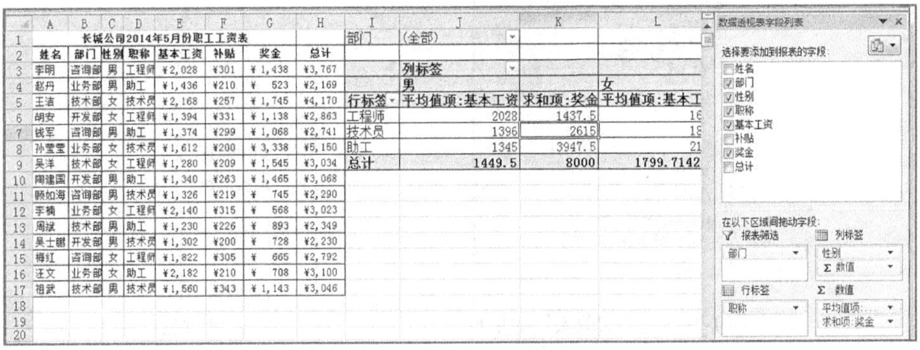

图 1-3-12　职工工资数据透视表

1.3.4　Excel 加载项与数据分析工具

加载项为 Excel 添加可选的命令和功能。例如："分析工具库"加载项提供了一套数据分析工具，提供了进行复杂统计或工程分析的功能，可帮助用户提高工作效率。默认情况下，加载项不能立即在 Excel 中使用，必须首先安装加载项，在某些情况下还要进行激活，然后才能使用。

有些加载项（例如规划求解和分析工具库）内置在 Excel 中。而其他一些加载项则在 Office.com 中的下载中心提供，必须首先下载和安装这些加载项。还有一些加载项是由第三方（例如程序员或软件解决方案提供商）创建，例如 COM 加载项、Visual Basic for Applications（VBA）加载项和 DLL 加载项，也必须安装才能进行使用。

Excel 包括三种类型的加载项：Excel 加载项、可下载的加载项和自定义加载项。

Excel 加载宏通常包括 Excel 加载项（.xlam）、Excel 97-2003 加载项（.xla）或 DLL 加载项（.xll）文件，也可以是自动化加载项。Excel 程序本身提供了一组加载宏（例如规划求解和分析工具库）。通常情况下，只需要激活这些加载项即可使用。

可下载的加载项可从 Office.com 中下载和安装。例如，Excel 的"入门"选项卡。此选项卡包含培训、演示和其他内容的链接，可帮助用户使用 Excel。安装此加载项后，当重新启动 Excel 时，该选项卡将显示在功能区上。若要将此选项卡及其命令从 Excel 功能区删除，可以使用控制面板卸载程序。

自定义加载项是开发商和解决方案提供商设计的 COM 加载项、自动化加载项、VBA 加载项和 XLL 加载项。这些加载项必须安装才能使用。COM 加载项通过添加自定义命令和指定的功能来扩展 Microsoft Office 程序的功能。COM 加载项可在一个或多个 Office 程序中运行，扩展名为.dll 或.exe。

执行"文件"选项卡中"选项"命令，打开"Excel 选项"对话框，选择"加载项"类别，在"管理"下拉列表中选择"Excel 加载项"，然后单击"转到"按钮，打开如图 1-3-13 所示的"加载宏"对话框。在"可用加载宏"列表框中，选中要激活的加载项旁边的复选框，然后单击"确定"按钮，即可激活 Excel 加载项（如果 Excel 显示一条消息，指出无法运行此加载项，并提示安装该加载项，单击"是"按钮安装该加载项即可）。如果在"可用加载项"列表框中找不到要激活的加载项，可以单击"浏览"按钮，然后定位并加载相应的加载项。

在安装和激活分析工具库和规划求解加载项之后，"数据分析"和"规划求解"命令将出现在"数据"选项卡的"分析"组中，如图 1-3-14 所示。

图 1-3-13 "加载宏"对话框

图 1-3-14 分析组

1.3.5 模拟运算表

1. 模拟运算表概述

在 Excel 数据表中，当目标单元格为一个或多个单元格参数的计算公式，使用模拟运算表，可以分析计算公式中一个或两个单元格参数取值发生变化时，目标单元格的值的变化趋势。

模拟运算表分为单变量模拟运算表和双变量运算表。

创建模拟运算表一般分为三步。

（1）创建模拟运算参数单元格区域：输入参数单元格内容。

（2）建立模拟运算表：输入模拟运算参数变化区域（按行或列）和模拟目标公式单元格的内容。

图 1-3-15 "模拟运算表"对话框

（3）进行模拟运算：选中模拟运算区域；单击"数据"选项卡，执行"数据工具"组"模拟分析"中的"模拟运算表"命令，打开"模拟运算表"对话框。如图 1-3-15 所示。根据模拟运算参数变化区域的位置（按行或列），在"输入引用行的单元格"文本框或"输入引用列的单元格"文本框中输入模拟目标公式中引用的参数单元格。进行双变量模拟运算时，需要在"输入引用行的单元格"文本框和"输入引用列的单元格"两个文本框中分别输入所引用的行和列两个参数的引用单元格。单击"确定"按钮，完成模拟运算，Excel 将显示模拟运算的结果。模拟运算表产生的结果是一个数组。

2. 单变量模拟运算表

下面举例说明使用单变量模拟运算表的一般步骤。

【例 1-3-2】单变量模拟运算表。

在"fl1-3-2 单变量模拟运算表.xlsx"中，假设贷款年利率固定为 5.70%，且贷款总额为 20 万元，分析付款分期总数变化（5 年、10 年、15 年、20 年、25 年、30 年）时，月偿还额的变化情况。

【例 1-3-2 解答】

① 创建模拟运算参数单元格区域。

PMT(Rate,Nper,Pv,Fv,Type) 是 Excel 提供的基于固定利率及等额分期付款方式，返回贷款的每期付款额的函数。其中：Rate 为贷款利率；Nper 为贷款的付款分期总数；Pv 为现值（即本金，贷款时指贷款总额）；Fv 为未来值（即最后一次付款后的现金余额，默认为 0）；Type 为付款方式（1 为期初，例如，按月偿还时为每月 1 日；0 为期末，例如，按月偿还时为每月月末。默认为 0）。单变量模拟运算参数单元格区域内容如图 1-3-16 所示。

	A	B
1	单变量模拟运算表	
2	贷款额	¥ 200,000.00
3	利率(年)	5.70%
4	期限(年)	5

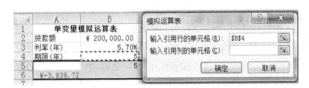

图 1-3-16　创建单变量模拟运算参数单元格区域内容

② 建立模拟运算表。

在 B5:G5 单元格区域中输入付款分期总数的变化范围（可利用自动填充生成 5、10、15、20、25、30 数据序列）；在单元格 A6 中输入模拟运算目标单元格公式“=PMT(B3/12,B4*12,B2)”。如图 1-3-17 所示。其中，利率（年）换算成月利率：B3/12；期限（年）换成付款分期（月）总数：B4*12。

A6　fx　=PMT(B3/12,B4*12,B2)

	A	B	C	D	E	F	G
1	单变量模拟运算表						
2	贷款额	¥ 200,000.00					
3	利率(年)	5.70%					
4	期限(年)	5					
5		5	10	15	20	25	30
6	¥-3,838.72						

图 1-3-17　创建单变量模拟运算表

③ 进行模拟运算。

选择模拟运算 A5:G6 单元格区域；选择“数据”选项卡，执行“数据工具”组“模拟分析”中的“模拟运算表”命令，打开“模拟运算表”对话框。在“输入引用行的单元格”文本框中指定单元格$B$4（期限（年））。如图 1-3-18 所示。

图 1-3-18　进行单变量模拟运算

单击“确定”按钮，完成模拟运算。单变量模拟运算的结果如图 1-3-19 所示。

	A	B	C	D	E	F	G
1	单变量模拟运算表						
2	贷款额	¥ 200,000.00					
3	利率(年)	5.70%					
4	期限(年)	5					
5		5	10	15	20	25	30
6	¥-3,838.72	-3838.722561	-2190.399	-1655.47	-1398.464	-1252.177	-1160.801

图 1-3-19　单变量模拟运算的结果

3. 双变量模拟运算表

下面举例说明使用双变量模拟运算表的一般步骤。

【例 1-3-3】双变量模拟运算表。

在“fl1-3-3 双变量模拟运算表.xlsx”中，假设贷款年利率固定为 5.7%，分析每月付款额变化（1000 元、2000 元、3000 元、4000 元、5000 元），以及付款分期总数变化（5 年、10 年、15 年、20 年、25 年、30 年）时，可贷款总额的变化情况。

【例 1-3-3 解答】

① 创建模拟运算参数单元格区域

函数 PV(Rate,Nper,Pmt,Fv,Type)是 Excel 提供的用于计算基于固定利率及等额分期付款方式下，所返回投资的现值，贷款时为贷款总额。其中：Rate 为贷款利率；Nper 为贷款的付款分期总数；Pmt 为各期所应支付的金额；Fv 为未来值（即最后一次付款后的现金余额，默认为 0）；Type 为付款方式（1 为期初，0 为期末。默认为 0）。双变量模拟运算参数单元格区域内容如图 1-3-20 所示。

	A	B
1	双变量模拟运算表	
2	月返款额	¥ 1,000.00
3	利率(年)	5.70%
4	期限(年)	5

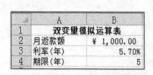

图 1-3-20 创建双变量模拟运算参数单元格区域

② 建立模拟运算表

在单元格区域（B5～G5）中输入付款分期总数的变化范围（可利用自动填充生成 5、10、15、20、25、30 数据序列）；在单元格 A5 中输入模拟运算目标单元格公式“=PV(B3/12,B4*12,B2)”；在单元格区域（A6:A10）输入每月付款额（可利用自动填充生成 1000、2000、3000、4000、5000 数据序列）。如图 1-3-21 所示。

A5 =PV(B3/12,B4*12,B2)

	A	B	C	D	E	F	G
1	双变量模拟运算表						
2	月返款额	¥ 1,000.00					
3	利率(年)	5.70%					
4	期限(年)	5					
5	¥-52,100.67	5	10	15	20	25	30
6	¥ 1,000.00						
7	¥ 2,000.00						
8	¥ 3,000.00						
9	¥ 4,000.00						
10	¥ 5,000.00						

图 1-3-21 创建双变量模拟运算表

③ 进行模拟运算

选择模拟运算 A5:G10 单元格区域；选择“数据”选项卡，执行“数据工具”组“模拟分析”中的“模拟运算表”命令，打开“模拟运算表”对话框。在“输入引用行的单元格”文本框指定单元格“$B$4”（期限（年））；“输入引用列的单元格”文本框中指定单元格“$B$2”（月返款额）。如图 1-3-22 所示。

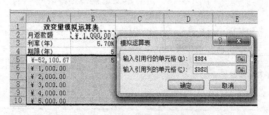

图 1-3-22 进行双变量模拟运算

单击“确定”按钮，完成模拟运算。双变量模拟运算的结果如图 1-3-23 所示。

	A	B	C	D	E	F	G
1	双变量模拟运算表						
2	月返款额	¥ 1,000.00					
3	利率(年)	5.70%					
4	期限(年)	5					
5	¥-52,100.67	5	10	15	20	25	30
6	¥ 1,000.00	-52,100.67	-91,307.55	-120,811.59	-143,014.03	-159,721.85	-172,294.84
7	¥ 2,000.00	-104,201.33	-182,615.11	-241,623.19	-286,028.06	-319,443.69	-344,589.68
8	¥ 3,000.00	-156,302.00	-273,922.66	-362,434.78	-429,042.09	-479,165.54	-516,884.53
9	¥ 4,000.00	-208,402.66	-365,230.22	-483,246.38	-572,056.11	-638,887.38	-689,179.37
10	¥ 5,000.00	-260,503.33	-456,537.77	-604,057.97	-715,070.14	-798,609.23	-861,474.21

图 1-3-23 双变量模拟运算的结果

1.3.6　单变量求解

1. 单变量求解概述

单变量求解用于假设分析。在 Excel 数据表中，当目标单元格为包含一个或多个单元格引用参数的计算公式时，如果已知目标单元格的预期结果值，要推算计算公式中某个变量的合适取值时，则可以使用 Excel 提供的单变量求解功能。

使用单变量求解一般分为两步。

（1）创建单变量求解运算的参数单元格和目标单元格区域：输入参数单元格内容（可以合理假设待求参数单元格的初始值）；在目标单元格中输入计算公式。

（2）进行单变量求解运算：选中目标公式单元格；选择"数据"选项卡，执行"数据工具"组"模拟分析"中的"单变量求解"命令，打开"单变量求解"对话框。在"目标单元格"文本框中指定包含公式的目标单元格；在"目标值"文本框中指定目标单元格的取值；在"可变单元格"文本框中指定推算的参数单元格。最后，单击"确定"按钮，完成单变量求解运算，Excel 将显示求解结果。

说明：

当进行单变量求解时，Excel 会不断改变参数单元格中的值，直到目标单元格的公式返回所需的预期结果为止。对于复杂的非线性公式，结果有可能只是一个近似值。Excel 将在完成 100 次迭代计算后或当结果值与预期值的误差小于 0.001 时停止计算。执行"文件"选项卡中"选项"命令，打开"Excel 选项"对话框，选择"公式"类别，可以自定义最多迭代次数或最大误差，如图 1-3-24 所示。

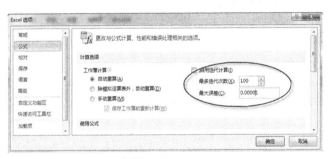

图 1-3-24　自定义最多迭代次数或最大误差

2. 单变量求解

下面举例说明使用单变量求解运算的一般步骤。

【例 1-3-4】单变量求解。

在"f1-3-4 单变量求解人口.xlsx"中，假设 2006 年中国人口数为 13 亿，如果要控制 2020 年人口数在 15 亿以内，求人口的年增长率应该控制为百分之多少。

【例 1-3-4 解答】

① 创建单变量求解运算的参数单元格和目标单元格区域。

按年增长率计算人口增长的公式为：$c*(1+r/100)^n$。其中：c 为当前人口总额；r 为年增长百分比；n 为增长年数。在单元格 B2 中输入当前人口总数（亿）：13；在单元格 B3 中输入人口增长率（%）：2（合理假设）；在单元格 B4 中输入增长年数：14；在目标单元格 B5 中输入预期人口计算公式 "=B2*(1+B3/100)^B4"。如图 1-3-25 所示。

② 进行单变量求解运算。

选择目标单元格 B5；单击"数据"选项卡，执行"数据工具"组"模拟分析"中的"单变量求解"命令，打开"单变量求解"对话框。分别指定各参数的值，如图 1-3-26 所示。单击"确定"按钮，完成单变量求解运算，并显示如图 1-3-27 所示的"单变量求解状态"对话框。单击"确定"按钮，单变量求解运算结果如图 1-3-28 所示（人口增长率保留 3 位小数）。

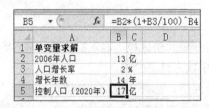
图 1-3-25　创建单变量求解运算的单元格内容

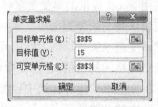
图 1-3-26　"单变量求解"对话框

图 1-3-27　"单变量求解状态"对话框

图 1-3-28　单变量求解运算结果

　　　　请读者思考，在单元格 B3 中输入人口增长率（%）：2（合理假设）的重要性？请尝试不同的合理假设值，观察其对求解结果的影响。

3. 求解 1 元 n 次方程

可以使用 Excel 的单变量求解命令求 1 元 n 次方程的解。

【例 1-3-5】利用单变量求解法求解方程的根。

在"fl1-3-5 单变量求解方程.xlsx"中，利用单变量求解法求解方程 $2X^5-4X^4+5X^3+X^2+8=0$ 的根。

这里的 X 相当于可变参数单元格；目标单元格公式为"$=2X^5-4X^4+5X^3+X^2+8$"。即求预期目标值为 0 时，参数单元格的合适取值。Excel 单变量求解仅显示满足条件的第一个解。

【例 1-3-5 解答】

① 创建单变量求解运算的参数单元格和目标单元格区域内容

命名单元格 A2 的名称为 X；并在单元格 A2 中输入 X 的初始值：1（合理假设）；在目标单元格 B2 中输入 1 元 n 次方程的计算公式"$=2*X^5-4*X^4+5*X^3+X^2+8$"。如图 1-3-29 所示。

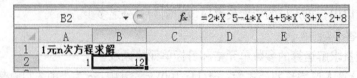
图 1-3-29　创建 1 元 n 次方程求解运算的单元格内容

② 求解 1 元 n 次方程

选择目标单元格 B2；单击"数据"选项卡，执行"数据工具"组"模拟分析"中的"单变量求解"命令，打开"单变量求解"对话框。分别指定各参数的值，如图 1-3-30 所示。单击"确定"按钮，完成单变量求解运算，并显示"单变量求解状态"。单击"确定"按钮，1 元 n 次方程求解结果如图 1-3-31 所示。

图 1-3-30　求解 1 元 n 次方程的参数指定　　　图 1-3-31　1 元 n 次方程求解结果

1.3.7　规划求解

1．规划求解概述

规划是生产、经营、生活中经常遇到的问题。例如：

（1）生产计划问题。在现有的生产条件下，通过规划，求在满足生产需求的产量，并控制最小的生产成本情况下，具体的生产计划。

（2）生产调度问题。工厂车间每天需要一定的生产人员，各生产人员一星期 5 天工作制（轮休两天），通过调度，求在满足生产所需人员时，需要的生产人员数及其轮休方式。

（3）运输调度问题：多个工厂可以向多个仓库运送产品，不同工厂到仓库之间的运费根据距离各不相同，工厂的供货能力有一定的限制，通过规划，求在控制最小总体运输成本的情况下，各工厂向各仓库的运输调度数量。

（4）营销策略问题。营销的利润为营业额减去营业成本，而增加广告投入（营业成本），会增加营业额，使用规划求解，可以求在获取最大营业利润的情况下，最大的广告投入额。

所谓规划求解，就是在满足所有的约束条件下，对直接或间接与目标单元格中公式相关联的一组单元格中的数值进行调整，最终在目标单元格公式中求得期望的结果。规划求解包含三部分内容。

（1）规划变量。即可变单元格，存放需要求解的未知数。例如：季度计划生产量。

（2）约束条件。对规划变量取值的约束。

（3）目标。即目标单元格，存放规划求解的目标计算公式。例如：生产成本。

2．创建规划求解模型

下面举例说明使用规划求解的一般步骤。

【例 1-3-6】规划求解。

在"fl1-3-6 规划求解生产调度.xlsx"中，假设某工厂某车间每天（从星期日到星期六）需要的生产人员数分别为 22、17、13、14、15、18、24，车间的生产人员分为：

- A 岗（轮休日为星期日、星期一）
- B 岗（轮休日为星期一、星期二）
- C 岗（轮休日为星期二、星期三）
- D 岗（轮休日为星期三、星期四）
- E 岗（轮休日为星期四、星期五）
- F 岗（轮休日为星期五、星期六）

● G 岗（轮休日为星期六、星期日）

求在满足生产所需人员时，所需各岗的生产人员数最少为多少人。

【例 1-3-6 解答】

（1）创建用于规划求解的各参数单元格和目标单元格区域

在单元格区域（C3:C9）输入规划求解的变量（A 岗到 G 岗的员工数）：5（合理假设）；在单元格区域（D3:J9）中输入对应岗位的标志（其中，工作日为：1；休息日为：0）；在总计划数单元格 C10 中输入计算公式"=SUM(C3:C9)"，即总员工数；在总计划数单元格区域（D10:J10）中输入计算公式"=各对应岗位人数*工作/休息标志之和"，计算各工作日的工作员总数，例如：星期日（D10）的计算公式为"=$C$3*D3+$C$4*D4+$C$5*D5+$C$6*D6+$C$7*D7+$C$8*D8+$C$9*D9"；在总需求数单元格区域（D11:J11）中输入每天（从星期日到星期六）需要的生产人员数分别为："22、17、13、14、15、18、24"。如图 1-3-32 所示。

	A	B	C	D	E	F	G	H	I	J
1	规划求解：生产调度									
2	计划	休息日	员工数	日	一	二	三	四	五	六
3	A岗	日、一	5	0	0	1	1	1	1	1
4	B岗	一、二	5	1	0	0	1	1	1	1
5	C岗	二、三	5	1	1	0	0	1	1	1
6	D岗	三、四	5	1	1	1	0	0	1	1
7	E岗	四、五	5	1	1	1	1	0	0	1
8	F岗	五、六	5	1	1	1	1	1	0	0
9	G岗	六、日	5	0	1	1	1	1	1	0
10	总计划数		35	25	25	25	25	25	25	25
11	总需求数			22	17	13	14	15	18	24

图 1-3-32　创建用于规划求解的各单元格内容

（2）输入规划求解参数

选择目标单元格 C10；单击"数据"选项卡，执行"分析"组中的"规划求解"命令，打开"规划求解参数"对话框，如图 1-3-33 所示。

① 指定规划求解目标。在"设置目标单元格"文本框中指定目标单元格$C$10，设置规划求解的目标为最小值。

② 指定规划求解可变参数。在"通过更改可变单元格"文本框中指定参数可变单元格区域：$C$3:$C$9。

③ 添加规划求解的约束条件。单击"添加"按钮，添加相应的规划求解的约束条件。各岗的人数为整数；各岗的人数大于或等于 0；每天的计划人数大于或等于实际需要的人数。

④ 设置具有整数约束的求解。单击"规划求解参数"对话框中的"选项"按钮，打开如图 1-3-34 所示的规划求解"选项"对话框，确保取消选中"忽略整数约束"复选框。当然，也可以根据需要调整其他各控制参数的值。

图 1-3-33　"规划求解参数"对话框

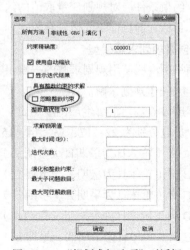

图 1-3-34　"规划求解选项"对话框

（3）进行规划求解

在"规划求解参数"对话框中，单击"求解"按钮，完成规划求解运算，并显示如图 1-3-35 所示的"规划求解结果"对话框。单击"确定"按钮，规划求解结果如图 1-3-36 所示。

图 1-3-35　"规划求解结果"对话框　　　　　图 1-3-36　规划求解结果

根据规划求解的目标公式和约束条件，最终的求解结果可分为两种状态。

① 当"规划求解"求得结果时，在"规划求解结果"对话框中显示的信息为下列信息之一。

● "规划求解找到一解，可满足所有的约束和最优状况"：规划求解找到一个满足所有条件的解。

● "规划求解收敛于当前结果，并满足所有约束条件"：目标单元格的结果满足"规划求解选项"对话框中的"收敛度"选项中设置的最小值，即规划求解找到一个近似解。

② 当"规划求解"得不到最优结果时，在"规划求解结果"对话框中显示的信息为下列信息之一。

● "规划求解不能改进当前解，所有约束条件都得到了满足"：迭代过程无法进一步提高精度，可以在"规划求解选项"对话框中设置较大的精度值，然后再运行一次。

● "求解达到最长运算时间后停止"：在达到最长运算时间限制时，没有得到满意的结果。可以在"规划求解选项"对话框中设置较大的最长运算时间，然后再运行一次。

● "求解达到最大迭代次数后停止"：在达到最大迭代次数时，没有得到满意的结果。可以在"规划求解选项"对话框中设置较大的迭代次数，然后再运行一次。

● "目标单元格中的数值不收敛"：目标单元格的数值上下振荡。可以检查目标单元格各计算公式和所有的约束条件的设置是否正确，然后再运行一次。

● "规划求解未找到合适结果"：规划求解无法得到合理的结果。可以检查约束条件的一致性，然后再运行一次。

● "规划求解应用户要求而中止"：用户中止了规划求解的运行。

● "无法满足设定的采用线性模型条件"：非线性模型采用了线性模型方式求解。可以在"规划求解选项"对话框中选中"自动按比例缩放"复选框，然后再运行一次。

● "规划求解在目标或约束条件单元格中发现错误值"：在最近的一次运算中，一个或多个公式的运算结果有误。可以通过寻找包含错误值的目标单元格或约束条件单元格，更改其中的公式或内容，以得到合理的运算结果。

● "内存不足以求解问题"：Excel 无法获得"规划求解"所需的内存。可以关闭一些文件或应用程序，然后再运行一次。

- "其他的 Microsoft Excel 实例正在使用 SOLVER.DLL"：规划求解时，需要用到 SOLVER.DLL。这个问题说明有多个 Microsoft Excel 会话正在运行，其中一个会话正在使用 SOLVER.DLL，但 SOLVER.DLL 同时只能供一个会话使用。

3. 规划求解的结果报告

"规划求解"对直接或间接与目标单元格中公式相关联的一组单元格中的数值进行调整，而且在满足约束条件下，最终求得满足目标单元格公式中期望值的最优化解。对于复杂的非线性公式，结果有可能只是一个近似值；如果给出的约束条件矛盾，可能无解。通过分析规划求解的结果报告，并调整规划求解的选项，可以控制规划求解，以获得更优化的结果。

在"规划求解结果"对话框中，在"报告"列表框中选择要创建的报告类型："运算结果报告""敏感性报告""极限值报告"。单击"确定"按钮，将创建并显示选择的报告类型的规划求解结果报告。

1.3.8 方案分析

1. 方案分析概述

在 Excel 数据表中，当目标单元格为一个或多个单元格引用参数的计算公式，这些参数值发生变化时，会造成对目标值的影响。例如，公司的销售部门、生产部门、人事部门、投资部门可以分别制定不同的方案，以增加收入或减少成本。将这些方案合并在一张方案分析表中，可以清晰地看到各方案对企业利润的影响，从而帮助企业决策层进行合理决策。

所谓方案，就是 Excel 保存在工作表中并可进行自动替换的一组值。所谓方案分析，就是使用方案来预测工作表模型的输出结果，在工作表中创建并保存不同的数值组（方案）。可以切换到不同方案以查看不同的结果；也可以合并方案，从而比较不同的方案对结果的影响。

使用方案分析一般包含下列内容。

（1）创建方案：创建或编辑方案。

（2）合并方案：把多个方案合并在一张方案分析表中。

（3）方案总结：创建方案摘要，比较不同的方案对结果的影响。

2. 创建方案

下面举例说明创建方案的一般步骤。

【例 1-3-7】创建方案。

在"fl1-3-7 方案分析.xlsx"中，假设企业利润=销售收入-生产销售成本+营业外收入。要求分别为公司的销售部门、生产部门、人事部门、投资部门各自制定一个方案。

（1）销售部门：增收方案。增加广告投入 5%；预期增加零售收入 10%；增加批发收入 8%。

（2）生产部门：减支方案。通过优化管理，预期减少仓储费 20%；减少管理费支出 10%。

（3）人事部门：减员方案。通过裁员，预期减少工资支出 8%。

（4）投资部门：投资方案。通过增加投资额，预期增加投资收益 20%。

【例 1-3-7 解答】

① 创建用于方案分析的原始数据单元格区域

在单元格区域（C2:C18）输入各原始数据和计算公式。其中销售收入为零售额和批发额之和（=SUM(C3:C4)）；成本为各成本之和（=SUM(C6:C14)）；其他收入为投资收益和营业外收入之和（=SUM(C16:C17)）；企业利润=销售收入-成本+其他收入（=C2-C5+C15），如图 1-3-37 所示。

②　创建增收方案

使用方案管理器，可以进行工作表中的方案管理：添加方案、修改方案、删除方案、合并方案等操作。选择"数据"选项卡，执行"数据工具"组"模拟分析"中的"方案管理器"命令，打开"方案管理器"对话框。单击"添加"按钮，打开"添加方案"对话框，在"方案名"文本框中输入"增收"；在"可变单元格"文本框中借助 Ctrl 键指定用于增收方案的可变单元格：C3、C4、C11。如图 1-3-38 所示。

图 1-3-37　创建用于方案分析的原始数据单元格区域内容　　　　图 1-3-38　"添加方案"对话框

单击"确定"按钮，打开"方案变量值"对话框，如图 1-3-39 所示。输入用于该方案的各变量的调整值：预期增加零售收入 10%；增加批发收入 8%；增加广告投入 5%。单击"确定"按钮，在随后出现的"公式结果及名称将转换为值"对话框中单击"确定"按钮，完成"增收"方案的创建。观察方案的结果。

图 1-3-39　"方案变量值"对话框

③　创建其他方案

按同样方法，创建"减支""减员""投资"方案，观察各方案的结果。

3.　合并方案

一张工作表中可以创建多个方案。如果不同部门的经理创建的方案位于不同的工作簿/工作表，则可以通过方案合并创建同时包含这些方案的工作表，以便比较分析。

例如，假设上述四个方案分别位于工作簿的不同工作表中：方案分析—增收、方案分析—减支、方案分析—减员、方案分析—投资。

在"方案管理器"对话框中，单击"合并"按钮，打开"合并方案"对话框，选择包含"方案分析—增收"的工作表，如图 1-3-40 所示。单击"确定"按钮，添加"增收"方案到当前工作表中。

按同样方法，合并"减支""减员""投资"方案到当前工作表中。

4.　方案总结

创建方案后，在"方案管理器"对话框中，选中已创建的方案，单击"显示"按钮，可显示所选定方案的结果。单击"摘要"按钮，则可以创建"方案摘要"或"方案数据透视表"，显示各方案对目标数据的影响比较表，以帮助用户进行决策。

创建方案总结的步骤如下：在"方案管理器"对话框中，单击"摘要"按钮，打开"方案摘要"对话框，如图 1-3-41 所示。

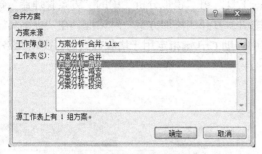

图 1-3-40　"合并方案"对话框　　　　　　　图 1-3-41　"方案摘要"对话框

在"方案摘要"对话框中，选中"方案摘要"单选按钮；指定结果单元格为 C18。单击"确定"按钮，创建并显示"方案摘要"工作表，如图 1-3-42 所示。

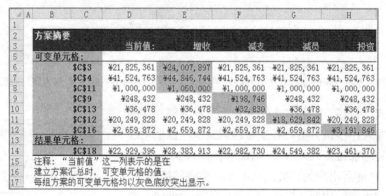

图 1-3-42　方案摘要结果

1.3.9　数据分析工具库

1. 数据分析工具概述

Excel 提供了一组数据分析工具，称为"分析工具库"，可用于复杂统计或工程分析，完成很多专业软件（如 SPSS 等）才有的数据统计、分析功能。使用这些分析工具时，只需为每一个分析工具提供必要的数据和参数，该工具就会使用适当的统计或工程宏函数，在输出表格中显示相应的结果。其中有些工具在生成输出表格时还能同时生成图表。

Excel 提供的数据分析工具包括：方差分析、相关系数、协方差、描述统计、指数平滑、*F*-检验、双样本方差、傅立叶分析、直方图、移动平均、随机数发生器、排位与百分比排位、回归分析、抽样分析、*t*-检验和 *z*-检验等。不同的分析工具应用于不同的场合，相关的数学知识请参考对应的书籍。

Excel 还提供了许多其他统计、财务和工程工作表函数。在这些函数中，有些函数是内置函数，可以直接使用；而有些函数只有在安装了"分析工具库"之后才能使用。

使用数据分析工具的一般步骤如下。

（1）准备用于分析的数据区域：输入或导入需要分析的数据。

（2）调用相应的分析工具：单击"数据"选项卡，执行"分析"组中的"数据分析"命令，打开"数据分析"对话框，从"分析工具"列表框中选择相应的分析工具。

（3）指定选择的分析工具所需要的数据和参数：在相应的分析工具对话框中，指定该分析工具所需要的数据和参数。

（4）执行分析并显示结果：根据指定的数据和参数，执行数据分析，并显示结果表格或图表。

如果 Excel 的"数据"选项卡下没有显示"数据分析"命令，则需要加载"分析工具库"加载项程序。

2．直方图统计

"直方图"分析工具可以用于计算并以图表显示数据区域中各数据分段的分布情况。相对于以往手工分析的步骤——先将各分数段的人数分别统计出来制成一张新的表格、再以此表格为基础建立数据统计直方图而言，"直方图"分析工具具有更好的效率和灵活性。

【例 1-3-8】"直方图"分析工具应用。

在"fl1-3-8 直方图统计.xlsx"学生成绩表中，存放着 60 名学生的学号和成绩信息。学生成绩的分布范围为 0～100，可以划分为："0～60；60～70；70～80；80～90；90～100"。请利用"直方图"分析工具，统计各分数段学生人数，并给出频数分布和累计频数表的直方图以供分析。

【例 1-3-8 解答】

（1）准备用于分析的数据区域

① 输入区域：即需要统计分析的原始数据区域。在单元格区域（A1:A60）输入学号（B0501001～B0501060）；在单元格区域（B1:B60）输入对应的考试成绩。为了方便起见，本例素材中已经提供了相应的样本数据。

② 接收区域：即用于直方图统计的数据分段。在单元格区域（D1:D6）输入分数段（0、60、70、80、90、100），如图 1-3-43 所示。

（2）调用"直方图"分析工具

单击"数据"选项卡，执行"分析"组中的"数据分析"命令，打开"数据分析"对话框，从"分析工具"列表框中选择"直方图"分析工具，打开"直方图"对话框。

（3）指定"直方图"分析工具所需要的数据和参数

在"直方图"对话框中，在"输入区域"文本框中指定$B$1:$B$60；在"接收区域"文本框中指定$D$1:$D$6；选择输出选项为"输出区域"，以输出到当前工作表"$D$10"开始的区域；选中"累积百分率"复选框以输出累积百分比；选中"图表输出"复选框以输出直方图图表，如图 1-3-44 所示。

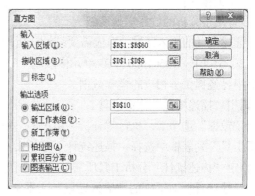

图 1-3-43　创建用于直方图统计分析的数据区域　　　　图 1-3-44　"直方图"对话框

其中，"直方图"对话框中"输出选项"各复选框的含义如下。

① 柏拉图

在输出表中按降序来显示数据。

② 累积百分率

在输出表中生成一列累积百分比值，并在直方图中包含一条累积百分比线。

③ 图表输出

在输出表中生成一个嵌入直方图。

④ 执行分析并显示结果

在"直方图"对话框中，单击"确定"按钮，执行直方图分析，并显示结果表格以及图表。如图1-3-45所示。例如，"频率"列中的9，是指70～80分数段的人数，而"累积%"列中的63.33%，是指80分以下的学生人数占学生总数的百分比。

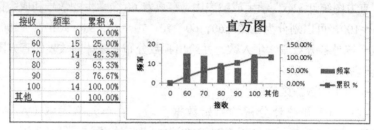

图 1-3-45　显示直方图分析结果表格以及图表

3. 描述统计

"描述统计"分析工具用于生成数据源区域中数据的单变量统计分析报表，提供有关数据趋中性和易变性的信息。

在统计学中，针对样本数据，定义了许多描述样本数据的统计变量，常用的包括：平均值、标准偏差、方差、最大值和最小值等，具体说明可参见本教程附录A表5 Excel统计函数。

使用"描述统计"分析工具可一次性自动计算并显示这些统计变量，而无须使用相应的公式进行复杂的统计演算。

【例 1-3-9 】"描述统计"分析工具应用。

在"fl1-3-9描述统计.xlsx"学生成绩表中，存放着60名学生的学号和成绩信息，学生成绩的分布范围为0~100。请利用"描述统计"分析工具，计算这60名学生成绩的统计信息。

【例 1-3-9 解答】

① 准备用于分析的数据输入区域

用于描述统计的输入区域，对应需要统计分析的样本数据区域。在单元格区域（A1:A60）输入学号（B0501001～B0501060）；在单元格区域（B1:B60）输入对应的考试成绩。为了方便起见，本例素材中已经提供了相应的样本数据。

② 调用"描述统计"分析工具

选择"数据"选项卡，执行"分析"组中的"数据分析"命令，打开"数据分析"对话框，从"分析工具"列表框中选择"描述统计"分析工具，打开"描述统计"对话框。

③ 指定"描述统计"分析工具所需要的数据和参数

在"描述统计"对话框的"输入区域"文本框中指定：$B$1:$B$60；选择输出选项为："输出区域"，以输出到当前工作表"$D$1"开始的区域；选中"汇总统计""平均数置信度""第 K

大值"和"第 K 小值"复选框，如图 1-3-46 所示。

其中，"描述统计"对话框中"输出选项"各复选框的含义如下。

- 汇总统计

在输出表中为下列每个统计结果生成一个字段。这些统计结果有：平均值、标准误差（相对于平均值）、中位数、众数、标准偏差、方差、峰值、偏斜度、最小值、最大值、总和、观测总数、第 K 大值、第 K 小值和置信度等。

- 平均数置信度

在输出表的某一行中包含平均值的置信度。例如，数值 95%表示显著性水平为 5%时的平均值置信度。

- 第 K 大值

在输出表的某一行中包含每个数据区域中的第 K 个最大值。本例设置 K 为 1，即统计数据集中的最大值。

- 第 K 小值

在输出表的某一行中包含每个数据区域中的第 K 个最小值。本例设置 K 为 1，即统计数据集中的最小值。

④ 执行分析并显示结果

在"描述统计"对话框中，单击"确定"按钮，执行描述统计分析，并显示结果表格，如图 1-3-47 所示。

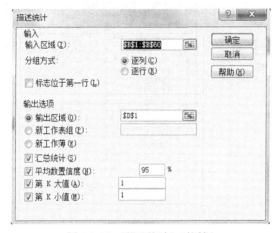

图 1-3-46　"描述统计"对话框　　　　图 1-3-47　描述统计分析结果

4. 移动平均

"移动平均"分析工具可以基于特定的过去某段时期中变量的平均值，对未来值进行预测。移动平均值提供了由所有历史数据的简单的平均值所代表的趋势信息。使用此工具可以预测气温变化、销售量、库存量等的变化趋势。

【例 1-3-10】移动平均应用。

气象意义上的四季界定就是移动平均最好的应用。请根据"fl1-3-10 移动平均.xlsx"中某地区 10 月份的每日平均气温，判定该地区从哪一天开始进入气象意义上的秋天。

假定如果连续 5 天平均气温小于 20℃，则可以确定气象意义上的秋天从这连续 5 天的第一天开始。

【例 1-3-10 解答】

① 准备用于分析的数据输入区域

用于移动平均的输入区域，对应需要统计分析的历史数据区域。在单元格区域（A2:A32）输入日期（10 月 1 日～10 月 31 日）；在单元格区域（B2:B32）输入对应的日最低气温；在单元格区域（C2:C32）输入对应的日最高气温。为了方便起见，本例素材中已经提供了相应的样本数据。

在单元格区域（D2:D32）输入计算日平均气温（日最低气温和日最高气温的平均值）的计算公式（从"=AVERAGE(B2:C2)"到"=AVERAGE(B32:C32)"）。

② 调用"移动平均"分析工具

选择"数据"选项卡，执行"分析"组中的"数据分析"命令，打开"数据分析"对话框，从"分析工具"列表框中选择"移动平均"分析工具，打开"移动平均"对话框。

③ 指定"移动平均"分析工具所需要的数据和参数

在"移动平均"对话框中，参照图 1-3-48 所示，在"输入区域"文本框中指定$D\$2:\$D\$32；在"间隔"文本框中输入 5；在"输出区域"文本框中指定$E\$2，使结果输出到当前工作表"$E\$2"开始的区域。

④ 执行分析并显示结果

在"移动平均"对话框中，单击"确定"按钮，执行移动平均分析，并显示结果表格，如图 1-3-49 所示。由图可以看出，该地区气象意义上的入秋时间为 10 月 10 日。

图 1-3-48 "移动平均"对话框　　　图 1-3-49 移动平均分析结果

1.4 图表的深入解析

1.4.1 认识图表对象

1. Excel 图表

Excel 图表是指工作表中数据的图形表示形式。例如，根据如图 1-4-1 中 Excel 工作表中的数据，可以绘制 Excel 图表。

图表具有较好的视觉效果，可方便用户查看数据的差异、图案和预测趋势。例如使用销售额图表，可以直观比较各季度销售额的升降，方便地比较实际销售额与销售计划。

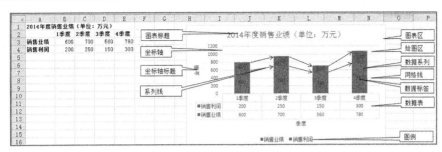

图 1-4-1　Excel 图表组成部分

2. Excel 图表的组成部分

Excel 图表一般包括下列组成部分。

（1）图表区

图表区表示图表的范围，默认为黑色细实线边框和白色填充区域。可设置其填充、边框样式、边框颜色、阴影、三维格式、大小尺寸、效果等属性。

（2）绘图区

绘图区表示图形的显示范围，即以坐标轴为边的矩形区域。可设置其填充、边框样式、边框颜色、阴影、三维格式、效果等属性。

（3）坐标轴

一般情况下图表有两个坐标轴：水平坐标轴和垂直坐标轴。水平坐标轴又称之为 x 轴，或横坐标轴，通常为分类轴；垂直坐标轴又称之为 y 轴，或纵坐标轴，通常为数值轴。三维图表有第三个轴（z 轴）。饼图、圆环图没有坐标轴。坐标轴上有刻度线，刻度线对应的数字叫刻度线标签。可设置其坐标轴选项、数字、填充、线型、线条颜色、阴影、三维格式、对齐方式、效果等属性。

（4）坐标轴标题

用于指定横坐标轴或纵坐标轴的标题。可设置其填充、边框样式、边框颜色、阴影、三维格式、对齐方式、效果等属性。

（5）图表标题

用于指定图表的标题。可设置其填充、边框样式、边框颜色、阴影、三维格式、对齐方式、效果等属性。

（6）数据系列

数据序列对应于工作表中的数据行或列，表现为点、线、面等图形。可设置其系列选项、填充、边框样式、边框颜色、阴影、三维格式、效果等属性。

（7）数据标签

数据标签用于标记数据序列的各数据点对应的值。数据标签可以显示系列名称、类别名称、值等。可设置其标签选项、数字、填充、边框样式、边框颜色、阴影、三维格式、对齐方式、效果等属性。

（8）网格线

网格线包含水平网格线和垂直网格线，各自还包含主要网格线和次要网格线。合理地使用网格线可增加数据的可读性，有助于查看和评估数据。可设置其线型、线条颜色、阴影、效果等。

（9）图例

图例用于指示图表中序列对应的数据序列，相当于地图上的图例。可设置其位置、填充、边框样式、边框颜色、阴影、效果等属性。

（10）数据表

数据表（也称模拟运算表）用于显示数据系列对应的数据内容，数据表中可显示图例项标示。可设置其填充、边框样式、边框颜色、表边框、阴影、三维样式、效果等属性。

（11）图表分析线

图表分析线包括系列线、垂直线、高低点连线、涨跌柱线、误差线、趋势线等，是与数据点关联的直线或曲线。

1.4.2 图表的基本操作

1. 创建图表

数据图表是数据区域的可视化显示。使用图表显示数据时，需要明确用于分类（x）轴的区域。例如某公司的年度销售业绩如图 1-4-2 所示。如果要创建该年度的销售业绩和销售利润的对比图表，则分类（x）轴为季度（B2:E2）；数据系列为销售实际（B3:E3）和销售利润（B4:E4）。

	A	B	C	D	E
1	2014年度销售业绩（单位：万元）				
2		1季度	2季度	3季度	4季度
3	销售业绩	600	700	560	780
4	销售利润	200	250	150	300

图 1-4-2　某公司的年度销售业绩

要创建图表，一般需先选择要创建图表的数据区域，然后单击"插入"选项卡，选择相应图表类型下的子类型。

【例 1-4-1】创建堆积柱形图。

根据"fl1-4-1 销售业绩.xlsx"中 4 个季度的销售业绩和销售利润，创建堆积柱形图。结果如图 1-4-3 所示。

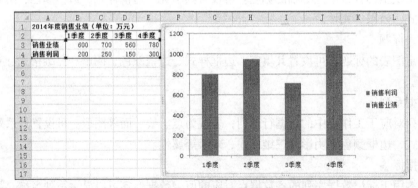

图 1-4-3　创建 Excel 图表

【例 1-4-1 解答】

（1）打开 Excel 文件：fl1-4-1 销售业绩.xlsx。

（2）选择数据区域。选择 A2:E4 的数据区域。

（3）选择图表类型。单击"插入"选项卡，选择"图表"组中"柱形图"的子类型"堆积柱形图"。根据系统默认设置创建的图表如图 1-4-3 所示。

2. 编辑图表

创建图表后，可以编辑图表各元素的属性。包括：更改图表类型、更改图表数据源、切换行

/列、设置图表的布局和样式等。

　　除了使用"图表工具"栏"设计""布局"和"格式"选项卡预设的图表布局和样式外，还可以自定义编辑图表。选择图表，单击"图表工具"栏"布局"选项卡最左边的下拉列表，选择图表元素（绘图区、图表区、分类（类别）轴、垂直（值）轴、图例、系列等），也可以单击选择相应的图表元素，然后右击，如图 1-4-4 所示，通过相应的快捷菜单编辑图表元素属性。更简捷的操作方式是，直接双击图表元素，打开相应的属性对话框，进行相应的编辑。

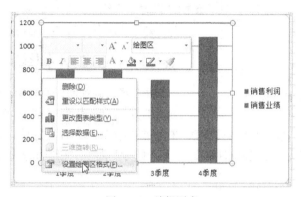

图 1-4-4　编辑图表

【例 1-4-2】设置图表各元素格式。

　　编辑例 1-4-1 创建的 Excel 图表，设置图表各元素格式：包括图表标题、坐标轴标题、数据标签、数据表、系列线等。图表编辑最终结果如图 1-4-5 所示。

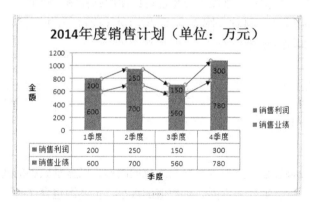

图 1-4-5　图表编辑效果

【例 1-4-2 解答】

　　① 设置图表标题。选择图表，执行"图表工具"栏"布局"选项卡"标签"组"图表标题"中的"图表上方"命令，输入图表标题：2014 年度销售计划（单位：万元）。

　　② 设置坐标轴标题。选择图表，执行"图表工具"栏"布局"选项卡"标签"组"坐标轴标题"中的"主要横坐标轴标题（坐标轴下方标题）"命令，输入横坐标轴标题"季度"；执行"图表工具"栏"布局"选项卡"标签"组"坐标轴标题"中的"主要纵坐标轴标题（竖排标题）"命令，输入纵坐标轴标题"金额"。

　　③ 设置数据标签。选择图表，执行"图表工具"栏"布局"选项卡"标签"组中的"数据标签"命令，增加数据标签。

图 1-4-6　设置线型箭头

④ 设置数据表。选择图表，执行"图表工具"栏"布局"选项卡"标签"组"模拟运算表"中的"显示模拟运算表和图例项标示"命令，增加数据表。

⑤ 设置系列线（折线—系列线）。选择图表，执行"图表工具"栏"布局"选项卡"分析"组"折线"中的"系列线"命令，增加系列线。双击系列线，在如图 1-4-6 所示的"设置系列线格式"对话框中设置线型箭头。

⑥ 文件另存为：fl1-4-2 销售业绩—柱形图.xlsx。

1.4.3　Excel 基本图表类型

1. 柱形图、圆柱图、圆锥图、棱锥图

Excel 默认的图表类型是柱形图。柱形图通常沿水平分类轴显示类别，沿垂直数值轴显示数值。柱形图共有 7 种子图表类型：簇状柱形图、堆积柱形图、百分比堆积柱形图、三维簇状柱形图、三维堆积柱形图、三维百分比堆积柱形图和三维柱形图，如图 1-4-7 所示。

图 1-4-7　柱形子图

簇状、堆积、百分比堆积和三维图表类型也可以使用圆柱图、圆锥图和棱锥图，它们将显示圆柱、圆锥和棱锥而不是矩形。圆柱子图表类型如图 1-4-8 所示，圆锥子图表类型如图 1-4-9 所示，棱锥子图表类型如图 1-4-10 所示。

图 1-4-8　圆柱子图　　　　　　图 1-4-9　圆锥子图　　　　　　图 1-4-10　棱锥子图

2. 折线图

折线图是用直线段将各数据点连接起来而组成的图形，以显示数据的变化趋势。通常水平轴用来表示时间的推移，垂直轴代表不同时刻数值的大小。折线图包含 7 种子图表类型：折线图、堆积折线图、百分比堆积折线图、数据点折线图（带数据标记的折线图）、堆积数据点折线图（带数据标记的堆积折线图）、百分比堆积数据点折线图（带数据标记的百分比堆积折线图）和三维折线图，如图 1-4-11 所示。

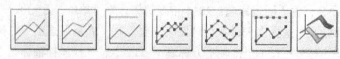

图 1-4-11　折线子图

【例 1-4-3】创建折线图。

根据"fl1-4-3AQI 指数.xlsx"中上海 2013 年 12 月空气质量指数数据，创建带数据标记的折线图，并设置图表横坐标轴数字格式。结果如图 1-4-12 所示。

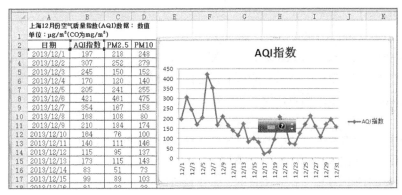

图 1-4-12　AQI 指数折线图

【例 1-4-3 解答】

① 打开 Excel 文件：fl1-4-3AQI 指数.xlsx。

② 选择数据区域。选择 A2:B33 的数据区域。

③ 选择图表类型。单击"插入"选项卡，选择"图表"组"折线图"的子类型"带数据标记的折线图"，绘制数据点折线图。

④ 设置横坐标轴数字格式为：mm/dd。最终结果如图 1-4-12 所示。

⑤ 文件另存为：fl1-4-3AQI 指数-折线图.xlsx。

3. 饼图

饼图只有一个数据系列，通常用饼图描述百分构成比情况。饼图包含如下子图表类型：饼图、分离型饼图、复合饼图、复合条饼图、三维饼图、分离型三维饼图，如图 1-4-13 所示。

图 1-4-13　饼形子图

【例 1-4-4】创建饼图。

根据"fl1-4-4 招生计划.xlsx"中 2014 年华东、华南等 7 个地区的招生计划人数，创建饼图并设置图表数据标签以及图例格式。结果如图 1-4-14 所示。

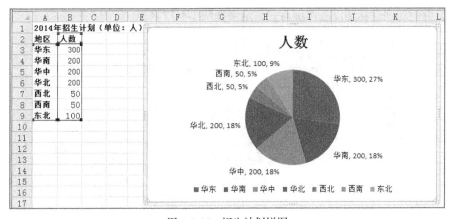

图 1-4-14　招生计划饼图

【例 1-4-4 解答】

① 打开 Excel 文件：fl1-4-4 招生计划.xlsx。

② 选择数据区域。选择 A2:B9 单元格区域。

③ 选择图表类型。单击"插入"选项卡，选择"图表"组"饼图"的子类型"饼图"。

④ 设置数据标签。选择图表，设置显示数据标签。标签位置为"数据标签外"，标签选项包括：类别名称、值、百分比、显示引导线。

⑤ 设置图例。设置在底部显示图例。最终结果如图 1-4-14 所示。

⑥ 文件另存为：fl1-4-4 招生计划-饼图.xlsx。

4. 条形图、水平圆柱图、水平圆锥图、水平棱锥图

条形图与柱形图类似，一般适用于轴标签很长的情况。通常沿垂直坐标轴组织类别，沿水平坐标轴组织数值。条形图包含 6 种子图表类型：簇状条形图、堆积条形图、百分比堆积条形图、三维簇状条形图、三维堆积条形图、三维百分比堆积条形图，如图 1-4-15 所示。

图 1-4-15　条形子图

5. 面积图

面积图可以看作折线图的另一种表现形式，它使用折线和分类轴组成的面积以及两条折线之间的面积来显示数据系列的值，面积还可显示部分与整体的关系。面积图共有 6 个子图表类型：面积图、堆积面积图、百分比堆积面积图、三维面积图、三维堆积面积图和三维百分比堆积面积图，如图 1-4-16 所示。

图 1-4-16　面积子图

【例 1-4-5】创建面积图。

根据"fl1-4-5 区域销售业绩.xlsx"中 2014 年华东、华南等 7 个地区的销售业绩数据，创建堆积面积图，并设置图表标题以及图例格式。结果如图 1-4-17 所示。

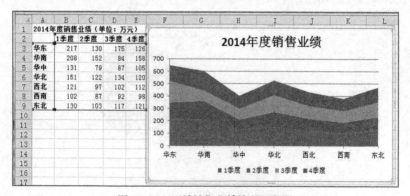

图 1-4-17　区域销售业绩堆积面积图

【例 1-4-5 解答】

① 打开 Excel 文件：f11-4-5 区域销售业绩.xlsx。

② 选择数据区域。选择 A2:E9 单元格区域。

③ 选择图表类型。单击"插入"选项卡，选择"图表"组"面积图"的子类型"堆积面积图"。

④ 设置图表标题为"2014 年度销售业绩"；设置在底部显示图例。最终结果如图 1-4-17 所示。

⑤ 文件另存为：f11-4-5 区域销售业绩-堆积面积图.xlsx。

6. 散点图

散点图，也称为 XY 图，用光滑曲线或一系列散点来描述数据，主要用于描述数据之间的关系。XY（散点图）包含 5 种子图表类型：仅带数据标记的散点图、带平滑线和数据标记的散点图、带平滑线的散点图、带直线和数据标记的散点图、带直线的散点图，如图 1-4-18 所示。

图 1-4-18　散点子图

【例 1-4-6】创建 XY（散点）图。

在"f11-4-6 指数对数函数.xlsx"中，利用 XY（散点）图绘制 $y=e^x+\ln(x)$ 的函数关系图，并设置图表主要纵网格线以及图例格式。函数的自变量范围为 0.5～10，步长为 0.5。结果如图 1-4-19 所示。

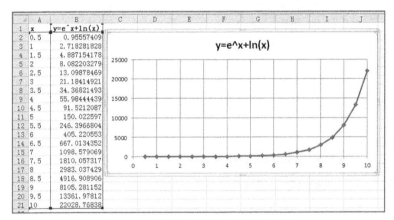

图 1-4-19　带平滑线和数据标记的散点图

【例 1-4-6 解答】

① 打开 Excel 文件：f11-4-6 指数对数函数.xlsx。

② 确定函数自变量范围。在 A2:A21 单元格区域，利用自动填充，生成函数的自变量范围 0.5～10，步长 0.5。

③ 利用公式生成函数值数据。在 B2:B21 的单元格区域，参照附录 A 表 1 Excel 数学和三角函数中相关说明，根据所指定的函数 $y=e^x+\ln(x)$，生成函数值数据。

④ 选择数据区域。选择 A2:B21 单元格区域。

⑤ 选择图表类型。单击"插入"选项卡，选择"图表"组"散点图"的子类型"带平滑线

和数据标记的散点图"。

⑥ 设置显示主要纵网格线。不显示图例。最终结果如图 1-4-19 所示。

⑦ 文件另存为：fl1-4-6 指数对数函数-带平滑线和数据标记的散点图.xlsx。

7. 股价图

股价图通常用于显示股票或期货价格及其变化的情况。股价图包含 4 种子图表类型：盘高—盘低—收盘图、开盘—盘高—盘低—收盘图（也称 K 线图）、成交量—盘高—盘低—收盘图和成交量—开盘—盘高—盘低—收盘图，如图 1-4-20 所示。股价图是一类比较复杂的专用图形，通常需要特定的几组数据。

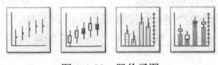

图 1-4-20　股价子图

【例 1-4-7】创建股价图。

根据"fl1-4-7 股价.xlsx"中 2012 年 12 月份连续 5 天股票的开盘、盘高、盘低和收盘交易数据，创建股价图，设置图表标题以及图例格式。结果如图 1-4-21 所示。

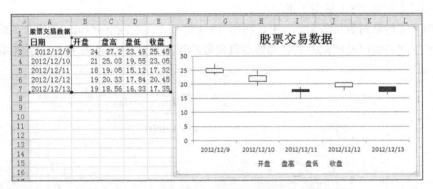

图 1-4-21　股价开盘—盘高—盘低—收盘图

【例 1-4-7 解答】

① 打开 Excel 文件：fl1-4-7 股价.xlsx。

② 选择数据区域。选择 A2:E7 单元格区域。

③ 选择图表类型。单击"插入"选项卡，选择"图表"组"其他图表"中"股价图"的子类型"开盘—盘高—盘低—收盘图"。

④ 设置图表标题为"股票交易数据"；设置在底部显示图例。最终结果如图 1-4-21 所示。

⑤ 文件另存为：fl1-4-7 股价-开盘-盘高-盘低-收盘图.xlsx。

8. 曲面图

曲面图用于拟合两组数据间的最佳组合，通过跨两维的趋势线描述数据的变化趋势。曲面图包含 4 种子图表类型：三维曲面图、三维曲面框架图、曲面图和曲面俯视框架图，如图 1-4-22 所示。

【例 1-4-8】创建曲面图。

根据"fl1-4-8 抗张强度测量.xlsx"中在连续的时间段所测量的抗张强度数据，创建三维曲面图。结果如图 1-4-23 所示。

图 1-4-22　曲面子图

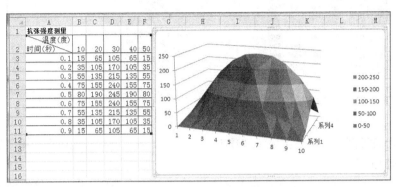

图 1-4-23　三维曲面图

【例 1-4-8 解答】

① 打开 Excel 文件：fl1-4-8 抗张强度测量.xlsx。

② 选择数据区域。选择 B2:F11 单元格区域。

③ 选择图表类型。单击"插入"选项卡，选择"图表"组"其他图表"中"曲面图"的子类型"三维曲面图"。结果如图 1-4-23 所示。

④ 文件另存为：fl1-4-8 抗张强度测量-三维曲面图.xlsx。

9. 圆环图

圆环图与饼图类似，也用于显示部分与整体的关系，但圆环图可以包含多个数据系列。圆环图包含 2 种子图表类型：圆环图和分离型圆环图。如图 1-4-24 所示。

10. 气泡图

气泡图与散点图非常相似，气泡图使用第 3 个系列数据显示气泡的大小。气泡图包含 2 种子图表类型：气泡图和三维气泡图。如图 1-4-25 所示。

11. 雷达图

雷达图用于显示数值相对于中心点的变化情况。雷达图包含 3 种子图表类型：雷达图、带数据标记的雷达图和填充雷达图，如图 1-4-26 所示。

图 1-4-24　圆环图　　　　图 1-4-25　气泡图　　　　图 1-4-26　雷达图

【例 1-4-9】创建雷达图。

根据"fl1-4-9 水果销售量.xlsx"中某城市 2014 年 1~12 月西瓜、葡萄、香蕉和苹果的销售量数据，创建带数据标记的雷达图并设置图表标题以及图例格式。结果如图 1-4-27 所示。

【例 1-4-9 解答】

① 打开 Excel 文件：fl1-4-9 水果销售量.xlsx。

② 选择数据区域。选择 A2:E14 单元格区域。

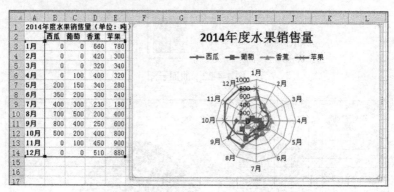

图 1-4-27　带数据标记的雷达图

③ 选择图表类型。单击"插入"选项卡，选择"图表"组"其他图表"中"雷达图"的子类型"带数据标记的雷达图"。

④ 设置图表标题为"2014 年度水果销售额"；设置在顶部显示图例。最终结果如图 1-4-27 所示。

⑤ 文件另存为：fl1-4-9 水果销售量-带数据标记的雷达图.xlsx。

1.4.4　Excel 复杂图表的建立

1. 图表分析线

在图表中可以插入与数据点关联的直线或曲线，称之为图表分析线，包括系列线、垂直线、高低点连线、涨跌柱线、误差线、趋势线等。图表分析线用于显示数据的变化趋势，预测数据的未来趋势。

（1）系列线

同一系列中各数据点的连线为系列线。系列线一般用于强调数据点之间的变化规律。在二维堆积图中可以添加系列线。

（2）垂直线

从数据系列的各数据点延伸到分类轴的连线为垂直线。垂直线一般用于标识数据点对应的分类数据。在折线图或面积图中可以添加垂直线。

【例 1-4-10】创建垂直线。

为"fl1-4-10 销售计划图.xlsx"中提供的某地区 2014 年度销售计划折线图，添加垂直线。结果如图 1-4-28 所示。

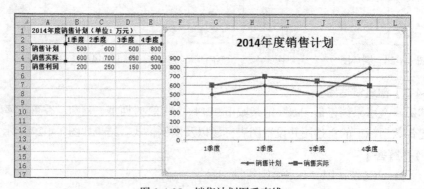

图 1-4-28　销售计划图垂直线

【例 1-4-10 解答】

打开 Excel 文件：fl1-4-10 销售计划图.xlsx。添加垂直线，选择图表，执行"图表工具"栏"布局"选项卡"分析"组的"折线"中的"垂直线"命令，添加垂直线。文件另存为：fl1-4-10 销售计划图-垂直线.xlsx。

（3）高低点连线

连接同一分类轴标志上不同数据系列的最高值和最低值的为高低点连线，高低点连线一般用于标识同一分类轴标志上的数据变化范围。在多个系列的折线图或股价图中可以添加高低点连线。

【例 1-4-11】创建高低点连。

为"fl1-4-11 销售计划图 1.xlsx"中提供的某公司 2014 年度销售计划折线图，添加高低点连线。结果如图 1-4-29 所示。

【例 1-4-11 解答】

打开 Excel 文件：fl1-4-11 销售计划图 1.xlsx；添加高低点连线，选择图表，执行"图表工具"栏"布局"选项卡"分析"组的"折线"中的"高低点连线"命令，添加高低点连线；文件另存为：fl1-4-11 销售计划图 1-高低点连线.xlsx。

（4）涨跌柱线

连接同一分类轴标志上不同数据系列的最高值和最低值的柱形为涨跌柱线，涨柱线和跌柱线可以设置为不同颜色。涨跌柱线一般用于标识数据的涨跌范围。在多个系列的折线图或股价图中可以添加涨跌柱线。

【例 1-4-12】创建涨跌柱线。

为"fl1-4-12 销售计划图 2.xlsx"中提供的某单位 2014 年度销售计划折线图，添加涨跌柱线，并分别设置涨跌柱线的颜色。结果如图 1-4-30 所示。

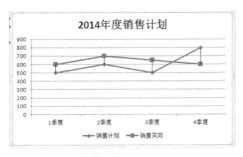

图 1-4-29　销售计划图高低点连线

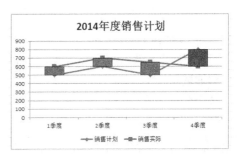

图 1-4-30　销售计划图涨跌柱线

【例 1-4-12 解答】

① 打开 Excel 文件：fl1-4-12 销售计划图 2.xlsx。

② 添加涨跌柱线。选择图表，执行"图表工具"栏"布局"选项卡"分析"组的"涨/跌柱线"中的"涨/跌柱线"命令，添加涨跌柱线。

③ 设置"涨柱线"为绿色，"跌柱线"为红色。最终结果如图 1-4-30 所示。

④ 文件另存为：fl1-4-12 销售计划图 2-涨跌柱线.xlsx。

（5）误差线

误差线用于标识数据点的误差幅度和标准偏差。在二维面积图、条形图、柱形图、折线图、XY（散点）图和气泡图中可添加误差线。误差线可在数据系列中的所有数据点或数据标记上显示其标准误差量、百分比误差量、标准偏差；也可显示固定值误差量、指定值误差量。

（6）趋势线

根据已有数据，通过线性回归的方法拟合的直线或曲线为趋势线。趋势线一般用于预测分析。在非堆积二维图表（面积图、条形图、柱形图、折线图、股价图、散点图或气泡图）中可添加趋势线。添加趋势线时，可根据数据的规律，选择不同的拟合方法，即选择不同类型的趋势线。Excel提供的趋势线包含线性趋势线、对数趋势线、多项式趋势线、乘幂趋势线、指数趋势线、移动平均趋势线。

2. 金字塔图和橄榄形图

数据统计中，许多数据的统计规律满足"正态分布"，形象地称之为"橄榄形图"或"金字塔形图"。Excel 图表类型中并没有橄榄形图，也没有金字塔形图，但可以使用"堆积条形图"实现该类图形。

【例 1-4-13】创建金字塔图。

根据"fl1-4-13 产品成本.xlsx"中原材料、辅料、人工以及其他的成本数据，利用堆积条形图创建产品成本金字塔图，注意设置图表标题、图例、坐标轴以及数据系列等的格式。结果如图 1-4-31 所示。

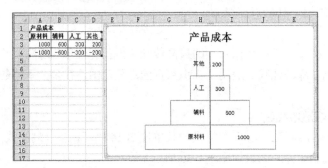

图 1-4-31　产品成本金字塔图

【例 1-4-13 解答】

① 打开 Excel 文件：fl1-4-13 产品成本.xlsx。

② 添加数据。在 A4:D4 数据区域，输入与 A3:D3 单元格区域值相反的数据。

③ 选择数据区域。选择 A2:D4 的数据区域。

④ 绘制图表。单击"插入"选项卡，选择"图表"组"条形图"的子类型"堆积条形图"。图表标题为"产品成本"，不显示图例，不显示横坐标轴和纵坐标轴，不显示纵网格线。

⑤ 设置数据系列的格式。分别双击左右两边的数据系列，设置格式：分类间距为 0%；边框为"实线"；填充颜色为白色。设置右边数据系列居中显示数据标签。最终结果如图 1-4-31 所示。

⑥ 文件另存为：fl1-4-13 产品成本-金字塔图.xlsx。

 思考　　在本例解答步骤②中，是否有更好的办法在 A4:D4 单元格区域输入与 A3:D3 单元格区域值相反的数据？

【例 1-4-14】创建橄榄形图示例。

根据"fl1-4-14 项目预算.xlsx"中鉴定、培训、人工、设备等的预算数据，利用堆积条形图创建项目预算橄榄形图，注意设置图表的图例、坐标轴、网格线以及数据系列等的格式。结果如图 1-4-32 所示。

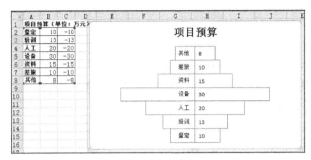

图 1-4-32 项目预算橄榄形图

【例 1-4-14 解答】

（1）打开 Excel 文件：fl1-4-14 项目预算.xlsx。

（2）利用选择性粘贴产生与 B2:B8 单元格区域值相反的数据。①将 B2:B8 单元格区域的值复制到 C2:C8 单元格区域。②在 M1 单元格中输入-1。③复制 M1。④选中 C2:C8 单元格区域，执行"选择性粘贴"命令，单击"选择性粘贴"对话框中的"乘"以及"值和数字格式"单选按钮，单击"确定"命令按钮。

（3）选择数据区域。选择 A2:C8 单元格区域。

（4）绘制图表。单击"插入"选项卡，选择"条形图"的子类型"堆积条形图"。图表标题为"项目预算"。不显示图例。不显示横坐标轴。不显示纵网格线。

（5）设置数据系列的格式。分别双击左右两边的数据系列，设置格式：分类间距为 0%；边框为"实线"；填充颜色为白色。设置右边数据系列显示数据标签。最终结果如图 1-4-32 所示。

（6）文件另存为：fl1-4-14 项目预算-橄榄形图.xlsx。

3. 甘特图

在项目管理中，常常用到甘特图。甘特图（Gantt Chart）又叫横道图、条状图（Bar Chart）。甘特图以图示的方式表示出特定项目的活动顺序与持续时间。甘特图通常为线条图，横轴表示时间，纵轴表示活动（项目），线条表示在整个期间上计划和实际活动的完成情况。

项目管理软件，例如 Microsoft Project，提供专业的甘特图绘制与管理功能。Excel 可以使用"堆积条形图"实现甘特图。

【例 1-4-15】创建甘特图示例。

根据"fl1-4-15 任务计划.xlsx"中分析、设计、开发、测试、培训、交付等任务的开始时间、工期以及结束时间，利用堆积条形图创建任务计划甘特图，注意设置图表的图例、网格线以及数据系列等的格式。结果如图 1-4-33 所示。

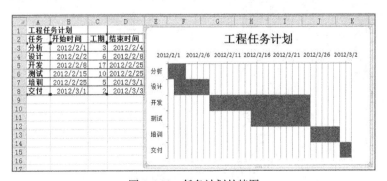

图 1-4-33 任务计划甘特图

【例 1-4-15 解答】

（1）打开 Excel 文件：fl1-4-15 任务计划.xlsx。

（2）选择数据区域。选择 A2:B8 单元格区域。

（3）绘制图表。单击"插入"选项卡，选择"图表"组"条形图"的子类型"堆积条形图"。设置图表标题为"工程任务计划"。不显示图例。同时显示次要纵网格线。

（4）增加数据系列。选择 C2:C8 单元格区域，按 Ctrl+C 组合键复制。选择图表，按 Ctrl+V 组合键粘贴数据系列。

（5）设置数据系列的格式。双击"开始时间"数据系列，设置其格式：分类间距为 0%；无填充；无边框颜色。双击垂直分类轴，设置其格式：坐标轴选项为"逆序类别"。双击水平轴，设置其格式：最小值为 40940（即 2012/2/1），最大值为 40971（即 2012/3/3）。

（6）文件另存为：fl1-4-15 任务计划-甘特图.xlsx。

4．步进图（阶梯图）

步进图通过相邻数据的差来反映数据的变化，形状类似于阶梯，又称之为阶梯图。步进图（阶梯图）可以通过 XY（散点）图来实现。

【例 1-4-16】创建步进图（阶梯图）。

根据"fl1-4-16 销售数量.xlsx"中某一年某产品 1～12 月的销售数量，利用 XY（散点）图创建产品销售数量步进图（阶梯图），注意设置图表的图例、垂直轴以及水平轴等的格式。结果如图 1-4-34 所示。

【例 1-4-16 解答】

（1）打开 Excel 文件：fl1-4-16 销售数量.xlsx。

（2）准备辅助数据。在 D2 单元格输入公式"=ROUND(ROW()/2-1,0)"并填充至 D25 单元格；在 E2 单元格输入公式"=INDIRECT("B"&(INT(ROW()/2)+1))"并填充至 E25 单元格。

（3）选择数据区域。选择 D1:E25 单元格区域。

（4）绘制图表。单击"插入"选项卡，选择"图表"组"散点图"的子类型"带直线和数据标记的散点图"。不显示图例。双击垂直轴，设置其格式：最小值为 300，最大值为 440。双击水平轴，设置其格式：最大值为 13，主要刻度单位 1。

（5）文件另存为：fl1-4-16 销售数量-阶梯图.xlsx。

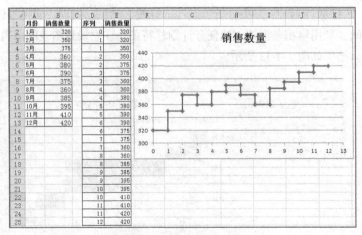

图 1-4-34　销售数量阶梯图

5. 瀑布图

瀑布图是指通过 Excel 图表的设置，使图表中数据点的排列看起来如同瀑布，从而使图表既可以反映数据大小，又可直观反映出数据的增减变化。瀑布图是经营分析工作中的常用图表，常用来直观显示一个数字到另一个数字的变化过程，例如：从销售收入到税后利润，各类成本费用的影响情况等。

【例 1-4-17】创建瀑布图。

根据"fl1-4-17 财务报表.xlsx"中某公司 2014 年度财务报表数据，利用折线图、涨跌柱线等创建公司 2014 年财务报表瀑布图。需要添加辅助数据，设置各项目金额、起点以及终点数据。注意设置图表的图例、涨跌柱线以及数据系列等的格式。结果如图 1-4-35 所示。

图 1-4-35　财务报表瀑布图

【例 1-4-17 解答】

（1）打开 Excel 文件：fl1-4-17 财务报表.xlsx。

（2）准备辅助数据。在 E3:E14 单元格区域输入 B2:B17 单元格区域中对应项目的数据，减的项目为相反数，E15 单元格为 E3:E14 单元格区域之和；在 F3 和 F15 单元格输入 0，在 F4 单元格输入公式"=G3"，并填充至 F14 单元格；在 G3 单元格输入公式"=E3+F3"并填充至 G15 单元格。

（3）选择数据区域。选择 D2:D15 单元格区域和 F2:G15 单元格区域。

（4）绘制图表。单击"插入"选项卡，选择"图表"组"折线图"的子类型"折线图"。设置图表标题为"2014 年财务收支"。在底部显示图例。添加涨跌柱线。

（5）设置涨跌柱线的属性。双击涨柱线，设置其填充色为绿色；双击跌柱线，设置其填充色为红色。

（6）隐藏折线。分别双击两条折线，设置其数据系列格式（线条颜色）：无线条。

（7）文件另存为：fl1-4-17 财务报表-瀑布图.xlsx。

1.4.5　动态图表

在 Excel 中，有时候需要创建大量类似的图表，通过创建动态报表，可以实现功能需求。

建立动态图表的基本思想是设置一个控制单元格，该单元格对应于动态图表中的控件（通常为单选按钮或下拉列表框）。根据控制单元格的值（该值通常为整数，标识不同类别），使用 Excel 的 ADDRESS、CELL、INDIRECT、COLUMN、OFFSET 等函数，生成对应类别的图表动态数据区域。

下面通过两个实例，阐述创建动态报表的过程。

第一种方法利用"数据有效性"设置控制单元格，并利用 VLOOKUP、COLUMN 等函数，生成对应类别的图表动态数据区域。

第二种方法使用 Excel 的 ADDRESS、CELL、INDIRECT、COLUMN 等函数，建立对应类别的图表动态数据区域。

【例 1-4-18】动态报表 1（利用数据有效性、VLOOKUP、COLUMN 等函数）。

在"fl1-4-18 区域销售业绩 1.xlsx"中，存放着某商品在华东、华南、华中、华北、西北、西南、东北 7 个地区 2014 年度的销售业绩（单位：万元），通过设置控制单元格的数据有效性，并利用 VLOOKUP、COLUMN 等函数，为这 7 个地区建立动态簇状柱形图表。

【例 1-4-18 解答】

【步骤 1】建立动态图表的数据区

（1）设置控制单元格。选择 A13 单元格，在"数据"选项卡的"数据工具"组中，单击"数据有效性"按钮，打开"数据有效性"对话框。在允许下拉列表框中，选择"序列"；在来源文本框中，输入"=$A$3:$A$9"，如图 1-4-36 所示。单击"确定"按钮。通过 A13 单元格的下拉列表框，选择"华东"区域。

（2）设置动态数据区域。在 B13 单元格中输入公式"=VLOOKUP($A13,$A$3:$E$9,COLUMN(),)"并填充至 E13 单元格。A12:E13 单元格区域为动态数据区域。通过 A13 单元格的下拉列表框，选择不同区域的数据，观察动态数据。

【步骤 2】基于动态数据区域创建图表

基于动态数据区域建立动态图表，图表反映基于当前控制单元格的值所对应类别的数据。

（1）选择数据区域。选择 A12:E13 的数据区域。

（2）绘制图表。单击"插入"选项卡，选择"柱形图"的子类型"簇状柱形图"。不显示图例。结果如图 1-4-37 所示。

图 1-4-36　设置控制单元格

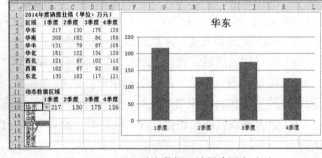

图 1-4-37　基于动态数据区域创建图表（1）

（3）改变控制单元格的值以动态更新图表。当用户选择该控件的不同值时，关联的控制单元格的值随之改变，动态数据区域的数据随之改变，最终图表随之改变，从而达到动态报表的效果。

【步骤 3】动态更新图表

（1）选择 A12 单元格，通过下拉列表框，可以选择不同区域的数据，从而动态更新图表。

（2）文件另存为：fl1-4-18 区域销售业绩 1-动态图表.xlsx。

【例 1-4-19】动态报表 2（使用 Excel 的 ADDRESS、CELL、INDIRECT、COLUMN 等函数）。

在"fl1-4-19 区域销售业绩 2.xlsx"中，同样存放着某商品在华东、华南、华中、华北、西北、西南、东北 7 个地区 2014 年度的销售业绩，使用 Excel 的 ADDRESS、CELL、INDIRECT、COLUMN 等函数，为这 7 个地区建立动态三维簇状柱形图表。

【例 1-4-19 解答】

（1）创建动态数据区域。在 B13 单元格中输入公式"=INDIRECT(ADDRESS(CELL("ROW"), COLUMN(A3)))"并填充至 E13。A12:E13 为动态数据区域。

（2）绘制图表。选择 A12:E13 的数据区域，单击"插入"选项卡，选择"柱形图"的子类型"三维簇状柱形图"。不显示图例。

（3）改变控制单元格的值以动态更新图表。单击 A4 单元格，按 F9 功能键重新计算 B13:E13 单元格区域中的公式，图表中将显示"华南"地区各季度的销售情况，如图 1-4-38 所示。分别选取 A3:A9 单元格区域中的其他地区，按 F9 功能键，观察各地区的销售柱形图。

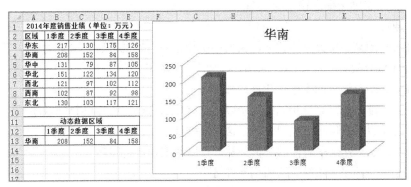

图 1-4-38　基于动态数据区域创建图表（2）

（4）文件另存为：fl1-4-19 区域销售业绩 2-动态图表.xlsx。

　提示　在 Excel 中，F9 功能键对所有打开的工作簿中的公式进行重新计算。

　技巧　在例 1-4-19 的步骤（3）中，分别双击 A3:A9 单元格区域中的地区名称，也可以得到各地区的动态销售图。

　拓展　建立动态图表的方法很多，本节只是例举了其中两种方法。请读者自行查阅相关资料，总结并比较创建动态图表的各种不同方法。

习题和思考

1. 选择题

（1）在 Excel 中，如果将 A2 单元格中的公式"=B2*$C4"复制 C8 单元格中，该单元格公式为_____。

  A. =B2*$C4   B. =D6*$C10   C. =D6*$C4   D. =D6*$E10

（2）在 Excel 中，要引用行 5 到行 11 之间的全部单元格，可以采用_____引用方式。

  A. 5:R11   B. R5:R11   C. R5:11   D. 5:11

（3）在 Excel 中，要输入分数"二分之一"，正确的输入方法是_____。

    A. 1/2   B. =1/2   C. 0 1/2   D. '1/2

（4）在 Excel 中，要输入系统当前的时间，可以采用的快捷键是_____。

    A. Ctrl+Shift+:   B. Ctrl+Shift+T   C. Ctrl+:   D. Ctrl+T

（5）在 Excel 中，如果需要同时在多个单元格中输入相同数据，可以先选定需要输入数据的单元格范围，然后输入相应数据，最后按组合键_____。

    A. Ctrl+Shift+Enter   B. Ctrl+Enter   C. Shift+Enter   D. Alt+Enter

（6）在 Excel 中，设置数字单元格区域的数据有效性时，在"输入法模式"选项卡中，设置输入法为_____，有助于提高输入的效率。

    A. 随意   B. 打开   C. 关闭   D. 英数

（7）在 Excel 的某一单元格中输入的公式中引用了不存在的名称，会产生错误信息_____。

    A. #VALUE?   B. #N/A!   C. #REF!   D. #NAME?

（8）在 Excel 中，设置两个条件排序的目的是_____。

    A. 第一排序条件完全相同的记录以第二排序条件确定记录的排列顺序

    B. 记录的排列顺序必须同时满足这两个条件

    C. 先确定两列排序条件的逻辑关系，再对数据表进行排序

    D. 记录的排序必须符合这两个条件之一

（9）在 Excel 高级筛选的条件区域中，同一行中的条件被解释为逻辑_____操作。

    A. 或   B. 与   C. 非   D. 异或

（10）在 Excel 中，关于数据透视表，下列说法不正确的是_____。

    A. 数据透视表是依赖于已建立的数据列表并重新组成新结构的表格

    B. 可以对已建立的数据透视表修改结构、更改统计方式

    C. 通过转换数据透视表的行和列，可以看到源数据的不同汇总结果

    D. 数据列表中的数据一旦被修改，相应的数据透视表会自动更新有关数据

（11）Excel 加载项不可以是后缀为_____的文件。

    A. .xlam   B. .xll   C. .xlt   D. .xla

（12）在 Excel 数据表中，当目标单元格为一个或多个单元格参数的计算公式，要分析计算公式中一个或两个单元格参数取值发生变化时，目标单元格的值的变化趋势，则可以使用 Excel 提供的_____功能。

    A. 规划求解   B. 模拟运算   C. 单变量求解   D. 方案分析

（13）以下关于 Excel 模拟运算表的说法，_____是不正确的。

    A. 模拟运算表产生的结果是数组

    B. 模拟运算表产生的结果是数据列表

    C. 双变量模拟运算必须指定两个引用单元格参数

    D. 单变量模拟运算可以指定行引用参数或列引用参数

（14）在 Excel 中，假定贷款总额 20 万元，年利率为 5.8%，贷款期限为 10 年，则月偿还额的计算公式为_____。

    A. =PMT(5.8%/12,10,200000)   B. =PMT(5.8%,10*12,200000)

    C. =PMT(5.8%/12,10*12,200000)   D. =PMT(5.8%,10,200000)

（15）在 Excel 中，如果已知目标单元格的预期结果值，要推算计算公式中某个变量的合适取

值时，则可以使用 Excel 提供的_____功能。

    A. 规划求解   B. 模拟运算   C. 单变量求解   D. 方案分析

（16）在 Excel 中，使用单变量求解运算求解 1 元 n 次方程 "$x^6-3x^3+5x-8=0$"，其近似解为_____。

    A. 1.27   B. 1.37   C. 1.47   D. 1.57

（17）在 Excel 中，在满足所有的约束条件下，对直接或间接与目标单元格中公式相关联的一组单元格中的数值进行调整，最终在目标单元格公式中求得期望的结果，则可以使用 Excel 提供的_____功能。

    A. 规划求解   B. 模拟运算   C. 单变量求解   D. 方案分析

（18）在 Excel 中，如果"规划求解结果"对话框中显示的信息为"规划求解收敛于当前结果，并满足所有约束条件"，则表明_____。

    A. 求得一解，满足所有规划条件   B. 求得一解，满足部分规划条件

    C. 求得近似解，满足所有规划条件   D. 求得近似解，满足部分规划条件

（19）使用 Excel 提供的_____功能，可以预测工作表模型的输出结果，在工作表中创建并保存不同的数值组。

    A. 规划求解   B. 模拟运算   C. 单变量求解   D. 方案分析

（20）在 Excel 中，要计算并以图表显示数据区域中各数据分段的分布情况，可以使用 Excel "分析工具库"提供的_____分析工具。

    A. 直方图   B. 描述统计   C. 抽样分析   D. 移动平均

（21）在 Excel 中，要引用列 F 中的全部单元格，可以采用_____引用方式。

    A. F   B. 6:6   C. F:F   D. F6:F6

（22）如果 Excel 采用"R1C1"引用样式，则对活动单元格的上面 3 行、右面 4 列的单元格的相对引用方式是_____。

    A. R[3]C[4]   B. R3C4   C. R[-3]C[4]   D. R[3]C[-4]

（23）如果 A1=123，A2=0，则公式 "=A1/A2" 会产生_____错误信息。

    A. #VALUE?   B. #N/A!   C. #DIV/0!   D. #NAME?

（24）在 Excel 中，如果单元格 A3 包含公式 "=A1^A2"，则单元格 A3 的引用单元格是_____。

    A. A1^A2   B. 单元格 A1 和 A2   C. 单元格 A1   D. 单元格 A2

（25）在 Excel 中，公式 "=SEARCH("华师大","华东师范大学")" 的结果是_____。

    A. -1   B. 0   C. FALSE   D. #VALUE!

（26）在 Excel 中，将二进制数 10000011 转换为十进制数的函数_____，其结果为_____。

    A. BIN2HEX，83   B. BIN2DEC，131

    C. BIN2OCT，203   D. BIN2BIN，2003

（27）在 Excel 中，将十进制数 100 转换为十六进制数的函数_____，其结果为_____。

    A. DEC2BIN，1100100   B. DEC2OCT，144

    C. DEC2HEX，64   D. DEC2TRI，100

（28）在 Excel 中，将八进制数 100 转换为十进制数的函数_____，其结果为_____。

    A. OCT2DEC，64   B. OCT2BIN，1000000

    C. OCT2HEX，40   D. OCT2OCT，100

（29）在 Excel 中，将十六进制数 100 转换为二进制数的函数_____，其结果为_____。

    A. HEX2DEC，256   B. HEX2OCT，400

    C. HEX2HEX，100   D. HEX2BIN，100000000

（30）在 Excel 中，将 40 摄氏温度转换为华氏温度的公式为_____，其结果为_____。

    A. =CONVERT(40,"C","F")，104   B. =CONVERT(40,"F","C")，4.4

    C. =CEN2FAH(40,"F","C")，104   D. =FAH2CEN(40,"F","C")，4.4

（31）在 Excel 中，将 150 分钟转换为小时的公式为_____，其结果为_____。

    A. =CONVERT(150,"hr","mn")，9000   B. =CONVERT(150,"mn","hr")，2.5

    C. =CONVERT(150,"mn","s")，9000   D. =CONVERT(150,"mn","yr")，2.5

（32）在 Excel 中，将 150 小时转换为天的公式为_____，其结果为_____。

    A. =CONVERT(150,"hr","mn")，9000   B. =CONVERT(150,"hr","s")，540000

    C. =CONVERT(150,"hr","d")，6.25   D. =CONVERT(150,"hr","yr")，6.25

（33）在 Excel 中，将 2 米转换为厘米的公式为_____，其结果为_____。

    A. =CONVERT(2,"m","dm")，20   B. =CONVERT(2,"m","cm")，200

    C. =CONVERT(2,"m","mm")，2000   D. =CONVERT(2,"cm","m")，200

（34）在 Excel 中，计算复数 3+4i 的模数的公式为_____，其结果为_____。

    A. =IMABS(3+4i)，5   B. =IMABS("3+4i")，5

    C. =IMABS(3+4i)，-5   D. =IMABS("3+4i")，-5

（35）在 Excel 中，返回复数 i 的实系数的公式为_____，其结果为_____。

    A. =IMREAL("i")，1   B. =IMREAL("i")，0

    C. =IMABS(i)，0   D. =IMAGINARY("i")，0

（36）在 Excel 中，返回复数 i 的共轭复数的公式为_____，其结果为_____。

    A. =IMCONJUGATE("i")，-i   B. =IMCONJUGATE(i)，-i

    C. =IMCONJUGATE("i")，i   D. =IMAGINARY("i")，-i

（37）在 Excel 中，计算两个复数 3-2i 和 1+2i 的积的公式为_____，其结果为_____。

    A. =IMSUM("3-2i","1+2i")，4   B. =IMPRODUCT(3-2i,1+2i)，7+4i

    C. =IMPRODUCT("3-2i","1+2i")，7+4i   D. =IMSUB("3-2i","1+2i")，2-4i

（38）在 Excel 中，计算两个复数 3-2i 和 1+2i 的商的公式为_____，其结果为_____。

    A. =IMSUM("11-7i","2+i")，13-6i   B. =IMPRODUCT("11-7i","2+i")，29-3i

    C. =IMDIV("11-7i","2+i")，3-5i   D. =IMSUB("11-7i","2+i")，9-8i

（39）在 Excel 中，若 A1:A50 单元格区域存放着某班级 50 名学生的语文成绩，计算该班语文第 2 名的成绩的公式为_____。

    A. =LARGE(A1:A50,49)   B. =SMALL(A1:A50,2)

    C. =SMALL(A1:A50,49)   D. =MAX(A1:A50,2)

（40）在 Excel 中，若 A1:A50 单元格区域存放着某班级 50 名学生的语文成绩，计算该班语文倒数第 3 名的成绩的公式为_____。

    A. =LARGE(A1:A50,3)   B. =SMALL(A1:A50,48)

    C. =MIN(A1:A50,3)   D. =LARGE(A1:A50,48)

2. 填空题

（1）在 Excel 中，已知一张工作表的单元格 E4 中的内容是公式 "=B4*C4/(1+$F$2)-$D4"，将此单元格复制到同一工作表的 G3 单元格后，G3 单元格中的公式应为＿＿＿＿。

（2）在 Excel 中，要实现日期序列（2015-1-1，2015-1-2，2015-1-3，2015-1-4，2015-1-5，2015-1-8，2015-1-9…），应采用的序列填充方法是按＿＿＿＿填充。

（3）在 Excel 中，数据列表中的列相当于数据库中的＿＿＿＿。

（4）把数据库放在一个 Excel 工作表中时，整个表的第＿＿＿＿行，规定作为存放数据库的字段名。

（5）在 Excel 中使用筛选命令时，要将筛选结果复制到其他位置，则可以使用＿＿＿＿筛选命令。

（6）在 Excel 中对数据库进行分类汇总以前，必须先对作为分类依据的字段进行＿＿＿＿操作。

（7）Excel 包括三种类型的加载项：＿＿＿＿、可下载的加载项和自定义加载项。

（8）假定某人月偿还额能力为 2000 元，贷款年利率为 5.8%，贷款期限为 20 年，则 Excel 中计算其可贷款总额的公式为＿＿＿＿。

（9）在 Excel 中，要提高单变量求解的精度，可执行"文件"选项卡中"选项"命令，打开"Excel 选项"对话框，选择"＿＿＿＿"类别中的适当设置，调整自定义的迭代次数或最大的误差。

（10）在 Excel 中，通过分析规划求解的＿＿＿＿，并调整规划求解的选项，可以控制规划求解，以获得更优化的结果。

（11）在 Excel 的"方案管理器"对话框中，可以单击"摘要"按钮，创建"方案摘要"或"方案＿＿＿＿"，显示各方案对目标数据的影响比较表，以帮助用户进行决策。

（12）Excel 提供了一组数据分析工具，称为"＿＿＿＿"，可用于复杂统计或工程分析，完成很多专业软件（如 SPSS 等）才有的数据统计、分析功能。

（13）如果 Excel 采用"R1C1"引用样式，则对活动单元格左面整个一列单元格区域的相对引用方式是＿＿＿＿，对活动单元格同一行、右面一列的单元格的相对引用方式是＿＿＿＿。

（14）在 Excel 中，如果单元格 C3 包含公式"=A1&A2"，则单元格 A1 的从属单元格是＿＿＿＿。

（15）在 Excel 中，SUM(10,"1",TRUE,FALSE)的结果为＿＿＿＿，SUMSQ(2,3)的结果为＿＿＿＿。

（16）在 Excel 中，INT(2.8)的结果为＿＿＿＿，INT(-12.8)的结果为＿＿＿＿，TRUNC(29.9)的结果为＿＿＿＿，=ROUND(99.6,0)的结果为＿＿＿＿，ROUND(-243.19,-2)的结果为＿＿＿＿。

（17）在 Excel 中，EVEN(67.2)的结果为＿＿＿＿，ODD(56)的结果为＿＿＿＿。

（18）在 Excel 中，QUOTIENT(15,2)的结果为＿＿＿＿，MOD(15,4)的结果为＿＿＿＿，GCD(4,6)的结果为＿＿＿＿，LCM(4,6)的结果为＿＿＿＿。

（19）在 Excel 中，SIGN(ABS(-10))的结果为＿＿＿＿，FACT(4)的结果为＿＿＿＿，FACTDOUBLE(4)的结果为＿＿＿＿。

（20）在 Excel 中，POWER(5,SQRT(9))的结果为＿＿＿＿，LN(EXP(LOG(16,2)))的结果为＿＿＿＿。

（21）在 Excel 中，DEGREES(PI()/4)的结果为＿＿＿＿，COS(RADIANS(-60))的结果为＿＿＿＿，DEGREES(ASIN(1))的结果为＿＿＿＿。

（22）在 Excel 中，PERMUT(5,2)的结果为＿＿＿＿，COMBIN(5,2)的结果为＿＿＿＿。

（23）在 Excel 中，运算表达式＿＿＿＿可以产生-100～100（包含-100 和 100）的随机整数。

（24）在 Excel 中，假设矩阵 A 为 ，矩阵 B 为 ，则矩阵 A 行列式的值 MDETERM(A1:B2) 为＿＿＿＿，矩阵 B 的逆矩阵 MINVERSE(D1:E2) 为＿＿＿＿，矩阵 A 和 B 的乘积 MMULT(A1:B2,D1:E2)结果为＿＿＿＿，矩阵 A 和 B 元素的乘积之和 SUMPRODUCT(A1:B2,D1:E2) 结果为＿＿＿＿，矩阵 A 和 B 元素的平方之差的平方和 SUMXMY2(A1:B2,D1:E2)结果为＿＿＿＿，矩阵 A 和 B 元素的平方差之和 SUMX2MY2(A1:B2,D1:E2) 结果为＿＿＿＿。表达式 PRODUCT(A1:B2,D1:E2)的结果为＿＿＿＿。

（25）在 Excel 中，A1 单元格中存放数值 58，则公式 "=IF(AND(A1>=60,A1<=90),A1+5,A1+10)" 的结果为＿＿＿＿。

（26）在 Excel 中，A1 单元格中存放数值 58，则公式 "=NOT(OR(A1<=90, A1<60))" 的结果为＿＿＿＿。

（27）数学表达式 $\ln(|x^2 - x + 2|) - \dfrac{\pi(6x-e)}{\cos x} - \sin 8x + 3\sqrt{x + e^5}$ 的 Excel 表达式为＿＿＿＿。

（28）在 Excel 中，生成-100 到 100 之间的随机实数（保留一位小数）的公式为＿＿＿＿。

（29）在 Excel 中，UPPER("mary")的结果为＿＿＿＿，LOWER("JOHN")的结果为＿＿＿＿，

（30）在 Excel 中，LEN("中国 China")的结果为＿＿＿＿，LENB("中国 China")的结果为＿＿＿＿，CONCATENATE("Good","Luck")的结果为＿＿＿＿，LEFT("中国品牌",2)的结果为＿＿＿＿，LEFTB("中国品牌",2)的结果为＿＿＿＿，RIGHT("中国品牌",2)的结果为＿＿＿＿，RIGHTB("中国品牌",2)的结果为＿＿＿＿，MID("中国品牌",2,4)的结果为＿＿＿＿，MIDB("中国品牌",2,4)的结果为＿＿＿＿。

（31）在 Excel 中，FIND("r","河流 River")的结果为＿＿＿＿，FINDB("r","河流 River")的结果为＿＿＿＿，SEARCH("r","河流 River")的结果为＿＿＿＿，SEARCHB("r","河流 River")的结果为＿＿＿＿。

（32）在 Excel 中，SUBSTITUTE("美丽 babala","ba","vo")的结果为＿＿＿＿，REPLACE("美丽 babala",3,4,"vo")的结果为＿＿＿＿，REPLACEB("美丽 babala",3,4,"vo")的结果为＿＿＿＿，TRIM("Good luck! ")的结果为＿＿＿＿。

（33）在 Excel 中，CODE("a")的结果为＿＿＿＿，CHAR(97)的结果为＿＿＿＿，CHAR(CODE ("A")+2)的结果为＿＿＿＿，CODE(CHAR(100))的结果为＿＿＿＿。

（34）在 Excel 中，TEXT(456.78,"####.#")的结果为＿＿＿＿，TEXT(456.78,"0000")的结果为＿＿＿＿，TEXT("2014-9-6","m")的结果为＿＿＿＿，TEXT("2014-9-6","mm")的结果为＿＿＿＿，TEXT("2014-9-6","mmm")的结果为＿＿＿＿，TEXT("2014-9-6","mmmm")的结果为＿＿＿＿，TEXT ("2014-9-6","d")的结果为＿＿＿＿，TEXT("2014-9-6","dd")的结果为＿＿＿＿，TEXT("2014-9-6","ddd")的结果为＿＿＿＿，TEXT("2014-9-6","dddd")的结果为＿＿＿＿，TEXT("2014-9-6","aaa")的结果为＿＿＿＿，TEXT("2014-9-6","aaaa")的结果为＿＿＿＿。

（35）在 Excel 中，REPT("Love", 2)的结果为＿＿＿＿。

（36）在 Excel 中，假设单元格 A1 存放日期 2014/8/1（星期五），B1 存放日期 2015/10/10（星期六），则 DATEDIF(A1,B1,"Y")的结果为＿＿＿＿，DATEDIF(A1,B1,"M")的结果为＿＿＿＿，DATEDIF(A1,B1,"D")的结果为＿＿＿＿，DATEDIF(A1,B1,"MD")的结果为＿＿＿＿，DATEDIF(A1,B1,"YM")的结果为＿＿＿＿，DATEDIF(A1,B1,"YD")的结果为＿＿＿＿，DAYS360(A1,B1)的结果为＿＿＿＿，MONTH(A1)的结果为＿＿＿＿，DAY(A1)的结果为＿＿＿＿，WEEKDAY(A1)的结果为＿＿＿＿。

（37）在 Excel 中，若数据区域 A1:A50 存放着某班级 50 名学生语文成绩，利用 LARGE 函数计算该班语文倒数第 3 名的成绩的公式为_____，利用 SMALL 函数计算该班语文第 3 名的成绩的公式为_____。

（38）在 Excel 中，利用日期与时间函数返回当前年份的公式为_____。

（39）在 Excel 中，若数据区域 A1:A3 包含值 55、30 和 15，则 MATCH(15,A1:A3,0) 的结果为_____，MATCH(45,A1:A3,-1) 的结果为_____。

（40）在 Excel 中，LOOKUP(85, {0,60,90}, {"不及格","合格","优"}) 的结果为_____；=INDEX((B1:C3,A5:D8),2,2,2) 返回单元格_____的值；AVERAGE(INDEX((B1:C3,A5:D8),0,2,2)) 计算并返回数据区域_____的平均值。

（41）在 Excel 中，AVEARGE(OFFSET(D5,-2,-1,2,1)) 计算并返回数据区域_____的平均值；ADDRESS(3,2) 的结果为_____，ADDRESS(3,2,2) 的结果为_____，ADDRESS(3,2,3) 的结果为_____，ADDRESS(3,2,4) 的结果为_____，ROWS(B2:E6) 的结果为_____，COLUMNS(B2:E6) 的结果为_____。

（42）在 Excel 中，NUMBERSTRING(123,1) 的结果为_____，NUMBERSTRING(123,2) 的结果为_____。

（43）在 Excel 中，将二进制数转换为十六进制数的函数为_____，将二进制数转换为八进制数的函数为_____。

（44）在 Excel 中，将十进制数转换为二进制数的函数为_____，将十进制数转换为八进制数的函数为_____。

（45）在 Excel 中，将八进制数 567 转换为二进制数的公式为_____，其结果为_____。将八进制数 1234 转换为十六进制数的公式为_____，其结果为_____。

（46）在 Excel 中，将十六进制数 AB 转换为十进制数的公式为_____，其结果为_____。将十六进制数 C8D 转换为八进制数的公式为_____，其结果为_____。

（47）在 Excel 中，将实系数 -1 和虚系数 6 转换为复数的公式为_____，其结果为_____。

3．思考题

（1）Excel 的基本构成是什么？单元格引用方式有哪些？

（2）在 Excel 当前工作表中，如何引用其他工作簿的工作表单元格？

（3）Excel 中常用的数据类型包括哪些？如何正确输入各种类型的数据？

（4）Excel 中建立数据列表时应注意什么？怎样在工作表上建立一个数据列表？

（5）Excel 中可以导入哪些外部数据？如何正确导入？

（6）Excel 中如何通过设置单元格的数据有效性来确保单元格数据输入的准确性？

（7）Excel 工作列表中，如何实现对三个以上的字段进行排序？

（8）在 Excel 中，实现高级筛选的正确步骤是什么？

（9）如何利用 Excel 函数统计成绩区域 B1:B50 中及格人数？

（10）如何使用 Excel 函数实现角度和弧度的相互转换？

（11）如何使用 Excel 函数将小写数字转换成中文大写数字？

（12）什么是 Excel 加载项程序？如何安装、加载和激活？

（13）如何创建 Excel 单变量模拟运算表？

（14）如何创建 Excel 双变量模拟运算表？

（15）使用 Excel 单变量求解的一般步骤是什么？

（16）如何使用 Excel 单变量求解运算求解一元 n 次方程？

（17）什么是 Excel 规划求解？如何建立 Excel 规划求解模型？

（18）什么是 Excel 方案分析？如何建立方案？如何合并方案？如何进行方案总结？

（19）Excel 的"分析工具库"提供了哪些数据统计工具？

（20）什么是直方图统计？如何使用直方图统计进行数据分析？

（21）什么是描述统计？如何使用描述统计进行数据分析？

（22）什么是移动平均？如何使用移动平均进行数据分析？

第2章
数据组织与管理

随着计算机应用的普及，计算机的处理对象也由简单的数值型数据发展到多种不同类型的非数值数据，同时，处理的数据量也越来越庞大。能否合理地组织与管理数据，会对数据处理的结果、处理的效率产生非常大的影响。

要做到合理地组织数据，提高数据处理的速度、存取的速度，减少数据处理时占用的存储空间，就需要知道什么是数据，数据之间的关系，以及数据如何进行存储与组织。

本章围绕数据结构和数据库基础展开，介绍了数据的逻辑特点和物理存储特点，数据之间有什么关系，一般数据的组织方式和大规模数据的管理方式。

2.1 数据结构基础

数据结构描述了数据之间的关系，这种关系包含数据的逻辑结构和物理结构。逻辑结构纯粹描述了数据之间的逻辑关系，某种逻辑结构的数据，存储在计算机中需要有对应的存储方式，使得计算机对其进行处理时，具有比较高的效率，这就是数据的物理结构。

具有不同数据结构的数据在计算机内的表示方式、可以进行的基本运算以及应用都不相同。

2.1.1 数据结构概述

数据是什么？数据结构又表示什么含义？数据在计算机中以怎样的方式进行存储使用的效率会比较高？

1. 数据、数据元素和数据项

数据（Data）指能够被计算机存储、加工的对象，是信息的表达形式，早期的计算机主要应用于科学计算，处理的数据主要是指数值型数据，随着计算机应用领域的扩大，所处理的数据也扩展到字符、声音、图像等非数值信息。

仔细观察一所学校的学生档案管理方法，会发现每个学生都有学号、姓名、性别、出生日期、入学年份、所在学院等各种信息，那么这些信息如何组织？同学和同学之间的信息如何区分？在档案室中，学生的档案信息如何存放？如果要查找信息，该如何进行？

学生档案由数据构成，组成学生档案的每位学生的信息是这种数据的基本单位，称为数据元素（Data Element）。

请再举出一些数据的例子，并说明这些数据中的数据元素是什么。

数据元素在数据描述中作为一个整体进行组织和管理，它是进行数据运算的基本单位，在不同的场合，也可被称为元素（Element）、节点（Node）或记录（Record）。

一个学生的档案表中包含的信息由哪些部分组成？

打开某个学生的资料袋，可以看到该学生的所有信息，即该数据元素包括学号、姓名、性别、专业、出生年月、入学年份、照片等信息。

组成数据元素的每一项被称为数据项（Data Item），例如：一个学生的信息可以由学号、姓名、性别、专业、出生年月、入学年份、所在学院、照片等数据项组成，数据项也会被称为字段或域（Field），是数据的最小标识单位。

每个数据项在计算机中可以使用不同的数据类型来表示，例如姓名、专业可以使用文本类型，出生年月可以使用日期类型，年龄可以使用数值类型等。

数据、数据元素和数据项反映了数据组织的 3 个层次，数据由若干个数据元素构成，每个数据元素又由若干个数据项构成。

 在网上寻找一个自己感兴趣的内容，如淘宝网上的某种商品，说明其对应的数据、数据元素和数据项分别是什么。

2. 数据的逻辑结构

计算机所处理的信息由若干个数据元素组成，具有相同特征的数据元素之间往往会有一定的联系，如扑克牌中同一花色的每张牌。数据元素之间的联系可以用前趋和后继来描述，紧邻某个元素（E）之前的元素称为元素 E 的前趋，也称为直接前趋或前件，而紧邻元素（E）之后的元素称为元素 E 的后继，也称为直接后继或后件。

某个元素可以只有前趋没有后继，也可以只有后继没有前趋。

【例 2-1-1】数据的逻辑结构分析。

数据"一年 12 个月"的数据元素是什么？这些元素之间的联系是如何的？

对于按辈分关系描述的某个三口之家的三个家庭成员之间的联系，作为数据元素的"父亲"和"母亲"都没有前趋，但只有一个后继，而数据元素"孩子"则有两个前趋而没有后继。

数据的逻辑结构描述了数据元素之间前趋和后继的数量，以及它们不同的联系类型，是根据现实问题抽象出来的数据组织形式。一个数据的逻辑结构应包含两部分内容：其一是数据元素的集合，可以用 D（Data）表示；其二是元素之间的前趋和后继关系的集合，可以用 R（Relationship）表示，数据结构（Data Structure,DS）可以表示为：DS=(D,R)。其中 R 可以用一个多元组的形式表示，如（E1，E2）表示有两个元素 E1 和 E2，它们之间有先后关系。

例如，对于三口之家的三个成员之间联系的逻辑结构，可以描述如下：

DS=(D,R)

D={父亲，母亲，孩子}

R={（父亲，孩子），（母亲，孩子）}

按照数据元素之间的前趋和后继的关系，数据的逻辑结构通常有线性结构和非线性结构，而非线性结构又可以分为树形结构和图结构，如图 2-1-1 所示，图中的小圈是代表数据元素的节点，节点之间的连线则表示它们之间的关系。

线性结构：数据元素之间的前趋和后继都是一对一的关系，各节点按逻辑关系形成了一条"链"，元素之间存在着明显的先后顺序。例如：字典中文字的排列，就是一种线性结构。

树形结构：数据元素中只有一个没有直接前趋，被称为根节点，其他每个数据元素都有并且仅有一个直接前趋，后继则没有个数限制。如磁盘上文件夹目录结构。

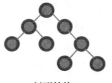

线性结构　　　　　　　　树形结构　　　　　　　　图结构

图 2-1-1　数据的逻辑结构

图结构：每个数据元素都可以有任意多个前趋和后继，任何两个节点之间都可能邻接。如互联网上的网页。

请分别再举出三个线性结构、树形结构和图结构的实际例子。

---

3. 数据的物理结构

数据的逻辑结构反映了数据的组织形式，是对数据元素之间关系的抽象描述，是一种概念模型。当使用计算机进行数据处理时，则要考虑数据在存储器中的存放方式。不同的数据存储方式对不同逻辑结构的数据的处理会产生不同的效率影响，因此，在计算机科学领域，人们要在描述了数据的逻辑结构之后，怎样对这些逻辑结构的数据进行存储进行研究，数据的存储结构也被称为数据的物理结构。

【例 2-1-2】数据的物理结构分析。

选课后某班级有来自不同专业不同年级的 30 位学生，学号不连续，安排在一间有 50 个座位的机房上课，机房中的座位编号为 1～50，有哪些不同的安排方式？它们各有什么特点？

- 按学号的顺序安排座位 1～30。
- 按座位顺序安排学生坐在 11～40 号位子。
- 让学生随意坐位子，即学号与座位号没有任何规律。

前两种方案中，学号和座位号都是连续的，这样只要知道第一个学生的座位号，就可以方便地知道其他学生的座位号。但如果又新增加了一位学生，其学号将排在这些学生的中间，则需要调整学号在其后的所有学生的座位顺序。

第三种方案在安排时不费力，让学生找到座位就可以坐，有新增加的学生也很容易安排，但要找每个学生就不像前面两种方案那么方便了，需要建立一张表，列出座位号与学号之间的对应关系，这是索引存储的方法。

上面讨论的例子中，教师拿到的名单反映了数据的逻辑结构，而让学生合理入座，则确定了数据的物理结构，它会影响教师点名、认识学生等工作的效率。

计算机的内存是由一个个存储单元组成的，每个单元都有一个内存单元地址，从 0 开始编号，所以将数据保存在内存中，也存在内存单元的分配问题。

数据元素及其关系在计算机存储器中的存放形式被称为数据的物理结构，也称为存储结构，是数据元素本身及元素之间的逻辑关系在存储空间中的映像。通常包含以下四种结构。

- 顺序存储结构：数据元素按某种顺序存储在一组连续的存储单元中。元素存储位置间的关系与元素间的逻辑关系相一致，即逻辑上相邻的元素存放在物理位置相邻的存储单元中。这种存储结构的优点是存储空间的利用率高，但在插入、删除数据元素时，将引起该元素之后的大量元素的移动。

- 链式存储结构：数据元素存放在若干不一定连续的存储单元中，通过在元素中附加信息来表示与其相关的一个或多个其他元素的物理地址，从而建立元素之间的逻辑关系。这种结构的存储空间利用率低，但插入、删除数据元素时，不会引起其他数据元素的移动。

- 索引存储结构：将数据元素排成一个序列：E1、E2、E3、…、En，每个元素 Ei 在序列中都有对应的位置值 i，即元素的索引，建立附加的索引表，索引表中的第 i 个值就是第 i 个元素 Ei 的存储地址。

- 散列存储结构：每个数据元素依照一定的规则存放在存储区中，将数据元素与其在存储器中的存储位置之间建立一个映像关系 F 函数。已知某个数据元素 E，根据这个映像关系函数 F，就可以得到该元素的存储地址 A，即 A=F(E)。显然，这种存储结构的关键是设计好这个函数 F。

数据的每一种逻辑结构都可以采用以上 4 种存储结构中的任意一种来实现，但不同的物理结构会影响到计算机对数据处理的效率，所以要根据数据使用时的具体情况来选择一种合适的存储结构。

针对【例 2-1-2】中的问题，讨论四种不同的数据存储结构如何运用在机房座位分配的例子中。

4. 数据的运算

在计算机中对数据元素的各种操作被称为数据的运算，可以包括改变数据元素的个数（增加或删除）、修改元素的顺序、改变元素之间的关系、浏览每个元素（称为遍历）、检索某个符合条件的数据元素（称为查询）等。不同的数据结构完成的运算不尽相同，所以，每一种数据结构都对应着一个运算的集合。

2.1.2 常见数据结构

常见的数据结构有线性结构、树形结构和图结构，本节针对这些数据结构，简单介绍了它们的不同物理存储差异。

1. 线性结构

线性结构是一种顺序结构，根据数据排列与操作方式的不同，又可以分为线性表结构、栈结构和队列结构。

（1）线性表

在线性数据结构中，最基本的是线性表（Linear List），它是由有限个同类型的数据元素组成的有序序列，一般记做（$a_1,a_2,...,a_n$），其中 a_1 无前趋，只有后继，a_n 无后继，只有前趋，其他元素都有一个前趋和一个后继，表中元素的个数称为表的长度，个数为 0 时称为空表。

日常生活中线性表的例子有很多，例如：26 个大写字母构成长度为 26 的线性表；一周 7 天构成长度为 7 的线性表；摆放在一层书架上的书籍，由于可以随时将书放入或取走，这些书籍构成了长度可变的线性表。

那么，对于摆放在一层书架上的若干本书，通常可以有哪些方面的操作？

每一本书是一个数据元素，显然，可以将一本或一些书添加到这一层中的某个位置，这是插入元素的操作；可以从书架上取走某本书，这是删除元素的操作；也可以将所有的书都取走，这是将这个线性表清空的操作；还可以数一下这一层有几本书，这是计算元素的个数，也就是计算线性表的长度的操作；将这一层的书按外语类和计算机类重新分别放在两层，这是将一个线性表拆分成了两个线性表的操作。

归纳起来，对于一个线性表，经常进行的操作有：

① 创建一个线性表；

② 判断线性表是否为空；

③ 将一个线性表置空；

④ 计算线性表的长度；

⑤ 查找某个元素；

⑥ 删除某个元素；

⑦ 在指定位置插入新元素；

⑧ 将多个线性表合并成一个；

⑨ 将一个线性表拆分成多个。

线性表的存储结构主要有顺序存储结构和链式存储结构两种，采用顺序存储结构的称为顺序表，采用链式存储结构的称为线性链表。

① 顺序表

顺序表中的数据元素按照逻辑顺序依次存放在一组连续的存储单元中，假定元素 a_1 的物理地址是 $Loc(a_1)$，每个元素占用 d 个存储单元，则第 i 个元素的存储位置可以用公式计算得到：$Loc(a_i)=Loc(a_1)+(i-1) \times d$，因此顺序表中每个元素 a_i 的存储地址是该元素在表中位置 i 的线性函数，只要知道起始地址和每个元素的大小，就可以方便地求出任意一个元素的存储地址，因此，顺序表是一种随机存取结构。表 2-1-1 所示为有 n 个元素的顺序表，d=1，从地址为 0 的存储单元开始存储的顺序表示意图。

表 2-1-1　　　　　　　　　　　　　　　　顺序表

数据值	A_1	A_2	A_3	A_4	……	A_n
存储地址	0	1	2	3	……	n-1

② 线性链表

采用链式存储的线性表称为线性链表，使用一组地址为任意的存储单元存放线性表中的数据元素，这组存储单元可以是不连续的。为了保持元素之间的逻辑关系，对于线性表中的每个元素都需要分两部分来存储，一部分存储的是元素的值，称为数据域；另一部分用来存放直接前趋或后继元素的地址信息，这种地址信息称为指针或指针域，所以每个节点都包含数据域和指针域两部分。这种结构就像幼儿园里的小朋友手拉手出来，每个小朋友作为一个节点，手拉手就是指针（前一个拉着后一个），老师领着第一个小朋友（头指针），而最后一个小朋友手里拿着小旗子（指针域为空，表示结束标志）。如图 2-1-2 所示，为有 4 个元素的，d=1 的线性链表，存储在一个大小为 10 的存储单元中，指针指向 0 时，表示链表结束位置。

存储序号	数据域	指针域
1	A_3	9
2		
3	A_1	6
4		
5		
6	A_2	1
7		
8		
9	A_4	0
10		

Head=3

图 2-1-2　五个元素的线性链表存储示意图

图 2-1-2 的这种线性链表，可以用图 2-1-3 所示的图形来表示。

图 2-1-3　线性链表示意图

在图 2-1-3 所示的线性链表中，指针域部分仅仅存放了直接后继节点的地址，这被称为单向列表（单链表）。如果单链表尾节点的指针改为指向头节点，则称为单循环列表，如图 2-1-4 所示。如果链表既有存放直接后继的指针域，同时也有直接前趋的指针域，则称为双向链表，如图 2-1-5 所示。如果将双向链表的头节点的前趋指针指向尾节点，同时，将尾节点的后继指针指向头节点，则双向链表就转变为双向循环链表，如图 2-1-6 所示。

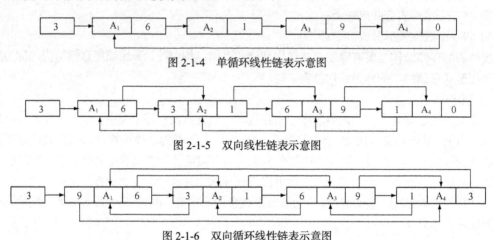

图 2-1-4　单循环线性链表示意图

图 2-1-5　双向线性链表示意图

图 2-1-6　双向循环线性链表示意图

 将图 2-1-4 到图 2-1-6 的链表的存储顺序、前项指针域、后项指针域写成如表 2-1-1 所示的形式，然后思考怎样在单链表中插入、删除、查找一个元素？在顺序表中又如何操作？

链表结构不需要事先为所有节点分配空间，而是在插入每个节点时动态地为该节点申请空间。删除节点时，节点所占空间可以立刻释放出来。

从存储空间和执行速度或时间的角度讨论对于一个线性结构的顺序表，该如何选择顺序存储还是链式存储方式存储数据？

对于线性结构的顺序存储和链式存储方式，要根据具体的使用情况确定采用合适的存储结构，在选择时可以参考以下原则进行。

从存储空间上考虑，如果线性表长度变化不大，易于事先确定其大小则采用线性表，如果长度变化大，难以估计其存储规模则使用链表。

从执行速度或时间角度考虑，如果线性表的操作主要是查找，宜采用顺序表；如果是以任何位置进行的插入和删除为主的操作，则采用链表存储结构，如果插入和删除主要发生在表的首尾两端，则宜采用单循环链表。

（2）栈

线性表是最基本的线性结构，栈（stack）和队列（queue）则都是特殊的线性结构，它们的区别主要在于对元素的操作方式的不同。线性表可以在结构的任意位置进行插入和删除操作，栈则只能在结构的一端进行插入和删除操作，例如当多辆汽车开进了一条单车道死胡同时，要倒出来就只能是最后进入的先倒，这就是栈的形式；而队列则是允许在一端进行插入，在另一端进行删除，如在食堂排队买饭。

① 栈的含义

栈是只能在表的一端进行插入和删除操作的特殊线性表。如图 2-1-7 所示，允许进行插入和删除操作的一端称为栈顶；另一端称为栈底。栈中没有元素时称为空栈。由于栈中元素的出入依据先入者后出的原则，所以栈又称为后进先出（LIFO）表或先进后出（FILO）表。

② 栈的主要操作

栈的主要操作包括：创建一个空栈、入栈、出栈、读栈顶元素。

- 入栈（push）操作：也称为进栈、压栈，是在栈顶加入新的元素。
- 出栈（pop）操作：也称退栈或弹栈，是将栈顶元素删除，栈顶元素的下一个元素成为新的栈顶。
- 读栈顶元素：读出栈顶元素，该元素并不出栈。

因为栈也是线性结构，对线性表的存储方式对栈结构也同样适用，因此，在存储一个栈时，可以采用线性表的存储方式或链式存储方式，分别称为顺序栈和链式栈。

 举出栈的生活实例，并分别说明在存储为顺序栈和链式栈的情况下，如何对其进行以上操作。

（3）队列

① 队列的含义

队列是只能在表的一端进行插入操作、在另一端进行删除操作的特殊线性表。允许删除元素的一端称为队头，允许插入元素的一端称为队尾。图 2-1-8 所示，新的元素总是加入到队尾，每次删除的元素总是在队头，显然不论元素按何种顺序进入队列，也必然按这种顺序出队列，所以队列又称为先进先出（FIFO）表或后进后出（LILO）表。

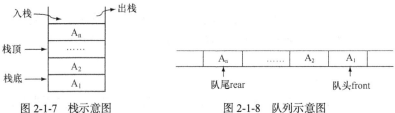

图 2-1-7 栈示意图 　　　　图 2-1-8 队列示意图

和栈不同的是，队头和队尾的位置都是可以发生变化的，为了表示队头和队尾两个位置，通常使用队头指针 front 和队尾指针 rear。

② 队列的操作

队列的主要操作包括：判断队列是否为满或空、入队、出队和读取队头元素。

- 入队：在队尾插入元素。
- 出队：在队头删除元素。

 举出队列的生活实例，并分别说明在顺序存储或链式存储的情况下，如何对其进行出队、入队和读取队头的操作。

2．树形结构

树形结构是一类重要的非线性数据结构，用来表达分支关系的层次结构。客观世界中广泛存在着这样的逻辑关系，例如：学校的组织结构、家谱、磁盘上的文件夹结构等。

（1）树

学校的行政机构图通常如图 2-1-9 所示。

图 2-1-9 所示为一个树形结构，其中的每个单位就是一个节点，最高层只有一个节点，除了最下层外，每个节点可以有若干个下级节点。

① 树的含义

树（Tree）是由一个或多个节点组成的有限集合，这些节点中有且仅有一个特殊的称之为根（Root）节点的数据元素，这个节点无直接前结点，可以有零个或多个直接后继节点；当数据元素个数 $n>1$ 时，除根节点以外的其余节点可分为 m 个（$m>0$）互不相交的有限集，其中每个集合本身又是一棵树，这些树称为根节点的子树。

树的一般形式如图 2-1-10 所示。

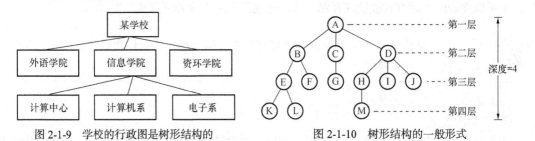

图 2-1-9　学校的行政图是树形结构的　　　图 2-1-10　树形结构的一般形式

② 树结构相关术语

为了方便对树形结构的数据进行管理与处理，人们定义了以下相关的术语。

- 节点的度：节点拥有非空子树的个数，如图中节点 A 的度为 3，节点 B 的度为 2，节点 M 的度为 0。

- 树的度：树中所有节点的度中的最大值就称为该树的宽，如图中树的度为 3。

- 叶子节点：度为零的节点称为叶子节点，也称为叶节点，图中的节点 K、L、F、G、M、I 和 J 都是叶节点。

- 分支节点：度不为零的节点。

- 孩子节点和父节点：某节点所有子树的根节点都称为该节点的孩子节点，同时该节点也称为其孩子节点的父节点或双亲节点。

- 兄弟节点：具有相同父节点的节点互为兄弟节点，如图中 K 和 L 互为兄弟节点。

- 节点的层次：根节点的层次为 1，其子节点的层次为 2。以此类推，子节点的层次总比父节点多一层。如图中 EFG 三个节点的层次为 3。

- 树的深度：树中节点所在的最大层次就称为树的深度，图中树的深度为 4。

- 有序树和无序树：将树中各节点的子树看成自左向右有序的，则称该树为有序树；否则称为无序树。

　　树形结构的数据怎样在计算机中进行存储？

（2）二叉树（binary tree）

从树的结构可以看出，由于树的度的不确定性，将导致树的存储结构变得非常复杂，因此，需要一种较为一致的树的形态，以便于基本的插入、删除、遍历等操作的实现，引入二叉树就是一种解决办法，通过将树转化为二叉树的表示形式，然后再进行处理。

① 二叉树的定义

二叉树是 n（$n>=0$）个节点的有限集合，它可以是二叉空树（$n=0$）。当二叉树非空时，其中有一个根节点，余下的节点组成两个互不相交二叉树，分别称为根的左子树和右子树。二叉树是有序树，任意节点的左、右子树不可以交换，按此定义，二叉树可以有 5 种基本的形态，如图 2-1-11 所示。

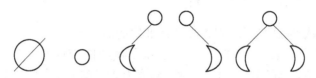

空二叉树　只有根结点　右子树为空　左子树为空　左右子树非空

图 2-1-11　二叉树的基本形态

由于二叉树中每个节点具有其左右子树的次序不能任意颠倒的特性，由三个节点构成的二叉树可以具有 5 种不同的基本形态，如图 2-1-12 所示。

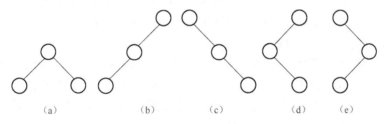

（a）　　　　（b）　　　　（c）　　　　（d）　　　　（e）

图 2-1-12　三个节点的二叉树的基本形态

二叉树具有以下重要性质：

- 在二叉树的第 k 层上最多有 2^{k-1} 个节点（k>=1）。
- 深度为 h 的二叉树上至多含 2^h-1 个节点（h>=1）。

此外，还有两种特殊形式的二叉树在实践中有重要的应用，就是满二叉树和完全二叉树。

当二叉树每个分支节点的度都是 2，并且所有叶子节点都在同一层上，则称其为满二叉树，也就是说，满二叉树中每一层节点都达到了该层的最大节点数，图 2-1-13 为一个深度为 3 的满二叉树。满二叉树的叶子节点所在的层次中，如果自右向左连续缺少若干叶子节点，这样得到的二叉树被称为完全二叉树，图 2-1-14 为一个完全二叉树，满二叉树可以看成是完全二叉树的一个特例，图 2-1-15 为一个非完全二叉树。

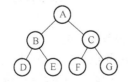

图 2-1-13　深度为 3 的满二叉树

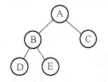

图 2-1-14　完全二叉树

② 二叉树的存储

二叉树也可以采用顺序存储或链式存储的方法。

对于一个完全二叉树，对节点进行从上到下，每一层从左到右进行 1～n 编号，在编号的基础上寻找规律，便可以设计出具有一定效率的操作方法。编号举例如图 2-1-16 所示。

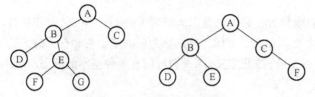

图 2-1-15 非完全二叉树

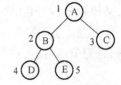

图 2-1-16 完全二叉树编号举例

对于任意一个编号为 i 的节点，其编号具有如下特点：

- 若 i=1，则该节点是二叉树的根，否则，编号为[i/2]的节点为其父节点。
- 若 $2 \times i > n$，则该节点无左孩子。否则，编号为 $2 \times i$ 的节点为其左孩子节点。
- 若 $2 \times i + 1 > n$，则该节点无右孩子。否则，编号为 $2 \times i + 1$ 的节点为其右孩子节点。

完全二叉树的这个特点为二叉树顺序存储提供了依据，根据二叉树中节点编号之间的关系，对于任何一个节点，都可以方便地找出其父节点和子节点，从而可以方便地实现各种基本的运算。

对于一个非完全二叉树，就要先将其转换为完全二叉树，转换方法是在非完全二叉树中增设一些"虚"的节点，在编号时，这些虚节点也同样进行编号，在保存时，虚节点对应的位置可以表示为 NULL 空，这样，就可以采用顺序存储的方法保存任意一个二叉树，图 2-1-17 是对一个非完全二叉树进行"完全化"的过程。

对一个二叉树采用链式存储时，每个节点都包含一个数据域和两个指针域，两个指针分别指向该节点的左子节点和右子节点，对于叶子节点，其左和右两个指针都为空值。

对于图 2-1-16 所示二叉树采用链式存储结构的示意图如图 2-1-18 所示，采用这种节点形式存储的树被称为二叉链表。

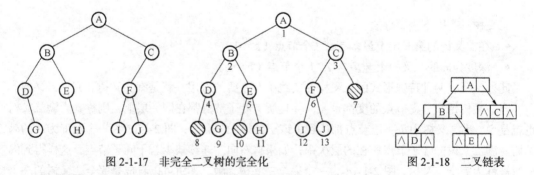

图 2-1-17 非完全二叉树的完全化   图 2-1-18 二叉链表

③ 二叉树的遍历

遍历是各种数据结构的一个重要操作，是指按某种顺序访问某个数据结构中的每个节点，访问时每个节点只被访问一次。

对于一个非空的二叉树，它由 3 个部分组成，即根节点、左子树、右子树，如果分别用 D、L、R 表示，要依次遍历这三部分，按其不同的遍历顺序可以有 6 种不同的方案：LDR，DLR，LRD，RDL，DRL，RLD。如果限定先左后右的顺序，则遍历方案缩减为前 3 种。按照访问根节点的先后，分别称之为先序遍历、中序遍历和后序遍历，这些遍历方法都假设二叉树采用二叉链表的方式存储。

对一棵二叉树进行先序遍历的过程如下：

如果二叉树为空，则遍历结束，否则：

先访问根节点。

再以先序遍历方式访问左子树。

然后以先序遍历方式访问右子树。

以上过程的流程如图 2-1-19 所示，图 2-1-20 给出了中序遍历的流程，图 2-1-21 给出了后序遍历的流程。

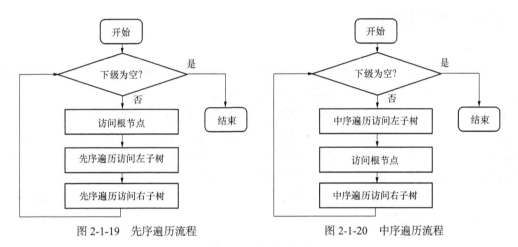

图 2-1-19　先序遍历流程　　　　　　　　图 2-1-20　中序遍历流程

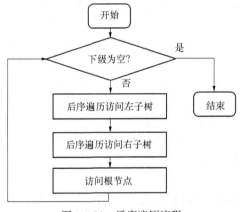

图 2-1-21　后序遍历流程

显然，三种遍历算法不同之处仅在于访问根节点和遍历左、右子树的先后顺序，针对如图 2-1-16 所示的二叉树进行遍历时，先序遍历的顺序为 ABDEC，中序遍历的顺序为 DBEAC，后序遍历的顺序为 DEBCA。

 请分别写出图 2-1-17 所示完全化后二叉树的先序遍历、中序遍历和后序遍历的顺序。

3. 图结构

图是一种比树更复杂的非线性数据结构，在图结构中，节点之间的联系是任意的，每个节点都可以与其他节点相联系，图状结构来源于现实生活中诸如通信网、交通网之类的事物之间的联系，它表现了数据元素之间多对多的联系。

2.2 数据库基础

数据库技术应用十分广泛。图书馆管理系统，教学管理系统，工厂、商场、酒店、医院、社区管理系统，以及各类网站、Web 应用等都离不开数据库系统的支撑。

2.2.1 数据管理技术

1. 数据与信息

信息是关于现实世界新的事实的知识，它反映了客观事物的物理状态。数据则是信息的载体和表现形式，数据经加工处理后，能够产生有价值的信息。

解决实际问题需要采集和处理数据，例如，想了解如何提高食堂系统的服务质量，最简单的方式是做一个调查问卷，了解学生对食堂各项指标的满意度，获得第一手的数据。可设置四项调查指标：食堂卫生环境满意率、食堂饭菜质量满意率、饭菜供应及时性满意率、工作人员态度，每个指标分为四个等级 A-D，则被调查学生的某条记录可以表示为（A,C,D,B）。

通过对学生数据记录的处理，可以得到以下信息如表 2-2-1 所示，根据满意率，制定调整和改进食堂服务质量的新政策。

表 2-2-1　　　　　　　　　　　调查意问卷数据处理表

提问项	满意	比较满意	基本满意	不满意	很不满意	满意率
1. 食堂卫生环境满意率	2%	7%	33%	38%	20%	42%
2. 食堂饭菜质量满意率	2%	7%	13%	47%	31%	22%
3. 饭菜供应及时性满意率	7%	13%	49%	20%	11%	69%
4. 工作人员态度	4%	18%	29%	33%	16%	51%

这就是数据处理的一个简单实际应用。

2. 数据处理

如上所述，数据处理就是有效地把数据组织到计算机中，由计算机对数据进行一系列储存、加工、计算、分类、检索、传输、输出等操作的过程。其目的是从大量的、原始的数据中抽取和推导出对人们有价值的信息以作为行动和决策的依据。例如，一个企业，需要对其收集的大量的有关市场产品销售的数据进行存储、加工、计算，生成市场销售情况图表，从而获得哪种型号的产品最受欢迎的信息，以指导生产计划。数据处理的一般过程如图 2-2-1 所示。

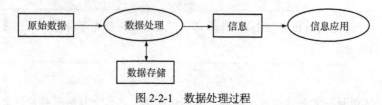

图 2-2-1　数据处理过程

3. 数据管理技术的发展

在数据处理的一系列活动中，数据管理即数据收集、分类、组织、编码、存储、检索和维护等操作是数据处理的中心环节。随着计算机软硬件技术的发展，数据管理依其使用技术和设备的不同也经历了一系列的演变过程。这里重点介绍最重要的两个阶段：文件系统和数据库系统。

（1）文件系统阶段

文件系统阶段为 20 世纪 50 年代后期至 60 年代中期，这时计算机不仅用于科学计算，还用于数据管理。此时，硬件方面出现了大容量的硬盘和灵活的软磁盘，输入、输出能力大大加强；软件方面有了操作系统、文件管理系统和多用户的分时系统，并且出现了专用于商业事务管理的高级语言 COBOL；处理方式能够实现联机实时处理。

在文件系统中，文件用来存储数据，是文件处理的基本单位，数据被固定存储在每个单独的文件中。这样的文件系统通常由很多文件夹组成，每个文件夹都有标记。例如，超市可按照货物类型来组织卖品，"干果"文件夹中包含的是干果数据。另外在不同的文件中，存储格式可能不同，因此，需要编写不同的应用程序来访问相应的文件。例如，一个企业有采购部、产品部、销售部等部门。某企业生产某种产品从采购原材料到产品的生产销售，这三个部门都需要记录产品的大量信息，在文件系统中，每个部门都需要建立和维护自己的数据文件，如图 2-2-2 所示。

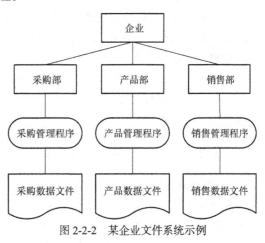

图 2-2-2 某企业文件系统示例

这会造成以下问题：

① 数据共享性差、冗余度大。在文件系统中，文件仍然是面向应用的，即一个文件对应于一个应用程序，当多个应用程序使用相同数据时，也必须建立各自的文件，不能共享数据，这就造成数据的冗余度大，浪费存储空间。

② 数据的不一致性。因为数据在各个文件之间存在重复存储，各自管理的情况，当数据需要修改时，如果忽略了某个地方，就会导致数据的不一致现象。例如，企业生产的某种产品 A 的相关数据在采购部、产品部和销售部三个部门中都需要记录，则这三个部门的数据文件中都有商品 A 的数据记录，这样会产生大量重复数据，造成浪费。另外，一个部门的数据不能用于其他部门，这样会在数据的管理中产生很多问题。例如，商品 A 的价格发生变化，那么各个部门都需要更新自己的数据文件，如果有一个部门没有更新，则会造成数据的不一致。

③ 数据与程序独立性仍不高。文件是为某一特定应用服务的，系统不易扩充。一旦数据逻辑结构改变，就必须修改文件结构的定义及应用程序；应用程序的变化也将影响文件的结构。

（2）数据库系统阶段

由于文件系统存在数据共享性差、冗余度大、独立性差等局限性，需要新的数据管理方式对数据进行一元化管理，从而使各个部门可以共享数据并使用数据，建立高效有序的数据管理系统，防止数据不一致，数据重复等问题，这就是随后产生的数据库系统。

20 世纪 60 年代后期，计算机技术迅速发展，硬件方面出现了大容量硬盘，且价格下降；软件价格上升，编写和维护软件所需的成本相对增加；处理方式上，联机实时处理要求越来越多，并开始提出和考虑分布处理。这时计算机日益广泛地应用于企业管理，应用范围越来越广，数据量急剧增长，这对计算机数据管理提出了更高的要求。首先，要求数据作为企业组织的公共资源而集中管理控制，为企业的各种用户共享，因此应大量地消去数据冗余，节省存储空间。其次，当数据变更时，能节省对多个数据副本的多次变更操作，从而大大缩小计算机时间开销，更为重要的是不会因某些副本的变更而使系统给出一些不一致的数据。另外，还要求数据具有更高的独立性，不但具有物理独立性，而且具有逻辑独立性，即当数据逻辑结构改变时，不影响那些不要求这种改变的用户的应用程序，从而节省应用程序开发和维护的代价。所有这些，用文件系统的数据管理方法都不能满足，这导致了数据库技术的发展。

以下三件大事标志着数据库技术的诞生：

- 1968 年 IBM 公司推出的层次模型的 IMS 数据库管理系统。
- 1969 年美国数据系统语言研究会下属数据库任务组公布了关于网状模型的 DBTG 报告。DBTG 报告确定并建立了数据库系统的许多概念、方法和技术。DBTG 基于网状结构，是数据库网状模型的基础和代表。
- 1970 年 IBM 公司研究员 E. F .Codd 发表了题为"大型共享数据库数据的关系模型"论文，提出了数据库的关系模型，开创了关系方法和关系数据研究，为关系数据库的发展奠定了理论基础。

2.2.2　数据库系统–支持高效的数据管理

1. 数据库

随着信息技术的发展，数字化时代让人类所获取的数据和信息每天都在迅速增长，这些浩如烟海的数据都需要储存于计算机的数据库中。数据库（Database），顾名思义，就是存放数据的仓库，这个仓库建立在计算机存储设备之上，里面的数据按一定的格式进行存储。

简单地说，数据库是以一定的组织方式存贮在一起的相互有关的数据集合，它能以最佳方式、最少的数据重复为多个用户或应用程序共享。共享是指在数据库中，一个数据可以为多个不同的用户共同使用。例如，在一个学生信息数据库中，学生的"姓名""性别""班级"等信息，可以为学生管理部门、教师以及课程管理部门的各个用户共享。即各个用户可以为了不同的目的来存取相同的数据。

关于数据库的定义很多。从用户使用数据库的观点，数据库的定义是长期存储在计算机内有组织的、可共享的大量数据集合。数据库中的数据按一定的数据模型组织、描述和存储。具有较小的冗余度、较高的数据独立性和易扩展性，可为各种用户共享。

概括地讲，数据库具有永久存储、有组织和可共享 3 个基本特点。

2. 数据库管理系统

数据在数据库中存放不是杂乱无章地，必须按照一定的格式和规则。数据如何科学地存储在数据库中，用户如何使用数据库正确而高效地进行数据查询，修改，删除等操作，如何维护数据的完整性，有效地保护数据的安全性等，这些都需要使用专门的系统软件来完成，这个软件称为数据库管理系统（Database Management System，DBMS）。数据库管理系统是为管理数据库而设计的软件系统，负责数据库的建立、使用和维护。

DBMS 就像用户与数据库之间的"中介人"一样，用户不必了解数据库内部的结构就可以直接使用数据库。

那么如何理解数据库和数据库管理系统的关系呢？这可从人们熟悉的书库与图书馆管理体系来说明。读者借阅图书时，可以通过图书管理系统根据书号、书名、著者、出版者和出版时间、摘要等信息查找所需要的图书，然后经图书管理员得到图书。读者并不需要知道查找图书的索引是如何进行编排，也不十分清楚图书在书库中的具体存放位置。读者与书库是通过图书管理系统和图书管理员来进行沟通的。数据库管理系统同图书管理系统和管理员的作用类似。DBMS 用来完成数据库的建立，数据格式的定义以及对数据存取、更新和查找等操作的管理。在数据库系统中，当用户读取数据时，DBMS 会自动地将用户的请求转换成复杂的机器代码，实现用户对数据库的操作。例如，要查询有关学生的信息，终端用户只要发出请求查询命令，当 DBMS 接受这个请求之后，将自动转换成相应的机器代码，自动执行这个查询任务，按用户的要求输出查询结果。整个过程中，用户不必涉及数据的结构描述如何、数据的存储路径和存储地址如何。所以说，DBMS 的作用就是让人们轻轻松松地操纵数据库。

具有代表性的数据管理系统有：Oracle、Microsoft SQL Server、Access、MySQL 及 PostgreSQL 等。

数据库管理系统是数据库系统的核心，负责数据库的建立、使用和维护。它的功能主要包括以下 5 个方面。

（1）数据库定义

定义数据库是建立数据库的第一步工作。这一步的完成将为数据库建立一个"框架"。DBMS 提供数据定义语言（Data Definition Language，DDL）可以方便地对数据库中的数据对象进行定义。

（2）数据组织、存储和管理

DBMS 要分类组织、存储和管理各种数据，包括数据字典（记录数据的定义和联系以及数据结构的更改）、用户数据、数据的存取路径等要确定以何种文件结构和存取方式组织数据，如何实现数据间的联系。数据组织和存储的基本目标是提高存储空间利用率和方便存取，提供多种存取方法（如索引查找，Hash 查找、顺序查找等）来提高存取效率。

（3）数据存取

DBMS 提供数据操纵语言（Data Manipulation Language，DML）实现对数据库数据的基本存取，包括检索、插入、删除和更新等。

（4）数据库事务管理和运行管理

这是 DBMS 运行控制的核心部分，主要包括以下几个方面。

数据的完整性：保证数据的正确性，要求数据在一定的取值范围内或相互之间满足一定关系。例如，性别只能是男或女，考试成绩在 0～100 分。

安全性控制：用户只能按定义好的规则和权限访问数据，以防止不合法地使用数据或造成数据的破坏和丢失。例如，学生对考试成绩只能进行查询，不能修改。

并发控制：多个用户同时访问数据时，需要采用并发控制机制防止存取、修改数据产生的冲突，造成数据错误。例如，在火车票订票系统中只剩一张车票，但是有两个用户在两台计算机上都看到还有一张车票并同时下了订单，这就需要系统采用某种策略，确保只有一个用户可以买到这张车票。

数据库恢复机制：当数据库系统出现硬件软件上的故障或误操作时，DBMS 能够把数据库恢复到最近某个时刻的正确状态。

（5）数据库的建立与维护

DBMS 提供一系列的实用程序来进行数据库的初始数据的装入、数据库的转储、恢复、备份、重组、系统性能监测、分析等。DBMS 的功能随系统而异，大型的系统功能较强，小型系统功能较弱。

3. 数据库系统的组成

数据库系统（Datebase System，简称 DBS）是指在计算机系统中引入数据库后的系统，主要由数据库、数据库管理系统及其开发工具、应用系统、数据库管理员构成。数据库由数据库管理系统统一管理，数据的插入、修改和检索要通过数据库管理系统进行。数据管理员负责创建、监控和维护整个数据库，使数据能被任何有权使用的人有效使用。数据库、数据库管理系统和它们依附的计算机硬件软件，以及从事数据库管理的人员共同组成数据库系统。数据库系统主要由以下几部分组成。

（1）数据库

数据库中的数据按一定的数学模型组织、描述和存储，具有较小的冗余，较高的数据独立性和易扩展性，并可为各种用户共享。

（2）硬件

构成计算机系统的各种物理设备，包括存储所需的外部设备。硬件的配置应满足整个数据库系统的需要。由于数据库系统数据量大，加之 DBMS 的丰富功能，对运行数据库系统的计算机提出了较高的要求，如要有足够大的内存以保证系统的运行，足够大的磁盘存放数据库及数据备份，系统具有较高的数据传送率等。

（3）软件

包括操作系统、DBMS、以 DBMS 为核心的应用开发工具、为特定应用环境开发的数据库应用系统。

（4）用户

• 系统分析员和数据库设计人员：系统分析员负责应用系统的需求分析和规范说明，他们和用户及数据库管理员一起确定系统的硬件配置，并参与数据库系统的概要设计。数据库设计人员负责数据库中数据的确定、数据库各级模式的设计。

• 应用程序员：是负责根据需要而设计和调试应用程序的人员，这些应用程序可对数据进行检索、建立、删除或修改。这类用户知道使用高级语言和数据库的基本知识。

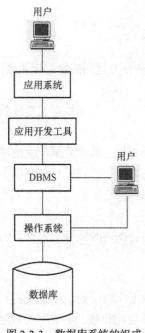

图 2-2-3　数据库系统的组成

• 数据库管理员（Database Administrator，DBA）：是负责数据库系统的管理和维护的人员。主要工作包括向终端用户提供获得信息的方法，制定安全性控制的管理规定（如用户访问权限的管理、对 DBMS 操作的监控）等。对于大型的数据库系统，DBA 的工作是很重要的，通常由具有较高的技术水平和较好的管理经验人员担当。DBA 的具体职责包括：具体数据库中的信息内容和结构，决定数据库的存储结构和存取策略，定义数据库的安全性要求和完整性约束条件，监控数据库的使用和运行，负责数据库的性能改进、数据库的重组和重构，以提高系统的性能。

• 最终用户：主要指计算机联机终端存取数据人员。他们使用数据库系统所提供的终端命令语言或菜单驱动等交互方式来存取数据库的数据，获取各种数据表格和图形。其操作往往比较简单、易学、易用，特别适合非计算机专业人员使用，不需要特别的专门培训。

图 2-2-3 是一个数据库系统组成图，用户可以通过数据库应用程序与数据库管理系统的接口，访问数据库中的数据，也可以直接通过

数据库管理系统访问数据库。

4. 数据库系统的特点

数据库系统克服了文件管理系统存在的主要问题，并提供了强有力的数据管理功能。其主要特点如下。

（1）数据结构化

数据库中的数据结构不仅描述了数据自身，而且描述了整个组织数据之间的联系，实现了整个组织数据的结构化。例如，一个企业需要进行员工档案的管理、产品的管理、销售的管理、库存的管理等各种数据处理。可以利用数据库系统，把各种应用相关的数据集中在一个数据库中统一进行维护和管理，这样各部门随时可以从数据库中提取所需的数据。因此，数据库中的数据不是把程序用到的数据进行简单堆积，而是按一定关系组织起来的有结构的数据集合。

（2）实现数据共享

数据共享是指多个用户可以访问同一数据。例如，某企业的三位员工 A、B、C 都可以访问库存信息。当 A 员工修改了某一产品的库存量后，B、C 将会看到新的库存信息。共享不只是指同一数据可以为多个不同用户存取，还包含了并发共享，即多个不同用户同时存取同一数据的可能性。

（3）数据冗余度小，易于扩充

由于数据库从组织的整体来看待数据，数据不再是面向某一特定的应用，而是面向整个系统，减少了数据冗余和数据之间不一致现象。在数据库系统下，可以根据不同的应用需求选择相应的数据加以使用，使系统易于扩充。

（4）数据与程序独立

在数据库管理系统中，数据的存储结构，即数据在数据库内部的表示方式称为内模式；数据的总体逻辑结构，即对数据库中全体数据逻辑结构和特征的描述称为模式；数据的局部逻辑结构，即与某一具体应用有关的数据的逻辑表示称为外模式或子模式。

数据库系统提供了数据的存储结构与逻辑结构之间的映射功能及总体逻辑结构与局部逻辑结构之间的映射功能，称为两级映射。正是这两级映射保证了数据库系统中的数据和程序具有较高的物理独立性和逻辑独立性。当数据的存储结构改变时，可由数据库管理员改变模式/内模式映射，使得逻辑结构保持不变，从而实现程序与数据的物理独立性；当总体逻辑结构改变时，可由数据库管理员改变外模式/模式映射，使得局部逻辑结构可以保持不变，从而实现了数据的逻辑独立性。

（5）统一的数据控制功能

数据库系统提供了数据的安全性控制和完整性控制，允许多个用户同时使用数据库资源。数据库的上述特点，使得信息系统的研制从围绕加工数据的以程序为中心转移到围绕共享的数据库来进行，实现了数据的集中管理，提高了数据的利用率和一致性，从而能更好地为决策服务。因此，数据库技术在信息系统应用中正起着越来越重要的作用。

5. 常用的数据库系统介绍

开发数据库应用，选择一个好的数据库是非常重要的。目前，商品化的数据库管理系统以关系型数据库为主导产品，技术比较成熟。面向对象的数据库管理系统虽然技术先进，数据库易于开发、维护，但尚未有成熟的产品。目前比较流行的数据库管理系统有 SQL Server、Oracle、DB2，免费的数据库管理系统主要有 MySQL 和 PostgreSQL。下面介绍几种常用的数据库管理系统。

（1）Access

Access 是一种桌面数据库管理系统，适合数据量较少时的应用，在处理少量数据和单机访问的数据库时，操作简便，效率很高。但是它不能同时访问超过 4 个客户端。Access 数据库有一定的极限，如果数据达到 100MB 左右，很容易导致服务器崩溃。

（2）SQL Server

SQL Server 是由微软公司开发的中型数据库管理系统，它具有使用方便，可伸缩性好，良好的安全性和可靠性，友好的用户可视化界面，价格较便宜等优点，并且有微软的强大技术支持，与相关软件集成程度高。非常适合中小型的 Windows 平台应用。但是 SQL Server 只能在 Windows 平台上运行，不具备跨平台开放性。由于 Windows 操作系统的可靠性、安全性和伸缩性是非常有限的，对于安全性和可靠性要求较高的应用，或者建立在 UNIX、Linux 等其他操作系统上的应用，不能使用 SQL Server。目前 SQL Server 的最新版本是 2012 年 3 月推出的 SQL SERVER 2012。

（3）MySQL

MySQL 是一个小型数据库管理系统，开发者为瑞典 MySQL AB 公司，在 2008 年被 Sun 公司收购。目前 MySQL 被广泛地应用在 Internet 上的中小型网站中。由于其体积小、功能全、安装简单、成本低，尤其是开放源码这一特点，许多中小型网站为了降低网站总体拥有成本而选择了 MySQL 作为网站数据库。MySQL 基本上具有了数据库所需的所有功能，但是功能没有 SQLServer 强大，也没有良好的技术支持，在满足它的许可协议的情况下可以免费使用，适合于小型系统。但是 MySQL 应用于大型系统的时候运行速度慢，性能不够稳定，容易出现系统崩溃。

（4）PostgreSQL

PostgreSQL 是一种特性非常齐全的自由软件的数据库管理系统，它的很多特性是当今许多商业数据库的前身。首先，它包括了可以说是目前世界上最丰富的数据类型的支持；其次，目前 PostgreSQL 是唯一支持事务、子查询、多版本并行控制系统、数据完整性检查等特性的唯一的一种自由软件的数据库管理系统。

（5）Oracle

1979 年，Oracle 公司引入了第一个商用 SQL 关系数据库管理系统。Oracle 公司是最早开发关系数据库的厂商之一，其产品支持目前所有主流的操作系统平台，完全支持所有的工业标准，采用完全开放策略，可以使客户选择最适合的解决方案，在目前数据库市场上占有率非常高。Oracle 安装相对较复杂，但是使用方便，配置较简单。相比 SQLServer，Oracle 具有更好的稳定性，更可靠的安全机制，在大数据处理方面功能更强大，但是在易用性和界面友好性方面不如 SQL server。对于大型应用系统要求有较高的数据处理能力，高可靠性、稳定性以及安全性等特点，一般采用 Oracle 能够获得较好的性能。

（6）DB2

DB2 是由 IBM 公司开发的数据库管理系统，作为数据库领域的开拓者和领航人，DB2 具有非常好的稳定性、安全性、并行性、可恢复性等优点，能在所有主流操作系统上运行，而且从小规模到大规模的应用都非常适合。但是 DB2 的安装配置烦琐，管理复杂，用户需要经过专门的培训，一般安装在小型机或者服务器上的。DB2 最适用于海量数据管理，以及大型的分布式应用系统，在企业级的数据管理中使用最为广泛，全球的 500 强企业几乎 85%以上都使用的是 DB2 数据库管理系统。

2.2.3 数据模型

本节将学习数据建模，它是数据库设计的第一步，是建立现实世界对象和数据库联系的一种桥梁。

1. 数据模型概述

模型是对现实世界的事物的描述，数据模型则是对现实世界事物的数据特征的描述。现实世界中存在的事物都是及其复杂的，人们为了简化问题，便于处理，常常把表示事物的主要特征抽象地用一种形式来描述。模型方法就是这种抽象的一种表示。在数据库领域中，用数据模型描述数据的整体结构，包括数据的结构、数据的性质、数据之间的联系以及某些数据变换规则等。常用的数据模型可分为两种：概念数据模型和逻辑数据模型。概念模型是对现实世界的第一层抽象，它是从用户的观点来描述信息结构，即实体及其相互间的联系。逻辑数据模型（一般称为数据模型）是基于计算机和数据库的数据模型，它直接面向的是数据库的逻辑结构，它是对现实世界的第二层抽象。

（1）现实世界、信息世界和数据世界。

信息是人们对客观世界各种事物特征的反映，而数据则是表示信息的一种符号。从客观事物到信息，再到数据，是人们对现实世界的认识和描述过程，这里经过了三个世界。

① 现实世界

现实世界指人们头脑之外的客观世界，它包含客观事物及其相互联系。现实世界中的对象统称为"实体"（Entity）。实体可以是客观存在的事物，如公司、产品、计算机等；它也可以是一个抽象的概念、如银行户头、飞机航线等。但任何一个实体必须能够标识，即可以从其他实体中辨别出某一实体来。

每个实体都具有一定的特性，如公司的名称、地点、电话号码等是公司的特性。具有一组公共特性的所有实体的集合称为一个实体集。例如，"学生"是一个实体集，它具有姓名、性别、年龄、专业等特性。

按特性的作用可以将特性分为两类，一类特性为标识特性，其值唯一地标识实体集中的每一实体。如学生的"学号"；产品的"出厂号"。另一类持性为描述特性，是实体本身所固有的，它们起着描述实体的作用，如产品的型号、颜色等。

② 信息世界

信息世界是现实世界在人们头脑中的反映。在信息世界中，实体记录表示实体，实体记录集表示实体集，属性表示实体集特性。

相应地，有两种类型的属性：标识属性，描述属性。标识属性称为关键字属性。所以实体记录集的关键字就是唯一标识其中的实体记录的属性或属性组，例如在"学生"记录集中，学号可以唯一地标识每一学生记录，故"学号"为其关键字。有的实体记录集可以有多个关键字，例如若学生无重名，则"姓名"也可作"学生"记录集的关键字。我们称所有可能的关键字为候选关键字。但使用时必须指定其中的一个，被指定的关键字称为主关键字。

③ 数据世界

数据是表示信息的物理符号，数据世界是信息世界中信息的数据化。数据世界又称为计算机世界或机器世界，是将信息世界中的信息进一步转换为便于在计算机上实现的数据。

在数据世界，用记录实例值表示实体记录，有时就简称为记录。记录实例值由数据项或字段值组成，它对应于信息世界中的属性值、数据项名也就是属性名。

表 2-2-2 所示为三个世界中数据处理的术语对照。

（2）数据模型的两个层次

数据模型应满足三个方面的要求：一是能比较真实地模拟现实世界；二是容易为人们所理解；三是便于在计算机上实现。

表 2-2-2 数据处理的术语对照

现实世界	信息世界	数据世界
相关的所有对象	条理化的信息	数据库
实体集	实体记录集	文件
实体	实体记录	记录
特性	属性	数据项或字段
具体事物特性	属性值	数据项值
标识特性	关键字	标识码或关键字

一种数据模型要很好地满足这三方面的要求，在目前还很困难。在数据库系统中针对不同的使用对象和应用目的，采用不同的数据模型。这就好像建造楼房在不同的施工阶段需要不同的图纸一样，在开发设计数据库应用系统中，根据模型应用目的的不同，可以将模型划分为两个不同的层次。

① 概念模型

概念模型（Conceptual Model），也称为信息模型，是按用户的观点对数据和信息建立模型，是现实世界的第一层抽象，是对信息世界中数据特征的描述。它不依赖于具体的计算机系统，主要用于数据库的概念结构设计阶段，是用户和数据库设计人员之间进行交流的桥梁。

② 数据模型

数据模型是按计算机的观点对数据建立模型，是现实世界的第二层抽象，是对数据世界中数据之间关系的描述。它有严格的形式化定义，便于在数据库管理系统中实现。数据库设计过程中的逻辑结构设计就是将概念模型转换成某种数据库管理系统支持的数据模型。

数据模型类似仓库中的货架，不同的物品按各自的存放方式有序地放置在各自的货架上，便于管理。数据按照数据模型所设定的框架，按规定的顺序结构合理地存放。不同的数据模型对数据的存放各不相同。

关系模型（Relational Model）是目前应用最广泛的一种数据模型，用二维表的形式来描述实体、属性以及实体之间的联系。具有代表性的数据模型还有：层次模型（Hierarchical Model）、网状模型（Network Model）、面向对象模型（Object Oriental Model）和对象关系模型（Object Relational Model）等。

综上所述，一般将现实世界中的具体事物及事物之间的联系抽象到数据世界，组织为数据库系统支持的数据模型的方法是：首先把现实世界中的客观对象在人们头脑中的反映通过模型表示出来，这是人脑经过选择、命名、分类等综合分析形成的印象和概念，所以称这种表示模型为概念模型；然后再把概念模型描述的实体及其联系转换为数据库系统支持的数据模型。这一过程如图 2-2-4 所示。

图 2-2-4 数据抽象过程

2. 概念模型

概念模型是现实世界到机器世界的一个中间层次。表示概念模型的方法很多，其中最常用的方法是 1976 年由 P.P.S.Chen 提出的实体 – 联系方法。

（1）实体间的联系

实体可以通过联系相互关联，两个实体之间的联系有三种类型，即一对一、一对多和多对多，可以分别记为 1:1、1:m 和 n:m。

① 一对一（1:1）

由 A 到 B 有一个一对一的联系，是指对 A 的一个给定值，有且只有一个 B 的值与之相对应，反之亦然。例如"学校"和"校长"的联系是一对一。

② 一对多（1:m）

若对 A 的一个给定值，有多个 B 的值与之相对应，反之有且仅有一个 A 的值与 B 的每一给定值相对应，则称为一对多的联系。例如"系"和"教师"的联系是一对多，一个系里有多个教师，但是一个教师只能在一个系里工作。

③ 多对多（n:m）

多对多的联系是指对 A 的一个给定值，有多个 B 的值与之相对应，同样，对 B 的一个给定值，也有多个 A 的值与之相对应。例如，"学生"和"课程"的联系是多对多，一名学生可以选修多门课程，而一门课程也可以供多名学生选修。

图 2-2-5 表示两个实体间的三类关系。

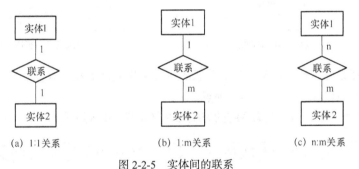

(a) 1:1关系　　　　　(b) 1:m关系　　　　　(c) n:m关系

图 2-2-5　实体间的联系

（2）实体 – 联系图

最常用的表示概念模型的方法是实体 – 联系方法，该方法直接从现实世界抽象出实体型及其相互间的联系，并用实体 – 联系图（Entity-Relationship Diagram，简称 E-R 图）来表示概念模型。

E-R 图的设计步骤如下。

① 需求分析：根据用户的需求分析你所要描述的系统对象，确定实体及实体属性。需要注意的是，根据用户的需求不同，同样的东西在不同的系统中可能描述得也不一样。例如，工资系统和人事管理系统，对于工资这个实体，它的描述就完全不一样，相应的实体和实体属性也不一样。实体用带有实体名的矩形框表示，属性用带有属性名的椭圆形框表示。属性与对应的实体之间用直线连接；带下划线的属性是实体的主属性，即主关键字。

② 确定实体间的联系：两个实体之间的联系有一对一、一对多和多对多三种类型。例如，教师与课程是一个多对多的关系，通过什么途径建立联系呢，当然是通过授课，那么它们的联系就是"授课"。实体间的联系用带有联系名的菱形框表示，并用直线与相应的实体相连，在直线靠近实体的那端标上 1，m 或 n 用来表示联系的三种类型（1:1，1:m，n:m）。

③ 确定各联系的属性：一般情况下，实体间的联系也具有属性。例如，教师与课程之间存在的授课联系具有教师工号、课程号、开课学期、开课班级、学生人数等属性。联系的属性表示方法同实体属性的表示方法相同，也用带有属性名的椭圆形框表示。

【例 2-2-1】为学生选课系统设计 E-R 模型。

【例 2-2-1 解答】

① 确定实体及实体属性。学生选课系统主要为学生提供不同的课程进行选择。每个学生可以选修多门课程，同一门课程有可能有多个教师讲授。该系统中存在教师、课程、学生三个实体。教师实体包含教师工号、姓名、性别、系名、职称等属性；课程实体包含课程号、课程名称、学时、学分、时间、地点等属性；学生实体包含学号、姓名、性别、系名、班级号等属性。教师实体属性在 E-R 图中的表示如图 2-2-6 所示。

② 确定实体间的联系。本例中教师和课程之间存在多对多的授课联系，学生和课程之间存在多对多的选课联系，班级和学生之间存在一对多的属于联系。实体间联系在 E-R 图中的表示如图 2-2-7 所示。

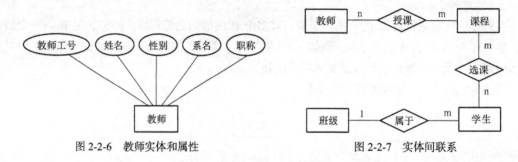

图 2-2-6　教师实体和属性

图 2-2-7　实体间联系

③ 确定各联系的属性。本例中授课联系的属性包括教师工号、课程号、时间、地点。选课联系的属性包括学号、课程号、时间、地点。

经过上述三个步骤，学生选课系统的完整 E-R 图如图 2-2-8 所示。

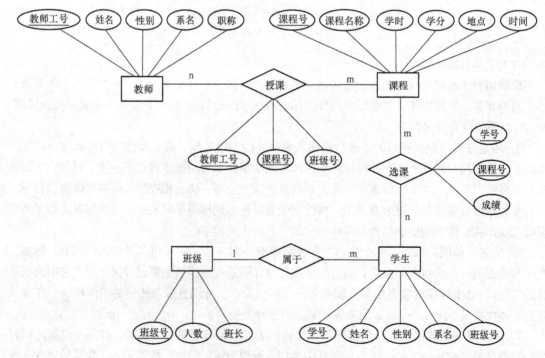

图 2-2-8　学生选课系统 E-R 图

【例 2-2-2】为某个公司的商品供应管理系统设计 E-R 模型。

【例 2-2-2 解答】

如图 2-2-9 所示，该系统中有三个实体。

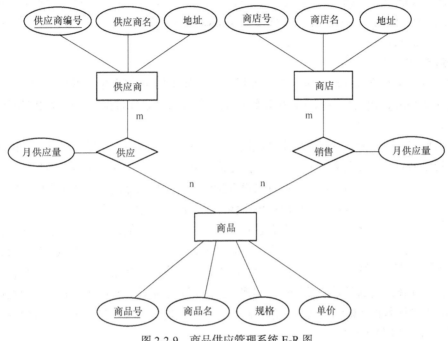

图 2-2-9　商品供应管理系统 E-R 图

一是"商品"实体，属性有商品号、商品名、规格、单价等；二是"商店"实体，属性有商店号、商店名、地址等；三是"供应商"实体，属性有供应商编号、供应商名、地址等。

供应商与商品之间存在"供应"联系，每个供应商可供应多种商品，每种商品可向多个供应商订购，每个供应商供应的每种商品都有个月供应量；商店与商品间存在"销售"联系，每个商店可销售多种商品，每种商品可在多个商店销售，每个商店销售的每种商品都有个月计划数。

3. 层次模型

层次模型是数据库系统中最早出现的数据模型。层次数据模型的设计思想是把系统划分成若干小部分，然后，再按照层次结构逐级组合成一个整体。

层次模型使用树形结构来表示实体及其联系，树的节点代表实体，上一层实体与下一层实体之间的联系是一对多的，用节点之间连线表示。图 2-2-10 是一个层次模型的表示例子。

在现实世界中，许多实体之间的联系呈现出一种自然层次关系，如家族关系和行政机构等。例如某学校的组织结构可通过层次数据模型表示如图 2-2-11 所示。

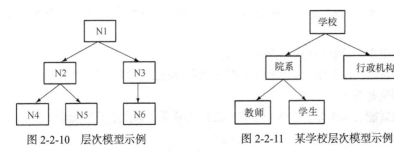

图 2-2-10　层次模型示例　　　图 2-2-11　某学校层次模型示例

层次模型实体之间的联系通过指针来实现，每一个父可以有多个子，每一个子只能有一个父，这是典型的一对多联系。因此层次模型在表示一对多的层次联系时简单直观，容易理解。但是现实世界中的很多关系都是非层次的多对多联系，层次模型在表示多对多的联系时非常不方便，必须首先将多对多联系分解成一对多联系，然后再表示为层次模型。这是层次模型的突出缺点。

按照层次模型建立的数据库系统称为层次模型数据库系统。1968 年美国 IBM 公司推出的 IMS（Information Management System）是其典型代表。

4. 网状模型

现实世界中事物之间的联系通常都是非层次的，如【例 2-2-1】中的学生选课，例 2-2-2 中的商品供应管理等，用层次模型这种树型结构描述非层次关系比较困难，网状模型则可以克服这一缺点。

网状模型节点之间的联系不受层次的限制，可以任意发生联系，更适合描述复杂的事物及其联系。网状模型中，用节点来表示实体，节点之间的联系通过有向线段表示。网状模型中一个节点可以没有父节点，也可以有两个或者两个以上的父节点。层次模型实际上是网状模型的一个特例，即根节点以外的节点有且只有一个父节点。例如，【例 2-2-1】中的学生选课系统多对多联系的表示方法如图 2-2-12 所示。图中的有向线段表示学生和选修、课程和选修之间的多对多联系。

图 2-2-12　网状模型示例

网状模型实体之间的联系通过指针来实现，多对多的联系较容易实现，能够更为直观地描述现实世界。但是网状模型的结构比较复杂，随着应用环境的扩大，数据库的结构会变得越来越复杂，不利于用户使用和维护。

按照网状数据结构建立的数据库系统称为网状数据库系统，其典型代表是 1969 年推出的 DBTG（Datebase Task Group）系统。用数学方法可将网状数据结构转化为层次数据结构。

在应用层次模型和网状模型进行数据序应用系统设计时，需要了解数据库结构的物理细节，系统设计难度很大。层次模型和网状模型都缺少简便的查询功能，所以哪怕产生一张简单的报表，程序员也必须编写程序，这种系统将会使程序员的负担越来越重，使数据库设计、管理和应用变得更加复杂而繁重。随着信息的需求量日益增加和数据库技术应用领域的不断扩大，促使人们探索更完善的数据库系统。

5. 关系模型

1970 年美国 IBM 公司的研究员 E.F.Codd 提出数据库的关系模型，开创了数据库关系方法和关系理论的研究，这是对数据库技术的一个重大突破，它简单的原理引起了数据库技术的一场革命。考特也因此于 1981 年获得了计算机科学领域的最高奖项——图灵奖。

关系模型是目前最重要的一种数据模型。关系数据库系统采用关系模型作为数据的组织方式。关系数据模型的基本结构是二维表（table），二维表在关系模型中又称为关系，对关系的描述称为关系模式（relation schema），一般表示为：关系名（属性列表），可以将 E-R 模型转换为关系模式。

关系模型与层次、网状模型的比较：

（1）在三种常用的模型中，关系模型是唯一可数学化的模型。数据模型的定义与操作均建立在严格的数学理论基础上。

（2）二维表既能表示实体，也能表示实体之间的联系，因此它具有很强的表达能力，这是层次、网状模型所不及的。

（3）简单，易学易用。关系模型的基本结构是二维表，数据的表示方法单一而简单，便于在计算机中实现。另外，用户可以直接通过这种关系模型表达自己的要求，而不必涉及系统内的各种复杂联系。

20 世纪 80 年代以来，几乎所有新开发的数据库系统都是关系型的。微型机平台的关系数据库管理系统也越来越多，功能越来越强，其应用已经遍及各个领域。其代表产品有甲骨文公司的 Oracle、IBM 公司的 DB2、微软公司的 SQL Server、Informix、Sybase、MySQL、PostgreSQL 等数据库管理系统。

2.2.4　数据库技术的发展

1. 数据库新技术

1980 年以前，数据库技术的发展，主要体现在数据库的模型设计上。进入 20 世纪 90 年代后，由于数据库技术在商业领域的巨大经济效益，推动了其他领域对数据库技术发展的需求，计算机领域中其他新兴技术的发展对数据库技术产生了重大影响。数据库技术与网络通信技术、人工智能技术、多媒体技术等相互渗透，相互结合，使数据库技术的新内容层出不穷。数据库的许多概念、应用领域，甚至某些原理都有了重大的发展和变化，形成了数据库领域众多的研究分支和课题，产生了一系列新型数据库，如分布式数据库，并行数据库，面向对象数据库，多媒体数据库，知识库，数据仓库等。

分析目前数据库的应用情况，可以发现：经过多年的积累，企业和部门积累的数据越来越多，许多企业面临着"数据爆炸"可知识缺乏的困境。如何解决海量数据的存储管理、如何挖掘大量数据中包含的信息和知识，已成为目前的急待解决的问题。另一方面，传统的数据库系统在很多方面已无法满足各个领域迅速发展的需求，如对复杂对象的存储管理，复杂数据类型（抽象数据类型、图形、图像、声音、时间等）的处理，数据库语言与程序语言的无缝集成，异构数据库，以及基于 Internet 网络语言与数据库系统的集成等。

当前数据库技术的发展主要有以下 4 个方向。

（1）研究能表达更复杂数据结构和有更强的语义表达能力的数据模型（如建立面向对象的数据模型）。

（2）数据库技术与多学科技术的相互结合和渗透（如多媒体数据库、面向对象数据库、分布式数据库、Web 数据库、XML 数据库、空间数据库、演绎数据库、专家数据库和模糊数据库等）。

（3）巨型与超巨型数据库拓展成数据仓库以及基于数据库仓库的数据挖掘技术等。

（4）移动数据管理使嵌入式数据库技术成为一个新的发展方向。移动计算环境可以使人们随时随地访问任意所需要的信息，因此嵌入式数据库需要使用与传统计算环境下不同的数据库技术，如移动事务处理、移动查询处理、移动用户管理、数据广播等。

2. 分布式数据库技术

分布式数据库（Distributed Database，DDB）是数据库技术和网络技术两者相互渗透和有机结合的结果，涉及数据库基本理论和网络通信理论。分布式数据库由多个数据库组成，这些数据库在物理上分布在计算机网络的不同节点上，逻辑上属于同一个数据库系统。

分布式数据库主要具有两个特性：物理分布性和逻辑整体性。物理分布性是指数据库中的数据不是存储在同一台计算机节点上，这是分布式数据库与集中式数据库的主要区别。在分布式数据库中，存放数据的计算机节点由通信网络连接在一起，每个节点都是一个独立的数据库系统，它们都拥有各自的数据库、中央处理机、终端，以及各自的局部 DBMS。分布式数据库系统可以看作是一系列集中式数据库系统的联合。逻辑整体性是指数据库中的数据逻辑上是互相联系的，是一个整体，用户访问分布式数据库就如同集中数据库一样。图 2-2-13 描述了一个银行分布式数据库示例。

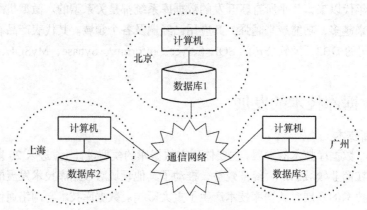

图 2-2-13　银行分布式数据库示例

分布式数据库是在集中式数据库的基础上发展起来的，但不是简单地把分散在不同地方的集中式数据库连接在一起实现。DDB 主要具有以下几个特点。

（1）数据分布透明性：用户在访问数据时就像数据存储在一个节点上一样。用户不必关心数据的逻辑分片，不必关心数据物理位置分布的细节，不必关心重复副本（冗余数据）一致性问题，也不必关心局部节点上数据库支持哪种数据模型。

（2）集中与自治相结合的控制机构：分布式数据库常常采用集中和自治相结合的控制机构。自治功能是指各局部数据库具有独立的 DBMS 可以独立的管理局部数据库。同时分布式数据库又设有集中控制机构，可以协调各局部 DBMS 的工作，执行全局应用。

（3）存在适当的数据冗余：在分布式数据库中适当的增加了冗余数据，在不同的节点存储同一数据的多个副本，这样做的原因一是提高系统的可靠性、可用性，当某一节点出现故障时，系统可以对另一节点的相同副本进行操作，不会因为一处故障而造成整个数据库系统的瘫痪；二是提高数据库系统性能，系统可以选择用户最近的数据副本来进行操作，减少通信代价，改善整个系统的性能。

（4）全局的一致性、可串行性和可恢复性：分布式数据库中各局部数据库应满足集中式数据库的一致性、并发事务的可串行性和可恢复性。除此之外还应保证数据库的全局一致性、全局并发事务的可串行性和系统全局的可恢复性。这是因为在分布式数据库系统中全局应用要涉及两个以上节点的数据，全局事务可能由不同节点上的多个操作组成。

分布式数据库具有灵活的体系结构，局部应用响应速度快，可靠性高，可扩展性好，易于集成等优点，非常适合具有分布式管理和控制需求的企业使用。

3. 数据仓库和联机分析处理

随着处理信息量的不断加大，许多企业已保存了大量原始数据和各种业务数据，但是由于缺乏集中存储和管理，这些数据不能为企业进行有效的统计、分析、评估等决策支持。企业需要多角度处理海量信息并从中获取支持决策的信息，面向事务处理的操作型数据库就显得力不从心。为了有效地支持决策分析，人们提出了数据仓库的（Data Warehouse，DW）概念。

20 世纪 90 年代初期，数据仓库之父比尔·恩门（Bill Inmon）在《Building the Data Warehouse》

（《建立数据仓库》）一书中指出，数据仓库是一个面向主题的（Subject Oriented）、集成的（Integrate）、相对稳定的（Non-Volatile）、反映历史变化（Time Variant）的数据集合，用于支持管理决策。为企业建立数据仓库，可以在现有各业务系统的基础上，对数据进行抽取、清理，并有效集成，按照主题进行重新组织，最终确定数据仓库的物理存储结构，同时组织存储数据仓库元数据。数据仓库系统可分为数据源、数据存储与管理、OLAP 服务器以及数据应用 4 个功能部分，如图 2-2-14 所示。

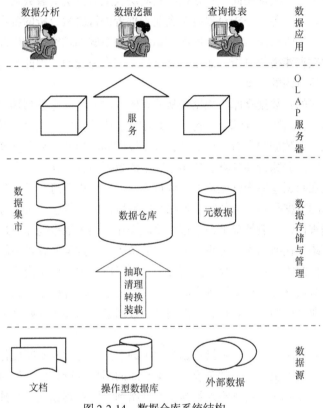

图 2-2-14　数据仓库系统结构

（1）数据源：数据仓库是从不同的数据源中抽取数据，并将其清理、转换为新的存储格式，从而更好地为管理者提供决策支持，数据源除了操作型数据库以外，通常还有相关的数据文档以及需要进行集成的外部数据。

（2）数据存储与管理：按照数据的覆盖范围，数据仓库存储可以分为数据中心级数据仓库和部门级数据仓库（通常称为"数据集市"，Data Mart）。数据集市是数据仓库体系结构中的一种小型的部门或工作组级别的数据仓库，主要面向部门级业务，并且只面向某个特定的主题。数据仓库中还有一类重要的数据：元数据（metedata）。元数据是"关于数据的数据"，主要描述了数据的结构、内容、索引、码、数据转换规则、粒度定义等。数据仓库的管理包括数据的安全、归档、备份、维护、恢复等工作。

（3）OLAP 服务器：对分析需要的数据按照多维数据模型进行再次重组，以支持用户多角度、多层次的分析，发现数据趋势。在线联机分析处理（On-line Analytical Processing，OLAP）是以海量数据为基础的复杂分析技术，是数据仓库上的最重要应用，是决策分析的关键。OLAP 支持各级管理人员从不同的角度、快速灵活地对数据仓库中的数据进行复杂查询和多维分析处理，从而提供决策支持，提高企业竞争力。

（4）数据应用：数据应用主要包括各种数据分析、查询报表、数据挖掘以及各种基于数据仓库或数据集市开发的应用。其中数据分析主要针对 OLAP 服务器，查询报表和数据挖掘工具既针对数据仓库，同时也针对 OLAP 服务器。OLAP 软件提供的是多维分析和辅助决策功能。对于深层次的分析和发现数据中隐含的规律和知识，需要数据挖掘技术和相应软件完成。

数据仓库具有以下几个特点。

（1）数据面向主题：数据面向主题是指在较高层次上对分析对象数据的一个完整、一致的描述，能完整、统一地表示各个分析对象有关企业管理者进行决策分析的各项数据，以及数据之间的联系。例如，一个零售超市的数据仓库的数据围绕的主题如顾客、供应商、产品等。数据仓库关注的是决策者的数据建模与分析，而不是日常操作和事务处理，因此数据仓库的数据必须是对企业管理者进行决策有用的数据。

（2）数据是集成的：数据仓库的数据是从原有的分散的数据库数据抽取来的。在数据进入数据仓库之前，必然要经过统一与综合，这一步是数据仓库建设中最关键、最复杂的一步，所要完成的工作有：要统一源数据中所有矛盾之处，如字段的同名异义、异名同义、单位不统一、字长不一致，等等；进行数据综合和计算。数据仓库中的数据综合工作可以在从原有数据库抽取数据时生成，但许多是在数据仓库内部生成的，即进入数据仓库以后进行综合生成的。

（3）数据仓库的数据是不可更新的：数据仓库的数据主要供企业决策分析之用，所涉及的数据操作主要是数据查询，一般情况下并不进行修改操作。因为数据仓库只进行数据查询操作，所以数据仓库管理系统相比数据库管理系统而言要简单得多。数据库管理系统中许多技术难点，如完整性保护、并发控制等，在数据仓库的管理中几乎可以省去。但是由于数据仓库的查询数据量往往很大，所以就对数据查询提出了更高的要求，它要求采用各种复杂的索引技术；同时由于数据仓库面向的是商业企业的高层管理者，他们会对数据查询的界面友好性和数据表示提出更高的要求。

（4）数据具有时变性：时变性是指数据仓库中的数据是随时间不断变化的，数据仓库中的数据不可更新是针对应用来说的，也就是说，数据仓库的用户进行分析处理时是不进行数据更新操作的。但并不是说，在从数据集成输入数据仓库开始到最终被删除的整个数据生存周期中，所有的数据仓库数据都是永远不变的。数据仓库的数据特征都包含时间项，以标明数据的历史时期。一方面，数据仓库需要随时间变化不断增加新的数据内容，甚至是重新的综合集成；另一方面，数据仓库的数据有存储期限，一旦超过了这一期限，过期数据就要被删除。

数据仓库系统应用越来越广泛，IBM、Oracle、Sybase、CA、NCR、Informix、Microsoft 和 SAS 等公司都推出了数据仓库解决方案。BO（Business Objects）和 Brio 等专业软件公司也研发了一系列支持 OLAP 联机在线分析处理工具为数据仓库应用提供分析决策。

4. 数据挖掘

随着数据的迅速增加，人们希望能够在对已有的大量数据分析的基础上进行科学研究、商业决策或者企业管理，但是诸如数学统计、OLAP 等方法很难对数据进行深层次的处理，使得人们只能望"数"兴叹。数据挖掘正是为了解决传统分析方法的不足，并针对大规模数据的分析处理而出现的。数据挖掘从大量数据中提取出隐藏在数据之后的有用的信息，它被越来越多的领域所采用，并取得了较好的效果，为人们的正确决策提供了很大的帮助。

简单地说，数据挖掘是从大量数据中"挖掘"知识，好像从矿山中采矿或淘金一样，如图 2-2-15 所示。数据挖掘的原数据可以是任何类型，包括结构化、半结构化以及非结构化数据。

数据挖掘可以建立在各种不同类型的数据库上，例如关系数据库、数据仓库、面向对象数据库、多媒体数据库、文本数据库、Web 数据库等。采用的技术有人工神经网络、决策树、遗传算法、规则归纳、分类、聚类、减维、模式识别、不确定性处理等。数据挖掘把人们对数据的应用从简单查询提升到从数据中挖掘知识，提供决策支持。数据挖掘可以发现人们先前未知的、隐含的、有意义的信息，例如，利用数据挖掘技术通过对用户数据的分析，可以得到关于顾客购买取向和兴趣的信息，从而为商业决策提供了可靠的依据。在商业应用中最典型的例子就是一家超市连锁店通过数据挖掘发现了买小孩尿布的人常常也会购买啤酒，因此超市可以根据这一信息安排货架和商品促销等。

矿山（数据）　　　挖掘工具（数据挖掘）　　　金子（知识）

图 2-2-15　银行分布式数据库示例

数据挖掘（Data Mining，DM）又称数据开采，就是从大量的、不全的、有噪声的、模糊的、随机的数据中提取隐含在其中的人们事先不知道的、但又是潜在有用的信息和知识的过程，提取的知识表现为概念（Concepts）、规则（Rules）、规律模式约束等形式。在人工智能领域又习惯称其为数据库中知识发现（KDD，即 Knowledge Discovery in Database）。其本质类似于人脑对客观世界的反映，从客观的事实中抽象成主观的知识，然后指导客观实践，数据挖掘就是从客体的数据库中概括抽象提取规律性的东西以供决策支持系统的建立和使用。

数据挖掘的过程大致分为：问题定义、数据收集与预处理、数据挖掘实施，以及挖掘结果的解释与评估。

（1）问题定义

数据挖掘是为了从大量数据中发现有用的令人感兴趣的信息，因此发现何种知识就成为整个过程中的第一个也是最重要的一个阶段。在这个过程中，必须明确数据挖掘任务的具体需求，同时确定数据挖掘所需要采用的具体方法。

（2）数据收集与预处理

数据预处理一般包括数据清理、数据集成、数据变换和数据规约四个处理过程。数据转换的主要目的是消减数据集合和特征维数（简称降维），即从初始特征中筛选出真正的与挖掘任务相关的特征，以提高数据挖掘的效率。

（3）数据挖掘的实施

根据挖掘任务定义及已有的方法（分类、聚类、关联等）选择数据挖掘实施算法。常用的数据挖掘算法有：神经网络，决策树，贝叶斯分类，关联分析等。数据挖掘的实施，仅仅是整个数据挖掘过程的一个步骤。影响数据挖掘质量的两个因素分别是：所采用的数据挖掘方法的有效性；用于数据挖掘的数据质量和数据规模。如果选择的数据集合不合适，或进行了不恰当的转换，就不能获得好的挖掘结果。

（4）结果解释与评估

实施数据挖掘所获得的挖掘结果，需要进行评估分析，以便有效发现有意义的知识模式。因为数据挖掘所获得初始结果中可能存在冗余或者无意义的模式，也可能所获得的模式不满足挖掘任务的需要，这是就需要退回到前面的挖掘阶段，重新选择数据、采用新的数据变换方法、设定

图 2-2-16　银行分布式数据库示例

新的参数值，甚至换一种数据挖掘算法等。此外还需要对所发现的模式进行可视化，表示将挖掘结果转换为用户易懂的另一种表示方法。

数据挖掘技术从一开始就是面向应用的，在很多商业领域尤其是银行、保险、电信、零售业等都有着极其广泛的应用前景，图 2-2-16 给出了数据挖掘技术常用的应用范围。

数据挖掘所能解决的典型商业问题包括：市场营销、客户分析、欺诈检测、交叉销售、信用卡分析等。为了更好地了解数据挖掘可以解决的问题，下面给出几个数据挖掘在一些应用领域中的实例。

（1）电子商务领域：随着 Web 技术的发展，各类电子商务网站风起云涌，如何使电子商务网站获取更大的效益是网站需要解决的最主要问题。电子商务的竞争比传统的商业竞争更加激烈，其中一个原因是客户可以很方便地在电脑前面从一个电子商务网站转换到竞争对手那边，只需点击几下鼠标就可以同时浏览不同商家相同的产品或者找到类似的产品，进行更广泛的商品比较。网站只有更加了解客户的需求，才能更好地制定相关营销策略吸引客户，从而使网站更具竞争力。另一方面，电子商务网站并没有直接和客户面对面交流，通过数据挖掘可以很好地了解客户需求。电子商务网站每天都可能有上百万次的在线交易，生成大量的记录文件和登记表，我们可以对这些数据进行挖掘，从而充分了解客户的喜好、购买模式等。像目前常见的网上商品推荐、个性化页面等都属于数据挖掘的成功应用。

（2）生物及基因研究领域：数据挖掘在生物及基因研究的应用主要集中于生物医学和基因数据分析方面。生物信息或基因的数据复杂程度、数据量，以及模型都比普通问题复杂很多，因此对数据挖掘在生物基因工程方面的应用要求也要高很多，需要更加复杂以及高效地挖掘算法。例如，基因的组合千变万化，得某种病的人的基因和正常人的基因有什么差别，能否找出其中不同的地方，从而通过药物或治疗对其不同之处加以改变，使之成为正常基因，或者进行疾病预防，这都需要数据挖掘技术的支持。另外，数据挖掘技术还被广泛地应用于 DNA 序列查询和匹配，基因序列识别等方面。

（3）金融领域：数据挖掘在金融分析领域有着广泛的应用，例如投资评估和股票交易市场预测，分析方法一般采用模型预测法，如神经网络或统计回归技术。由于金融投资的风险很大，在进行投资决策时，非常需要对各种投资领域的有关数据进行分析，以选择最佳的投资方向。无论是投资评估还是股票市场预测，都是对事物未来发展的一种预测，可以建立在数据分析基础之上。数据挖掘可以通过对已有数据的分析，找到数据对象之间的关系，然后利用学习得到的规则和模式进行合理的预测。

习题和思考

1. 选择题

（1）根据数据结构不同，数据库管理系统通常采用的数据模型是_____。

    A. 层次模型、关系模型和环状模型　　　　B. 层次模型、链状模型和环状模型

    C. 层次模型、关系模型和网状模型　　　　D. 链状模型、关系模型和环状模型

（2）设有部门和职员两个实体，每个职员只能属于一个部门，一个部门可以多名职员，则部门与职员之间的联系类型是＿＿＿＿＿。

    A．m：n   B．1：m   C．m：k   D．1：1

（3）在 E-R 图中，用来表示实体的图形是＿＿＿＿＿。

    A．矩形   B．椭圆形   C．菱形   D．三角形

（4）"商品"与"顾客"两个实体集之间的联系一般是＿＿＿＿＿。

    A．一对一   B．一对多   C．多对一   D．多对多

（5）数据库系统的核心是＿＿＿＿＿。

    A．数据模型   B．数据库管理系统

    C．数据库   D．数据库管理员

（6）在数据管理技术发展的三个阶段中，数据共享最好的是＿＿＿＿＿。

    A．人工管理阶段   B．文件系统阶段

    C．数据库系统阶段   D．三个阶段相同

（7）在数据库技术中，实体 - 联系模型是＿＿＿＿＿。

    A．概念数据模型   B．结构数据模型

    C．物理数据模型   D．逻辑数据模型

（8）数据管理技术发展阶段中，人工管理阶段与文件系统阶段的主要区别是文件系统＿＿＿＿＿。

    A．数据共享性强   B．数据可长期保存

    C．采用一定的数据结构   D．数据独立性好

（9）不同的实体主要的区分依据是＿＿＿＿＿。

    A．所代表的对象   B．实体名字

    C．属性多少   D．属性的不同

（10）下面系统中不属于关系数据库管理系统的是＿＿＿＿＿。

    A．Oracle   B．SQL SERVER   C．IMS   D．DB2

（11）从大量数据中获取有用知识的技术是＿＿＿＿＿。

    A．数据仓库   B．数据分析   C．数据挖掘   D．分布式数据

2．填空题

（1）在计算机软件系统的体系结构中，数据库管理系统位于用户和＿＿＿＿＿＿＿之间。

（2）实体与实体之间的联系有 3 种，它们是一对一、一对多和＿＿＿＿＿。

（3）DBMS 中文全称是＿＿＿＿＿。

（4）关系数据库中使用最广泛的语言是＿＿＿＿＿。

（5）数据库领域中的数据模型有＿＿＿＿＿数据模型和逻辑数据模型。

3．思考题

（1）请根据你的生活经验，分别举出线性表、栈、列表和树形数据结构的例子。

（2）数据、数据元素和数据项这三个概念之间的关系是什么？

（3）请写出一家出售手机的淘宝商店中，其产品的数据、数据元素和数据项分别会是什么？为了方便管理（手机产品的备货和出售），店主应该使用什么样的数据结构，怎样存储这些数据？

（4）假设一个顺序表中有 n 个数据，请用画图的方法，写出在该表中找到指定位置，并插入一个新元素的操作步骤。

（5）请用画图的方式写出计算一个线性链表长度的步骤。

（6）在线性表的顺序存储结构中，已知第一个元素的物理地址是 2000，每个元素占用 20 个字节的空间，请计算第 10 个元素所占存储空间的起始地址。

（7）列表比较线性表中顺序存储和链式存储在数据操作方面各自的优缺点和应用场合。

（8）假设字母 A～G 组成了一组数据，分别画图表示将这些数据存储为单向线性链表、栈、队列、完全二叉树的形式。

（9）如图 2-2-17 所示的树结构，树的度是多少？该树的深度是多少？该树的叶子节点有哪些？节点 B 的度是多少？它有几个兄弟节点？

（10）二叉树如图 2-2-18 所示，请写出该二叉树的中序遍历、先序遍历和后序遍历的顺序。

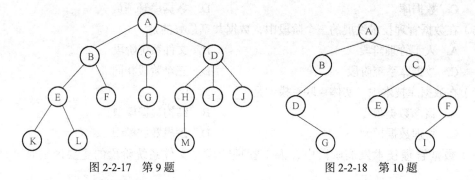

图 2-2-17　第 9 题　　　　　　　图 2-2-18　第 10 题

（11）简述数据库管理系统的功能。

（12）对于某电子购物网站，供应商为网站提供商品，商品存放在仓库中，买家通过网站购买商品。网站、供应商、商品、仓库、买家间都存在什么样的关系？

（13）设有如下教学环境：一个班级有多名学生，一名学生只属于一个班。一名学生可选修若干门课程，每门课程有多名学生选修。一位教师可以讲授若干门课程，一门课程只有一位教师主讲。每位教师只属于一个教研室，一个教研室有若干名教师。请用 E-R 图画出概念数据模型。

（14）相比层次和网状模型，关系模型的优点有哪些？

（15）试着举一个现实生活中数据挖掘的例子。

第3章
Access 数据库基础

第 1 章详细介绍了利用 Excel 进行数据处理的方法，可以看出，Excel 在数据分析、图表制作、财务计算方面得心应手，但在数据的组织、存储、管理、查询以及完整性约束和数据安全性上，Excel 并不尽如人意；而通过第 2.2 节对数据管理、数据库基本概念的介绍，可以发现，数据库管理系统软件可以完全弥补 Excel 的不足。Access 是一款小型关系数据库管理系统软件，和 Excel 同属 Office 系列软件包，界面友好，简便易学，可以很方便地与 Excel 共享和交换数据，取长补短，充分满足用户对数据处理与管理的常规需求。

本章首先介绍关系模型的基本概念，然后介绍用 Access 创建关系型数据库的方法，以及如何利用结构化查询语言 SQL 实现查询需求。Access 和其他数据处理与管理软件交换数据的方法参见本书 5.4 节。

3.1 关系模型

在数据库领域里，被 DBMS 实际支持过的数据模型只有以"图论"为基础的层次模型和网状模型，以及以关系运算理论和关系模式设计理论为基础的关系模型。基于层次模型和网状模型的 DBMS 曾于 20 世纪 70 年代初非常流行，它们的地位后来逐渐被基于关系模型的 DBMS 所取代，当前的主流商用 DBMS 都是基于关系模型的。

本节将着重介绍关系模型的定义，并简要介绍关系运算和规范化设计方法的概念。

3.1.1 关系模型的定义

关系型数据库是基于关系数据模型而创建的数据库。关系模型中的实体和实体间的联系都用关系（二维表）表示。

关系模型包括关系数据结构、关系操作集合和关系完整性约束 3 个部分。

1. 关系模型的数据结构

关系模型的基本数据结构是关系（relation），一个关系形式上就是一张行列结构的二维表，如图 3-1-1 所示。

表头称为关系模式。表中的每一列称为关系的一个属性（attribute），属性的个数是关系的度。表中的每一行（除第一行外）称为一个元组（tuple）或记录，每个元组由具体的属性值构成，元组对应现实世界中的一个实体，关系就是元组的集合。例如："排课数据库"中的教师实体就可以用表 3-1-1 所示的关系表示。

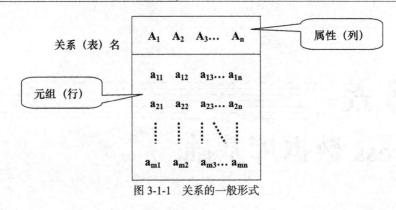

图 3-1-1　关系的一般形式

表 3-1-1　　　　　　　　　　　　　　　教师表

工号	姓名	性别	系别	职称
0601083518	刘欣	女	计算机	讲师
0505042112	张散	男	电子	讲师
0602112305	丁奇祯	男	中文	教授
0412030915	于夏花	女	英语	副教授

关系中的元组对应存储文件中的一条记录，属性对应于存储文件中的数据项或字段值。其中属性的取值范围称为属性的域（domain），属性的值必须来自域中的原子值，即属性不可再分。

关系作为现实世界的抽象描述，其中既保存着实体本身的数据，也存放着实体间的联系。当现实世界的事物状态发生变化时，关系的属性值也要随之发生变化，所以说，关系的值是动态和易变的。而关系模式定义了关系的数据结构，是相对静态和稳定的。一个关系中至少包含一个属性，但可以没有元组，某一时刻元组的总数称为关系的基数。

一个具体的关系可以简单地以关系名及其属性列表来表示，例如，表 3-1-1 中的教师实体的关系数据模式可以表示为：

教师（工号，姓名，性别，系别，职称）

关系数据模型是建立在集合代数的基础上的，但又和集合代数中的关系概念有区别。

（1）元组个数为无限的关系没有现实意义，所以关系数据模型中的关系应该是有限集合。

（2）数学中元组的值是有序的，而关系模型不强调这种有序性，并通过对关系的各列添加属性名来取消这种有序性。

2．关系的性质

根据关系的定义，关系应具有如下性质。

（1）列应为同质。即每一列中的属性值的数据类型必须相同，来自同一个值域。

（2）不同的列可以来自同一个值域，但属性有各自不同的属性名。

（3）列的次序无关实际意义，可以任意交换。

（4）不可以有完全相同的元组，即集合中不应有重复的元组。

（5）行的次序无关实际意义，可以任意交换。

（6）属性值必须为原子分量，不可再分。例如：表 3-1-2 和表 3-1-3 就不满足这项要求，需要进行适当拆分。

3．主键和外键

键是在关系型数据库系统中用于检索和限定元组的重要机制。

表 3-1-2　包含多值字段

系别	性别	人数
电子系	男	72
	女	18
计算机系	男	84
	女	16

表 3-1-3　包含复合字段

系别	年级	人数	
		男	女
电子系	2006	72	18
计算机系	2006	84	16

由关系的性质可知，关系中的元组应互不相同，但实际应用中不同元组的部分属性值可能相同。例如在表 3-1-1 所示的教师表中，不同教师的职称很可能相同。因此，很有必要对能将一个元组和其他元组区别开的某个属性或者属性的组合做一个专门的定义。

（1）候选键（candidate key）

如果关系中的某个属性或属性的组合的值可以唯一地标识一个元组，而它的任何真子集均无此特性，则称这个属性或属性的组合为该关系的候选键。极端情况下，候选键包含全部属性，则称为全键。

（2）主键（primary key）

一个关系至少应具有一个候选键，也可能有多个候选键，选择候选键中的一个为主键。包含在主键中的属性称为主属性，不包含在主键中的属性称为非主属性。

（3）外键（foreign key）

同一数据库中的一个关系和另一个关系通过来自相同值域的属性发生联系。

如果关系 R_1 中一个属性或属性的组合 X_n 与关系 R_2 中的主键的数据对应，则称 X_n 为关系 R_1 关于 R_2（R_2 可以为 R_1 自身）的外键。

【例 3-1-1】"教学记录"数据库中关系的属性分析（主键、外键）。

对于如下的"教学记录"数据库（有下划线的属性为主属性），假定同一个教师可以讲授多门课程，同一个教师可以给不同班级讲授同名课程（例如李老师可以开设"C 语言"和"操作系统"课程，而"C 语言"针对计算机系和电子系分别开设）：

teacher（工号，姓名，出生年月，单位，性别，职称）

class（班级编号，班级名称，人数）

course（课程编号，课程名称，学分，先修课程编号）

timetable（课程编号，工号，班级编号）

请分析一下这个数据库中不同关系之间属性的联系。

【例 3-1-1 解答】

在这个数据库中，关系之间存在着属性的引用。显然，"timetable"关系中的"班级编号"应该是"class"关系中实际存在的班级编号，也就是说"timetable"关系中的"班级编号"的属性值应该参照"class"表的对应字段取值，所以，"timetalbe"关系中的"班级编号"是"timetable"关系关于"class"关系的外键。

类似地，"timetable"关系中的"课程编号"和"工号"的属性值应分别参照"course"关系和"teacher"关系中的对应字段取值，也就是说"timetable"关系中的"课程编号"和"工号"是"timetalbe"关系关于"course"关系和"teacher"关系的外键。

而"course"关系中的"先修课程编号"字段应参照本表的"课程编号"字段取值，所以"先修课程编号"也是一个外键，这种情况称之为自关联。

说明：

现实世界是普遍联系的，数据库是现实世界的抽象，"外键"就是数据库中表达表与表之间联系的纽带，通常是两个表的公共字段。

4. 关系的完整性约束

关系模式仅说明了关系的语法，关系中的元组还须受到语义的限制，以制约属性的值、属性之间的联系以及不同关系中数据的联系，从而保证数据的查询、插入、删除和修改时准确性。语义的限制通过设置完整性约束实现。

在关系模型中允许定义 3 种完整性，即实体完整性、参照完整性和用户自定义的完整性。其中实体完整性和参照完整性是关系模型必须满足的约束条件，一般由 DBMS 自动支持，而用户自定义完整性则由用户根据实际要求自行限定。

（1）实体完整性（entity integrity）

在一个关系中，主键的所有主属性都不得为空值，这就是实体完整性规则。

（2）参照完整性（referential integrity）

现实世界中实体之间的联系在关系模型中通过关系之间的引用来描述，这种引用一般通过外键来实现。

例如：在【例 3-1-1】的"教学记录"数据库里，"timetable"关系中"班级编号"字段的取值不应是"class"关系中"班级编号"字段的属性值里没有的，也就是说，在"timetable"关系中，"班级编号"的取值需要参考"class"关系中对应属性的数据。

参照完整性规则要求：关系中元组的外键的取值只能等于所参照的关系的某一元组的主键值，或者为空值。

注意，参照完整性规则中的引用关系可以来自同一个关系内部，即同一关系的属性之间也可以存在参照关系。例如：在"教学记录"数据库里，"class"关系中的"先修课程编号"的取值必须是该关系的主键"课程编号"的属性值中所包含的。

（3）用户自定义完整性

在具体某一个数据库中，往往需要根据实际情况对关系设定约束条件，比如，限定某些属性的取值范围，或规定属性值之间必须有某种函数关系等。例如：对于【例 3-1-1】的"教学记录"数据库的"teacher"关系，可以通过用户自定义完整性，设定其中性别的取值范围只能为"男"或者"女"。

（1）比较作为关系的"表"和 Excel 中的普通表格有什么差异？和 Excel 中的"列表"呢？

（2）回顾一下第 2 章学过的数据结构中"数据""数据元素"和"数据项"等概念，看看和关系理论有什么联系？

（3）以平面结构组织数据的 Excel 和以关系结构组织数据的 Access，分别适用于什么样的应用需求？

3.1.2 关系运算

关系数据库的检索、插入、更新和删除等操作通过关系运算实现。关系运算分为关系代数和关系演算两类，其中关系运算用集合代数运算方法对关系进行数据操作，关系演算则以谓词表达式来描述关系操作的条件和要求。这两类运算在关系模型上的表达能力是等价的。本书第 3.3 节将要介绍的 SQL 语言就是介乎两者之间的结构化查询语言。

关系运算的特点是：第一，关系操作的对象和结果都是集合，第二，关系操作高度非过程化，用户只需告诉系统"做什么"，而无须说明"怎么做"。

下面简单介绍两类关系代数运算，为本书第 3.4 节中有关数据查询的内容打下基础。

1. 传统的集合运算

在关系代数中，传统的集合运算是双目运算，即两个集合间的运算，包括并、交、差和广义笛卡尔积 4 种运算。

如果关系 R_1 和关系 R_2 同为 n 度（即都有 n 个属性），且相应的属性取自同一个值域，则称关系 R_1 和关系 R_2 为并相容的。两个并相容的关系可以进行并、交和差运算。

（1）并

关系 R_1 和关系 R_2 的"并"是将两个关系中的所有元组合并，删去重复元组，组成一个新的关系，记作 $R_1 \cup R_2$。

在关系数据库中，通过并运算可以实现元组的插入（insert）。

（2）差

关系 R_1 和关系 R_2 的"差"是从 R_1 中删去与 R_2 相同的元组，组成一个新的关系，记作 $R_1\text{-}R_2$。

在关系数据库中，通过差运算可以实现元组的删除（delete）。

（3）交

关系 R_1 和关系 R_2 的"交"是从 R_1 和 R_2 中取相同的元组，组成一个新的关系，记作 $R_1 \cap R_2$。

（4）广义笛卡尔积

设关系 R_1 和关系 R_2 分别为 n 目和 m 目的关系，关系 R_1 有 x 个元组，关系 R_2 有 y 个元组，关系 R_1 和关系 R_2 的广义笛卡尔积是一个 $(n+m)$ 列、$x \times y$ 个元组的关系，记作 $R_1 \times R_2$。

通过先差运算再并运算可以实现元组的更新（update），通过广义笛卡尔积可以实现两个实体集的连接。

【例 3-1-2】关系运算。

两个参加关系运算的关系 R_1 和 R_2 如图 3-1-2 所示，它们对应的属性值取自同一个域。求 R_1 和 R_2 的并、交和差和广义笛卡尔积。

R_1

O	P	Q
A1	B1	C1
A2	B2	C2
A3	B3	C3

R_2

O	P	Q
A2	B2	C2
A4	B4	C4
A3	B3	C3

图 3-1-2　进行集合运算的两个关系

【例 3-1-2 解答】R_1 和 R_2 的并、交和差和广义笛卡尔积如图 3-1-3 所示。

$R_1 \cup R_2$

O	P	Q
A1	B1	C1
A2	B2	C2
A3	B3	C3
A4	B4	C4

$R_1 - R_2$

O	P	Q
A1	B1	C1

$R_1 \cap R_2$

O	P	Q
A2	B2	C2
A3	B3	C3

$R_1 \times R_2$

O	P	Q	O	P	Q
A1	B1	C1	A2	B2	C2
A1	B1	C1	A4	B4	C4
A1	B1	C1	A3	B3	C3
A2	B2	C2	A2	B2	C2
A2	B2	C2	A4	B4	C4
A2	B2	C2	A3	B3	C3
A3	B3	C3	A2	B2	C2
A3	B3	C3	A4	B4	C4
A3	B3	C3	A3	B3	C3

图 3-1-3　进行集合运算的结果

2. 专门的关系运算

关系数据库的检索操作需要通过关系代数中专门的关系运算来实现。专门的关系运算包括选择、投影和连接等操作，其中选择和投影是单目运算，连接为双目运算。

（1）选择（selection）

从一个关系中找出满足指定条件的元组的操作称为选择。通过选择运算可以从行的方向上对关系进行筛选。例如从下面的"STU"关系中，找出性别="女"的同学，如图 3-1-4 所示。

STU				
学号	姓名	性别	系别	生日
1301025	李铭	男	地理	1995/7/5
1303011	孙文	女	计算机	1995/10/13
1303072	刘易	男	计算机	1997/6/5
1305032	张华	男	电子	1996/12/3
1308055	赵恺	女	物理	1997/11/4

图 3-1-4　STU 关系表

运算结果如图 3-1-5 所示。

学号	姓名	性别	系别	生日
1303011	孙文	女	计算机	1995/10/13
1308055	赵恺	女	物理	1997/11/4

图 3-1-5　运算结果

（2）投影（projection）

从一个关系中选出指定的若干属性的操作称为投影。通过投影操作可以对关系从列的方向上筛选。例如在图 3-1-6 所示的"CLASS"关系中，只列出"课程编号"和"课程名称"。

运算结果如图 3-1-7 所示。

CLASS				
课程编号	课程名称	先修课程编号	学时	学分
1	数据库	5	72	4
2	高等数学		108	6
3	信息系统	1	54	3
4	操作系统	6	72	4
5	数据结构	7	72	4
6	数据处理		54	3
7	C 语言	6	72	3

图 3-1-6　CLASS 关系图

课程编号	课程名称
1	数据库
2	高等数学
3	信息系统
4	操作系统
5	数据结构
6	数据处理
7	C 语言

图 3-1-7　运算结果

（3）连接（join）

与操作对象只有一个关系的选择和投影运算不同，连接的操作对象是两个关系。连接是把两个关系中的元组按照一定条件横向联合，形成一个新的关系，联系的"纽带"是两个关系的公共字段或语义相同的字段。实质是先做一次广义笛卡尔积运算，然后从结果中把来自两个关系并且具有重叠部分的行选择出来。常用的连接运算有两种：等值连接（equi join）和自然连接（natural join）。

其中等值连接是从两个关系的笛卡尔积中选取属性值相等的元组，例如：将 STU 关系和如图 3-1-8 所示的 SGRADE 关系连接。

连接条件是两个关系中的"学号"相等，即 STU.学号=SGRADE.学号，运算结果如图 3-1-9 所示。

SGRADE		
学号	课程编号	成绩
1301025	1	75
1301025	3	84
1301025	4	69
1303011	1	94
1303011	7	87
1303072	1	58
1303072	2	81
1303072	4	72
1303072	6	55
1305032	2	91
1305032	6	74

图 3-1-8　SGRADE 关系图

等值连接							
STU.学号	姓名	性别	系别	生日	SGRADE.学号	课程编号	成绩
1301025	李铭	男	地理	1995/7/5	1301025	1	75
1301025	李铭	男	地理	1995/7/5	1301025	3	84
1301025	李铭	男	地理	1995/7/5	1301025	4	69
1303011	孙文	女	计算机	1995/10/13	1303011	1	94
1303011	孙文	女	计算机	1995/10/13	1303011	7	87
1303072	刘易	男	计算机	1997/6/5	1303072	1	58
1303072	刘易	男	计算机	1997/6/5	1303072	2	81
1303072	刘易	男	计算机	1997/6/5	1303072	4	72
1303072	刘易	男	计算机	1997/6/5	1303072	6	55
1305032	张华	男	电子	1996/12/3	1305032	2	91
1305032	张华	男	电子	1996/12/3	1305032	6	74

图 3-1-9　等值连接结果

自然连接是特殊的等值连接，是从等值连接的结果中去掉重复列，运算结果如图 3-1-10 所示。

自然连接						
学号	姓名	性别	系别	生日	课程编号	成绩
1301025	李铭	男	地理	1995/7/5	1	75
1301025	李铭	男	地理	1995/7/5	3	84
1301025	李铭	男	地理	1995/7/5	4	69
1303011	孙文	女	计算机	1995/10/13	1	94
1303011	孙文	女	计算机	1995/10/13	7	87
1303072	刘易	男	计算机	1997/6/5	1	58
1303072	刘易	男	计算机	1997/6/5	2	81
1303072	刘易	男	计算机	1997/6/5	4	72
1303072	刘易	男	计算机	1997/6/5	6	55
1305032	张华	男	电子	1996/12/3	2	91
1305032	张华	男	电子	1996/12/3	6	74

图 3-1-10　自然连接结果

显然，自然连接的结果更为"清爽"，所以自然连接往往是最常见的连接运算。

3.2 表和关系的创建

如前面的章节所述，当前的商用数据库都是基于关系模型建立的。使用最广泛的关系数据库管理系统有 Oracle、DB2、SQL server、Sybase、MySQL、FoxPro 和 Access 等。

其中 Oracle、DB2、SQL server、Sybase 都是赫赫有名，在市场上各领风骚的大型关系数据库管理系统，都支持超大规模海量数据库、数据仓库。而 MySQL 和 FoxPro 属于中小型数据库管理系统，其中 MySQL 因为其开放源代码和免费策略，现在是中小型网站开发后台数据库的首选，风头逐渐压过 FoxPro 等老牌系统。

3.2.1 Access 简介

Access 是微软公司开发的基于 Windows 操作系统的小型、桌面关系数据库管理系统，它具备大型关系数据库的一些基本功能，同时由于它是 Microsoft Office 系列软件包的一个重要组成部分，界面友好，上手容易，是中小企业、事业单位后台数据库的首选。

1．Access 发展简史

Access 1.0 版于 1992 年 11 月由微软公司发行，最初是作为一个独立的软件产品发布的，自 1995 年和 Microsoft Office 95 一起捆绑发行到目前为止，一直以 Office 系列软件包的一部分存在。

Access 经历了多次更新换代，从 1.0 版到 2.0、95、97、2000、2002、2003、2007 一直到 2010，2012 年又推出了 Access 2013，不断升级，功能不断加强。

2．Access 特点

Access 具有如下优点。

（1）界面友好，上手快

作为 Office 系列软件包的一部分，Access 有着和它为人熟知的同伴 Word、Powerpoint、Excel 类似的操作界面，具有向导和各种辅助生成器，创建对象的操作完全可视化，非常适合关系数据库的初学者。

（2）存储方式单一

不同于其他关系数据库软件，Access 的所有对象都存放在同一个扩展名为.accdb 的数据库文件里，便于管理和操作。

（3）提供完整的集成开发环境

Access 的开发环境有着基于对象的特点，功能封装在对象中，对象的属性和方法便于设置；支持嵌入 VBA（Visual Basic for Application）程序以实现更高的数据库应用程序开发要求。

（4）支持 ODBC（Open Database Connectivity）

通过动态数据交换技术 DDE 和对象的链接与嵌入技术 OLE，Access 可以很方便地与其他关系数据库管理系统进行数据交换、存储和使用各种类型的文本和多媒体数据，所以不仅可以单机使用，也可以作为提供动态 Web 服务的后台服务器。

不过作为一个小型的桌面数据库管理系统软件，Access 在数据量过大时、同时访问的客户端个数过多时，性能都会急剧下降。如果需要处理海量数据，就要考虑迁移到大型的关系数据库软件上，如 Oracle 和 SQL Server 等。

3. Access 的安装与启动

（1）Access 的安装与启动

Microsoft Office 2010 版在完全安装或默认安装时，会自动安装 Access，如果在装 Office 时没有安装 Access，只要将 Microsoft Office 2010 安装盘插入光驱，重新运行 Setup.exe 程序，根据提示选择更新安装即可。

与启动 Word、Powerpoint 和 Excel 类似，在"开始"→"所有程序"命令中找到 Microsoft Access 2010，即可启动 Access 2010。

（2）Access 数据库的创建

【例 3-2-1】创建空数据库。

在 D 盘上创建一个名为"考试管理系统"的空数据库。

【例 3-2-1 解答】

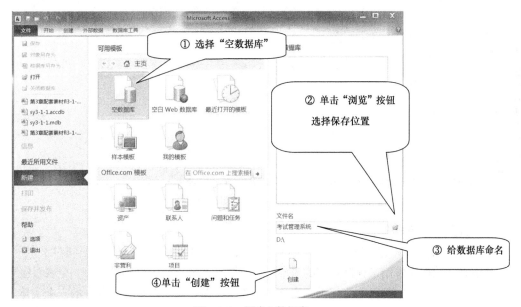

图 3-2-1　创建空数据库

① 启动 Access 2010 后单击"空数据库"按钮。

② 选择保存位置（Access 默认的保存位置是 Windows 的"文档库"）。

③ 在"文件名"文本框中输入"考试管理系统"（Access 2010 数据库默认格式的扩展名为.accdb）。

④ 单击"创建"按钮。

4. Access 主界面和对象简介

打开一个已经存在的数据库文件时，显示如图 3-2-2 所示的数据库窗口，其中控制菜单按钮、快速访问工具栏、标题栏、功能区最小化按钮、帮助按钮、选项卡、功能区、状态栏等的使用方法与 Office 2010 的其他软件如 Word、PowerPoint 和 Excel 等基本相同，这里就不再详述。

（1）导航窗格

导航窗格是 Access 程序界面的重要元素，数据库中的所有对象的名称都将在这里罗列。单击"导航窗格"右上角的"百叶窗开/关"按钮 « 或按 F11 键，将隐藏导航窗格，需要恢复显示导航窗格，则单击隐藏后的"导航窗格"条上方的 » 按钮。

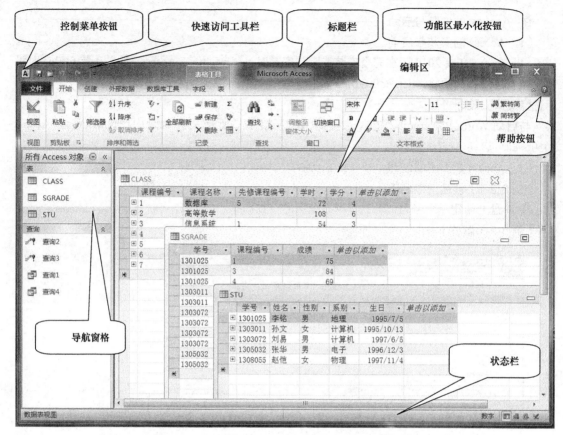

图 3-2-2　Access 主界面

（2）数据库对象简介

Access 2010 数据库包含表、查询、窗体、报表、宏和模块等 6 种对象，不同对象作用不同。

其中表是数据库中用来存储数据的对象，也是所有其他对象创建的基础，一个表对应现实世界的一个实体集，表中的行称为记录，列称为字段，每条记录对应现实世界中的一个实体。

查询是数据库核心价值的体现，通过查询可以将数据库中满足特定条件的记录提取出来，查询的条件可以保存，保存后的查询可以成为窗体、报表对象的数据源。

窗体是 Access 提供的交互式图形界面，为用户提供数据输入和浏览的友好界面，以及应用程序操作的接口。

报表是 Access 提供的格式化打印输出的对象，报表对象还具备一定的数据汇总和图表功能等。

宏是一系列操作的集合，是 Access 提供的简化常规操作的自动化功能。

模块是由 VBA（Visual Basic for Application）语言编写的程序，可以实现单纯用宏无法实现的功能，建立满足用户复杂需求的数据库应用系统。

本书只涉及 Access 中的表和查询对象。

 打开数据库对象的方法：在导航窗格中双击对象名称；或在导航窗格中选择对象，然后按 Enter 键；或者在导航窗格中右击对象名称，在快捷菜单中选择"打开"命令，快捷菜单中的命令根据不同的对象类型有所不同。

（3）选项卡式文档

Access 的早期版本一直是以图 3-2-2 所示的重叠窗口来显示数据库对象的，从 Access 2007 版起，Access 推出了选项卡式文档，如图 3-2-3 所示。

CLASS	SGRADE	STU				
学号 ▾	姓名 ▾	性别 ▾	系别 ▾	生日 ▾	单击以添加 ▾	
⊞ 1301025	李铭	男	地理	1995/7/5		
⊞ 1303011	孙文	女	计算机	1995/10/13		
⊞ 1303072	刘易	男	计算机	1997/6/5		
⊞ 1305032	张华	男	电子	1996/12/3		
⊞ 1308055	赵恺	女	物理	1997/11/4		

图 3-2-3　选项卡式文档

单击选项卡中的对象名称标签，可将所选对象文档置于最前；右击选项卡对象名称标签，将弹出该对象常用的快捷菜单，可选择保存、关闭和在不同视图之间切换等操作。

选项卡式文档和重叠窗口式文档各有所长，选项卡式比较适合操作表和查询对象，而重叠窗口式比较适合窗体和报表对象的显示和编辑。用户可以根据自己的需要在两种式样间切换，方法是通过"文件"→"选项"命令打开"Access 选项"对话框，选择"当前数据库"选项，如图 3-2-4 所示，选择文档显示方式。

图 3-2-4　设置文档窗口显示方式

（4）使用帮助

在使用 Access 的过程中，遇到问题可以随时按下 F1 键，启动"Access 帮助"，根据目录或者通过输入关键字查找相关问题的帮助信息。Access 2010 版在完全安装时会安装示例数据库，其中"罗斯文商贸数据库"非常经典，是学习 Access 最好的例程和教材。

3.2.2 表的创建

如前所述，关系型数据库的基本结构是关系，每个关系在形式上是一张行列结构的二维表，而在 Access 关系数据库中，实际存储数据的对象是表对象，表又是其他对象的基础。所以，在 Access 数据库中最首要的任务就是创建表，也就是设计关系的静态结构和完整性约束等。

在 Access 中，表的创建分两大步骤进行，第一步，设计表的结构，也就是关系模式，确定关系的属性和完整性约束；第二步，向表中输入数据，也就是向关系中插入记录。

下面，就以在【例 3-2-1】所创建的空数据库"考试管理系统"中创建 STU 表、CLASS 表和 SGRADE 表（如图 3-2-3 所示）为例，介绍在 Access 中创建表的过程。

1. 表的结构设计

Access 表的结构设计包括设计表的名称和字段属性两部分。表的名称，也就是关系的名称，是 Access 用户访问数据的唯一标识。字段属性则包括字段名称、数据类型、说明等。

我们即将在"考试管理系统"数据库中创建的三个表的结构，见表 3-2-1。

表 3-2-1（a）　　　　　　　　　　　　　　　STU 表

字段名称	字段类型	字段大小	字段名称	字段类型	字段大小
学号	文本	7	系别	文本	10
姓名	文本	16	生日	日期	
性别	文本	2			

表 3-2-1（b）　　　　　　　　　　　　　　　CLASS 表

字段名称	字段类型	字段大小	字段名称	字段类型	字段大小
课程编号	文本	3	学时	数字	整型
课程名称	文本	20	学分	数字	整型
先修课程编号	文本	3			

表 3-2-1（c）　　　　　　　　　　　　　　　SGRADE 表

字段名称	字段类型	字段大小	字段名称	字段类型	字段大小
学号	文本	7	成绩	数字	整型
课程编号	文本	3			

（1）字段名称

在 Access 中字段名最多包含 64 个字符，字段名不能以空格开头，可以使用字母、汉字、数字、空格以及其他字符，不能包含英文的句号.、感叹号！、方括号[]和单引号'。

 注意　根据本书第 3.1 节所介绍的关系的性质要求，第一，表的列应为同质，所以表中每一列的数据类型必须相同；第二，属性名称必须互不相同，也就是字段名称必须互不相同。

（2）字段类型

Access 提供了 11 种可供选择的数据类型，可以满足用户各种设计需求。在进行表的设计时，应根据实际需要选择合适的数据类型，表 3-2-2 给出了 Access 2010 提供的数据类型、适用范围以及不同数据类型所占用的存储空间。

表 3-2-2　　　　　　　　　　　　　　　　Access 2010 数据类型

数据类型	用途	占用存储空间
文本	（默认值）文本或文本和数字的组合，以及不需要计算的数字，例如电话号码	最多为 255 个字符或长度小于字段大小属性的设置值。Microsoft Access 不会为文本字段中未使用的部分保留空间
备注	长文本或文本和数字的组合	最多为 63 999 个字符（如果备注字段是通过 DAO 来操作，并且只有文本和数字（非二进制数据）保存在其中，则备注字段的大小受数据库大小的限制）
数字	用于数学计算的数值型数据	1、2、4 或 8 字节（如果将字段大小属性设置为 Replication ID，则为 16 字节）
日期/时间	从 100 到 9999 年的日期与时间值	8 字节
货币	货币值或用于数学计算的数值数据，这里的数学计算的对象是带有 1 到 4 位小数的数据，精确到小数点左边 15 位和小数点右边 4 位	8 字节
自动编号	每当向表中添加一条新记录时，由 Microsoft Access 指定的一个唯一的顺序号（每次递增 1）或随机数。自动编号字段不能更新	4 字节（如果将字段大小属性设置为 Replication ID 则为 16 字节）
是/否	"是" 和 "否" 值，以及只包含两者之一的字段（Yes/No、True/False 或 On/Off）	1 位
OLE 对象	Microsoft Access 表中或嵌入的对象（例如 Microsoft Excel 电子表格、Microsoft Word 文档、图形、声音或其他二进制数据）	最多为 1 GB 字节（受可用磁盘空间限制）
超链接	文本，或文本和存储为文本的数字的组合，用作超链接地址。超链接地址最多包含四部分。 显示的文本：在字段或控件中显示的文本。 地址：指向文件（UNC 路径）或页（URL）的路径 子地址：位于文件或页中的地址 屏幕提示：作为工具提示显示的文本	超链接数据类型的每个部分最多只能包含 2048 个字符
附件	任何支持的文件类型	可以将图像、电子表格文件、文档、图表和其他类型的支持文件附加到数据库的记录，这与将文件附加到电子邮件非常类似。还可以查看和编辑附加的文件，具体取决于数据库设计者对附件字段的设置方式。"附件" 字段和 "OLE 对象" 字段相比，有着更大的灵活性，而且可以更高效地使用存储空间，这是因为 "附件" 字段不用像 OLE 对象那样创建原始文件的位图图像
查阅向导	创建一个字段，通过该字段可以使用列表框或组合框从另一个表或值列表中选择值。单击该选项将启动 "查阅向导"，它用于创建一个查阅字段。在向导完成之后，Microsoft Access 将基于在向导中选择的值来设置数据类型	与用于执行查阅的主键字段大小相同，通常为 4 字节

说明：

① Access 中汉字占一个字符，所以，如果定义一个字段为文本类型且字段大小为 5，那么在这个列最多可以输入的汉字和英文字符数都是 5。

② 日期/时间型字段在使用时，该种类型的常量要用英文字符#括起来，例如#2014-1-23#、#2014 年 1 月 23 日#、#01/23/2014#、#20:20#、#10:10pm#都是合法的日期/时间格式，如果要同时显示日期和时间，中间要用空格间隔开，如#2014-1-23 20:20#。

③ 自动编号型是 Access 提供的一种特殊的数据类型，一旦编号被指定给某条记录，就会永久地和这条记录相关，如果这条记录被删除，Access 不会对剩下的记录重新编号，当添加一条新记录时，Access 不会使用已经被删除的记录的编号，而是重新赋值；自动编号不能人为修改，且每个表中只能包含一个自动编号字段。

④ Access 新增的"附件"类型，最大为 2GB。

（3）字段说明

字段说明是对字段功能等的注释，可以书写字段的用途和使用规则等，在输入表的数据值时，有字段说明的字段在输入时，说明将显示在状态栏上，起到提示作用。

2. 字段的常规属性设置

字段的常规属性用于对已经指定数据类型的字段的大小、显示格式、输入格式、掩码、默认值、有效性规则和索引等进一步加以限制和说明。在表的设计视图的下半段"字段属性"区域可以分别进行各种字段属性设置。

（1）字段大小

可以使用字段大小属性设置数据类型为"文本""数字"或"自动编号"的字段中存储的最大数据。

- "文本"类型的字段大小在 0～255，默认设置为 255。
- "自动编号"类型字段的字段大小属性可以设置为"长整型"或"同步复制 ID"。
- "数字"类型字段的字段大小属性设置及其值之间的关系如表 3-2-3 所示。

表 3-2-3　　　　　　　　　数字类型"字段大小"属性设置

设置	说明	小数精度	存储空间大小
字节	存储 0～255 数字（不包括小数）。	无	1 字节
小数	存储 $10^{38}-1$～$10^{38}-1$ 数字（.adp） 存储 $10^{28}-1$～$10^{28}-1$ 数字（.mdb、.accdb）	28	2 字节
整型	存储–32 768～32 767 数字（不包括小数）	无	2 字节
长整型	（默认）存储–2 147 483 648～2 147 483 647 数字（不包括小数）	无	4 字节
单精度型	存储–3.402823E38～–1.401298E–45 负数和 1.401298E–45～3.402823E38 之间的正数	7	4 字节
双精度型	存储–1.79769313486231E308～–4.94065645841247E–324 负数和 4.94065645841247E–324～1.79769313486231E308 正数	15	8 字节

注意　　① 设置"字段大小"属性时应该按照尽可能小的原则进行，因为较小的数据的处理速度更快且占用的内存较少。

注意

② 在已包含数据的字段中，如果将"字段大小"的值由大改小，可能会丢失数据。例如，如果将"文本"数据类型字段的"字段大小"设置从 50 更改为 10，则超过 10 个字符后的数据都将丢失。

③ 对于"数字"类型的数据，如果将精度改小，则小数位可能被四舍五入，或得到一个 Null 值，例如，将单精度数据类型改为整型，则小数位全部丢失，而大于 32767 或小于-32768 的数将变为空字段。

④ 在表的设计视图中，更改"字段大小"属性后造成的数据更改是无法"撤销"的。

（2）格式

Access 数据的格式分为存储格式、输入格式和显示格式三种，常规属性中的"格式"指数据的显示格式，决定在表的数据表视图中数据以何种格式显示。Access 中各种类型数据的显示格式如图 3-2-5 所示。

常规数字	3456.789	常规日期	2007/6/19 17:34:23
货币	¥3,456.79	长日期	2007年6月19日
欧元	€3,456.79	中日期	07-06-19
固定	3456.79	短日期	2007/6/19
标准	3,456.79	长时间	17:34:23
百分比	123.00%	中时间	5:34 下午
科学记数	3.46E+03	短时间	17:34

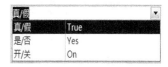

(a)数字、货币、自动编号类型字段格式　　(b)日期/时间类型字段格式　　(c)是否类型字段格式

图 3-2-5　各种类型数据的显示格式

（3）输入掩码

输入掩码（Input Mask）用于限定数据的输入格式，一般用于文本型和日期/时间类型数据的输入格式限制，也可用于限定数字型和货币型字段的格式。当输入格式相对固定的数据时，例如电话号码、身份证号码、密码等，可以通过强制实现输入格式，达到方便输入的目的。

说明：

如果同时设置"格式"和"输入掩码"且二者发生冲突时，最后的显示格式由"格式"决定。

【例 3-2-2】输入掩码。

在 STU 表中添加一个"电话号码"字段，限定字段的输入格式如图 3-2-6 所示。

图 3-2-6　设置了掩码后的数据输入状态

【例 3-2-2 解答】设置掩码可以通过向导进行，也可以自行手工输入。

① 在如图 3-2-7 所示的表的设计视图中选择"家庭电话"字段。

② 选择"字段属性"列表中的"输入掩码"属性，手工输入"（9000）9000 0000"后按 Enter键，Access 自动添加如图 3-2-7 所示分隔符。

③ 保存表的设计，切换到数据表视图。

常见的有固定格式的数据输入掩码可以用向导设定，方法是在"输入掩码"属性框上点击□ 按钮，则打开如图 3-2-8 所示的"输入掩码向导"对话框，选择某一类型后单击可以"尝试"输入数据，如果不符合设计要求可以单击"下一步"按钮修改，如果满足要求则直接单击"完成"按钮，完成掩码设计。

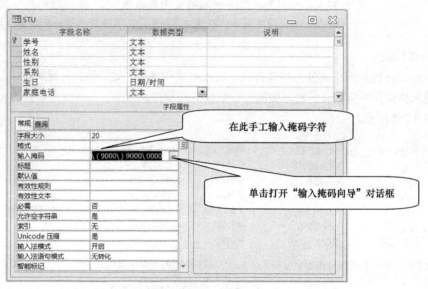

图 3-2-7　设置输入掩码

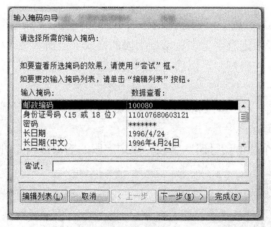

图 3-2-8　输入掩码向导

常用的掩码属性定义字符如表 3-2-4 所示。

表 3-2-4　　　　　　　　　　　　常用掩码定义字符

字符	说明	定义输入掩码	显示结果
0	数字（0～9）必须输入，不允许有"+"、"-"符号	(000)0000-0000	(021)6223-2772
9	可输入（0～9）或空格，不允许有"+"、"-"符号	(999)9999-9999	(021)6223-2772
#	数字或空格，"+"、"-"都可以	#9999	-125
A	字母或数字必须输入	(000)AAAA-AAAA	(021)TELE-6223

续表

字符	说明	定义输入掩码	显示结果
a	字母或数字可以输入	(000)aaaa-aaaa	(021)525-025
L	字母必须输入	000L000	123M456
>	所有字符转换为大写	>LLL	ABC
<	所有字符转换为小写	<LLL	Abc
Password	以*代替隐藏文本输入	Hello	*****

 根据表 3-2-4 所示的常用掩码定义字符，如果要添加一个"手机"字段，并设置输入掩码格式使输入时的显示格式为"138 00 138000"，应该输入怎样的掩码字符？

（4）默认值

默认值属性是 Access 提供的简化输入的功能，如果需要输入的大量记录中某个属性值对于大部分记录来说都一样，就可以将这个字段的属性"默认值"设置为一个定值。

【例 3-2-3】默认值属性。

在 STU 表中添加一个"政治面貌"字段，并设置默认值为"群众"。

【例 3-2-3 解答】如图 3-2-9(a)所示，在默认值处输入"群众"，由于"政治面貌"字段的数据类型为"文本"型，按 Enter 键后，Access 会自动在"群众"两端加如图所示的双引号。设置了默认值后，在如图 3-2-9(b)中输入数据时，新记录会自动在相应字段处显示设置好的默认值，无须用户输入，个别记录此项属性值有所不同时，用户可以直接修改，例如某条记录的"政治面貌"为"中共党员"。

(a)　设置默认值

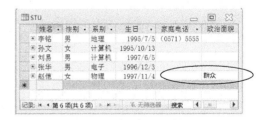

(b)　有"默认值"时的效果

图 3-2-9

（5）有效性规则和有效性文本

有效性规则对应本书第3.1节所介绍的关系的完整性约束中的"自定义完整性约束"。在Access中，可以通过设置有效性规则，限定输入数据的取值范围，防止不合理数据值输入。不同数据类型的有效性规则设置的形式和规则有所不同。

当输入的数据违反了有效性规则时，如果设置了"有效性文本"，系统就会弹出提示对话框。

【例 3-2-4】 设置有效性规则和有效性文本。

设置 STU 表的"生日"字段的属性的取值范围在 1990～2000 年，如果超出范围，则弹出对话框，提示"请输入 1990 年到 2000 年的日期"；设置"性别"字段的属性取值范围只能是"男"或者"女"。

【例 3-2-4 解答】

① 如图 3-2-10 所示，在表的设计视图选择"生日"字段，在"字段属性/有效性规则"处输入">=1990-1-1 and <=2000-12-31"，按 Enter 键后，Access 自动在日期型字段两段添加了英文的"#"号，结果如图所示。

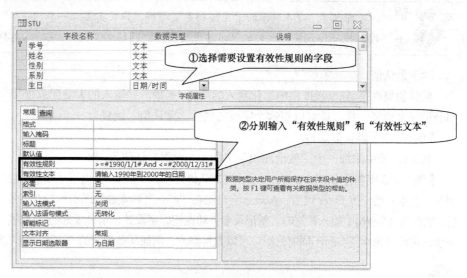

图 3-2-10　设置有效性规则和有效性文本

② 在"字段属性/有效性文本"处输入"请输入 1990 年到 2000 年的日期"。

③ 选择"性别"字段，在"字段属性/有效性规则"处输入"男 or 女"，按 Enter 键后，由于"性别"字段的数据类型是"文本"型，Access 将自动在"男"和"女"两端添加英文双引号。

④ 设定有效性规则并保存修改后切换到表的数据表视图，如果在"生日"字段输入了超出取值范围的数据，系统将弹出如图 3-2-11（a）所示的提示框；如果在"性别"字段输入了取值范围之外的文字，由于没有设置"有效性文本"，系统将弹出如图 3-2-11（b）所示的提示框。

（a）设置了有效性文本时的提示框

（b）仅设置"有效性规则"未设置"有效性文本"时的提示框

图 3-2-11

说明：

① "有效性规则"中需要用到的介词和标点符号必须是英文。

② "有效性规则"中使用的数据常量必须是合法的格式，例如本例中不能把"生日"的取值范围简化地书写成">1900 年 and <2000 年"。

③ 数值型和货币类型的数据常量两端不添加任何符号。

 思考 　　如果需要添加一个取值范围在一个区间之外的有效性规则，例如限制输入"成绩"的范围是小于 60 或大于 90，应该怎么填写有效性规则？

（6）索引

给字段添加索引可以提高排序和搜索速度，对于在今后的使用中经常需要排序和查找的字段，可以考虑为其添加索引。不过，索引和表一样需要占据物理存储空间，如果数据量巨大，有时添加索引未必能提高排序速度。

索引分为有重复值的索引和无重复值索引。Access 会为主键自动添加唯一性也就是无重复值的索引，非主键如果也需要保证唯一性，可以添加无重复值索引。例如，STU 表中的"姓名"字段不是主键，但是为了保证学生姓名不重复，可以为"姓名"字段添加唯一性索引。

（7）必需

在本书第 3.1 节中介绍过，关系的实体完整性约束要求主键的值不得为空值，而非主属性可以为空值，比如在"考试管理系统"数据库的 CLASS 表中，很多课程没有先修课程，"先修课程编号"就可以为空值。但是如果按照设计需要，某些非主属性也希望必填，比如在 STU 表中要求"姓名"字段不得为空值，就可以设置该字段的"必需"属性为"是"。

3. 创建表的方法

在 Access 2010 中，创建表的方法包括：通过设计视图、通过数据表视图、通过 SharePoint 列表以及通过直接导入外部数据创建。

（1）用设计视图创建表

用设计视图创建表是最常用的创建表的方式，特别是当字段属性有比较复杂的要求时，一般都采用设计视图创建。

【例 3-2-5】用设计视图创建表。

在"考试管理系统"数据库中，用设计视图创建 STU 表和 SGRADE 表。

【例 3-2-5 解答】

① 单击"创建"选项卡"表格"选项组的"表设计"按钮，打开表设计视图，如图 3-2-10 所示，依次添加"学号""姓名""性别""系别""生日"字段，选择适当的数据类型"学号""课程编号""成绩"字段，并根据表 3-2-1 的要求，设置字段属性，同时要求姓名不能为空。

② 设置主键。本书第 3.1 节已经介绍过主键对于关系的重要性。添加主键的方法是：单击需要设定为主键的字段名称前面的字段选定器，如图 3-2-12 所示，右击，在快捷菜单中选择"主键"命令；或单击"表格工具→设计→工具"中的"主键"按钮。设置完成后，主键的字段名称前面会出现如图 3-2-12 所示的钥匙图标。

图 3-2-12　添加主键

如果需要多个字段共同作为主键，则先单击其中一个字段的字段选定器，然后按住 Ctrl 键，选择其他需要设为主键的字段，然后单击"表格工具→设计→工具"中的"主键"按钮，设置完成后，几个字段前面都会出现钥匙图标。

③ 表的结构设计完成后，单击设计视图的关闭按钮，系统将跳出如图 3-2-13（a）所示的提示框，选择"是"后，跳出如图 3-2-13（b）所示的对话框，输入表名称"STU"后单击"确定"按钮；也可以单击快速访问工具栏中的保存按钮 ，在跳出的"另存为"对话框中输入表名后确定。

④ 单击"创建"选项卡"表格"选项组的"表设计"按钮，根据表 3-2-1 的要求创建 SGRADE 表，设置字段属性。

SGRADE 表的主键的主属性应该有几个？为什么？

（a）提示保存表	（b）设置表名称

图 3-2-13

如果没有设置主键就关闭设计视图，系统会跳出提示创建主键的对话框，如图 3-2-14 所示，如果单击"是"按钮，系统会自动添加一个名为"ID"的自动编号类型的字段。

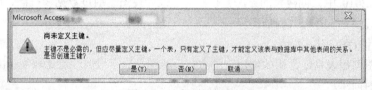

图 3-2-14　提示添加主键

（2）用数据表视图创建表

【例 3-2-6】用数据表视图创建表。

在"考试管理系统"数据库中，用数据表视图创建 CLASS 表，要求主键为课程编号，课程名称唯一。

【例 3-2-6 解答】

① 打开"考试管理系统"数据库，单击选择"创建"选项卡，选择"表格"选项组中的"表"按钮 ，进入新表创建视图，如图 3-2-15 所示。

图 3-2-15　数据表视图

② 选择 ID 字段，右击后在快捷菜单中选择"重命名字段"，然后输入字段名称"课程编号"。也可以双击 ID 字段，在字段名称可编辑状态下输入"课程编号"。

③ 如图 3-2-16 所示，设置"课程编号"字段的属性。

图 3-2-16　设置字段属性

提示　在 Access 中用数据表视图创建表时，Access 会自动将第一个建立的字段设置为主键。

④ 选择"单击以添加"，在出现的快捷菜单中选择数据类型为"文本"，然后输入新字段的名称"课程名称"（这时该字段右侧出现了一个新的"单击以添加"列），设置字段大小为 20，勾选"唯一"属性。

⑤ 用同样的方式，依次添加"先修课程编号""学时""学分"字段。

⑥ 字段添加并设置完属性之后，可以直接在表中输入记录的值，也可以先保存表结构。

用数据表视图形式创建表时，有些数据类型无法精确地设置字段属性，可以在设置完成后切换到设计视图中进行设置。

（3）用 SharePoint 创建表

Access 2010 版结合 Access Services（SharePoint 的一个可选组件）提供了创建可在 Web 上使用的数据库的平台，用户可以利用 Access 2010 和 SharePoint 设计和发布 Web 数据库，拥有 SharePoint 账户的用户可以在 Web 浏览器中使用 Web 数据库，相关操作方法读者可以自行学习，本书不作介绍。

（4）用导入外部数据创建表

Access 可以和其他关系数据库平台，如 SQL Server、Oracle 等交换表对象的数据，可以从 Excel、SharePoint 列表、XML 文件以及其他 Access 数据库、文本文件中导入数据创建表。

（5）利用 SQL 语句创建表

具体方法参见第 3.3 节相关内容。

3.2.3　关系的创建

我们在第 2.2.3 节学过，在数据模型中，实体集之间的联系分为一对一、一对多和多对多三种，而根据第 3.1 节的介绍，在关系模型中，现实世界的普遍联系通过关系实现，而实体集之间的联系一般通过公共字段来反映，通常是由主键和外键来反映，主键和外键的数值要符合关系的参照完整性约束。

具体在 Access 中，表与表之间是否合理创建了关系，对于整个数据库结构的影响是至关重要的，Access 数据库中的查询以及窗体、报表等其他对象是表的基础上创建的，因此正确的关系也是其他对象有效工作的基础。

1. 创建关系

Access 提供了可视化的方法帮助表与表之间建立关系。

【例 3-2-7】创建关系。

为"考试管理系统"数据库中的三个表 STU、CLASS、SGRADE 建立关系。

【例 3-2-7 解答】

① 打开"考试管理系统"数据库，单击打开"数据库工具"选项卡，单击"关系"选项组中的"关系"按钮 ，打开如图 3-2-17 所示的"显示表"对话框。

图 3-2-17 "显示表"对话框

② 在"显示表"对话框中按住 Shift 键单击三个表的名称，单击"添加"按钮，打开如图 3-2-18 所示的"关系"布局对话框，单击"关闭"按钮，关闭"显示表"对话框。

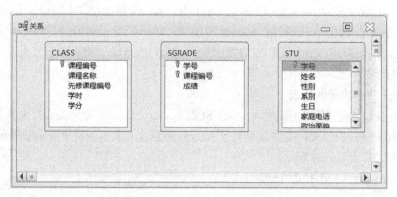

图 3-2-18 "关系"布局对话框

③ 显然，在 STU 表和 SGRADE 这对关系中，"学号"是两个表的公共字段，而在 SGRADE 表中不可能出现 STU 表所没有的学号，所以"学号"在 STU 表中是主键，在 SGRADE 表中是外键，STU 表中的学生可以选修多门课程，获得多个成绩，STU 表和 SGRADE 表是"一对多"的关系。

为两者建立联系的操作方法是：选定 STU 表中的"学号"字段，按住鼠标左键拖曳至 SGRADE 表的"学号"字段后松手，弹出如图 3-2-19（a）所示的"编辑关系"对话框，检查是否正确选择的联系字段，并勾选"实施参照完整性""级联更新相关字段"和"级联删除相关记录"等选项。

(a)　编辑 STU 和 SGRADE 表的关系　　　　　　(b)　编辑 CLASS 和 SGRADE 表关系

图 3-2-19

④ 同理，SGRADE 表和 CLASS 表的公共字段是"课程编号"，其中"课程编号"是 SGRADE 表关于 CLASS 表的外键。用同样的方法为两表建立关系，在如图 3-2-18（b）中编辑两个表的关系。

建立好的关系布局如图 3-2-20（a）所示。建立好关系后如果需要修改或删除，可以右击关系之间的连线，如图 3-2-20（b）所示，在弹出的快捷菜单中选择相应的命令进行操作。

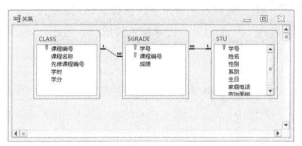

（a）建立好的关系　　　　　　　　　（b）修改关系

图 3-2-20

2. 设置参照完整性

在【例 3-2-7】中编辑关系时第三步中，勾选"实施参照完整性"以及"级联更新相关字段"、"级联删除相关记录"的目的如下。

（1）实施参照完整性

在 Access 中勾选了这一选项后，系统将保证第 3.1 节中所介绍的参照完整性约束得以正确实施：在建立好的表中输入记录时，如果在一对关系中的从表中输入的记录不能在主表中找到对应记录，系统将阻止数据的输入，也就是说，系统通过强制执行保证参照完整性约束的实现。

（2）级联更新相关字段

在 Access 中勾选了这一选项后，如果修改了关系中主表的主键数据，关系中从表中的所有对应记录的数据，也就是对应的外键，会自动随之修改。

（3）级联删除相关记录

在 Access 中勾选了这一选项后，如果在关系中的主表中删除了一条记录，会导致从表中外键值相同的所有相关记录随之自动删除。

总之，通过设置参照完整性，保证了关系中表与表之间相关数据的联动机制，使数据的一致性得以保证和维护。

　　实施参照完整性意味着在向对主表和从表中输入数据时，输入顺序上有什么隐含的要求？

3.2.4　记录的输入和编辑

表的结构设计完成、关系创建完毕后，就可以向表中输入记录了。在 Access 中，记录的输入和编辑通过数据表视图完成。

1. 记录的输入

（1）视图间切换

在导航窗格中双击表的名称将打开表并进入数据表视图，当表处于数据表视图时，"开始"选项卡"视图"组中的"视图"按钮是"设计视图"按钮，单击可以切换到表的设计视图修改表的结构；当表处于设计视图状态时，"开始"选项卡"视图"组中的"视图"按钮是"数据表视图"按钮，通过单击视图按钮可以很方便地在两个视图之间切换。

（2）输入记录

在 Access 数据表中输入记录与在 Excel 中输入数据不同，新数据的输入按行进行而不是按列进行。例如，在如图 3-2-21 所示输入 STU 表的记录时，应从第一条空记录的第一个字段起，依次输入"学号""姓名""性别""系别"等字段的值，每输入完一个字段值按 Enter 键或按 Tab 键进入下一项，一条记录输入完成后按 Enter 键进入下一条记录，记录输入完成后，单击快速访问工具栏中的保存按钮，保存数据。

图 3-2-21　在数据表视图中输入记录数值

在 Access 中输入记录时，系统将自动添加一条新的空记录并在该记录的选定器上显示一个星号，正在输入的记录的记录选定器上显示铅笔符号。

说明：

非主属性和没有要求"必需"的属性值可以为空值（Null）。空值不等于零。

2. 特殊数据类型数据的输入

（1）OLE 对象

输入照片等多媒体对象时，硬在字段上右击，在弹出的快捷菜单中选择"插入对象"命令，打开 Microsoft Access 对话框，如图 3-2-22 所示，单击选中"由文件创建"单选按钮，然后单击"浏览"按钮，选择需要插入的 OLE 对象文件后单击"确定"按钮。

图 3-2-22　插入对象对话框

（2）附件类型

附件类型是 Access 提供的几乎可以保存任何数据类型文件的数据类型，附件类型字段在列标题位置不显示字段名而显示一个曲别针标记，如图 3-2-23 所示。右击附件型字段，在快捷菜单中选择"管理附件"命令，弹出如图 3-2-23 所示的"附件"对话框，单击添加按钮，选择需要添加的文件后单击"确定"按钮。

图 3-2-23　添加附件类型数据

（3）备注型

备注型是 Access 提供的保存大量文字的数据类型，输入数据时由于表的数据表视图中的字段宽度有限，可以按 Shift+F2 组合键，打开如图 3-2-24 所示的"缩放"窗口，输入数据完成后单击"确定"按钮。

文本型、数字型数据也可以用这种方式输入。

图 3-2-24　备注型数据输入窗口

3. 记录的编辑

（1）定位记录

当表中含有大量记录时，通过滚动条找寻记录很不方便，这时可以使用记录定位器，如图 3-2-25 所示，在表的数据表视图中，双击记录定位器编号框，输入记录编号后按 Enter 键，光标将定位到指定记录处。

图 3-2-25　记录定位器

（2）添加记录

在数据表视图中，可以通过滚动条使记录显示到最后一条，然后添加；也可以单击图 3-2-24 中记录定位器的"新纪录"按钮 ，迅速将光标定位到最后一行。

（3）删除记录

在数据表视图中，单击需要删除的记录最左边的记录选定器（可以按住 Shift、Ctrl 键多选）按钮选择记录，右击，在快捷菜单中选择"删除记录"选项，或者单击"开始/记录"选项组中的"删除"按钮 。

说明：

（1）在 Access 中对记录的删除都是物理删除，不可以通过"撤销"来恢复数据，这和 Excel 完全不同，所以删除数据时系统会跳出对话框要求确认操作。

（2）如上一小节所述，如果删除主表中的一条记录并在设置关系时选择了"级联删除相关记录"，删除时系统会提示从表中的相关记录会随之删除，这种删除同样是不可逆的。

（4）修改记录

在数据表视图中修改记录，修改方法和在 Excel 中的操作类似，但要注意属性值的修改同样是不能通过"撤销"来恢复的，并且，如果在设置关系时选择了"级联更新"相关字段，修改主表中的数据会导致从表中所有相关数据值一起变动。

 在数据表视图中手工编辑记录的值只能逐条进行，如果需要批量修改、删除、添加记录，例如，将所有学生的"成绩"加 5 分等操作，则需要通过 SQL 语言完成。

3.2.5　表结构的修改

第 3.1 节介绍过，因为现实世界是不断变化的，所以关系的属性值也是不断变化的，但关系模式也就是关系的数据结构是相对静态和稳定的，而关系的属性值表的结构是否设计得合理，是整个数据库有效工作的基础，因此，最好在输入数据以及创建其他后续对象前就将数据结构的设计固定下来。但有时，因为数据库扩充和更新等种种需要，不得不对表的结构加以修改。

修改表的结构包括添加字段、删除字段、移动字段、修改字段以及重新设置主键等，在 Access 2010 中，除了重设主键必须在设计视图中进行，其他操作在数据表视图和设计视图中都可以进行。

1．添加字段

（1）在设计视图进行

在导航窗格中右击表的名称，在快捷菜单中选择"设计视图"，进入所要修改的表的设计视图，在需要插入新字段的位置右击，选择"插入行"，或者单击"表格工具"→"工具"中的"插入行"按钮，在当前字段前将插入一个空行，输入新字段名称并设置属性。

（2）在数据表视图进行

在导航窗格中双击表的名称打开表，在需要在其前面插入新字段的字段名称上右击，在快捷菜单中选择"插入字段"。

2．删除字段

（1）在设计视图中进行

在设计视图中，右击需要删除的字段最左边的字段选定器，在弹出的快捷菜单中选择"删除行"命令。

（2）在数据表视图中进行

在数据表视图中打开表，右击需要删除的字段名称，在弹出的快捷菜单中选择"删除字段"命令。

3. 移动字段

在设计视图和在数据表视图中移动字段的方法是类似的，都是先选定需要移动的字段，然后按住鼠标左键拖曳到新的位置后放开鼠标左键。

4. 修改字段

修改字段包括修改字段的名称、数据类型、说明和字段属性。在数据表视图中只能修改字段名称，如果需要修改字段的数据类型和属性等，需要在设计视图中进行。

5. 修改主键

打开表的设计视图，选择原来的主键字段，单击"表格工具"→"工具"→"主键"，取消原来的主键设置，然后按照前面介绍的添加主键的方法，设置新的主键。

说明：

对表的结构加以修改时，如果对完整性约束造成影响，系统会给出提示，让用户选择操作，如果与完整性约束相违背，系统不会执行相关操作。

3.2.6　规范化设计方法

在学习了数据库基本概念、关系模型基本概念和关系模式的创建方法之后，就可以开始着手设计一个实用的数据库了。在进行实用数据库系统设计时，面临的一个首要的问题是，在建立一个比较复杂的数据模型时，表的数量是多好，还是少好？还是不多不少好？换句话说，如何评价关系模式的优劣？

 思考　如图 3-2-26 所示的两个关系模式设置，都需要表达学号、姓名、系别、课程编号、课程名称和成绩等数据信息，（a）把所有数据集中在一起，（b）将（a）分解为三个小的表，请问，这两种设计哪个优等？

Sno	Sname	Sdept	Cno	Cname	Grade
99001	张敏	MA	2	高等数学	82
99001	张敏	MA	6	数据处理	89
99001	张敏	MA	7	C语言	94
99002	刘丰	IS	6	数据处理	50
99002	刘丰	IS	7	C语言	63
99003	王翔	CS	7	C语言	56
99003	王翔	CS	5	数据结构	51
99003	王翔	CS	1	数据库	75
99004	陆逸	IS	7	C语言	87
99004	陆逸	IS	5	数据结构	94
99004	陆逸	IS	3	信息系统	88
99004	陆逸	IS	1	数据库	92

（a）

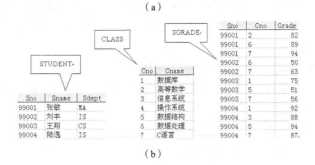

（b）

图 3-2-26　模式设计比较

分析：

① 直观上看，（a）的数据数量明显大于（b），说明可能存在数据冗余。

② 在（a）中，如果修改了某门课程的名字，例如将"C 语言"改成"C++"，因为有 4 个学生选修了该课程，就需要修改 4 个地方，如果漏掉一个没改，就会造成数据的不一致性，也就是数据修改异常；而在（b）模式中，只要修改 CLASS 表中一个属性值就可以，且不会发生任何异常。

③ 如果新增了一门课程"大学语文"，如果尚无学生选修，那么在（a）表中就会出现 Sno 为空值，但 Sno 显然是主属性，不能为空，这样就会出现数据插入的异常；而在（b）模式中就不存在这个问题。

④ 在（a）模式中，因为 Cno 为 2 的"高等数学"课只有一个"张敏"同学选修，如果这个同学改选这门课程，就要删除这条记录，那"高等数学"这门课程就彻底从数据库中消失了，这显然是不合适的，属于删除异常；但在（b）模式中，只要删除 SGRADE 表中的一条记录就可以，不会发生删除课程本身的问题。

通过以上分析可以看出，把（a）模式"分解"为（b）模式，关系的模式更为合理。那么，"分解"操作是否始终是一个把"不好的"关系模式改进为"好的"关系模式的方法呢？这个问题的答案由关系数据库的规范化设计理论给出。

1. 规范化设计方法简介

设计一个含有多个关系的关系数据库的模式时，为得到一个相对优等的关系模式，必须按照专门的方法进行设计。常见的方法是通过 E-R 图进行概要设计，然后转换为关系模式；或者是基于关系规范化理论进行设计。两种方法的结果大致相同，又有一定的互补性。其中，关系规范化理论研究关系模式中各属性间的依赖关系及其对关系模式的影响，给出判断关系模式优劣的理论评价标准，帮助设计者预测可能出现的问题。

关系数据库的规范化设计方法于 1971 年由关系数据模型的创始人 E.F.Codd 首先提出，E.F.Codd 提出了第一范式（1NF）、第二范式（2NF）和第三范式（3NF），1974 年 Codd 和 Boyce 共同提出了 BCNF。规范化程度更高的还有 4NF/5NF，其中最常用的还是 1NF、2NF 和 3NF。

2. 数据依赖

现实世界是不断变化的，变化反应在关系上时应该满足一定的完整性约束条件。这些约束或者通过对属性的取值范围加以限定来体现，或者通过属性间的相互关联体现，后者称为数据依赖。

依赖反映了属性之间存在影射关系。例如在"考试管理系统"的 STU 表中，"学号→系别"就是一种依赖关系，当"学号"确定了，"系别"也就随之确定了。

所谓数据库的规范化设计，就是在进行关系模式设计时，通过投影或分解操作剔除属性间的不良依赖，将数据模式从低一级的范式（Normal Form）向若干高一级范式转化的过程。

3. 第一范式（1NF）

在本书第 3.1.1 中谈到关系的定义和性质时指出：

（1）"不可以有完全相同的元组，即集合中不应有重复的元组"。这一点可以通过主键的主属性非空及主键的唯一性保证。

（2）"属性值必须为原子分量，不可再分"。

满足这些基本条件的关系属于第一范式。

例如：表 3-1-2 和 3-1-3 就应该通过分解转化为表 3-2-5 和 3-2-6 后才满足第一范式。

表 3-2-5　符合 1NF 的关系

系别	性别	人数
电子系	男	72
电子系	女	18
计算机系	男	84
计算机系	女	16

表 3-2-6　符合 1NF 的关系

系别	年级	性别	人数
电子系	2006	男	72
电子系	2006	女	18
计算机系	2006	男	84
计算机系	2006	女	16

4. 第二范式（2NF）

如果一个关系属于 1NF，且所有非主属性完全依赖于主关键字，则称该关系属于 2NF。

【例 3-2-8】第二范式。

图 3-2-27 所示的学生成绩表是否满足第二范式？如果不满足，应该如何修改？

Sno	Sname	Sdept	Cno	Cname	Grade
99001	张敏	MA	2	高等数学	82
99001	张敏	MA	6	数据处理	89
99001	张敏	MA	7	C语言	94
99002	刘丰	IS	6	数据处理	50
99002	刘丰	IS	7	C语言	63
99003	王翔	CS	7	C语言	56
99003	王翔	CS	5	数据结构	51
99003	王翔	CS	1	数据库	75
99004	陆逸	IS	7	C语言	87
99004	陆逸	IS	5	数据结构	94
99004	陆逸	IS	3	信息系统	88
99004	陆逸	IS	1	数据库	92

图 3-2-27　不符合 2NF 要求的关系

【例 3-2-8 解答】显然，本例中的关系主键应该为（Sno,Cno），其中学生姓名 Sname 和系别 Sdept 仅依赖于学生学号 Sno，不依赖与课程编号 Cno；而课程名称 Cname 仅依赖于 Cno，不依赖于学号 Sno；只有成绩 Grade 完全依赖于两个主属性的组合（Sno,Cno）。由此可见，学生成绩表不属于 2NF。

欲使关系属于 2NF，需要进行投影操作，将该表分解为如图 3-2-28 所示的三个关系后，由 STUDENT、CLASS 和 SGRADE3 个表公共构成的新的关系模式才属于 2NF。

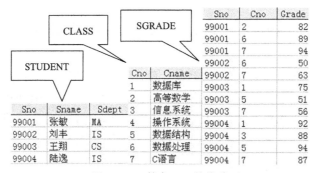

图 3-2-28　符合 2NF 的关系

5. 第三范式（3NF）

如果一个关系属于 2NF，且每个非主属性不传递依赖于主键，即非主属性之间无依赖关系，则称该关系属于 3NF。

【例 3-2-9】第三范式。

图 3-2-29 所示的学生关系是否符合第三范式？如果不符

Sno	Sname	Sdept	dept_phone
99001	张敏	MA	62233827
99002	刘丰	IS	62237562
99003	王翔	CS	62232772
99004	陆逸	IS	62237562

图 3-2-29　不符合 3NF 的关系

合，应该如何修改？

【例 3-2-9 解答】本例中，学生姓名 Sname、系别 Sdept 和系办电话 dept_phone 都依赖于主键学号 Sno，所以属于第二范式。

但 dept_phone 属性依赖于 Sdept 属性，也即 dept_phone 传递依赖于 Sno，所以该关系不属于 3NF。欲使该关系属于 3NF，需要进行投影操作，将其分解为如图 3-2-30 所示的两个关系。

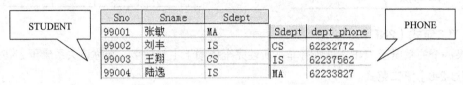

图 3-2-30　符合 3NF 的关系

6．规范化设计的优点

对关系模式进行规范化的目的是避免数据的插入、删除和更新异常，确保数据的一致性，并避免数据的冗余，使数据库的结构简洁、明晰。当关系模式完全属于 3NF，用户对记录值进行更新时就无须在超过两个以上的地方更改同一数值。

例如：在【例 3-2-9】中，当关系未经规范化时，假设在 STUDENT 表中有 10 个学生属于"CS"系，如果"CS"系的电话号码修改了，那就要对图 3-2-29 中的表的属性值做 10 处修改，而规范化为图 3-2-30 所示的关系模式后，只需要对"PHONE"表做一次改动即可。

7．规范化设计的缺点

一般情况下，规范化后关系模式中表的数目都会有所增多，这就回答了本节一开始提出的问题。

表的数目增多会导致 DBMS 进行查询时，原本的基于单表的查询都要转化为基于多表的查询，也就是必须进行连接运算，而在连接运算后系统的复杂度和运行时间都会有所增加。在计算机领域里，时间和空间如此这般的对立统一经常发生，当以人为本和以机器为本成为一对矛盾时，因为计算机的硬件速度越来越快，以人为本是永远的选择。

3.3　数据库设计方法

数据库设计是指对于一个给定的应用环境，设计最优的数据库，包括构造数据库的逻辑模式和物理结构，并在其上建立数据库及其应用系统，使之能够有效地存储和管理数据，满足用户不同程度的信息管理和数据操作需求。信息管理指在数据库中应该存储和管理哪些数据对象，数据操作包括对数据对象进行查询、更新、增加、删除、修改等操作。

3.3.1　数据库设计过程

数据库设计是多学科的综合性技术，不仅要求数据库设计人员具备良好的用户沟通能力，以对数据库所要应用的领域有充分的理解和了解，更需要具备多方面的专业技术和知识，包括计算机基础知识、软件工程的原理和方法、程序设计的方法和技巧、数据库基本知识、数据库设计技术。

数据库设计的具体工作包括数据模式设计以及应用程序开发两大系列的工作，本书只涉及数据模式设计部分，而数据模式设计由包括数据结构设计和完整性约束条件设计。

数据库设计一般分为 6 个阶段。

1. 需求分析

需求分析是数据库设计的起点，简单说就是充分了解和分析用户的要求，能否准确、全面地了解用户的设计要求，对后面各个阶段都有重要影响。

确定用户需求并非一件容易的事情，因为一般说来用户缺少计算机和数据库方面的知识，不能准确表达自己的需求，看到一些阶段成果后会改变自己的设计需求，这就要求数据库设计人员在一开始就与用户充分沟通，把数据库能够实现的功能与用户可能的需求充分融合，反复调查和确认用户的需求。

调查过程一般包括：

（1）了解现有数据的内容和性质。

（2）掌握现有数据的使用频率和流量。

（3）了解用户所需要的处理要求，对响应时间的要求。

（4）了解用户的安全性和完整性要求。

（5）撰写需求分析报告。

2. 概念结构设计

概念结构设计就是将需求分析阶段获得的报告进行信息综合和抽象，将用户的实际需求转化为概念模型的过程。

（1）概念模型的要求

概念模型要能够真实、充分地反映现实世界，是对用户实际需求的真实模拟；要易于理解、易于更改和维护；要易于转化成数据模型，也就是关系模型。

（2）概念结构设计方法

最常用的概念结构设计方法就是第 2 章中介绍过的 E-R 图，一般是用分类、聚集和概括 3 种抽象方式，对需求分析所获得的信息进行处理，一般是自顶向下进行需求分析，然后自底向上设计局部 E-R 图，再对 E-R 图进行合并、集成。

3. 逻辑结构设计

逻辑结构设计就是将概念模型转化为数据模型的过程，也就是将 E-R 图转化为关系模型的过程，详见第 3.3.2 节。

4. 物理结构设计

物理结构指数据库在物理设备上的存储结构与存取方法，逻辑结构设计完成后，要选择一个具体的 DBMS 实现，不同的计算机系统和 DBMS 系统的实现方式不同，选择 DBMS 要充分考量未来数据库需要占据的存储空间大小、在数据库上运行各种事务所需的响应时间和所需要的事务吞吐能力。至于 DBMS 如何在物理上实施逻辑结构，主要是由 DBMS 软件开发商考虑的问题，本教材不作介绍。

5. 数据库实施

在完成逻辑结构设计、选择 DBMS 后，就要用所选择的 DBMS 提供的数据定义功能来创建数据库、创建表。

6. 数据运行和维护

数据的运行与维护指数据的载入以及应用程序的编码和调试。一般应分期、分批地组织数据入库，先输入小批量数据做调试用，试运行合格后再大批量输入。数据载入完成后就进入长期运行和维护阶段，一般由数据库管理员 DBA 完成，包括数据库的转储和恢复、数据库的安全性、完整性控制、数据库性能的监督、分析和改造，以及根据需要对数据库进行重组和重构等。

3.3.2　E–R 模型向关系模式的转换

用 E-R 图表达概念模型非常直观简单，但 E-R 图不能直接用计算机表达，必须转化为关系数据模型。将 E-R 图转化为关系数据模型就是要将实体型、实体的属性、实体型之间的联系都用关系模式来表达，这种转化一般按照如下原则进行：一个实体型转换为一个关系，实体的属性就是关系的属性，实体的码就是关系的主键。

1. 独立实体型到关系模式的转化

独立实体型转化为一个关系（表），只要将实体名称作为表的名称，实体的码作为表的主键，其他属性转化为表的属性，同时根据实体属性的值域确定表的自定义完整性约束即可。

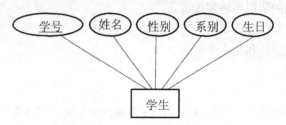

图 3-3-1　独立实体型 E-R 图

例如图 3-3-1 所示的学生实体转化为关系模式如下：

学生（学号，姓名，性别，系别，生日）

2. 1∶1 联系到关系模式的转化

1∶1 联系转化为关系模式时，在两个实体型转化成的关系模式中的任何一个中增加另一个的主属性和联系的属性即可。

例如，图 3-3-2 所示的 E-R 图中有"学院"和"院长"两个实体，每个学院只有一位院长，而每个院长也只负责一个学院，所以两者之间是 1∶1 联系。其中"学院"实体的主键是"学院名称"，"院长"实体的主键是"工号"，在建立关系模式时，在"院长"关系模式中增加"学院"关系模式的主键"学院名称"字段作为联系的外键，同时增加"任职时间"字段反映联系的属性。

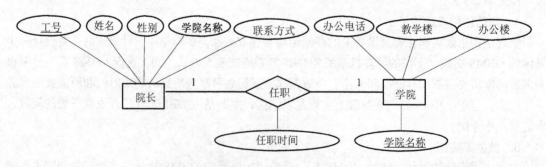

图 3-3-2　从 1∶1 联系到关系模式的转化

将此 E-R 图转化为关系模式为：

院长（工号，姓名，性别，*学院名称*，*任职时间*，联系方式）

学院（学院名称，办公电话，教学楼，办公楼）

3. 1：n 联系到关系模式的转化

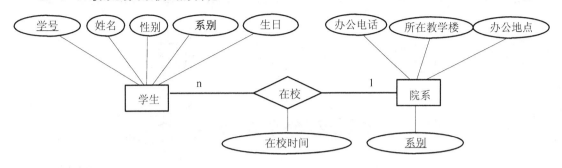

图 3-3-3　1：n 联系到关系模式的转化

1：n 联系转化为关系模式时，需要在联系中的从方，也即 n 方的关系模式中增加联系中的主方，也即 1 方的关键字段，作为两者的公共字段，在 n 方中是外键。

例如图 3-3-3 所示的 E-R 图中，有两个实体"院系"和"学生"，每个院系有多名学生，一个学生只能在一个院系，所以在这对联系中"院系"是主方，"学生"是从方，二者是 1：n 联系，公共字段是"系别"，"系别"在"院系"关系中是主键，在"学生"关系中是外键，两者转化为关系模式为：

院系（<u>系别</u>，办公电话，所在教学楼，办公地点）

学生（<u>学号</u>，姓名，性别，*系别*，生日，在校时间）

4. m：n 联系到关系模式的转化

m：n 联系转化为关系模式时，除了要对两个实体分别进行转化外，还要为两个实体之间的联系也建立一个关系模式，其属性包括两个实体的主键加上联系的属性，两个实体的主键组合作为此联系的主键。

例如图 3-3-4 所示的 E-R 图中，一个学生可以选修多门课程，一门课程可以被多个学生选修，所以"学生"实体和"课程"实体之间是多对多的联系，转化为关系模式为：

课程（<u>课程编号</u>，课程名称，先修课程编号，学分，学时）

学生（<u>学号</u>，姓名，性别，系别，生日）

成绩（<u>学号</u>，<u>课程编号</u>，成绩）

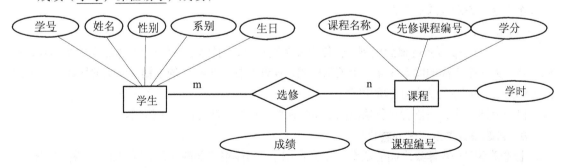

图 3-3-4　m：n 联系到关系模式的转化

5. 多元联系到关系模式的转化

多元联系指实体的数目为两个以上的联系。多元联系转化为关系模式的方法和二元联系类此，下面介绍三元转二元。

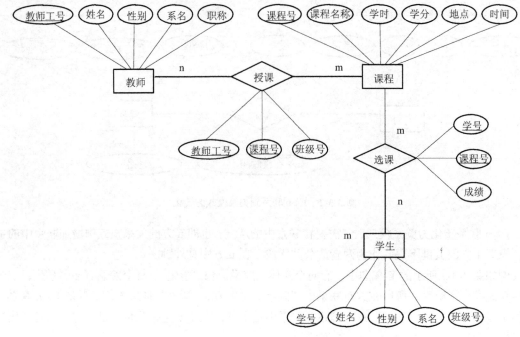

图 3-3-5 多元联系到关系模式的转化

（1）1：1：1 联系

对于 1：1：1 联系的概念模型，转化为关系模式时首先将三个实体分别转化为关系模式，接下来在其中任意一个关系模式中增加另外两个关系的主键字段（在本关系中为外键）并增加联系的属性。

（2）1：1：n 联系

对于 1：1：n 联系的概念模型，转化为关系模式时首先将三个实体分别转化为关系模式，然后在 n 方模式中增加另外两个关系的主键字段和联系的属性。

（3）1：m：n 联系

对于 1：m：n 联系的概念模型，转化为关系模式时，除了要为三个实体建立关系模式外，还要为联系建立 1 个关系模式，包括 m 方和 n 方的主键和联系的属性字段，用 m 方和 n 方的主键组合作为这个关系模式的主键。

（4）m：n：p 联系

对于 m：n：p 联系的概念模型，转化为关系模式时，同样先要将三个实体建立关系模式，除此之外再为三个实体的联系建立 1 个关系模式，属性包括三个实体的主键、联系的属性，该模式的主键为 m、n、p 三方的主键的组合。

根据上述方法，请读者自行给出图 3-3-5 中的 E-R 图所转化的关系模式。

6. 自联系到关系模式的转化*

上述联系都是实体集之间的联系，自联系指同一实体集内部的联系。例如在"学生"实体中，班长和其他同学之间的联系，如图 3-3-6 所示。

如果自联系是 1：n 的情况，只要在关系模式中标明联系中的地位即可，如图 3-3-6 可转化为关系模式：

学生（学号，姓名，性别，系别，生日，班长学号）

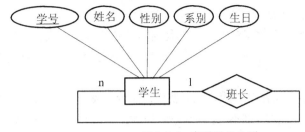

图 3-3-6　自联系 E-R 图

如果自联系是 m∶n 的情况，例如在一个班级中可以有多名班干部，这意味着一个同学可以有多个班干部，而一个同学又可以是其他同学的班干部，这种情况下的自联系该如何表示呢？

3.4　结构化查询语言 SQL

第 3.2 节中介绍了在 Access 中用可视化的方式创建基本表的方法，但关系数据库的最重要价值并非仅在于通过创建表把数据存储起来，更在于如何根据需要对存储起来的数据进行各种操作，包括数据查询、数据操纵和数据控制等，这些都需要由关系数据库管理系统软件所提供的语言完成。

结构化查询语言（structured query language，SQL）是关系数据库的标准语言，目前所有商用关系数据库软件都支持 SQL，Access 当然也不例外。作为一种通用型的关系数据库语言，在 Access 学习了 SQL，将来过渡到其他大型关系数据库管理系统软件时也能熟门熟路。

3.4.1　SQL 语言概述

1．SQL 语言的产生及发展

本章第 3.1 节中提到，关系数据库的各种操作可以通过关系运算实现，但具体的 RDBMS 在对这些操作的支持上所采用的实际语言并不完全相同。

由 Boyce 等人在 1974 年提出的结构化查询语言 SQL，因其功能丰富、使用简便、上手容易而倍受普通用户和业内欢迎。1987 年，经国际标准化组织（International Organization for Standardization，ISO）指定为国际标准并不断扩充和完善后，现已成为各数据库厂家的 RDBMS 的数据语言和标准接口。

2．SQL 语言的组成及特点

（1）SQL 语言的组成

SQL 语言包括了对于关系数据库的全部操作，主要分成 3 部分：

① 数据定义语言（data definition language，DDL），用于定义数据库的逻辑结构，包括基本表、索引和视图。

② 数据操纵语言（data manipulation language，DML），用于数据查询和数据更新（插入、删除和修改）。

③ 数据控制语言（data control language，DCL），用于对基本表和视图的授权，事务控制等。

（2）SQL 语言的特点

SQL 语言是一种介于关系代数和关系演算之间的结构化查询语言，它具有下述特点。

① 集数据的定义 DDL、操纵 DML 和控制 DCL 功能于一体。

② 向集合的操作方式：非关系数据模型采用的是面向记录的操作方式，操作对象是一条记录，而 SQL 采用集合操作方式，在完成查询、插入、删除、更新等操作时，操作的对象可以是元组的集合，也即多条记录。

③ 高度非过程化：完成数据操作时，用户只需要告诉系统"做什么"，而"怎么做"也就是路径选择及处理过程由系统自动完成，这不但减轻了用户的负担，而且有利于提高数据的独立性。

④ 既可独立使用，又可嵌入到高级语言中使用：SQL 可以在关系数据库软件中通过直接输入命令完成对数据的操作，但它并非一种和大家熟悉的 C 语言、Basic 语言、Fortran 语言、Java 语言等高级语言类似的功能完整独立的程序设计语言，它没有程序流程控制语句，但 SQL 可以嵌入到高级语言中使用，使高级语言可以很方便地对数据库进行操作。

⑤ SQL 只含 9 条核心语句，结构化很强。

⑥ 类似自然语言，易学易用。

3. SQL 对关系模型的支持

SQL 语言支持关系数据库的三级模式结构，如图 3-4-1 所示。

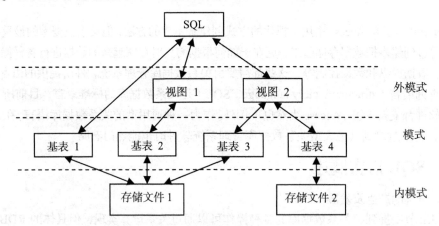

图 3-4-1　SQL 对关系数据库的支持

其中模式对应于基本表；外模式对应于视图（View），视图是由基表导出的"虚表"，数据库中仅存放其定义，数据则存储在基表中（在 Access 对应保存下来的查询）；内模式对应物理上的存储文件，一般来说，具体的物理实现方式无须用户过问，由 RDBMS 负责完成。

说明：

不同的 RDBMS 对于 SQL 的支持在具体方式上有所不同，大型 RDBMS 一般都对 SQL 的功能进行了扩充和拓展，而作为一个桌面型的关系数据库管理系统软件，Access 的功能没有大型 RDBMS 那么全面，不支持 SQL 中的 DCL，但用变通的方法实现了一定的安全控制功能。

3.4.2　SQL 数据定义功能

SQL 的数据定义功能主要包括定义基表和定义索引。其中定义基表也就是创建表的功能，我们在第 3.2 节中已经详细介绍了在 Access 中用可视化方式实现的方法，读者可以比较一下两种方式的优缺点。

1. 定义基表

定义基表就是定义一个表（关系）的数据结构和完整性约束，包括指定表的名称、表的属性名称、属性的数据类型以及完整性约束条件。

定义基表使用 SQL 中的 CREATE TABLE 语句，其一般形式如下：

```
CREATE TABLE <表名>(
<列名 1><数据类型>  [<列级完整性约束条件>]
   [,<列名 2><数据类型>  [<列级完整性约束条件>]]
   ...
   [,<列名 n><数据类型>  [<列级完整性约束条件>]]
   [,<表级完整性约束条件>]
      );
```

说明：

（1）<>内为必有内容，[]内为可选项。

（2）完整性约束条件如表 3-4-1～表 3-4-3 所示。

表 3-4-1　　　　　　　　　　　　　　实体完整性约束条件

语句	说明
NOT NULL	不能为空值。NULL 的含义是无，不能与空字符或数值 0 等同
UNIQUE	唯一性，即表中各记录的该字段值各不相同
PRIMARY KEY	主键

表 3-4-2　　　　　　　　　　　　　　参照完整性约束条件

语句	说明
REFERENCES <表名>(<字段名>)	该字段所取值应来自指定表内的指定字段的值

表 3-4-3　　　　　　　　　　　　　用户自定义完整性约束条件

语句	说明
CHECK	不能在 Access 的 SQL 中使用，只能在表的设计视图中的字段有效性规则里输入 IS NULL 或[NOT] Between <表达式> And <表达式>等

（3）常用的 SQL 数据类型如表 3-4-4 所示。

表 3-4-4　　　　　　　　　　　　　　常用 SQL 数据类型

数据类型	类型说明
CHAR(n)、TEXT(n)	长度为 n 的字符串。Char 是定长字符数据，其长度最多为 8KB。超过 8KB 的 ASCII 数据可以使用 Text 数据类型存储
MEMO	备注型。用来保存长度较长的文本及数字
INT、INTEGER	数字（长整型）介于 –2,147,483,648～2,147,483,647 的长整型数
SMALLINT、SHORT	数字（短整型）介于 –32,768～32,767 的短整型数
BYTE	数字（字节）介于 0～255 的整型数
REAL、SINGLE	数字（单精度）默认有 4 位小数
FLOAT、DOUBLE	数字（双精度）
DATE、TIME	日期/时间型
CURRENCY、MONEY	货币型
COUNTER(n)	自动编号型（从整数 n 起）
YESNO	是/否型
DECIMAL(m,[n])	小数。m 为小数点前的位数，n 为小数点后位数

（4）在 Access 中对 SQL 语句中的英文不区分大、小写。

（5）一个 SQL 查询语句以分号";"作为结束标志，但在 Access 中不把分号作为 SQL 语句的必要元素。

【例 3-4-1】用 CREATE TABLE 语句创建表和关系。

创建"学生管理"数据库，包含 STU、CLASS 和 SGRADE 表，其中：STU 表由学号、姓名、性别、系别、生日 5 个属性组成，主键为学号，姓名不能为空；CLASS 表由课程编号、课程名称、先修课程编号、学时、学分 5 个属性组成，主键为课程编号，课程名称唯一；SGRADE 表由学号、课程编号和成绩 3 个属性组成，主键为（学号，课程编号）。

【例 3-4-1 解答】

① 创建 STU 表的 SQL 语句。

CREATE TABLE STU(

学号 TEXT(7) PRIMARY KEY,

姓名 TEXT(16) NOT NULL,

性别 TEXT(2),

系别 TEXT(10),

生日 DATE);

② 创建 CLASS 表的 SQL 语句。

CREATE TABLE CLASS(

课程编号 TEXT(3) PRIMARY KEY,

课程名称 TEXT(20) UNIQUE,

先修课程编号 TEXT(3),

学时 SMALLINT,

学分 SMALLINT);

③ 创建 SGRADE 表的 SQL 语句。

CREATE TABLE SGRADE(

学号 TEXT(7) REFERENCES STU(学号),

课程编号 TEXT(3) REFERENCES CLASS(课程编号),

成绩 SMALLINT,

PRIMARY KEY(学号,课程编号));

说明：

（1）由于 Access 不支持 SQL 语句中用于自定义完整性约束的 CHECK 子句，所以，如果需要在本例中添加自定义完整性约束条件，例如：性别只能为"男"或者"女"，成绩必须为空值或介于 0 ~ 100 等，则需在相应的 CREATE 基表语句运行结束后进入表的设计视图，在字段属性的有效性规则中做相应设置。具体操作步骤参见第 3.2 节相关例题。

（2）在本例中，可以限制 CLASS 表的"先修课程编号"的参照完整性约束条件为：

先修课程编号 TEXT(3) REFERENCES CLASS(课程编号)

但是要注意，如果增加了这个同一关系内部的参照完整性约束条件，在对 CLASS 表进行记录的输入时，只能先将所有记录的主键"课程编号"属性值全部先行输入，然后再输入"先修课程编号"的属性值。否则很可能发生当输入某条记录的"先修课程编号"属性值时，由于该属性值还未出现在已有"课程编号"的属性值中，而被 RDBMS 拒绝执行。

2. 修改基表

当现实世界中的应用情况发生变化时，可以根据需要对已经建立的基表的结构做对应调整。修改基表使用 SQL 中的 ALTER TABLE 语句。

【例 3-4-2】ALTER TABLE 语句。

对例 3-4-1 所创建的数据库做如下修改：

（1）向 STU 表中添加联系电话字段。

【解答】ALTER TABLE STU ADD 联系电话　INT;

（2）将联系电话字段的数据类型修改为字符串类型。

【解答】ALTER TABLE STU ALTER 联系电话　CHAR(11);

（3）删除刚才添加的联系电话字段。

【解答】ALTER TABLE STU DROP 联系电话;

说明：

对基表进行修改时表不能处于打开状态，不论在哪种视图中打开都不行，否则 Access 会拒绝执行。

3. 删除基表

使用 SQL 中的 DROP TABLE 语句可以删除不需要的基表。如果所要删除的基表中含有被其他基表引用的字段，需要先将其他基表中的 REFERENCES 约束删除，才能进行基表的删除。DROP TABLE 语句的一般形式为：

```
DROP TABLE <表名>;
```

【例 3-4-3】DROP TABLE 语句。

删除 SGRADE 表。

【例 3-4-3 解答】DROP TABLE SGRADE;

注意，在数据库中对关系的操作一般都不可逆，也就是说不能通过"撤销"来恢复错误操作，删除基表会导致该表中的所有记录完全随之删除。因此，对此类操作一定要谨慎进行。

4. 定义索引*

当数据库所含数据量较大时，为了加快查询速度和有序输出，可以在一个基表上建立一个或多个索引（index）。索引属于物理存储路径的概念，RDBMS 在存取数据时会自动选择合适的索引作为存取路径。

定义索引使用 SQL 中的 CREATE INDEX 语句，其一般形式如下：

```
CREATE [UNIQUE] INDEX <索引名> ON <基表名>
    (<列名 1>[<次序>][, <列名 2>[<次序>]] … );
```

说明：

（1）UNIQUE 表示每一个索引值只对应唯一的数据记录，默认情况下索引可以有重复值。

（2）<次序>用于指定索引的排列次序为升序还是降序，其中 ASC 为升序，DESC 为降序，默认值为 ASC。

（3）索引可以建立在表的一列或多列之上，各个列之间用逗号分隔开。

（4）不必对主键建立索引。

【例 3-4-4】创建索引（CREATE INDEX）。

在【例 3-4-1】所创建的表上创建索引，使 STU 表中的记录按生日从小到大排序，使 SGRADE 表中的成绩按从大到小排序。

CREATE INDEX S_生日　ON STU(生日);

CREATE UNIQUE INDEX S_成绩 ON SGRADE(成绩 DESC);

注意，虽然利用索引可以提高查询的速度，但同时会造成更新表的速度下降，因为更新表时除了保存数据外，还要保存索引文件。另外，索引文件需要占用磁盘空间，如果在一个数据量很大的表上创建了多种组合索引，索引文件的会膨胀很快，因此使用索引需慎重。

5. 删除索引

索引建立后由 RDBMS 负责维护，SQL 不提供修改索引的语句，如果索引建立错误，可以删除后重建。

删除索引使用 SQL 中的 DROP INDEX 语句，其一般形式如下：

```
DROP INDEX <索引名> ON <基表名>;
```

【例 3-4-5】删除索引（DROP INDEX）。

删除 STU 表上的索引 S_生日。

【例 3-4-5 解答】DROP INDEX S_生日 ON STU;

3.4.3　SQL 数据查询功能

数据查询是指从数据库中检索满足需要的数据。查询是数据库的核心操作。

数据查询使用 SQL 中的 SELECT 语句，其一般形式如下：

```
SELECT [ALL|DISTINCT] <目标列表达式 1> [, <目标列表达式 2>] …
FROM <基表名或视图名 1> [, <基表名或视图名 2>] …
[WHERE <记录过滤条件>]
[GROUP BY <列名 1>[,<列名 2>] …
[HAVING <小组过滤条件>] ]
[ORDER BY <列名 1> [ASC|DESC] [,<列名 2> [ASC|DESC]]… ] ;
```

SELECT 语句的语义是：根据 WHERE 子句中的记录过滤条件，从 FROM 子句指定的基表或视图中选出满足条件的元组，再按 SELECT 子句指定的目标列表达式，选出元组中的属性值形成结果表。

- 如果包含 GROUP BY 子句，则将结果表按指定列分组，该列中数值相等的元组为同一组，通常会对每个组使用集函数，组中的数据经集函数运算后在新的结果表中会成为一个元组。

- 如果有 HAVING 子句，会对新的结果表再按 HAVING 语句指定的小组过滤条件进行筛选，满足条件的才能最后输出。

- 如果有 ORDER BY 子句，则在最后结果输出前还要先按照 ORDER BY 子句指定的列将元组升序或降序排列。

以下将通过对【例 3-4-12】中的"学生管理"数据库进行查询，介绍 SELECT 语句的用法。

"学生管理"数据库中 3 个表的数据如图 3-4-2（a）、（b）、（c）所示。

STU				
学号	姓名	性别	系别	生日
1301025	李铭	男	地理	1995/7/5
1303011	孙文	女	计算机	1995/10/13
1303072	刘易	男	计算机	1997/6/5
1305032	张华	男	电子	1996/12/3
1308055	赵恺	女	物理	1997/11/4

（a）

图 3-4-2

SGRADE		
学号	课程编号	成绩
1301025	1	75
1301025	3	84
1301025	4	69
1303011	1	94
1303011	7	87
1303072	1	58
1303072	2	81
1303072	4	72
1303072	6	55
1305032	2	91
1305032	6	74

CLASS				
课程编号	课程名称	先修课程编号	学时	学分
1	数据库	5	72	4
2	高等数学		108	6
3	信息系统	1	54	3
4	操作系统	6	72	4
5	数据结构	7	72	4
6	数据处理		54	3
7	C 语言	6	72	3

（b）

（c）

图 3-4-2（续）

1．单表查询

（1）选择表中的若干列（投影）

【例 3-4-6】查询表中全部信息。

查询 STU 表中全体学生的全部信息。

【例 3-4-6 解答】

```
SELECT *
FROM STU;
```

等价于：

```
SELECT 学号,姓名,性别,系别,生日
FROM STU;
```

【例 3-4-7】查询指定字段。

查询学生的学号和性别。

【例 3-4-7 解答】

```
SELECT 学号,性别
FROM STU;
```

【例 3-4-8】查询结果包含表达式字段（AS）。

查询学生的姓名、性别和年龄。

```
SELECT 姓名,性别,Year(Now())-Year(生日)  AS 年龄
FROM STU;
```

说明：

"年龄"是原数据表中没有的字段,需要用表达式计算,NOW()函数和 YEAR()函数均为 Access 内部函数, 分别用于计算当前日期和年份; 对于查询结果中包含的用表达式计算的字段, 在 SQL 中通过 AS 后面的标识符为该字段命名。

（2）选择表中的若干行（选择）

要选择表中指定的元组,可通过在 SQL 中的 WHERE 子句中设定记录过滤条件来实现。记录过滤条件是由逻辑运算符 AND、OR、NOT 连接的关系表达式, 关系表达式中的运算符如表 3-4-5 所示。

表 3-4-5   查询条件中的运算符

功能	运算符
比较	=, >, <, >=, <=, <>
限定取值范围	BETWEEN…AND，NOT BETWEEN…AND
限定集合	IN，NOT IN
字符匹配	LIKE，NOT LIKE
空值	IS NULL，IS NOT NULL

【例 3-4-9】在 WHERE 子句中设定记录过滤条件 1。

查询所有女生信息。

```
SELECT *
FROM STU
WHERE 性别="女";
```

【例 3-4-10】在 WHERE 子句中设定记录过滤条件 2。

查询年龄在 18 岁以上的女生信息。

```
SELECT *
FROM STU
WHERE 性别="女" AND (Year(Now())-Year(生日))>18;
```

【例 3-4-11】在 WHERE 子句中设定记录过滤条件 3。

查询学时数在 40～60 的课程编号和课程名称。

```
SELECT 课程编号,课程名称
FROM CLASS
WHERE 学时 BETWEEN 40 AND 60;
```

等价于：

```
SELECT 课程编号,课程名称
FROM CLASS
WHERE 学时>40 AND 学时<60;
```

【例 3-4-12】在 WHERE 子句中设定记录过滤条件 4。

查询学时数大于 40 或小于 60 的课程编号和课程名称。

```
SELECT 课程编号,课程名称
FROM CLASS
WHERE 学时 NOT BETWEEN 40 AND 60;
```

等价于：

```
SELECT 课程编号,课程名称
FROM CLASS
WHERE 学时<40 OR 学时>60;
```

【例 3-4-13】在 WHERE 子句中设定记录过滤条件 5。

查询至少选修了 1 号、3 号或 5 号课程中任意一门课程的学生的学号。

```
SELECT 学号
FROM SGRADE
WHERE 课程编号 IN("1","3","5");
```

等价于：

```
SELECT 学号
```

```
FROM SGRADE
WHERE 课程编号="1"  OR 课程编号="3"  OR 课程编号="5";
```

【例 3-4-14】在 WHERE 子句中设定记录过滤条件 6。

查询既不是计算机系也不是物理系和电子系的学生的学号和姓名。

```
SELECT 学号,姓名
FROM STU
WHERE 系别<>'物理' AND 系别<>'电子' AND 系别<>'计算机';
```

等价于:

```
SELECT 学号,姓名
FROM STU
WHERE 系别 NOT IN('物理', '电子', '计算机');
```

查询没有选修 1 号、3 号或 5 号课程中任何一门的学生的学号,能用下面的语句选择么?

SELECT 学号

FROM SGRADE

WHERE 课程编号 NOT IN('1', '3', '5');

【例 3-4-15】在 WHERE 子句中设定记录过滤条件 7。

查询系别中含有"理"字的学生的学号、姓名和系别。

```
SELECT 学号,姓名,系别
FROM STU
WHERE 系别 LIKE '*理*';
```

说明:

在 SQL 语句中用 LIKE 运算符进行模糊查找,一般结合通配符使用。在 Access 中的通配符有两种:

- ?（问号）匹配任意单个字符。
- *（星号）匹配任意长度字符。

【例 3-4-16】在 WHERE 子句中设定记录过滤条件 8。

查询无须先修课程的课程的编号和名称。

```
SELECT 课程编号,课程名称
FROM CLASS
WHERE 先修课程编号 IS NULL;
```

（3）排序查询

【例 3-4-17】排序查询（ORDER BY 子句）。

查询选修了 4 号课程的学生的学号和成绩,查询结果按成绩降序排列。

```
SELECT 学号,成绩
FROM SGRADE
WHERE 课程编号='4'
ORDER BY 成绩 DESC;
```

说明:

利用 ORDER BY 子句可对查询结果进行排序输出,默认为 ASC（升序）,DESC 为降序。当排序的关键字有多个时,ORDER BY 短语之后第一个列名为第一关键字,第一关键字属性值相同的按第二关键字排序，以此类推。

（4）屏蔽重复项查询

【例 3-4-18】屏蔽重复项查询（DISTINCT 关键字）。

查询所有被选修了的课程编号。

```
SELECT DISTINCT 课程编号
FROM SGRADE;
```

说明：

在 SELECT 子句中，如果不指定 DISTINCT 短语，则默认为 ALL。本例中，由于同一门课程可以被多名学生选修，所以需要添加 DISTINCT 短语，以去掉重复元组。

（5）数据常量使用说明

在 Access 系统中：

① 字符类型的数据常量在使用时在两端加英文单引号或双引号皆可。例如‘电子系’，“计算机系”。

② 日期型和时间型常量使用时在两段加#号。例如：#2006-3-8#，#18:15:00#。

③ 货币类型常量使用时和数值型常量相同，不需添加标记。

④ 是/否类型的数据常量的值为-1（是）或 0（否）。

2. 使用集函数和分组查询

（1）集函数

SQL 语句中提供了用于实现统计功能的集函数，见表 3-4-6。

表 3-4-6 　　　　　　　　　　　　常用 SQL 集函数

集函数	语义
COUNT(*)	统计元组个数
COUNT([DISTINCT|ALL]<列名>)	统计给定列中值的个数
SUM([DISTINCT|ALL]<列名>)	计算给定列中数值型数据的总和
AVG([DISTINCT|ALL]<列名>)	计算给定列中数值型数据的平均值
MAX([DISTINCT|ALL]<列名>)	计算给定列的最大值
MIN([DISTINCT|ALL]<列名>)	计算给定列的最小值

① 集函数使用时默认为 ALL，如果在集函数中添加 DISTINCT 短语，则计算时不包含给定列中的重复值。

② Access 不支持在集函数中使用 DISTINCT 短语。

【例 3-4-19】集函数示例（COUNT）。

查询男生总人数。

```
SELECT COUNT(*) AS 男生人数
FROM STU
WHERE 性别='男';
```

【例 3-4-20】集函数示例（MAX MIN AVG）。

查询 4 号课程的最高分、最低分和平均分。

```
SELECT MAX(成绩)，MIN(成绩)，AVG(成绩)
FROM SGRADE
```

```
WHERE 课程编号='4';
```

（2）分组查询

SQL 语句中含有 GROUP BY 子句时，查询结果将按指定列分为小组，集函数分别作用于各小组。如果没有 GROUP BY 子句，集函数作用于全体元组。

【例 3-4-21】分组查询示例 1（GROUP BY 子句）。

查询男生和女生的人数。

```
SELECT 性别,COUNT(*) AS 人数
FROM STU
GROUP BY 性别;
```

【例 3-4-22】分组查询示例 2（GROUP BY 子句）。

查询不同系别的男、女生人数。

```
SELECT 系别,性别, COUNT(*) AS 人数
FROM STU
GROUP BY 系别,性别;
```

（3）HAVING 小组筛选

HAVING 短语用于对 GROUP BY 后的小组进行筛选，选出符合条件的小组。

【例 3-4-23】小组筛选示例 1（HAVING 子句）。

查询选修了 2 门以上课程的学生的学号。

```
SELECT 学号
FROM SGRADE
GROUP BY 学号
HAVING COUNT(课程编号)>=2;
```

【例 3-4-24】小组筛选示例 2（HAVING 子句）。

查询平均分在 90 以上且每门功课的成绩都在 80 分以上的学生的学号。

```
SELECT 学号
FROM SGRADE
GROUP BY 学号
HAVING AVG(成绩)>90 AND MIN(成绩)>=80;
```

【例 3-4-25】小组筛选示例 3（HAVING 子句）。

查询不及格门数在 2 门以上的学生的学号。

```
SELECT 学号
FROM SGRADE
WHERE 成绩<60
GROUP BY 学号
HAVING COUNT(课程编号)>=2;
```

 注意

WHERE 子句用于筛选元组，HAVING 子句用于筛选小组。当 SELECT 语句中同时出现 WHERE 和 HAVING 子句时，执行顺序是：先执行 WHERE 筛选，然后才分组，最后用 HAVING 子句筛选小组。

3. 连接查询

（1）使用场合

当查询条件或结果涉及多个表时，需要将多个表连接起来进行联合查询，也就是进行第 3.1.1

节所介绍的专门的关系运算中的"连接运算"。

（2）连接条件

只有当公共列存在时，两个表进行连接才具有实际意义。通常情况下，两表通过外键和被参照表的主键发生联系。如果外键和被参照表的主键同名，为示区别，引用时，在SQL语句中的列名前加上表名作为前缀，例如："STU.学号"和"SGRADE.学号"。

（3）执行过程

将表1的每一个元组与表2的每一个元组逐一交叉匹配，满足连接条件时将两表元组拼接，形成临时表，再对该临时表用单表查询的方法进行查询。

（4）一般形式

连接查询的一般形式如下：

```
SELECT [ALL|DISTINCT] <目标列表达式1> [, <目标列表达式2>] …
FROM <基表名或视图名1> INNER JOIN <基表名或视图名2> ON 连接条件 …
[WHERE <记录过滤条件>]
```

或者用下面的形式：

```
SELECT [ALL|DISTINCT] <目标列表达式1> [, <目标列表达式2>] …
FROM <基表名或视图名1>,<基表名或视图名2>[, <基表名或视图名3>] …
WHERE <连接条件>
```

【例3-4-26】连接查询示例1。

查询所有选修了课程的学生的学号、姓名、课程编号和成绩。

```
SELECT STU.学号,姓名,课程编号,成绩
FROM STU INNER JOIN SGRADE ON STU.学号 = SGRADE.学号;
```

也可以用下面的形式表述连接条件：

```
SELECT STU.学号,姓名,课程编号,成绩
FROM STU,SGRADE
WHERE STU.学号= SGRADE.学号;
```

连接过程中的临时表如图3-4-3所示，从临时表中选择题目所需的字段后即可得到查询结果。

STU.学号	姓名	性别	系别	生日	SGRADE.学号	课程编号	成绩
1301025	李铭	男	地理	1995/7/5	1301025	1	75
1301025	李铭	男	地理	1995/7/5	1301025	3	84
1301025	李铭	男	地理	1995/7/5	1301025	4	69
1303011	孙文	女	计算机	1995/10/13	1303011	1	94
1303011	孙文	女	计算机	1995/10/13	1303011	7	87
1303072	刘易	男	计算机	1997/6/5	1303072	1	58
1303072	刘易	男	计算机	1997/6/5	1303072	2	81
1303072	刘易	男	计算机	1997/6/5	1303072	4	72
1303072	刘易	男	计算机	1997/6/5	1303072	6	55
1305032	张华	男	电子	1996/12/3	1305032	2	91
1305032	张华	男	电子	1996/12/3	1305032	6	74

图3-4-3　连接过程中的临时表

【例 3-4-27】连接查询示例 2。

查询选修了"操作系统"课程的学生的姓名和该门课的成绩。

```
SELECT 姓名,成绩
FROM STU INNER JOIN (CLASS INNER JOIN SGRADE ON
                CLASS.课程编号 = SGRADE.课程编号)
                ON STU.学号 = SGRADE.学号
WHERE 课程名称="操作系统";
```

也可以用下面的形式：

```
SELECT 姓名,成绩
FROM STU,CLASS,SGRADE
WHERE CLASS.课程编号=SGRADE.课程编号 AND STU.学号=SGRADE.学号
    AND 课程名称="操作系统";
```

【例 3-4-28】连接查询示例 3。

查询选修了 3 门以上课程的学生的姓名。

```
SELECT 姓名
FROM STU INNER JOIN SGRADE ON STU.学号 = SGRADE.学号
GROUP BY STU.姓名
HAVING Count(课程编号)>=3;
```

*【例 3-4-29】左外连接查询示例（LEFT OUTER JOIN）。

查询全体学生的选课情况，查询结果包含学号、姓名、课程编号、成绩。

```
SELECT STU.学号,姓名,课程编号,成绩
FROM STU LEFT OUTER JOIN SGRADE ON STU.学号 = SGRADE.学号;
```

查询结果如图 3-4-4 所示。

学号	姓名	课程编号	成绩
1301025	李铭	1	75
1301025	李铭	3	84
1301025	李铭	4	69
1303011	孙文	1	94
1303011	孙文	7	87
1303072	刘易	1	58
1303072	刘易	2	81
1303072	刘易	4	72
1303072	刘易	6	55
1305032	张华	2	91
1305032	张华	6	74
1308055	赵恺		

图 3-4-4 左外连接结果

说明：

在本例中，由于 0608055 赵恺同学没有选课，要使他的选课情况也出现在结果表中，就需要

用到和"内连接" INNER JOIN 连接方式相对的 OUTER JOIN "外连接"。本例中用的是"左外连接" LEFT OUTER JOIN，其连接结果的临时表中除了包含内连接结果的临时表中所有元组外，还包含了运算符左边的表中所有不满足连接条件的元组。

除了左外连接，还有一种"右外连接"，其连接结果的临时表中除了包含内连接结果的临时表中所有元组外，还包含了运算符右边的表中所有不满足连接条件的元组，运算符为 RIGHT OUTER JOIN。

除此以外，还有一种"全外连接"，其连接结果的临时表中除了包含内连接结果的临时表中所有元组外，还包含了运算符左、右两边的表中所有不满足连接条件的元组，运算符为 FULL OUTER JOIN。

*【例 3-4-30】自连接示例。

查询选修了 1 号课程的学生中，成绩比 1303072 号学生高的学生的学号和成绩。

```
SELECT A.学号,A.成绩
FROM SGRADE A,SGRADE B
WHERE A.课程编号="1" AND B.课程编号="1" AND B.学号="1303072"
      AND A.成绩>B.成绩;
```

说明：

本例需要将同一个 SGRADE 表自己和自己连接，称为"自连接"。自连接时需要给同一个表起"别名"，本例中的 A 和 B 就是 SGRADE 表的别名。有时为简单起见，也会在查询时为表起简单的英文字母的别名。

*（5）UNION 子句

SQL 提供了 UNION 子句，可以将多个 SELECT 查询结果连接起来生成单个 SELECT 无法得到的结果。在 Access 中，UNION 后面所跟的 SELECT 查询结果将追加到前一个 SELECT 查询结果的后面。

用 UNION 连接的 SELECT 对应栏目应该有相同的数据类型。例如：设学生管理数据库中还包含着表 3-1 所示的教师表 TEACHER，则可以用下面的语句将教师资料和学生资料一起查询出。

```
SELECT TEACHER.姓名 AS NAME, TEACHER.系别 AS DEPT
FROM TEACHER
UNION
SELECT STU.姓名 AS NAME,STU.系别 AS DEPT
FROM STU;
```

4. 嵌套查询

在一个 SELECT 语句的 FROM、WHERE 或 HAVING 子句中嵌入另一个 SELECT 语句，称为嵌套查询或子查询。外层的查询称为父查询，内层的查询称为子查询：

- 嵌套查询执行时由内向外进行，即把子查询运行结果作为父查询的数据源或查询条件；
- 嵌套查询可以多层嵌套，适合用于解决复杂的查询问题，体现了"结构化"的特点；
- 子查询向父查询返回结果时，根据实际需要，可以只返回一次结果值，也可以反复执行。
- 子查询可能返回单个结果值，也可能返回多个结果值。

（1）子查询处理单次

【例 3-4-31】子查询（处理单次）示例 1。

查询选修了课程的学生总数。

为避免重复统计选课人数，需要在计数时使用 DISTINCT 短语，但在 Access 中不支持集函数中的 DISTINCT 短语，所以不能用以下语句：

```
SELECT COUNT(DISTINCT 学号) AS 选课人数
FROM SGRADE;
```

而要使用如下的子查询：

```
SELECT COUNT(学号) AS 选课人数
FROM (SELECT DISTINCT 学号 FROM SGRADE);
```

【例 3-4-32】子查询（处理单次）示例 2。

查询选修了 3 门以上课程的学生的姓名。

```
SELECT 姓名
FROM STU
WHERE 学号 IN(SELECT 学号
                FROM SGRADE
                GROUP BY 学号
                HAVING Count(课程编号)>=3);
```

【例 3-4-33】子查询（处理单次）示例 3。

选修了"操作系统"课程的学生的姓名。

```
SELECT 姓名
FROM STU
WHERE 学号 IN(SELECT 学号
                FROM SGRADE
                WHERE 课程编号=(SELECT 课程编号
                                  FROM CLASS
                                  WHERE 课程名称="操作系统"));
```

说明：

涉及多表查询时，有时既可以用连接查询，也可以用嵌套查询，【例 3-4-32】和【例 3-4-28】就是同一个题目的两种不同解法。

但是当查询结果所需字段来自多个表时，就不能用子查询而只能用连接查询，比较【例 3-4-33】和【例 3-4-27】，后者就不能用子查询实现。

另一些查询则不能用连接查询而只能用子查询。例如：查询没有选修 1 号、3 号或 5 号课程中任何一门的学生的姓名，就不能用连接查询，而只能用如下的子查询。

```
SELECT 姓名
FROM STU
WHERE 学号 NOT IN(SELECT 学号
FROM SGRADE
WHERE 课程编号 IN("1","3","5"));
```

*【例 3-4-34】谓词 ALL 示例。

查询比计算机系所有学生年龄都小的其他系学生的姓名及生日。

```
SELECT 姓名,生日
FROM STU
WHERE 生日>ALL(SELECT 生日
                FROM STU
                WHERE 系别="计算机")
      AND 系别<>"计算机";
```

当然，也可以用下面的查询语句：

```
SELECT 姓名,生日
FROM STU
WHERE 生日>(SELECT MAX(生日)
            FROM STU
            WHERE 系别="计算机")
      AND 系别<>"计算机";
```

说明：

① DBMS 的 SQL 引擎要求跟在比较运算符=，<，>，<=，>=，<>后的变量为单值，所以，如果比较运算符之后的子查询返回的结果为多值，就需要在比较运算符之后、子查询之前添加"ALL"、"ANY"或"SOME"谓词。

② 本例的第一种解法中使用了 ALL 谓词，意为全部子查询结果中的每一个结果值。

③ <>ALL 谓词相当于 NOT IN 谓词。

*【例 3-4-35】谓词 ANY 示例。

查询比计算机系任意一名学生年龄小的其他系学生的姓名及生日。

```
SELECT 姓名,生日
FROM STU
WHERE 生日>ANY(SELECT 生日
              FROM STU
              WHERE 系别="计算机")
        AND 系别<>"计算机";
```

另一种解法：

```
SELECT 姓名,生日
FROM STU
WHERE 生日>(SELECT MIN(生日)
            FROM STU
            WHERE 系别="计算机")
      AND 系别<>"计算机";
```

说明：

① 本例的第一种解法使用了 ANY 谓词，意为全部子查询结果中的任一结果值。

② 谓词 SOME 与谓词 ANY 同义。

（2）子查询处理多次*

以上的例子中，子查询仅执行一次，将结果返回父查询的查询条件使用，而下面的例子中，子查询需要多次执行。

*【例 3-4-36】子查询（处理多次）示例。

查询成绩比该课程平均成绩高的学生的学号、课程编号和成绩。

```
SELECT A.学号,A.课程编号,A.成绩
FROM SGRADE A
WHERE 成绩>(SELECT AVG(成绩)
            FROM SGRADE B
            WHERE A.课程编号=B.课程编号);
```

本题也可以采用只执行一次子查询的方法：

```
SELECT A.学号,A.课程编号,A.成绩
FROM SGRADE A, ( SELECT AVG(成绩) AS 平均,课程编号
                FROM SGRADE
```

```
GROUP BY 课程编号) B
```
WHERE 成绩>B.平均 AND A.课程编号=B.课程编号；

这种解法是将子查询结果作为联合查询的数据源。

说明：

两种解法中都使用了别名。

（3）带谓词 EXISTS 的子查询*

EXISTS 或 NOT EXISTS 谓词一般用于 WHERE 子句中。

将 EXISTS 谓词引入子查询后，子查询的作用就相当于进行存在测试，外部查询的 WHERE 子句测试子查询返回的行是否存在。子查询实际上不产生任何数据，它只返回 TRUE 或 FALSE 值。

使用 EXISTS 引入的子查询的语法如下：

```
WHERE [NOT] EXISTS (子查询)
```

使用 EXISTS 时，只有当子查询结果至少存在一个返回值时，条件为真，如果子查询结果一个返回值都没有，条件就为假；使用 NOT EXISTS 时，只有当子查询结果一个返回值都没有，条件才为真，否则条件为假。

*【例 3-4-37】谓词 EXISTS 示例。

查询没有选过课的学生的学号和姓名。

```
SELECT STU.学号,姓名
FROM STU
WHERE NOT EXISTS(SELECT DISTINCT SGRADE.学号
        FROM SGRADE
        WHERE STU.学号=SGRADE.学号);
```

当然也可以用如下的语句查询：

```
SELECT STU.学号,姓名
FROM STU
WHERE STU.学号 NOT IN(SELECT DISTINCT SGRADE.学号
        FROM SGRADE);
```

说明：

谓词[NOT] IN 和谓词[NOT] EXISTS 之间的不同之处在于，[NOT] IN 用于检查其左边的操作数是否落在作为其右操作数的子查询所返回的集合之中；而[NOT] EXISTS 只有一个右操作数，该谓词要检查的是作为其右操作数的子查询所返回的集合是否为空。

3.4.4　SQL 数据更新功能

数据更新用于进行数据的插入、删除或修改。当更新操作的结果与完整性约束相矛盾时，RDBMS 会拒绝执行该操作。

1. 插入数据

插入数据使用 SQL 中的 INSERT 语句，其一般形式如下：

```
INSERT
INTO <表名> [(<属性列 1>[, <属性列 2> … ] ) ]
VALUES (<常量 1>[, <常量 2> … ]);
```

（1）插入一个元组

【例 3-4-38】用 INSERT 语句插入记录（表中所有属性都有值插入）。

将一条学生记录（0601025，李铭，男，地理，1987-7-5）插入 STU 表。

```
INSERT
INTO STU
VALUES("0601025","李铭","男","地理",#87-7-5#);
```

说明：

① 当表中所有属性都有值插入时，表名称后的属性列表可以不写，但 VALUES 子句中的数据必须与表的定义属性一一对应。

② 当一个表中的部分属性没有值插入时，必须在表名称后明确写出所有有数值插入的对应属性列表，列表中没出现的属性取空值。

【例 3-4-39】用 INSERT 语句插入记录（表中的部分属性没有值插入）。

将如表 3-4-7 所示的一条课程记录插入到 CLASS 表中。

表 3-4-7　　　　　　　　　　　　　　　　　属性有空值的记录

CLASS				
课程编号	课程名称	先修课程编号	学时	学分
2	高等数学		108	6

```
INSERT
INTO CLASS (课程编号,课程名称,学时,学分)
VALUES("2","高等数学",108,6);
```

或者采用下面的语句插入：

```
INSERT
INTO CLASS
VALUES("2","高等数学",NULL,108,6);
```

（2）插入子查询结果

我们在 3.2 节曾学习过逐条记录、逐个字段在表的数据表视图中输入数据的方法，如果需要成批输入已有数据，就无法在表的数据表视图中完成了，这时可以采用将 INSERT 语句与查询语句结合的方法，将数据成批地插入到表中，一般格式如下：

```
INSERT
INTO <表名> [(<属性列 1>[, <属性列 2> … ] ) ]
子查询;
```

【例 3-4-40】在 INSERT 语句中使用子查询。

创建一个平均成绩表 T_AVG，包含学生学号（长度为 7 个字符）和平均成绩（单精度数值型），并插入相应数据。

首先创建平均成绩表：

```
CREATE TABLE T_AVG(
        学号 TEXT(7),
        平均成绩 SINGLE);
```

再用子查询插入数据值：

```
INSERT
INTO T_AVG(学号,平均成绩)
    SELECT 学号,AVG(成绩)
    FROM SGRADE
    GROUP BY 学号;
```

2. 删除数据

删除数据使用 SQL 中的 DELETE，一般格式如下：

```
DELETE
FROM <表名>
[WHERE <条件>]
```

说明：

在 SQL 中不存在"逻辑删除"和"物理删除"，DELETE 语句所做的就是真正的删除。

（1）删除一个元组

【例 3-4-41】用 DELETE 语句删除一个指定元组。

从 SGRADE 表中删除 0601025 学生 1 号选修课记录。

```
DELETE
FROM SGRADE
    WHERE 学号="0601025" AND 课程编号="1";
```

（2）删除多个元组

【例 3-4-42】用 DELETE 语句删除多个指定元组。

从 SGRADE 表中删除所有 1 号课程的相关记录。

```
DELETE
FROM SGRADE
WHERE 课程编号="1";
```

（3）用子查询表达删除条件

【例 3-4-43】在 DELETE 语句中使用子查询。

删除 SGRADE 表中"数据结构"课程的所有选课记录。

```
DELETE
FROM SGRADE
WHERE 课程编号=(SELECT 课程编号
                FROM CLASS
                WHERE 课程名称="数据结构")
```

3．修改数据

修改数据使用 SQL 中的 UPDATE，一般格式如下：

```
UPDATE <表名>
SET <列名 1>=<表达式 1>[, <列名 2>=<表达式 2> … ]
[WHERE <条件>]
```

（1）修改一个元组

【例 3-4-44】用 UPDATE 语句修改一条记录的属性值。

将 0601025 学生 3 号选修课成绩改为 99 分。

```
UPDATE SGRADE
SET 成绩=99
WHERE 学号="0601025" AND 课程编号="3";
```

（2）修改多个元组

【例 3-4-45】用 UPDATE 语句修改多条记录的属性值。

将所有课程的学时加 2 学时。

```
UPDATE CLASS
SET 学时=学时＋2;
```

（3）用子查询表达修改条件

【例 3-4-46】在 UPDATE 语句中使用子查询。

将所有学生的"高等数学"课程的成绩设置为零。

```
UPDATE SGRADE
SET 成绩=0
WHERE 课程编号=(SELECT 课程编号
                FROM CLASS
                WHERE 课程名称="高等数学");
```

3.4.5　其他 SQL 功能

1. 视图的定义和作用

本章介绍了 SQL 语言的功能和特点时提到，SQL 语言支持关系数据库的三级模式结构，其中模式对应于基表；外模式对应于视图，视图是由基表导出的"虚表"，数据库中仅存放其定义，数据则存储在基表中。

但视图在概念上和基表等同，可以在视图的基础上再创建视图。

视图机制的存在使数据库的逻辑独立性、数据保密性和结构清晰性都得到提高。

（1）视图的定义

SQL 语言中的视图定义语句的一般格式为：

```
CREATE VIEW <视图名>[(<列名1>[, <列名2>… ] )]
AS  <子查询>
```

视图中的子查询中一般不应含有 ORDER BY 子句和 DISTINCT 短语。

（2）视图的删除

SQL 语言中视图删除语句的一般格式为：

```
DROP VIEW <视图名>
```

说明：

Access 并不直接支持 CREATE VIEW 和 DROP VIEW 语句。因为在 Access 中，查询本身可以单独保存，Access 也支持在已有查询的基础上创建新查询。所以，在 Access 中，已保存的查询就相当于 SQL 中的视图。基体操作参见相关实验部分。

2. 数据控制*

SQL 语言中还包括数据控制语句，用于对基本表和视图进行授权以及事务控制等。其中的完整性控制功能主要体现在 CREATE TABLE 语句以及 ALTER TABLE 语句上，而对数据库的安全控制则通过定义某用户对某类数据拥有指定操作权限来完成，当发生非法用户存取数据或合法用户进行非法访问时，DBMS 会拒绝执行操作。

在 SQL 语言中，授权和收回权限分别用 GRANT 语句和 REVOKE 语句完成。

（1）授权

【例 3-4-47】GRANT 语句示例 1。

将查询 SGRADE 表的权限授予用户张三。

```
GRANT SELECT ON TABLE SGRADE TO 张三
```

【例 3-4-48】GRANT 语句示例 2。

将查询 CLASS 表的权限授予全体用户。

```
GRANT SELECT ON TABLE CLASS TO PUBLIC
```

【例 3-4-49】GRANT 语句示例 3。

将对 STU 表的全部权限授予用户张三和李四。

```
GRANT ALL PRIVILEGES ON TABLE STU TO 张三,李四
```

【例 3-4-50】REVOKE 语句示例 1。

将查询 SGRADE 表并修改成绩的权限授予用户李四。

```
GRANT SELECT,UPDATE(成绩) ON TABLE SGRADE TO 李四
```

（2）收回权限

【例 3-4-51】REVOKE 语句示例 2。

将用户张三对 SGRADE 表的查询权限收回。

```
REVOKE SELECT ON TABLE SGRADE FROM 张三
```

【例 3-4-52】REVOKE 语句示例 3。

将所有用户对 CLASS 表的查询权限收回。

```
REVOKE SELECT ON CLASS FROM PUBLIC
```

【例 3-4-53】REVOKE 语句示例 4。

将用户李四对 SGRADE 表的插入权限收回。

```
REVOKE INSERT ON TABLE SGRADE FROM 李四。
```

说明：

（1）Access 不直接支持 REVOKE 语句和 GRANT 语句。Access 早期版本中（2003 版以前）通过在"工具"→"安全"中进行设置来完成授权和收回权限等功能，但在 2007 以及随后的版本中，用户级安全功能在普通文件格式（.accdb、.accde、.accdc、.accdr）的数据库中不再可用，如果要继续使用用户级安全机制，必须保持原来的文件格式（如.mdb 文件）。

（2）在 Access 2010 中要获得安全性，可考虑使用以下一项或多项功能：

① 加密。Access 2010 中的加密工具强制用户只有输入密码才能使用数据库。加密工具仅在使用新的文件格式之一的数据库中可用。

② 数据库服务器。将数据存储在管理用户安全的数据库服务器（如 Microsoft SQL Server）上。然后，通过使用 Access 将数据链接到服务器上来生成查询、表单和报表。任何 Access 文件格式保存的数据库上都可以使用此技术。

③ SharePoint 网站。SharePoint 提供了用户安全和其他有用功能，如脱机工作。提供了各种实现选项。一些 SharePoint 集成功能仅在使用新的文件格式之一的数据库中可用。

④ Web 数据库。Access Services 是一个新的 SharePoint 组件，它提供了一种发布数据库的方式，使 SharePoint 用户可以在 Web 浏览器中使用数据库。

习题与思考

1. 单选题

（1）关系型数据库管理系统应能实现的专门关系运算包括_____。

  A. 排序、索引、统计   B. 选择、投影、连接

  C. 关联、更新、排序   D. 显示、打印、制表

（2）关系模型中，关系中的各行_____。

  A. 前后顺序可以任意颠倒，不影响库中的数据关系

  B. 前后顺序不能任意颠倒，一定要按照输入的顺序排列

    C. 前后顺序可以任意颠倒，但排列顺序不同，统计处理的结果就可能不同

    D. 前后顺序不能任意颠倒，一定要按照关键字段值的顺序排列

（3）冗余数据是指可_____的数据。

    A. 产生错误   B. 由基本数据导出   C. 删除   D. 提高性能

（4）SQL 的数据操纵语言包括_____。

    A. ROLLBACK, COMMIT   B. CREATE, DROP, ALTER

    C. SELECT, JOIN, PROJECT, UNION   D. SELECT, INSERT, DELETE, UPDATE

（5）关系模型所定义的完整性约束不包括下列中的_____。

    A. 实体完整性   B. 参照完整性   C. 元组个数   D. 用户定义完整性

（6）下列数据类型在 SQL 语言中可以定义整数数值类型是_____。

    A. CHAR   B. DATE   C. SMALLINT   D. TEXT

（7）下列数据类型在 SQL 语言中不可以定义的非整数数值类型是_____。

    A. NUMERIC(p,s) B. DECIMAL(p,s)   C. YESNO   D. REAL

（8）下列数据类型在 SQL 语言中可以定义字符型数据的是_____。

    A. DATE   B. DECIMAL(p,s)   C. CHAR(n)   D. REAL

（9）在标准 SQL 语言中，下列内容用 CREATE 语句不可以定义的是_____。

    A. 基表   B. 字段值域   C. 字段值   D. 索引

（10）对 SQL 语言中的视图，以下叙述不正确的是_____。

    A. 视图从逻辑上看，它属于外模式   B. 视图是一个虚表

    C. 用户可以在视图上再定义视图   D. 视图属于模式

2. 填空题

（1）关系模型由_____、_____和_____3 部分组成。

（2）若关系中的某一属性组的值能唯一地标识一个元组，则称该属性组为_____。

（3）结构化查询语言 SQL 包括了_____、_____和_____3 个组成部分。

（4）在 SQL 中，用_____命令可以修改表中的数据，用_____命令可以修改表的结构。

（5）在 SQL 中，用_____命令可以从表中删除元组，用_____命令可以删除基表，用_____命令可以删除表中属性。

（6）在 SQL 的 SELECT 命令中，进行记录的筛选用_____子句，分组用_____子句，排序用_____子句。

3. 思考题

（1）候选键和主键有什么关系？

（2）WHERE 子句和 HAVING 子句进行筛选时有什么差别？

（3）连接查询和子查询在什么时候可以相互代替，什么时候不能？

第4章
文献检索

人类已进入信息时代，海量的电子数据蕴藏着不断更新的大量知识，文献检索就像挖取宝藏的工具，在学习、科研和工作中越来越显示出至关重要的作用。良好的文献检索习惯和方法，以及对所获取文献的有效利用，能为快速、准确地从海量信息中找到有用的知识，提高知识获取能力和个人信息素养打下良好的基础。

4.1　文献检索的基本概念

"文献"一词最早见于《论语·八佾》："夏礼吾能言之，杞不足徵也；殷礼吾能言之，宋不足徵也。文献不足故也。"南宋朱熹《四书章句集注》对文献做出了解释："文，典籍也；献，贤也"。文，指典籍文章；献，指的是古代先贤的见闻、言论以及他们所熟悉的各种礼仪和自己的经历。随着社会的发展，文献的概念已发生了巨大变化。

4.1.1　文献概述

1. 文献的定义

1984年，中华人民共和国国家标准《文献著录总则》对"文献"的定义为：文献是记录有知识的一切载体。其中，知识是文献的核心内容，载体是知识保存的形态。随着社会的发展和科技的不断进步，文献的保存形态不断地演化。从古代记载有文字的甲骨、贝壳、竹简、帛书、碑刻，到今天的书籍、期刊、杂志、胶片、电子书、音像资料等电子出版物，都属于文献。

2. 信息、知识、文献的关系

21世纪是信息时代，信息存在于生活中的方方面面。信息一般指数据、消息中所包含的意义，是事物的一种普遍属性。人们通过总结经验、观察思考或者推理后，可以从信息中提取出知识。换句话说，知识是人类的认识成果。一般认为，知识是对信息加工、吸收、提取、评价的结果，是系统化的信息。单个人获取的信息和知识是有限的，现代社会需要进行信息和知识共享，那么人们在获取了信息和知识以后如何进行传播和共享呢？这就需要将信息和知识记录下来，即文献。通过检索和查阅文献，人们可以得到所需要的信息和知识。图4-1-1说明了信息、知识及文献三者之间的关系。

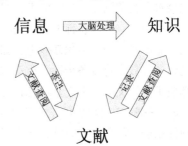

图 4-1-1　信息、知识及文献三者之间的关系

下面通过一个例子说明信息、知识及文献三者之间的关系。古时候，没有天气预报，人们如何来判断气候的变化呢？一种方法是可以根据植物的变化。例如，人们看到树叶发芽，感受到天气慢慢变暖和，就知道春天来了。树叶发芽和天气变暖这些都是人们看到和感受到的信息，根据长时间地积累，人们就可以得到如果树叶发芽，那么天气慢慢会变暖和，预示着春天来了这一知识，通过这些知识就可以合理地安排农作和生活。人们把所获得的这种知识记录下来形成文献，后人通过文献就知道如何从植物的变化来判断气候的变化。一叶知秋也是这样形成的知识。

你还能举出日常生活中其他的例子来说明信息、知识和文献的关系吗？

4.1.2　文献分类

1. 根据加工程度分类

文献根据加工的程度不同可以分为一次文献、二次文献和三次文献。

一次文献（原始文献）：最初发表的，分散在各种刊物上未经综合整理的原始文献，如试验研究报告、科技会议论文、专利说明书等。一次文献的内容新，创造性强，参考价值大，是人们检索和利用的主要工具，但是一次文献数量大、相对分散、检索相对较复杂。

二次文献：将大量的、分散的一次文献按照一定的方法进行综合整理后形成的文献，如文摘、目录、索引、指南等。二次文献是对一次文献的加工，无新的知识产生，具有集成性、检索性强的特点。

三次文献：根据一定的要求，在二次文献的基础上，对相关知识进行归纳、提炼、重组等形成的文献，是对上述两种文献再作综合报导，如百科全书、词典、年鉴、手册、综述等。三次文献归纳浓缩了大量的一次文献和二次文献，具有综合性高、针对性强、知识面广的特点，可以直接提供问题的答案，具有较高的使用价值。

请思考人民日报、期刊论文、读者文摘、上海旅游指南、新华字典、家族族谱属于哪种文献？

历年的英语考研试卷是一次文献，将最近五年的英语考研试卷按题型不同汇总为历年试题集形成二次文献，再根据题目提取出知识点和考点，将这些知识点整理并配以考题编写成历年考点分析就形成了三次文献。参考上述例子，请再举出其他的例子说明什么是一次文献，如何将其整理成二次文献或三次文献？

2. 根据出版形式分类

文献根据出版形式可以分为传统印刷型文献和电子文献两类。传统印刷型文献主要是指文献的记录媒介为印刷品，包括各类正式公开出版的图书、期刊以及特种文献。特种文献包括会议文献、学位论文、专利、标准、科技报告、政府文件、产品资料、技术文档等。电子文献指将信息存储在非印刷型的数字化载体上，如磁盘、光盘、移动磁盘等，并利用数据挖掘、计算机终端及移动设备等数字化设备传播、检索和使用的文献。电子图书、各类网络数据库、图书附带的光盘等都属于电子文献。下面介绍几种常见的文献类型。

- 图书：单册出版的正式公开出版物，是作者对已发表的科研成果、生产技术和经验或某一知识体系进行的概括和总结，代表了某一时期某一学科的发展水平。图书的特点是具有独立的内容体系、内容完整、知识系统全面，缺点是出版周期长，传播速度慢。

- 期刊论文：定期或不定期出版的有固定名称的连续出版物，集中迅速地反映某一学科或领域的最新研究进展、发展水平和热点问题，是进行资料查询、科学研究、市场调研、知识更新、自主学习的重要文献类型。期刊的特点是出版周期短、报道速度快、信息量大、内容新颖，具有较高的参考和实用价值。

- 学位论文：是高等院校毕业生用以申请授予相应学位而提出作为考核和评审的文章。学位论文分为学士、硕士、博士三个等级。学位论文是追踪学科前沿发展、研究过程、研究科学数据的重要资料，也是科学研究不可替代的文献资源。学位论文的特点是质量参差不齐，具有独创性、知识论述系统详尽，对某一问题的讨论较深入。

- 会议论文：将学术会议上交流所使用的论文、报告等编排出版的文献，代表某一学科或领域的新发现、新课题以及最新研究成果和发展水平。会议论文具有前瞻性、内容新颖、传递及时、主题集中等特点。

- 专利：根据专利法公开的有关发明的文献，一般指专利发明说明书，反映了最新的科技研究成果，是科研人员利用国内外先进技术进行科学研究，避免重复劳动的重要参考文献。专利具有新颖性、创新性和实用性，报道速度快，内容具有较强的系统性和完整性。

- 标准：按照程序制定、经公认的权威机构批准，人们在生产、设计和检验过程中必须执行的规范性技术文献，具有一定的法律约束力。国家标准反映一个国家的生产技术水平，国际标准则代表了当前世界水平，是科学研究的重要技术依据和信息来源。标准的特点是每一件都是独立、完整的，有统一编号。

随着信息技术的发展，电子文献因为具有体积小、容量大、传播快、时效性强、检索方便快捷等特点，成为了现在人们获取信息和知识的重要手段，在某种程度上，使用的范围和频率远远超过了传统印刷型文献。本章节所介绍的文献检索技术主要针对电子文献。

4.1.3　文献检索概述

德国柏林大学图书馆的大门上刻着这样一句话：这里是人类的知识宝库，如果你掌握钥匙的话，那么全部知识都是你的。记录下来的知识就是文献，而打开知识宝库的钥匙就是文献检索。

文献是现代人们获取知识以及进行科学研究的最重要途径，但是文献检索非常耗费时间和精力。据统计，传统的研究中大约 1/3 的工作时间是在查阅资料。学习如何快速、有效、准确地查找到所需要的文献至关重要。文献检索（Document Retrieval）是以文献为检索对象的信息检索，利用一定的方式与手段，在文献的检索工具（如搜索引擎）或文献数据库中（如中国知网），查找在特定时间和条件下所需文献的过程。

文献检索包括手工检索和计算机检索两种手段。本章所介绍的是计算机检索。

4.2　计算机文献检索

计算机文献检索是指利用计算机来进行文献检索。计算机具有对数据进行高速处理以及大容量存储等特点，随着计算机硬件技术的发展以及数据挖掘的普及，越来越多的文献可以通过计算机以及数据挖掘进行存储和传播。计算机检索具有检索速度快、数量大、范围广、内容新、操作简单、检索不受地理空间及时间限制等特点，已经成为人们获取信息的主要手段之一。

4.2.1　计算机文献检索原理

计算机文献检索的基本原理是将用户的信息需求与文献信息集合相比较，从而筛选出两者相匹配的文献。它包括文献存储以及文献检索两个过程。

● 文献存储：将文献进行有序的组织，是文献检索的前提。为了实现计算机检索，需要先根据一定的要求采集大量的原始文献，然后将这些文献中的检索特征提取出来，将文献以及文献的特征数据用数据库进行组织和存储。其中文献的检索特征包括文献的标题、作者、时间、来源、主题、关键词等。

● 文献检索：按要求检索文献的过程，是文献存储的逆过程。首先，必须将自己的检索要求转换为计算机可以识别的检索条件输入计算机。然后，由计算机在数据库中进行扫描匹配，查找出符合要求的相关文献资源。

文献存储和检索是计算机文献检索的两个核心，是密不可分的两个过程，存储是为了检索，而检索必须要先进行存储。狭义上讲，计算机文献检索仅指文献检索的过程，不包括文献存储。本章所涉及的文献检索是指狭义的文献检索。图 4-2-1 为计算机文献检索原理示意图。

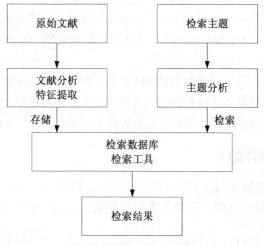

图 4-2-1　计算机文献检索原理

4.2.2　计算机文献检索步骤

计算机文献检索步骤主要包括检索需求分析、检索数据库选择、确定检索策略以及实施检索获取文献 4 个步骤。

1. 检索需求分析

文献检索以满足用户的某种信息需求为目的，因此检索需求对于文献检索至关重要。检索需求的分析主要包括：明确检索目的，分析检索主题以及确定检索范围及其他限定条件等。

● 明确检索目的。如果要追踪某一领域的最新进展或者前沿知识，对文献的时效性和新颖性要求较高；如果要了解某一问题的研究现状或开始一项新的研究，就要回溯大量文献，对文献的查全率要求较高；如果要解决学习或研究中的具体问题，需要查找到针对这个问题的文献，对文献的查准率要求较高。

● 分析检索主题。检索主题主要包括检索课题的领域、学科、主要内容等。

- 确定检索范围或限定条件，如文献类型、语种、时间范围、地区范围、机构、作者等。

2. 检索数据库的选择

选择了错误的数据库就像买东西走错了商店，无法获取真正所需要的文献及信息。下面将介绍国内及国外的常用数据库。

目前国内常用的三大网络数据库是中国知网 CNKI、万方数据库和维普中文科技期刊数据库。表 4-2-1 列举了三个数据库的特色。

表 4-2-1　　　　　　　　　　　　　CNKI、万方和维普数据库对比

数据库名	中国知网 CNKI	万方	维普
学科范围	学科分布广泛，基本覆盖全部学科领域	主要涉及工程技术和自然科学，并兼顾社会科学和人文科学	涵盖理、工、农、医及部分社科专业资源 人文社科领域相对较窄
期刊论文	中国学术期刊全文数据库（1979）	中国数字化期刊全文数据库（1998）	中文科技期刊数据库（1989）
会议论文	中国重要会议论文全文数据库（1953）	中国会议论文全文数据库（1985）	无
学位论文	中国博士学位论文全文数据库（1984） 中国优秀硕士学位论文全文数据库（1984）	中国学位论文全文数据库（1980）	无
外文文献	最多最全，多达十几种外文数据库	外文科技期刊文摘数据库（1992）	外文资源 NSTL（1995）
工具书	强大的工具书检索，如百科全书、词典、年鉴等	无	无
特色	<ul><li>外文文献最多最全</li><li>文献综合性强</li><li>整合能力强大</li><li>具有工具书检索</li></ul>	<ul><li>学位论文、会议论文最全</li><li>具有服务企业的商务信息数据库</li><li>数据库类型多，包括中外专利、中外标准、科技成果、法律法规、机构、科技名人等</li></ul>	<ul><li>仅有期刊论文，但是期刊论文在三者中相对最全</li><li>专注于文献二次加工，开发了文摘库、引文库、行业资源系统等</li><li>商业化程度高</li></ul>

思考　　　请思考如果只检索期刊论文，使用上述三个数据库中的哪种能获取最全面的文献？检索会议论文、学位论文、专利文献呢？如果检索的要求同时包括期刊和学位论文，应该使用哪种数据库？

3. 确定检索策略

如果到某地去自助游，那么要提前做好出游计划，比如选择哪种交通工具，确定出行线路，安排宾馆住宿，制定游玩行程等。在进行文献检索时，同样也要做检索计划，这个计划就叫检索策略。检索策略指为实现检索目标而制定的检索计划，具体而言就是在明确检索要求的基础上，确定检索词、检索途径、检索方法，并编写检索式的整个过程。

（1）确定检索词

对于一个较为复杂的检索题目，不能把整个题目输入检索框，应该提取出检索词，并用检索符连接各检索词。检索词的选择一般要规范，符合数据库检索用词规则，如方言词不能作为检索词。通常情况下，检索词是可以反映检索题目要求的主题词，并且是在学科专业领域中具有检索

价值的基本名词术语。提取检索词包含切分词、删除无用词以及补充同义词 3 个步骤。

切分词是以词为单位划分句子，切分一定要彻底，必须到词为止，同时也要适度，不能因切分而改变语义。删除无用词主要是指删除不具有检索意义的介词、连词、助词、副词等虚词，以及与题目关系不大而且比较泛指的词，如"展望"、"发展趋势"、"现状"、"近况"、"生产"、"工艺"、"应用"、"作用"、"方法"、"影响"、"效率"、"制造"、"结果"等。补充同义词主要是指当一个概念可以有多个关键词来表达时，对其同义词、缩略语或隐含词进行补充，如互联网、因特网、Internet；马铃薯、土豆、洋芋；预报、预测等。

【例 4-2-1】提取检索词示例。

对"监测大气污染的方法"提取检索词。

【例 4-2-1 解答】

首先切分词后表示为"监测/大气/污染/的/方法"。其中"的"是不具有检索意义的虚词，"方法"是与检索题目关系不大的词。删除这些无用词后，剩下的关键词为"监测/大气/污染"。"大气"的同义词"空气"。"污染"的同义词有 PM2.5、PM10、颗粒物。监测的同义词有"测定"。该例提取的检索词为"监测/测定/大气/空气/污染/PM2.5/PM10/颗粒物"。

（2）选择检索途径

检索途径是指数据库中哪些字段可作为检索入口，也就是说从哪个角度或哪个方面进行文献检索。不同的检索途径从不同的角度揭示文献信息的内涵。检索途径主要有外部特征检索途径和内容特征检索途径。

外部特征检索途径主要是指按以下途径进行检索。

- 文献名途径：如书名、刊名、篇名、特种文献名等。
- 编者途径：作者、编者、译者、发明人、出版社等。
- 序号途径：文献出版时所编的号码。如报告号、专利号、标准号、文摘号、索引号等。
- 其他途径：如出版类型、出版日期、国别、文种等。

内容特征检索途径是指文献所记载的隐含、潜在的信息，适用于在外部特征未知的情况下检索文献。

- 主题途径：文献的主题内容。如主题词、关键词等。
- 分类途径：文献所属的学科（专业）属性类别。如学科目录、分类目录、分类索引等。

（3）选择检索方法

检索方法是为实现检索目标所采用的具体操作方法。根据检索目的和检索要求不同，检索方法有很多，在检索过程中应根据检索者的实际需求，灵活运用各种检索方法，以达到满意的检索效果。通常情况下，在检索过程中经常交替使用多种检索方法。常用的检索方法有顺查法、倒查法、抽查法、追溯法以及分段法。其中顺查法、倒查法、抽查法合称为常用法。

- 顺查法：以课题研究的开始年代为起点，根据文献的年代以从旧到新的顺序进行查找。顺查法的优点是查全率高，同时在查找的过程中不断进行筛选，其查准率也较高，其缺点是检索工作量大。检索的目的在于收集某一课题的系统资料，以便进行综合分析研究，提出综述，述评等战略性情报供决策参考，一般不能有重大遗漏。在检索时间比较充裕和拥有比较全面的检索工具的情况下可利用顺查法查找文献。

- 倒查法：与顺查法刚好相反，根据文献的年代从新到旧的顺序进行查找。倒查法查找文献效率比较高，能够检索到内容新颖的文献。检索的目的是为了解决某一课题的某一技术性问题或查询有关课题的近期最新成果，对于要求快而准地提供最新理论情报或技术情报，检索时间要求短时，采用倒查法较好。

- 抽查法：集中查找课题的某个特定时间段，如某学科的发展重点阶段，文献集中较多的时间段。抽查法检索所花时间少，却能获取较多的相关文献，但要求检索用户熟悉该课题的发展情况。

- 追溯法（回溯法）：以文献后面所附的参考文献为线索，追溯查找相关的文献。利用多次查找文献后的参考文献像滚雪球似地找到一批文献。

- 分段法（循环法或交替法）：指常用法和追溯法相结合的检索方法，不断循环，直到满足检索要求为止。

（4）编写检索式

检索式是计算机检索中用来表达检索提问的表达式，用检索符将检索词连接起来构成的能让检索数据库识别的式子。只含有一个检索词的检索式称为简单检索式。含有检索符和至少两个检索词的检索式称为复合检索式。检索符的介绍详见 4.2.3 小节。

检索式要能够准确表达检索主题，检索式制订得合理与否，将直接影响到检索效果。不同的数据库有对于检索式编写具有不同的要求和原则。

4．实施检索获取文献

在检索数据库中输入检索式，或者选择合适的检索途径后输入检索词，执行检索就可以获得系统返回的检索结果，查看检索文献的详细信息。目前大多数网络数据库都提供文献的在线阅读、全文下载等功能。有时候，对检索结果不满意，需要调整检索策略，修改检索式，重新检索，直到得到满意的结果。例如，结果数量过多时，可以在前次检索结果的基础上利用二次检索缩小检索范围。

4.2.3 检索符

检索符又称逻辑算符，是表达检索词之间逻辑关系和限制关系的运算符号，复合检索式必须使用检索符。下面将详细介绍 3 种常用的检索符。

1．布尔逻辑算符

（1）逻辑"或"

或运算符用 or 或 + 表示，含义是检出的记录中，至少含有检索词中的一个。或运算符的基本作用是扩大检索范围，增加命中文献量，防止漏检，提高检索结果的查全率。适用于同义词或近义词等。

例如：对【例 4-2-1】中的"监测大气污染的方法"提取检索词后，"大气"和"空气"是同义词，用或算符表示为"大气 or 空气"或"大气 + 空气"。

（2）逻辑"与"

与运算符用 and 或*表示，含义是检出的记录中同时含有所有检索词。与运算符的基本作用是对检索词加以限定，逐步缩小检索范围，减少命中文献量，提高检索结果的查准率。

例如：【例 4-2-1】中要求查询"监测大气污染的方法"相关文献，提取关键词为"监测/测定/计算/大气/空气/污染/PM2.5/PM10/颗粒物"，表示为(大气 or 空气)and(污染 or(PM2.5 and PM10)or颗粒物)and(监测 or 测定)。

（3）逻辑"非"

非运算符用 not 或-表示，含义是检索出含有非运算符前的检索词，但是不包括非运算符后检索词的所有记录。非运算符的基本作用是排除不需要的检索词，缩小检索范围，减少命中文献量，但不一定能提高文献命中的准确率。同时应注意在有两个以上运算符的复杂逻辑式中，非算符出现次数不能太多，否则检出结果极少，影响检出效果。

例如：【例 4-2-1】中要求不需要查询 PM10 的监测方法，检索式可修改为：(大气 or 空气)and(污染 or 颗粒物 or PM2.5 - PM10)and(监测 or 测定)。

2. 邻接算符

在检索中经常会遇到如下一些情况，如某个概念需用词组形式表达，两个或两个以上的词要紧密相邻。在这种情况下，需要用邻接算符限定检索词的位置关系或是词语出现的顺序。不同的检索系统中邻接算符的表示可能会有所不同，用户可以在检索系统的帮助文档中查看详细的检索符定义和介绍。下面将介绍 ScienceDirect 数据库中邻接算符的使用方法。

（1）pre/n

pre/n 用于连接两个检索词，表示为 A pre/n B，含义为 A、B 两个词之间最多有不超过 n 个词，并且两词前后顺序不能颠倒。

【例 4-2-2】邻接运算符示例。

以 ScienceDirect 数据库为例，检索 2010 年至 2011 年文献标题中包含"information"和"service"两个关键词，要求"information"在"service"之前，并且两个关键词之间最多有 1 个单词。

【例 4-2-2 解答】

① 访问学校图书馆主页（www.lib.ecnu.edu.cn），在上方导航栏中选择"资源导航"——"电子资源"——"电子资源导航"，进入电子资源导航页面，在"常用外文数据库"中选择"ScienceDirect"进入 ScienceDirect 数据库。

② 在数据库主页上方导航栏中选择"Advanced search"，进入查询页面，检索字段下拉菜单选择"Title"（在文献的标题中检索），检索词为"information pre/1 service"，定义年限为 2010 至 2012 年，如图 4-2-2 所示。

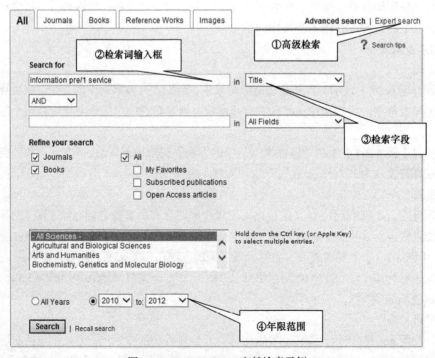

图 4-2-2　ScienceDirect 文献检索示例

③ 单击"Search"按钮，搜索到 55 条相关文献（搜索结果的实时数据会随数据库的状态发生变化），文献标题中含有 information service，information processing service，information and service 等都符合检索要求。

（2）w/n

w/n 用于连接两个检索词，表示为 A w/n B，含义为 A、B 两个词之间最多有不超过 n 个词，并且两词前后顺序可以改变。

以 ScienceDirect 数据库为例，检索 2010 年至 2012 年文献标题中包括"information"和"service"两个关键词，并且两个关键词之间最多有 1 个单词，关键词顺序任意。比较检索结果和例 3 的检索结果有什么不同。

3. 截词算符

截词检索是利用检索词的词干或不完整的词形查找信息的一种检索方法。截词检索在外文数据库中广泛使用。当检索词存在单复数形式，同一词英、美拼法不同，或需要检索词根相同的词时常常用到截词算符。截词算符可以降低输入次数，简化检索程序，扩大检索范围，提高查全率。

常用的截词符有"?"和"*"两个。截词符"?"表示 0 或 1 个字母，如 colo?r 表示 color、colour。截词符"*"表示多个字母，如预防*辐射表示预防辐射、预防核辐射、预防电脑辐射、预防电磁波辐射、预防手机辐射等。

按照截词符出现在单词中的位置不同，可以分为前截词、后截词、前后截词以及中间截词。前截词表示截词符后方一致，如：*computer 表示 minicomputer，microcomputers 等。后截词表示截词符前方一致，如：comput* 表示 computer，computers，computing 等。前后截词表示截词符中间一致，如*comput*表示 minicomputer，microcomputers 等。中间截词表示截词符前后一致，如 wom?n 表示 woman，women；社会科学*发展表示社会科学的发展，社会科学研究的发展等。

【例 4-2-3】截词运算符示例。

以 ScienceDirect 数据库为例，检索标题中分别包含"comput?"和"comput*"的发表于 2012 年的文献，比较两次检索到的文献数量和两个截词符有怎样的相关性。

【例 4-2-3 解答】

① 打开学校图书馆中的 ScienceDirect 数据库。

② 在 ScienceDirect 数据库中的搜索框中输入"comput?"，检索字段选择"Title"，年限定义为 2012 年，执行检索，检索到 28 篇文献，检索词有 compute、computes。

③ 在 ScienceDirect 数据库中的搜索框中输入"comput*"，检索字段选择"Title"，年限定义为 2012 年，执行检索，检索到 3984 篇文献，检索词有 computer、computed、compute、computational、computation 等。

4.3　搜索引擎及其使用

搜索引擎是指根据一定的策略、运用特定的计算机程序从互联网上搜集信息，在对信息进行组织和处理后，为用户提供检索服务，将检索得到的相关信息展示给用户的系统。搜索引擎的前身是 1990 年由加拿大麦吉尔大学的三名学生发明的 Archie 系统。Archie 是第一个自动索引互联网上匿名 FTP 网站文件的程序，用户输入文件名搜索，系统可以告诉用户下载该文件的 FTP 地址。

但它还不是真正的搜索引擎。随着互联网技术的发展，受 Archie 的启发，诞生了许多形形色色的搜索引擎，如 Excite、Yahoo!、Lycos、Google，以及中文搜索引擎百度、搜狗、有道等。

4.3.1 搜索引擎工作原理

搜索引擎的工作原理包括以下 3 个步骤。

（1）搜集资源信息

搜索引擎通过一种称为网络爬虫（Spider）的程序跟踪网页的链接来进行资源信息的搜集。像蜘蛛在蜘蛛网上爬行一样，网络爬虫在互联网上浏览信息，它可以从一个链接爬到另外一个链接，然后把这些信息都抓取到搜索引擎的服务器上。网络爬虫的工作必须遵循一定的规则或命令。

（2）信息预处理以及建立索引

网络爬虫抓取回来的信息并不能直接进行检索，必须进行预处理，并对这些信息建立索引。预处理一般包括对网页进行文字提取、分词、去噪等，处理后的信息还要将它们按照一定的规则进行编排，即建立索引。这样，搜索引擎根本不用重新翻查它所有保存的信息而迅速找到所要的资料。想象一下，如果信息是不按任何规则随意地堆放在搜索引擎的数据库中，那么它每次找资料都得把整个资料库完全翻查一遍，如此一来再快的计算机系统也没有用。

（3）接受搜索

用户在搜索框输入关键词后，搜索引擎接受查询并向用户返回资料。目前，搜索引擎的搜索结果主要是以网页链接的形式返回给用户，用户点击链接就可以到达含有自己所需资料的网页。通常搜索引擎会在这些链接下提供简单的网页摘要文字以帮助用户判断此网页是否含有自己需要的内容。

4.3.2 常用搜索引擎

1. 百度及其使用

百度（http://www.baidu.com）是目前使用最广泛的中文搜索引擎，最早由李彦宏、徐勇于 1999 年在美国硅谷建立。"百度"二字源自中国南宋词人辛弃疾《青玉案·元夕》的一句词："众里寻他千百度，蓦然回首，那人却在灯火阑珊处"。

（1）百度百科

百度百科是一部内容开放的网络在线百科全书，旨在创造一个涵盖所有领域知识、服务所有互联网用户的中文知识性百科全书。百度百科的开放性主要是指每个用户都可以对百度百科全书进行编辑，可以实现知识共享人人参与，并免费服务于每一个人。同时，百度百科实现与百度搜索、百度知道相结合，从不同的层次上满足用户对信息的需求。

打开百度百科（http://baike.baidu.com/），如图 4-3-1 所示，在搜索框中输入检索关键词，单击

图 4-3-1　百度百科首页

"进入词条"按钮，打开该关键词在百度百科中的解释页面；单击"搜索词条"按钮，则进入该关键词的百度搜索页面。另外，百度百科还提供了"分类频道"，包括自然、文化、地理、历史、生活、社会、艺术、人物、经济、科技以及体育共 11 个分类，用户可以单击某个分类浏览分类内容。

【例 4-3-1】百度百科检索示例。

在百度百科中查找"数据库管理系统"。

【例 4-3-1 解答】

① 打开百度百科，在搜索框中输入"数据库管理系统"，单击"进入词条"按钮，显示页面如图 4-3-2 所示。

② 在词条页面浏览数据库管理系统的具体内容以及相似文献。

③ 在页面右侧查看词条的统计信息，如浏览次数，编辑次数，最近更新，创建者等。

④ 单击词条旁边的"编辑"按钮，进入编辑页面对该词条进行编辑。编辑词条之前，需要注册百度用户。注册成功后，登录后对词条进行编辑。

⑤ 单击页面中的蓝色的"数据库"文字链接，打开"数据库"词条页面。

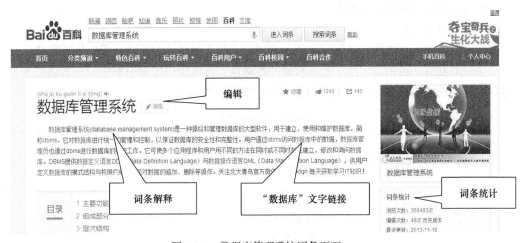

图 4-3-2　数据库管理系统词条页面

（2）百度文库

百度文库是百度发布的供网友在线分享文档的平台，包括教学资料、考试题库、专业资料、公文写作、法律文件、文学小说、漫画游戏等多个领域的资料。百度注册用户可以上传、在线阅读和下载文档，未注册用户只能在线阅读。百度文库的文档都是由百度用户上传，需要经过百度的审核才能发布，百度自身不编辑或修改用户上传的文档内容。用户上传文档可以得到一定的积分，下载有标价的文档需要消耗积分，下载免费文档不需要积分。截至 2013 年 10 月文库文档数量已有八千多万。

打开百度文库（http://Wenku.baidu.com/），在搜索框中输入检索关键词，并选择某一文档类型，单击"百度一下"按钮，会显示出检索的结果文档，用户点击某个文档即可打开该文档进行在线阅读或下载，如图 4-3-3 所示。

2. Google 及其使用

Google（http://www.google.com.hk/）目前被公认是全球规模最大的搜索引擎。Google 创建于 1998 年 9 月，创始人为斯坦福大学的研究生拉里·佩奇（Larry Page）和谢尔盖·布林（Sergey Brin）。Google 取自数学术语 Googol。Googol 是由美国数学家 Edward Kasner 九岁的侄子 Milton

图 4-3-3 百度文库检索示例

Sirotta 发明的，它指的是 10 的 100 次幂（方），即表示 1 后有 100 个 0。Google 借用这个词表示它可以在互联网上获得的海量资源。

（1）常用检索语法

如果直接在搜索框中输入关键字，找到的网页有很多都是不相干的，只能将搜索结果一页一页翻下去，寻找有用的内容。为了提高检索的准确性，可以使用搜索引擎中的检索语法来缩小检索范围，提高检索的准确性。表 4-3-1 列出了常用的检索语法。

表 4-3-1　　　　　　　　　　　　　搜索引擎常用检索语法

语法	含义	实际操作举例	搜索结果
""	精确匹配，将引号内容作为整体来搜索	"生态环境可持续发展"	搜索包含"生态环境可持续发展"的网页
define:	搜索定义	define:数据库管理系统 注意：define:和关键词之间不要带空格	搜索数据库管理系统的定义
site:	限制搜索的域名范围	site:sina.com.cn 雾霾 注意：site:和站点名之间，不要带空格	搜索新浪网上关于雾霾的网页
filetype:	搜索指定类型的文件	数据库管理系统 filetype:ppt	搜索数据库管理系统的 PPT 文件
inurl:	搜索包含有特定字符的 URL	photoshop inurl: jiqiao	搜索有关 photoshop 的网页并且网站 url 中包含 jiqiao
intitle:	搜索网页标题中含有特定字符的网页	新闻 intitle:雾霾	搜索网页标题中含有雾霾的新闻
allintitle	搜索网页标题中同时含有多个字符的网页	allintitle:上海雾霾	搜索网页标题中含有上海和雾霾的网页
-	逻辑非运算符，排除-后面的内容	阿甘正传 intitle:下载-在线 注意：-和前一个关键词之间必须有空格	搜索阿甘正传的下载，而不是在线播放的网页
*	截词符，*可以表示任意字符	预防*辐射	搜索预防任何辐射的网页
or	逻辑或运算符，搜索多个关键词中的任意一个	电子商务 or 网上购物安全	搜索有关电子商务安全或者网上购物安全的网页

注意，搜索引擎中多个关键词用空格分开，相当于逻辑与运算符"and"，表示检索内容同时包含多个关键词。

"新闻 intitle:雾霾"和"intitle:雾霾 新闻"之间的区别是什么。

（2）Google 高级检索

除了使用语法检索，Google 还提供了高级检索功能，让用户可以不必手工输入语法，就可以进行更专业的检索，提高检索的准确性。但是高级检索中定义的检索条件有限，只可以实现部分搜索语法的功能。

【例 4-3-2】Google 高级检索示例。

利用 Google 高级检索查询"上海或北京有关雾霾的新闻"。

【例 4-3-2 解答】

① 在 Google 主页中单击右上角的齿轮图标，然后单击"高级检索"按钮；或者通过网址 http://www.google.com/advanced_search 直接访问高级检索页面。

② 在"以下所有字词："搜索框中输入"雾霾 新闻"，在"以下任意字词："搜索框中输入"上海 北京"，在"字词出现位置："下拉框内选择"网页标题中"选项，单击"搜索"按钮。

③ 查看搜索结果，单击结果链接进入检索结果页面。

为了使搜索结果更加准确，需要限制字词出现位置位于网页标题中，否则将搜索到大量有关雾霾的新闻，只是在网页的新闻内容中出现"上海"或"北京"一词，但是并不是针对上海或北京这两个城市雾霾的相关新闻。

（3）Google 学术搜索

Google 学术搜索（http://scholar.google.com.hk）是一项免费服务，可以帮助快速寻找学术资料，如专家评审文献、论文、书籍、预印本、摘要以及技术报告，还可以查询文章被引用情况。Google 学术搜索在索引中涵盖了来自多方的信息，信息来源包括万方数据资源系统，维普资讯，主要大学发表的学术期刊、公开的学术期刊、中国大学的论文以及网上可以搜索到的各类文章。

【例 4-3-3】Google 学术检索示例。

作为一名正在写有关移动电子商务安全论文的学生，请用 Google 学术搜索查找 2010 年至 2013 年的相关文献，按日期排序，并下载其中的一篇 PDF 文档。

【例 4-3-3 解答】

① 打开 Google 学术搜索，在 Google Scholar 搜索框中输入"移动电子商务安全"，单击"放大镜"搜索按钮，获得与该主题相关的论文、书籍、专利等文献列表，如图 4-3-4 所示。

② 在页面左侧可以对检索出的文献进行时间范围、相关性排序、语言等限制。单击"自定义范围"选项，定义时间为 2010 年至 2013 年，单击"搜索"按钮；选择"按日期排序"选项。

③ 查找到文献题名最前端有"[PDF]"标识的文献，单击文献名称可以直接下载该文献的 PDF 文档。

文献前端如果没有"[PDF]"标识，则该文献不能直接下载，单击文献题名打开文献所在的数据库页面，大多数数据库必须注册用户付费才能下载文献全文。如果想免费下载 PDF 格式的文献，可以在搜索框内输入"移动电子商务安全 filetype:pdf"，利用语法检索对文献的格式进行限制从而缩小检索范围，只检索到可以直接下载的文献。

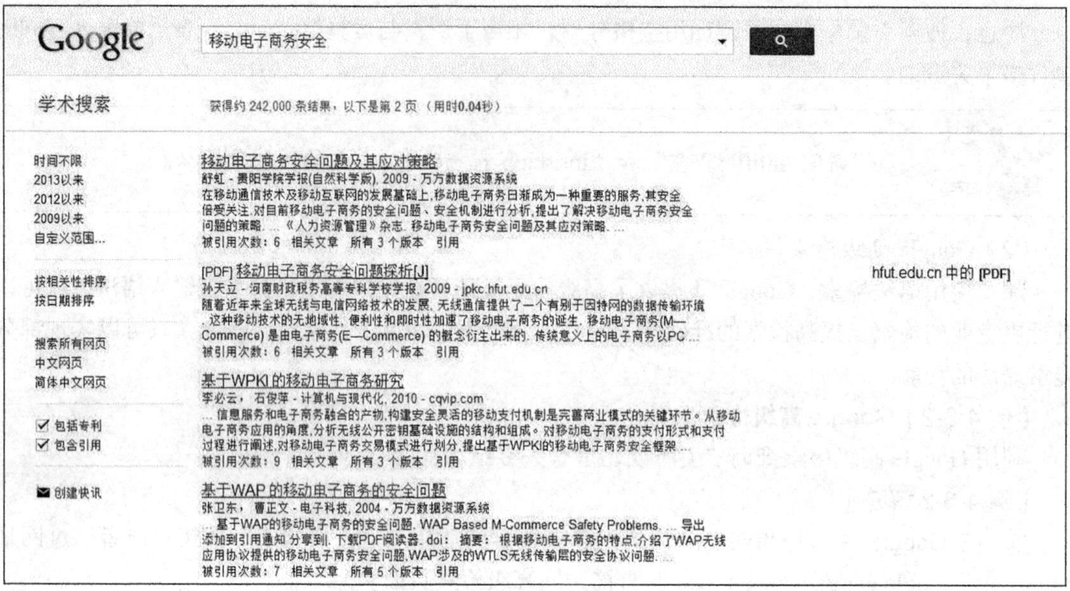

图 4-3-4　Google 学术搜索

4.4　图书文献数据库

电子图书（Electronic Book）也称为电子书，简称 E-book，是相对于传统的纸质图书而言，数字化的、以电子文件形式存储在各种磁介质或电子介质中，以数字化方式发行、传播和阅读的图书。和纸质图书相比，电子书具有价格低、发行速度快、更新及时、易于传播和共享、检索方便、可集成多媒体、与读者互动性好等优点，极大地方便了人们的阅读，并且推动了网络出版和信息传播业的发展。国内的电子书数据库主要有：超星数字图书馆，方正 Apabi 电子书图书馆，书生之家等。

4.4.1　超星数字图书馆

超星数字图书馆是目前全球最大的中文在线数字图书馆，它拥有海量的电子图书资源，新平台拥有 140 万册图书，并且每天仍在不断地增加与更新。其中包括文学、历史、经济、法律、科学、医药、工程、建筑、计算机等几十大类，也包括很多新书和热门图书，如藏地密码、历史也疯狂等。

登录超星数字图书馆主页（http://www.ssreader.com）可以免费阅读部分 PDG 图书，而其他大部分图书需要付费阅读，可以进行会员注册购买阅读卡。有些高校购买了超星数字图书馆使用权，其校园网上的读者访问所购买的超星数字图书馆链接就可以免费阅读和下载。例如，华东师范大学校园网用户可以进入学校图书馆网站（http://www.lib.ecnu.edu.cn）访问页面上方导航栏中的"资源导航——电子资源——电子资源导航"进入电子资源导航页面，在"常用中文数据库"中选择"超星数字图书馆"，页面如图 4-4-1 所示。

1. 电子书检索

超星数字图书馆提供三种文献检索方式：关键词检索、分类检索、高级检索。

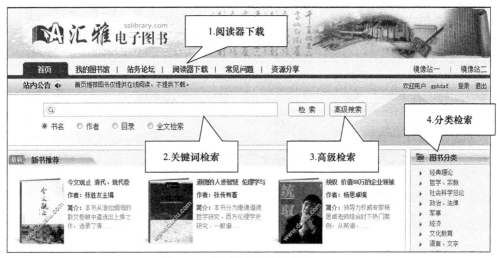

图 4-4-1　超星数字图书馆主页

（1）关键词检索

关键词检索，即用所需信息的主题词（关键词）进行图书查询。图书关键词检索可选择四个检索字段（即检索途径）：书名、作者、目录以及全文检索。选择某一检索字段，在检索框内输入关键词，如"数据库"，按 Enter 键或单击"搜索"按钮，检索结果即可罗列出来，为便于查阅，关键词以醒目的红色显示，如图 4-4-2 所示。检索结果可按"书名"、"出版日期"等进行排序。如果有多个关键词，则关键词之间要以一个空格隔开，如"数据库 oracle"。关键词越少，检索结果越丰富。

检索结果显示出来后，如果查询到的图书太多，可以选择搜索框旁边的"在结果中搜索"，重新定义检索词并选择检索字段，在当前的检索结果中进行二次检索。

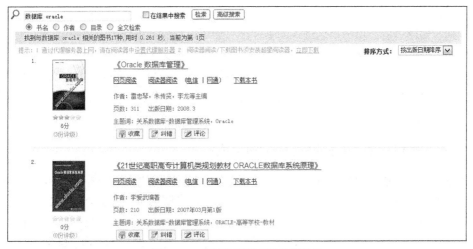

图 4-4-2　超星数字图书馆检索结果

（2）分类检索

如果用户不知道具体的书名或者作者时，可以采用分类检索。超星数字图书馆根据《中国图书馆图书分类法》的分类目目对所有记录进行分类检索。在首页右侧"图书分类"中选择分类，进入超星数字图书馆的分类区域，如图 4-4-3 所示，可再直接逐级点击右侧的"图书分类目录"

进入相应的类别，直到满足需求为止。例如选择分类"文化、科学、教育、体育—教育—学前教育、幼儿教育"，该类别相关的电子书以列表形式显示在页面中间。用户还可以重新输入关键词，并选中"在本分类下检索"进行二次检索。

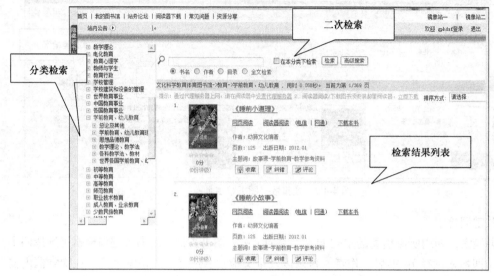

图 4-4-3　超星图书分类检索页面

（3）高级检索

如果需要精确搜索某一本书，可单击主页上的"高级搜索"按钮进行高级检索。在高级检索中，可以定义多个检索条件，包括选择检索项"书名"、"作者"、"主题词"，逻辑关系"并且"、"或者"，以及限制图书出版年代范围。在检索框中输入检索词，单击"检索"按钮，检索结果显示在页面下方。单击"快速检索"按钮，返回关键词检索页面。

2. 阅读与下载

查找到所需图书后，单击书名进入图书详细页面可以查看图书作者、出版时间、页数、主题词、中图分类号、图书简介、评论等信息。在该页面中，可以选择"网页阅读"或"阅读器阅读"阅读图书。网页阅读可以在线打开电子书，阅读器阅读则是在超星阅读器 SSreader 中打开图书。单击"下载本书"按钮可以将图书下载到本地计算机中。阅读器阅读和下载本书需要下载并安装超星阅读器 SSreader。

4.4.2　北大方正 Apabi 数字图书馆

北大方正 Apabi 数字图书馆由北大方正电子有限公司网络传播事业部推出，可以实现电子书网上发布及阅读、电子书的制作与转换等功能。Apabi 数字图书馆收录了全国 400 多家出版社出版的最新中文电子图书，绝大部分为 2000 年以后出版的，并与纸质图书同步出版。涵盖了社会学、哲学、宗教、历史、经济管理、文学、艺术、数学、化学、地理、生物、医学、工程、机械等多种学科。高校图书馆在购买了 Apabi 电子图书馆后，其校园网上的读者可以免费进行图书检索、在线浏览和借阅。例如：华东师范大学校园网用户在学校图书馆的电子资源导航页面中选择"Apabi 电子图书"即可进入 Apabi 数字图书馆。

1. 借阅流程

Apabi 数字图书馆为可借阅电子图书系统。在使用之前，必须下载并安装最新的 Apabi Reader

阅读器，如图 4-4-4 所示。安装成功后，在主页中登录，单击"数字资源链接"，可以检索电子书，并进行在线浏览或借阅下载。

图 4-4-4　Apabi 数字图书馆主页

Apabi 数字图书馆是一个网络图书馆，它的使用和普通的图书馆类似，可以检索、借阅、归还或续借图书，借阅流程如图 4-4-5 所示。

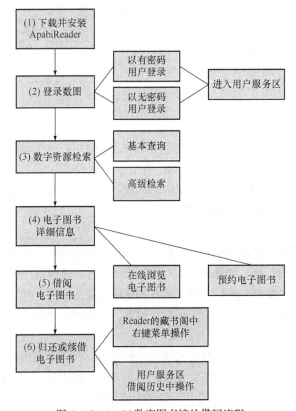

图 4-4-5　Apabi 数字图书馆的借阅流程

系统为不同用户提供了不同的借阅规则，用户可以在"用户服务区"查看借阅规则。华东师范大学校园网用户同时可借 50 本授权图书，借阅期为 14 天，图书到期自动归还，在线浏览的时间为 60 分钟。

2. 电子书检索

（1）快速检索

方正 Apabi 数字图书馆主页上方为快速检索界面。检索字段可以选择书名、责任者、主题/关键词、摘要、出版社、年份、全面检索、全文检索。其中全面检索是指对书名、责任者、主题/关键词、摘要、出版社等的全面检索，只要指定的搜索词在这些字段中的任何一个中出现，都符合全面检索的条件，系统将能查出该书。选择检索字段后，在检索输入框中输入检索词，最后单击"查询"按钮，符合条件的电子书会以图文、列表或缩略图形式显示，例如：检索书名包含"photoshop"的电子书，检索条件和检索结果如图 4-4-6 所示。

检索后，若检索结果很多，可使用"结果中查"在检索结果中进行二次检索。二次检索功能可反复多次使用。

图 4-4-6　Apabi 检索示例

（2）分类检索

和超星数字图书馆类似，方正 Apabi 数字图书馆也提供用户分类检索功能。用户可以根据显示的分类，方便地查找出所有该类别的电子书。单击"显示分类"，可以查看"常用分类"和"中国图书馆图书分类法"。单击类别名，页面会显示该分类的所有电子书的检索结果。此时"显示分类"变为"隐藏分类"，单击可隐藏分类。

（3）高级检索

使用高级检索可以输入比较复杂的检索条件，单击页面左侧的"高级检索"进入高级检索。高级检索分为"本库查询"和"跨库查询"。用户可以在列出的项目中任选检索条件，所有条件之间可以用"并且"或"或者"进行连接。所有的选项设置完成后，单击"查询"按钮，开始高级检索，检索结果显示在右侧。单击"关闭高级检索"按钮可结束检索。

3. 在线浏览与借阅

检索到所需要图书后，可点击书名进入图书详细页面，在该页面可以查看图书详细信息，并进行在线浏览和借阅。单击"在线浏览"按钮，可在 Apabi 阅读器中直接打开电子书阅读。单击"借阅"按钮，则在 Apabi 阅读器中将图书下载到本地计算机，但是图书是有借阅期限的，超过期限将自动归还，不可以再在本地阅读。

在 Apabi 阅读器中可以查看用户借阅的图书，方法是：单击"文件"菜单下的"整理夹"，在打开的整理夹画面（见图 4-4-7）中，单击右侧"我的图书"中的"借阅的书"，所借阅的电子书会显示在页面左侧的藏书阁中。双击藏书阁中的电子书，打开阅读界面。右击借阅的读书，在下拉菜单中单击"借阅信息"可以查看借阅时间、到期时间等信息，单击"归还此书"或"续借此书"可以归还或续借选中的图书。

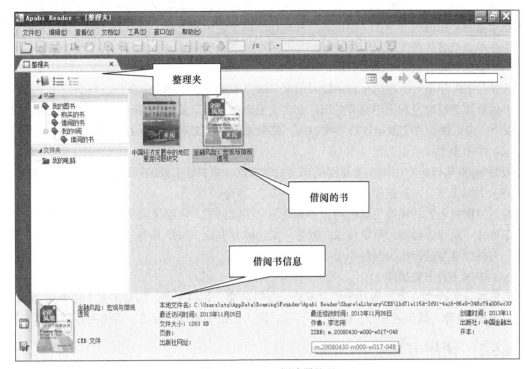

图 4-4-7　Apabi 阅读器整理

4.5　中国知网 CNKI

中国知网 CNKI 全称是国家知识基础设施（National Knowledge Infrastructure），由清华大学、清华同方发起，始建于 1999 年 6 月，是以实现全社会知识资源传播共享与增值利用为目标的信息化建设项目。目前中国知网 CNKI（http://www.cnki.net/）是国内使用最广泛的数字文献数据库。在使用 CNKI 数据库时，必须下载安装最新版的专用阅读器 CAJViewer 或 Adobe Reader。高校图书馆在购买 CNKI 后，校园网用户可以对 CNKI 数据库进行免费检索、浏览及全文下载。华东师范大学校园网用户在学校图书馆的电子资源导航页面中单击"中国知网"链接，即可进入中国知网 CNKI。

4.5.1　重要数据库介绍

CNKI 整合了各类型的学术资源，包括：中外文学术期刊、学位论文、会议论文、报纸、专利、标准、年鉴、工具书、图书等。在 CNKI 的首页中单击"资源总库"可查看所有的数据库。常用的数据库介绍如下。

（1）中国期刊全文数据库

收录了 1915 年至今国内公开发行的近万种重要期刊，其中的重要核心期刊可以回溯至创刊，以学术、技术、政策指导、高等科普及教育类期刊为主，内容覆盖自然科学、工程技术、农业、哲学、医学、人文社会科学等各个领域。

（2）中国优秀博硕士论文全文数据库

收录了 1984 年至今的优秀博硕士学位论文，全国四百多家培养单位的博士学位论文和六百多家硕士培养单位的优秀硕士学位论文。可以在线浏览、全文下载、分章节下载，也可以根据需要只保存单页或者片段文献。

（3）中国重要会议论文全文数据库

收录 1999 年至今，中国科协系统及国家二级以上的学会、协会，高校、科研院所，政府机关举办的重要会议以及在国内召开的国际会议上发表的文献。其中，国际会议文献占全部文献的20%以上，全国性会议文献超过总量的 70%，部分重点会议文献回溯至 1953 年。

（4）中国重要报纸全文数据库

收录 2000 年以来中国国内重要报纸刊载的学术性、资料性文献的连续动态更新的数据库。

（5）中国年鉴全文数据库

是目前国内最大的连续更新的动态年鉴资源全文数据库。内容覆盖基本国情、地理历史、政治军事外交、法律、经济、科学技术、教育、文化体育事业、医疗卫生、社会生活、人物、统计资料、文件标准与法律法规等各个领域。

（6）中国工具书数据库

目前收录了近 200 家出版社的语言词典、专科辞典、百科全书、国鉴（谱）年表共 2000 多种，辞书约 20 种，词条近千万，图书 70 万张，向人们提供精准、权威、可信的知识搜索服务。

4.5.2　使用方法

系统提供了初级检索、高级检索、专业检索、作者发文检索、科研基金检索、句子检索以及文献来源检索 7 种检索方式，另外还提供了二次检索、跨库检索功能。

1. 初级检索

（1）检索方法

登录 CNKI 后，系统默认的检索方式为高级检索，单击界面右上角的"首页"可以进入 CNKI 首页，首页的检索方式为初级检索。用户可以在页面上方选择文献、期刊、博硕士、会议等单库检索，其中"文献"检索标签是在期刊、博硕士、会议、报纸、年鉴库中进行检索。选择某个数据库后，在检索条件下拉框里选取要进行检索的字段，包括：全文、主题、篇名、作者、关键词、摘要、参考文献、中图分类号、文献来源等。检索字段根据所选的数据库不同会有差别。其中主题检索是同时在题名、关键词、摘要三个字段中检索。选择检索字段后，在检索框里输入关键词，单击"检索"按钮执行检索。例如：检索篇名中包含"数据挖掘"的文献，检索条件如图 4-5-1 所示。

图 4-5-1　CNKI 检索结果页面

（2）二次检索

在执行完第一次检索操作后，如果对检索结果不满意，觉得检索结果范围较大，可以重新选择检索字段，输入检索词，单击"结果中检索"按钮进行二次检索，以此缩小检索范围。二次检索可以反复执行多次，逐次达到最满意的检索结果。

【例 4-5-1】在 CNKI 中利用初级检索和二次检索示例。

请利用初级检索和二次检索在中国知网数据库中检索有关"云计算环境下数据挖掘"方面的文献。

【例 4-5-1 解答】

① 分析检索主题，提取出两个关键词"云计算"和"数据挖掘"。

② 在 IE 浏览器中打开华东师范大学图书馆主页，在导航栏中选择"资源导航"——"电子资源"——"电子资源导航"，进入电子资源导航页面，在"常用中文数据库"中选择"中国知网"进入中国知网 CNKI 数据库。

③ 初级检索：单击界面右上角的"首页"，进入 CNKI 首页初级检索页面，在页面上方导航栏中选择"文献"数据库，检索字段选择"篇名"，检索框内输入"数据挖掘"，单击"检索"按钮，检索出篇名包括"数据挖掘"的 14797 篇文献，其中有很多不符合云计算的要求，需要缩小检索范围，进行二次检索。

④ 二次检索：检索框内重新输入新的检索词"云计算"，单击"结果中检索"按钮，检索结果页如图 4-5-2 所示，检索出 67 篇有关云计算环境下数据挖掘的文献。

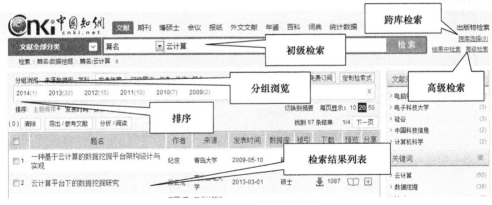

图 4-5-2　CNKI 检索结果页面

（3）跨库检索

除了选择单库检索外，CNKI 还提供了跨库检索功能，单击页面上方右侧的"跨库检索"按钮，弹出的界面如图 4-5-3 所示。可以选择想要的数据进行组合检索，然后再执行检索。

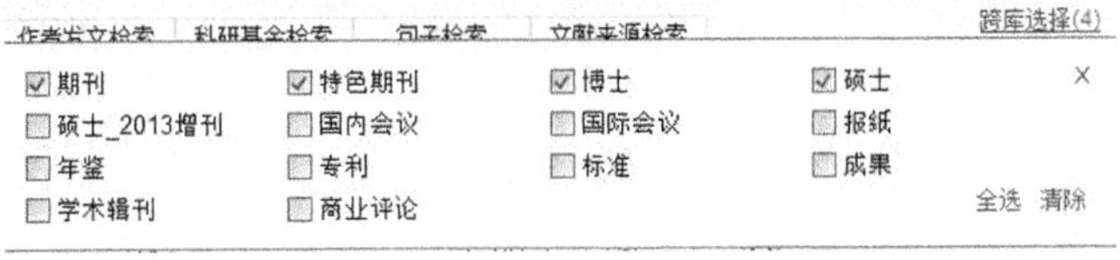

图 4-5-3　CNKI 跨库检索

（4）检索结果查看

检索执行后，检索结果以列表的形式显示在页面上，接着可以对检索结果进行以下操作。

- 分组浏览：当文献过多时，可以在分组浏览中对文献的来源数据库、学科、发表年度、研究层次、作者、机构和基金进行筛选。

- 排序：可以根据主题相关度、发表时间、被引用次数以及下载次数进行排序。

- 导出/参考文献：选择要导出的文献，单击"导出/参考文献"按钮，系统可将选择的文献生成引文、Refworks、EndNote、NoteExpress、NoteFirst 格式，也可以用户自定义格式，生成的内容可以进行复制、打印或导出为文本文件、Excel 文件以及 Word 文件，方便用户引用文献。

- 文献列表：显示文献题名、作者、来源、发表时间、被引次数等信息。单击"题名"进入到文献详细页面，可以查看文献的作者、机构、来源、摘要、关键词、参考文献、相关文献等信息，并进行文献下载，如图 4-5-4 所示。单击作者栏内作者姓名链接，可查看该作者收录在 CNKI 数据库中的所有文献；单击文献来源栏内期刊名称，可进入到文献来源期刊详细介绍页面，查看来源期刊介绍、收录文献，并可在该期刊内进行检索；单击"预览"按钮，可在线打开文献浏览页面；单击"下载"按钮，可下载该文献全文。

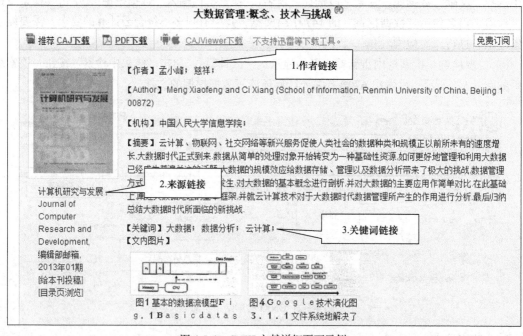

图 4-5-4　CNKI 文献详细页面示例

- 文献详细页面：单击"题名"进入到文献详细页面，如图 4-5-4 所示。点击作者的姓名链接可查看该作者收录在 CNKI 数据库中的所有文献。点击文献来源链接，如"计算机研究与发展"可进入到文献来源期刊详细介绍页面。点击关键词链接，如"大数据"可进入到该关键词相同的文献检索列表。

- 引文网络：文献详细页面中显示文献的引文网络，在引文网络中可以查找到反映本文研究工作背景和依据的参考文献，以及继续、应用或发展本文研究工作的引证文献（引用文献）。用户点击引文网络中的文献链接，收录在 CNKI 中相关文献的详细列表会显示在下方，方便用户快速查询到一批同该文献研究内容相关的文献。例如，图 4-5-5 显示的是"大数据管理"这篇文章的引证文献，可以看到 CNKI 中共 39 篇文章引用了该文献。

本文链接的文献网络图示：

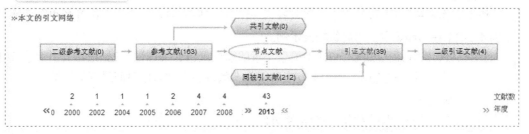

【引证文献】　说明：引用本文的文献，本文研究工作的继续、应用、发展或评价

图 4-5-5　CNKI 文献引文网络示例

2. 高级检索

初级检索只能设置一个检索字段，对于需要组合检索和复杂检索的用户可以进入高级检索进行检索。高级检索系统提供了快速有效的逻辑组合查询，优点是查询结果冗余少，命中率高，适用于对命中率要求较高的查询。在初级检索界面中单击"高级检索"按钮，可进入高级检索页面。华东师范大学图书馆 CNKI 默认检索界面为高级检索页面。

在高级检索页面中，同样需要首先选择单个数据库进行检索，单击页面上方"文献"下拉菜单，可选择某一个数据库检索，比如期刊、会议、博硕士学位论文等。选择某个数据库后，显示单库检索页面，不同的数据库提供的检索条件不同。以"文献"数据库为例，提供了内容检索条件和检索控制条件的设置。在编制检索条件前，可在页面左侧的"文献分类目录"中选择检索的学科领域，缩小检索范围。

"文献"数据库的内容检索条件设置包括以下内容。

- 检索字段：主题、篇名、关键词、摘要、全文、参考文献、中图分类号。
- 逻辑关系：用来连接两个查询条件。"并且"表示两个查询条件之间"与"的关系，查询的结果既满足条件一也满足条件二；"或者"表示两个查询条件之间"或"的关系，查询的结果只要满足条件一或条件二之一即可；"不含"表示两个查询条件之间"非"的关系，查询的结果满足条件一但是不满足条件二。
- 修改检索条件个数：用户可以通过单击第一个检索条件前方的"+"或"-"按钮来添加或者删除检索条件。
- 词频：该检索词在文中出现的次数。
- 关键词匹配：可选择"精确"或"模糊"。精确匹配是检索结果完全等同或包含与检索词完全相同的词语；模糊匹配的检索结果包含检索字/词或检索词中的词素。例如：关键词是"计算机网络"，精确匹配的检索结果包含"计算机网络"，模糊匹配的检索结果包含"计算机网络"、"计算机"和"网络"，如"计算机中的网络拓扑结构"也符合模糊匹配。

文献库的检索控制条件设置包括以下内容。

- 发表时间：文献发表的时间，可以选择一段时间内进行检索。
- 更新时间：文献在知网中更新的时间，可以选择最近一周、最近一月、最近半年、最近一年以及今年迄今。
- 文献来源：包括期刊名、ISSN、学位论文授予单位、报纸名称等。用户可直接输入，也可以单击后方的▦按钮，打开"文献来源选择"对话框查询和选择需要的文献来源。
- 支持基金：文献所支持的基金名称。用户可直接输入，也可以单击后方的▦按钮，打开

"基金来源选择"对话框查询和选择需要的基金名称。

- 作者和作者单位：可选择文献作者或者第一作者，在后方输入框中输入作者名和作者单位。

【例 4-5-2】 在 CNKI 中使用高级检索示例。

请利用高级检索在中国知网 CNKI 中检索文章的篇名里包含关键词"数据挖掘"，并且在 2010 年至 2012 年间在"计算机应用"期刊上发表的文章，阅读并下载其中时间最近的一篇。

【例 4-5-2 解答】

① 打开中国知网 CNKI 数据库高级检索页面，选择"文献"数据库。

② 选择分类：根据检索的主题，可缩小检索范围，由于"数据挖掘"应该属于计算机软件及计算机应用类，所以我们将检索范围定在计算机软件及计算机应用学科中，在页面左侧"选择学科领域"中选择该分类。

③ 检索条件设置及结果查看：检索字段"篇名"，检索关键词为"数据挖掘"，发表时间为 2010-01-01 到 2012-12-31，文献来源为"计算机应用"，"精确"匹配，单击"检索"按钮，如图 4-5-6 所示，检索到文献共 8 篇，其中 2012 年 5 篇，2011 年 2 篇，2010 年 1 篇。

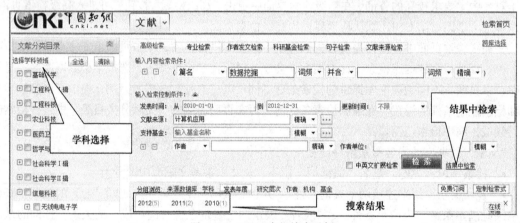

图 4-5-6　CNKI 高级检索示例

④ 阅读及下载：单击"发表时间"排序，选择最新的一篇文章"基于编辑距离的 Web 数据挖掘"，单击文献题名，查看文献作者、机构、摘要、关键词及引文网络等信息；单击"CAJ 下载"或"PDF 下载"下载文献全文。

 为了检索更加准确，可以通过选择学科领域限制检索主题的学科。另外，需要注意，如果想获得 CAJ 格式的文献，必须下载并安装 CAJViewer 阅读器。在中国知网页面上方导航栏的"下载阅读器"中下载最新版本。

3. 专业检索

专业检索需要用户手工构造检索式，比较适合具有专业检索知识的人员。

检索式中的中文检索项表示为大写的英文字母，CNKI 支持的检索项包括：SU='主题', TI='题名', KY='关键词', AB='摘要', FT='全文', AU='作者', FI='第一责任人', AF='机构', JN='中文刊名'&'英文刊名', RF='引文', YE='年', FU='基金', CLC='中图分类号', SN='ISSN', CN='统一刊', IB='ISBN' , CF='被引频次'。

构造检索式需要注意：

- 所有符号和英文字母，都必须使用英文半角字符。

- "AND"、"OR"、"NOT"三种逻辑运算符的优先级相同；如要改变组合的顺序，请使用英文半角圆括号（）将条件括起。
- 逻辑关系符号"与（AND）"、"或（OR）"、"非（NOT）"同检索词之间要加一个空格。

例如：要求检索钱伟长在清华大学或上海大学时发表的文章，检索式：AU=钱伟长 and（AF=清华大学 or AF＝上海大学）。要求检索钱伟长在清华大学期间发表的题名或摘要中都包含"物理"的文章，检索式：AU=钱伟长 and AF=清华大学 and（TI=物理 or AB=物理）。

4.6　万方数据库

万方数据库（http://www.wanfangdata.com.cn/）万方数据公司开发，内容涉及自然科学和社会科学各个专业领域，收录范围包括期刊、会议论文、学位论文、书目、题录、报告、论文、标准专利、连续出版物和工具书等，是和中国知网 CNKI 齐名的网络数据库。迄今为止，万方数据自有版权以及与合作伙伴共同开发的数据库总计 130 多个，归属于 9 个类别，既可以单库、跨库检索，也可以在所有数据库中检索，同时还可以实现按行业需求的检索功能。阅读全文需事先下载、安装 Acrobat 的 PDF 阅读器。高校图书馆在购买万方数据库后，校园网用户可以对万方数据库进行免费检索、浏览及全文下载。例如，华东师范大学校园网用户在学校图书馆的电子资源导航页面中选择"万方资源"即可进入万方数据库。

4.6.1　重要数据库介绍

万方数据库中重要的数据库介绍如下。

（1）中国学术会议论文全文数据库

国内收集学科最全、数量最多的会议论文数据库，主要收录 1998 年以来国家级学会、协会、研究会组织召开的全国性学术会议论文，该数据库覆盖自然科学、工程技术、农林、医学等领域。每年涉及千余个重要的学术会议。该库是国内收集学科最全、数量最多的会议论文数据库。

（2）中国学位论文全文数据库

万方中国学位论文全文数据库收录了自 1977 年以来我国各学科领域的博士、硕士研究生论文，是国内最大的学位论文全文库。

（3）中国科学技术成果数据库

中国科学技术成果数据库创建于 1986 年，是科学技术部指定的新技术、新成果查新数据库，是国内最具权威性的技术成果数据库。数据来源于历年各省、市、部委鉴定后上报国家科委的科技成果及星火科技成果。涉及领域包括化工、生物、医药、机构、电子、农林、能源、轻纺、建筑、交通、矿冶等。每年增加 2～3 万条最新成果。

（4）万方商务信息数据库

万方商务信息数据库（也称作企业、公司及产品数据库，CECDB）是我国最早、最具权威的企业综合信息库，始建于 1988 年，由万方数据联合国内近百家信息机构共同开发。十几年来，CECDB 历经不断的更新和扩充，现已收录 96 个行业近 20 万家企业的详尽信息，是国内外工商界了解中国市场的一条捷径。目前，CECDB 的用户已经遍及北美、西欧、东南亚等 50 多个国家与地区。主要数据项有：企业名、负责人、地址、电话、传真、性质、进出口权、注册资金、职工人数、营业额、利润、创汇额、企业概况、主要产品及其产量、价格、规格型号等 40 余项信息。

（5）法律法规全文数据库

该库包括自 1949 年建国以来全国人大及其常委会颁布的法律、条例及其他法律性文件；国务院制定的各项行政法规，各地地方性法规和地方政府规章；最高人民法院和最高人民检察院颁布的案例及相关机构依据判案实例做出的案例分析，司法解释，各种法律文书，各级人民法院的裁判文书；国务院各机构，中央及其机构制定的各项规章、制度等；工商行政管理局和有关单位提供的示范合同式样和非官方合同范本；以及外国与其他地区所发布的法律全文内容，国际条约与国际惯例等全文内容。

（6）中国国家标准全文数据库

标准是在一定地域或行业内统一的技术要求。本库收录了国内外的大量标准，包括中国国家发布的全部标准、某些行业的行业标准以及电气和电子工程师技术标准；收录了国际标准数据库、美英德等的国家标准，以及国际电工标准；还收录了某些国家的行业标准，如美国保险商实验所数据库、美国专业协会标准数据库、美国材料实验协会数据库、日本工业标准数据库等。

（7）中国国家专利数据库

收录从 1985 年至今授理的全部发明专利、实用新型专利、外观设计专利数据信息，包含专利公开（公告）日、公开（公告）号、主分类号、分类号、申请（专利）号、申请日、优先权等数据项。

（8）中国科技论文统计与引文分析数据库

该数据库是中国科技信息研究所在历年开展科技论文统计分析工作的基础上，由中国科技信息研究所开发的一个具有特殊功能的数据库。其数据来源于国内权威机构认定的 1400 多种核心期刊，以及国家科技部年度发布的科技论文与引文的统计结果。

4.6.2 使用方法

万方数据库提供了初级检索、高级检索以及专业检索三种检索方式。

1. 初级检索

进入万方数据库后，在首页的上方显示了可用的数据库资源，包括：学术论文、期刊、学位、会议、外文文献、学者、专利、标准、成果、图书、新方志、法规、机构和专家。可以按照需要，选择某一数据库后，进入该数据库检索页面。进入某一数据库后，搜索框中显示的数字表示该数据库资源的记录总数，页面显示内容包括该数据库的资源分类、简要介绍等，如图 4-6-1 显示了会议数据库初级检索页面。

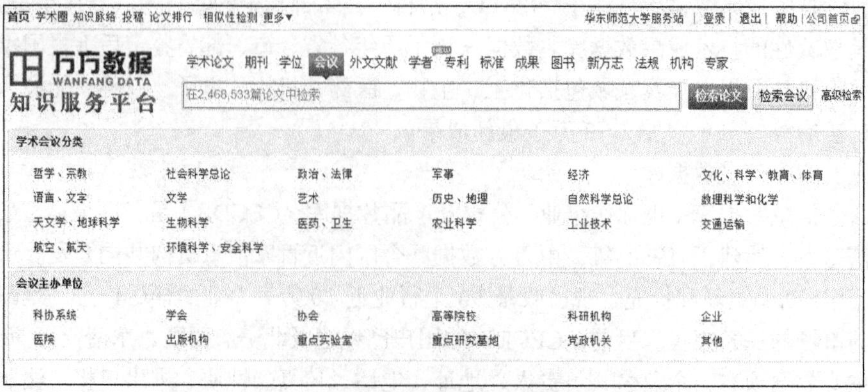

图 4-6-1 万方会议数据库初级检索界面页面

在搜索框中输入搜索主题的关键词，可以对文献主题进行搜索。这里以"会议"数据库资源为例，在搜索框中输入关键字"知识经济"，单击"检索论文"按钮，主题是"知识经济"，所有相关的会议论文会以列表形式显示在下方，如图 4-6-2 所示。如果检索结果过多，可以采用以下方法缩小检索范围，使检索更准确。

- 在检索结果的左侧，选择"学科分类"或"年份"中的某一项，缩小检索范围。
- 使用二次检索：在检索结果列表上方，定义新的检索条件和关键词，单击"在结果中检索"进行二次检索。二次检索可以重复执行多次。需要注意的是，在不同的数据库中，二次检索的检索条件设置不同。

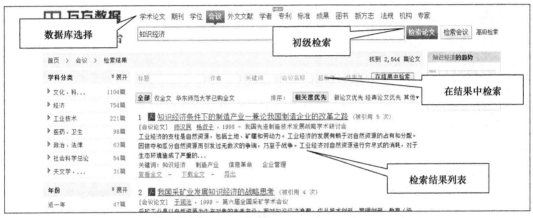

图 4-6-2　万方会议数据库初级检索示例

在检索结果列表中，可将检索结果按照相关度优先、新论文优先、经典论文优先以及其他条件进行排序。单击文献题名，进入该文献详细信息页面，可以查看该论文及会议的详细信息，相似文献，相似博文和相似数据等，如图 4-6-3 所示。单击"查看全文"按钮，可以在线浏览全文；单击"下载全文"按钮，可以下载文献；单击"导出"按钮，可以将论文的相关信息，如篇名、作者、年份、页码、参考文献、摘要等以文本、参考文献、XML、NoteExpress、Refworks、EndNote 的格式或者用户自定义格式导出到 TXT 文本文件中，或者进行复制，方便用户引用该文献，如图 4-6-4 所示。

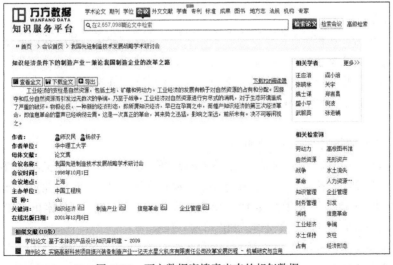

图 4-6-3　万方数据库搜索出来的相似数据

图 4-6-4　万方导出文献自定义格式界面

2. 高级检索

万方初级检索只支持对文献主题的检索，如果用户需要进行多个字段的检索，需要使用高级检索功能。在单个数据库检索页面中单击"高级检索"进入高级检索页面。

在高级检索页面中，首先，可以在页面左侧"选择文献类型"列表框中，选择需要检索的一个或多个文献类型，如期论文、学位论文、会议论文等；其次，可以进行如下的检索设置。

- 检索字段：选择的数据库不同，检索字段会有差别。
- 关键词匹配：模糊或精确匹配。
- 定义逻辑运算：在逻辑运算选择列表框中选择"与"、"或"、"非"定义关键词间的关系。
- 文献的年代范围：选中年代前的复选框，定义检索文献的年代范围。不选择复选框，则对文献年代没有要求。
- 修改检索条件个数：系统默认定义三个检索项目，可以通过单击第一个检索条件前方的+或-按钮来添加或者删除检索条件。

进行检索设置后，在相应的检索框中输入检索词，单击"检索"按钮执行检索。

【例 4-6-1】在万方数据库中使用高级检索示例。

请利用万方高级检索查找华东师范大学 2010 年到 2013 年间学前教育专业有关儿童认知的学位论文，找到同检索要求最相关的一篇论文查看并下载，将该论文以参考文献格式导出。

【例 4-6-1 解答】

① 打开万方资源数据库高级检索页面。

② 高级检索：在左侧"选择文献类型"中选择"学位论文"，右侧定义高级检索条件：检索字段一"学位—学位授予单位"为华东师范大学，检索字段二"主题"为儿童认知，检索字段三"学位—专业"为学前教育，年限为 2010—2013，单击"检索"按钮，检索出 5 篇学位论文，其中 2011 年 3 篇，2010 年 2 篇，检索结果如图 4-6-5 所示。

③查看及下载文献：在排序方式中选择"相关度"，单击第一篇文献"3～6 岁儿童情绪表达规则认知的研究"题名进入文献详细页查看文献相关信息，单击"查看全文"在线阅读，单击"下

载全文"下载文件到本地磁盘。

④导出参考文献：单击"导出"按钮，在打开的页面左侧选择"参考文献格式"，单击"复制"按钮复制文字，单击"导出"按钮将文字保存为文本文件。

图 4-6-5　万方高级检索示例

3. 专业检索

用户可对选定的数据库进行专业检索。在单个数据库检索页面上单击"专业检索"，即可进入专业检索页面。单击检索框右侧的"可检索字段"可查看检索字段。万方支持布尔运算符*（与）、+（或）、^（非）。在万方数据库中进行专业检索需要注意以下几点：

- 书写检索表达式时，各种运算符号只能是半角符号。
- 关系运算符及布尔逻辑运算符前后均与空格相连。
- 布尔运算符严格按照从左到右的顺序执行。

例如，要求检索有关汽车尾气控制方面的文献，篇名包含"汽车"和"尾气"，摘要包含"控制"或"净化"，检索式为：（题名=（汽车*尾气））*（摘要=（控制+净化））。

4.7　维普中文科技期刊数据库

中文科技期刊数据库由中国科技信息研究所重庆分所下属的维普资讯公司生产，它是目前国内收录期刊最多、容量最大的中文全文数据库，是我国最大的数字期刊数据库。学科范围覆盖理、工、农、医以及社会科学各专业，基本容纳国内出版的自然科学及社会科学期刊。2006 年，维普与 Google 正式达成合作，成为 Google 学术搜索频道最大的中文合作资源。高校图书馆在购买维普中文科技期刊数据库后，校园网用户可以对维普中文科技期刊数据库进行免费检索、浏览及全文下载。例如：华东师范大学校园网用户在学校图书馆的电子资源导航页面中选择"维普中文科技期刊数据库"即可进入维普中文科技期刊数据库。

中文科技期刊数据库于 1989 年由维普资讯有限公司（隶属于国家科技部西南信息中心）开发，是我国最大的数字期刊数据库，也是中国新闻出版总署批准的大型连续电子出版物。学科范围：社会科学、自然科学、工程技术、农业科学、医药卫生、经济管理、教育科学和图书情报。期刊总数：12000 余种，其中核心期刊近 2000 种，文献总量超过 3000 万篇，收录年限为 1989 年至今（部分期刊追溯到创刊年 1955 年），年增 270 余万篇。收录论文采用 PDF 全文数据格式，阅读及下载前需要安装 Adobe 阅读器。

4.7.1　维普资源整合平台介绍

维普期刊资源整合服务平台是中文科技期刊资源一站式检索及提供深度服务的平台，不仅可以提供原始文献信息服务，还可以提供深层次知识服务，是维普公司集合所有期刊资源从一次文献保障到二次文献分析再到三次文献情报加工的专业化信息服务整合平台，兼具为机构服务功能在搜索引擎的有效拓展提供支持工具。维普期刊资源整合服务平台包括但不限于以下功能：中文期刊检索、文献查新、期刊导航、引文检索、引用追踪、影响因子查询、索引分析、排名分析、学科评估、顶尖论文、搜索引擎服务等。

维普期刊资源整合服务平台包含 4 个功能模块。

1．期刊文献检索

在期刊文献检索中可以进行期刊文献检索及文献查新，并进行检索流程梳理和功能优化，该模块新增文献传递、检索历史、参考文献、基金资助、期刊被知名国内外数据库收录的最新情况查询、查询主题学科选择、在线阅读、全文快照、相似文献展示等功能。

2．文献引证追踪

目前国内规模最大的文摘和引文索引型数据库。采用科学计量学中的引文分析方法，对文献之间的引证关系进行深度数据挖掘，除提供基本的引文检索功能外，还提供基于作者、机构、期刊的引用统计分析功能，可广泛用于课题调研、科技查新、项目评估、成果申报、人才选拔、科研管理、期刊投稿等用途。

3．科学指标分析

目前国内规模最大的动态连续分析型事实数据库，提供三次文献情报加工的知识服务，通过引文数据分析揭示国内近 200 个细分学科的科学发展趋势、衡量国内科学研究绩效，分析了省市地区、高等院校、科研院所、医疗机构、各学科专家学者等的论文产出和影响力，并以学科领域为引导，展示我国最近 10 年各学科领域最受关注的研究成果，适用于课题调研、科技查新、项目评估、成果申报等用途。

4．搜索引擎服务

提供基于谷歌和百度搜索引擎的文献检索服务。使用维普搜索引擎服务，可以打开谷歌学术搜索或百度搜索页面，搜索维普中文科技期刊数据库中的内容。

4.7.2　使用方法

中文科技期刊数据库提供 5 种检索方式：基本检索、传统检索、高级检索、期刊导航、检索历史。

1．基本检索

登录维普中文科技期刊数据库后，系统默认功能模块为期刊文献检索，默认检索方式为基本检索。用户可以进行以下检索设置。

- 期刊范围限定：全部期刊、核心期刊、EI 来源期刊、SCI 来源期刊、CA 来源期刊、CSCD 来源期刊、CSSCI 来源期刊。
- 学科范围限定：包括管理学、经济学、图书情报学等 45 个学科，勾选复选框可进行多个学科的限定。

- 检索字段：任意字段、题名或关键词、题名、关键词、文摘、作者、第一作者、机构、刊名、分类号、参考文献、作者简介、基金资助、栏目信息 14 个检索入口。
- 逻辑组配：检索框默认为两行，单击+、-按钮可增加或减少检索框，进行任意检索入口"与""或""非"的逻辑组配检索。

进行检索设置后，在检索框中输入检索词，单击检索按钮进行检索或单击清除按钮清除输入。如果检索结果不理想，可以进行重新检索，也可以在第一次的检索结果基础上进行二次检索，缩小或扩大检索范围、精练检索结果，直到检索到满意的结果为止。二次检索在重新定义检索条件和检索关键词后，需要选择"在结果中搜索"（相当"与"运算），"在结果中添加"（相当"或"运算）或者"在结果中去除"（相当"非"运算）。

在检索结果列表中可以查看检索结果，包括检索结果记录数、检索式、检索结果的题名、作者、出处、基金、摘要等信息。选择按时间筛选检索结果：可以限定筛选一个月内、三个月内、半年内、一年内、当年内发表的文献。单击文献题名可以进入文献详细页面，查看该文献的详细信息和知识节点链接。单击"在线阅读"可以在线浏览文献全文，单击"下载全文"可以将文献保存到本地磁盘。当选中检索结果题录列表前的复选框时，单击"导出"，可以将选中的文献题录以文本、参考文献、XML、NoteExpress、Refworks、EndNote 的格式导出，从而方便文献的引用。

单击文献题名进入文献详细页面后，可以查看文献的详细信息，包括题名、作者、机构地区、出处、基金、摘要、关键词、分类号、全文快照、参考文献、相似文献。同样在文献详细页面也可在线阅读或者下载全文。另外，在文献详细页面中，还可以链接到高影响力作者、高影响力机构、高影响力期刊、高被引论文等科学指标分析模块的相应页面。

2. 传统检索

传统检索是维普中文科技期刊数据库的旧版基本检索页面，对于熟悉旧版数据库的老用户可以使用传统检索进行文献检索、期刊浏览、文献阅读及下载。

3. 高级检索

高级检索可以定义逻辑组配关系，查找同时满足几个检索条件的文献。高级检索提供向导式检索和检索式检索两种方式。

（1）向导式检索

向导式检索为用户提供分栏式检索词输入方法，可选择检索项、逻辑运算、限定时间、更新时间、专业、期刊范围。另外高级检索还可以对相应字段进行扩展信息的限定，最大程度地提高了检索的准确率，这是维普中文科技期刊检索的特色。

使用高级检索的扩展功能可以定义同义词、同名作者、查看分类表、查看相关机构、期刊导航。用户只需要在前面的输入框中输入需要查看的信息，再单击相对应的按钮，即可得到系统给出的提示信息。

- 查看同义词：系统可检索出与检索框中输入的检索词相关的同义词，以扩大搜索范围。例如：输入土豆，可以查找出马铃薯、洋芋、洋蕃芋等同义词，用户可从中选出所需信息再进行检索。检索中使用同义词功能可增加查全率。
- 同名作者：系统可检索出与检索框中输入的作者同姓名但是不同单位的作者，用户可以选择作者单位从而准确定位作者，避免查找到同名作者的文献。为了保证检索操作的正常进行，系统对该项进行了一定的限制：最多勾选数据不超过 5 个。
- 查看分类表：用户无须在检索框中输入检索词，直接单击按钮，会弹出分类表页，在左侧分类表中选择某个分类后，单击"添加"按钮，将所选分类加入到右侧所选分类中，可选择多个分类。单击"确定"按钮关闭分类表页，并将所选分类加入到前方检索框中。

* 查看相关机构：系统可检索出与检索框中输入的机构相关的机构。为了保证检索操作的正常进行，系统对该项进行了一定的限制：最多勾选数据不超过 5 个。例如，想查找华东师范大学教育科学学院，但是不清楚具体的院系名，可以在检索框中输入"华东师范大学教育"，单击"查看相关机构"按钮，然后在检索结果中选择"华东师范大学教育科学学院，上海 200062"。

* 期刊导航：输入刊名，单击期刊导航按钮，可链接到期刊检索结果页面，查找相关的期刊并查看期刊详细信息。

（2）检索式检索

通过编制检索式，可以进行检索式检索。维普中文科技期刊数据库支持逻辑运算符"与""或""非"，分别表示为 *、+ 和 -。检索字段的代码见表 4-7-1。

表 4-7-1　　　　　　　　　　　　检索字段代码对照表

代码	字段	代码	字段
U	任意字段	S	机构
M	题名或关键词	J	刊名
K	关键词	F	第一作者
A	作者	T	题名
C	分类号	R	文摘

例：检索关键词中含有"数据挖掘"并且作者为"孟小峰"的文献，检索式为：K=数据挖掘 *A=孟小峰。检索题名中含有 PM2.5 或者颗粒，并且含有空气或大气，但是不包括 PM10 的文献，检索式为（T=（PM2.5+颗粒-PM10）*T=（空气+大气）。

4．期刊导航

期刊导航提供期刊检索和期刊浏览两种方式。期刊检索可根据刊名、ISSN 号检索查找某一期刊。期刊浏览提供期刊学科分类导航、核心期刊导航、国内外数据库收录导航、期刊地区分布导航。选择某种导航方式，单击相应的分类，可查看该分类下的所有期刊。

查询到某一期刊后可进入该期刊的详细页面，在期刊详细页面可以查看期刊简介、期刊信息、按期次查看该刊的收录文章、国内外数据库收录情况等，并可在该刊内进行文献检索、题录文摘或全文下载，同时可以查看期刊评价报告。

例：在"核心期刊导航"中查看社会科学中的经济类期刊，单击可浏览所有经济类核心期刊，选择其中的"经济研究"期刊可以进入到该期刊的详细介绍页面。

5．检索历史

检索历史自动保存了用户曾经执行过的检索操作，用户可以查询到历史检索式，并可以对保存的检索式进行重新检索或者"与""或""非"逻辑组配。检索历史中最多可以保存 20 条记录，通过单击记录前的复选框选择多个检索记录，单击"删除检索史"按钮将选中记录删除。

4.8　常用的英文数据库

本节介绍几个常用的英文数据库。

4.8.1　ELSEVIER ScienceDirect

1．数据库简介

ELSEVIER 出版社创建于 1580 年，是全球历史最悠久、规模最大的出版发行集团之一。ScienceDirect 是由 Elsevier Science 公司出版的全学科全文数据库，是国内使用最广泛的外文数据库。ScienceDirect 学科覆盖广，收录期刊数量多，涵盖了 24 个学科领域的 2000 多种期刊和上万种图书，大部分期刊被 SCI、SSCI、EI 收录，是世界上公认的高品位学术期刊数据库。ScienceDirect 收录的期刊时间久，最早可以回溯至 1823 年创刊号；期刊更新快，有的期刊在还没出版前就可以在数据库中供读者及时使用。ScienceDirect 数据库提供 HTML 和 PDF 两种格式的全文阅读和下载方式。高校图书馆在购买 ScienceDirect 后，校园网用户可以对 ScienceDirect 数据库进行免费检索、浏览及全文下载。华东师范大学校园网用户在学校图书馆的电子资源导航页面中选择"ScienceDirect"即可进入 ScienceDirect 数据库，如图 4-8-1 所示。

图 4-8-1　ScienceDirect 数据库主页

2．检索方法

（1）快速检索（Quick Search）

在 ScienceDirect 平台的首页上方提供了快速检索功能，在某个检索字段的检索框内输入关键词，便可以进行检索。快速检索分为文章检索（Articles，检索文章标题、关键词、摘要和正文）和图像检索（Images，检索文章中的图像）。检索字段包括：所有字段（All fields）、作者（Author）、期刊/图书名（Journal/book title）、卷号（Volume）、期号（Issue）、页码（Page）。通过 Journal/Book title 检索框，可输入某一期刊的名称或含有某个关键词的期刊，查询到特定的期刊。

（2）期刊导航

ScienceDirect 平台的右侧提供期刊导航功能，可以通过以下两种方式浏览。

- 按照期刊首字母顺序浏览期刊（Browse by title）：按照期刊的首字母，可分别从 26 个字母下浏览期刊。

- 按照主题内容浏览期刊（Browse by subject）：按照设立的主题内容，可以进行相关内容的期刊浏览。主题共分为四大类，二十四个小类。

例如：在 Browse by subject 中选择 Physical Sciences and Engineering——Computer Science 可以查看有关计算机科学方面的所有文献，单击 Advanced Engineering Informatics 期刊，进入该期刊页面可以查看期刊的介绍以及最新一期的文章，如图 4-8-2 所示。

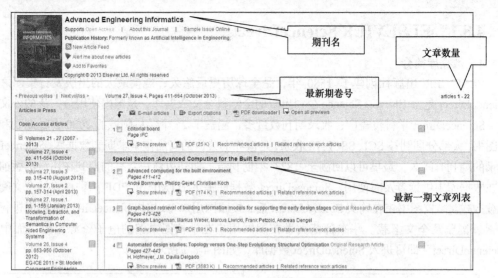

图 4-8-2　Advanced Engineering Informatics 期刊详细页面

（3）高级检索（Advanced Search）

单击 ScienceDirect 主页上方的 Advanced Search（检索）导航，即可进入高级检索窗口，如图 4-8-3 所示。当检索结果不够满意时，可以查看检索建议（Search Tip），修改检索式。

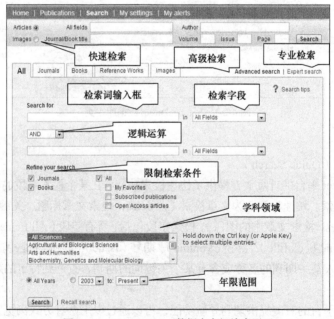

图 4-8-3　ScienceDirect 数据库高级检索页面

高级检索主要包括以下内容。

• 选择资源类型：所有资源（All）、期刊（Journals）或图书（Books）。

• 输入检索词和选择检索字段：在检索框中输入检索词，再利用右侧下拉菜单的选项选择检索字段。检索字段包括：所有字段（All fields）、文献摘要和题名以及关键词（Abstract,Tilte, Keywords）、作者姓名（Author）、文献来源（Source Title）、题名（Title）、文摘（Abstract）、关键词（Keywords）、全文（Full Text）等。

● 选择各字段之间的逻辑运算符：可选项有 AND（与）、OR（或）、NOT（非）。

● 限制检索条件（Refine your search）：期刊（Journals）、图书（Books）、所有资源（All Sources）、个人感兴趣的资源（My Favorites）、订购资源（Subscribed publications）以及免费取得文章（Open Access articles）。

● 选择文献所属的学科领域（All Scineces），默认是所有学科。可以在里面进行单选或多选，多选时需要同时按着 Ctrl 键。

● 确定检索文献的年代范围。

3. 检索结果查看及下载

执行检索后，检索文献数量、检索式以及检索结果以列表形式显示在检索结果页中，对检索结果可以执行以下操作。

● 可以选择文献的排序（Sort by）方式：按相关性（Relevance）或日期（Date）排序。

● 检索结果列表（Article List）：显示检出的每条记录的题名、出处和作者内容。单击文献题名进入文献详细页面。

● 单击 Show preview 显示文献的摘要和目录预览，单击"PDF"可以在线找开文献的 PDF 文档，右击"PDF"，在弹出的快捷菜单中选择"目标另存为"可以下载该文献。单击"Recommended articles"或"Related reference article"可分别打开系统推荐的相关文献或参考文献列表。

【例 4-8-1】 ScienceDirect 数据库高级搜索示例。

查找主题包含"Ant Colony Optimization"，文献来源是 Expert System 期刊，2005—2009 年间的文章。

【例 4-8-1 解答】

（1）打开 ScienceDirect 数据库，在首页上方导航栏中单击"Advanced Search"打开高级检索页面。

（2）定义检索条件：检索字段一选择"Title"，检索词"Ant Colony Optimization"，检索字段二选择"Source title"，检索词"Expert System"，逻辑关系 AND，选择时间定义为 2005—2009 年，单击 Search 按钮进行检索。

（3）在检索结果页如图 4-8-4 所示，检索出 6 篇文章（6 Articles Found）。检索式表示为：pub-date >2005 and pub-date<2009 and TITLE-ABSTR-KEY（Ant Colony Optimization）and SRCTITLEPLUS（Expert System）。

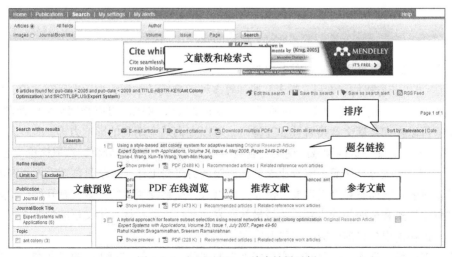

图 4-8-4　ScienceDirect 检索结果示例

4.8.2 SCI&SSCI

1. SCI & SSCI 数据库简介

SCI 全称为科学引文索引（Science Citation Index，SCI），是由美国科学信息研究所（Institute for Scientific Information，ISI）1961 年创办出版的期刊引文索引数据库，其覆盖数学、物理、化学、生物、生命科学、医学、农业、工程技术、计算机科学等自然科学领域，是目前国际上三大检索系统中最著名的一种。SSCI 全称为社会科学引文索引（Social Sciences Citation Index，SSCI），是 SCI 的姊妹篇，由美国科学信息研究于 1969 年创办，是社会科学领域最重要的引文索引数据库，覆盖人类学、社会学、经济学、商业与金融、教育学以及特殊教育、法律、语言学、管理科学、政治学、心理学、公共管理等社会科学领域。1997 年，ISI 将 SCI、SSCI 和 AHCI 整合，利用互联网的开放环境，创建了网络版的多学科引文数据库——Web of Science，凭借独特的引文检索机制和强大的交叉检索功能，有效地整合了各类型学术资源，为各个领域的研究者提供了高质量、可信赖的学术信息。

2. 引文索引数据库

SCI 和 SSCI 属于引文索引数据库。引文索引数据库是将各种参考文献的内容按照一定规则记录下来，集成为一个规范的数据集。通过这个数据库，可以建立著者、文献名称、关键词、机构、发表年份、出处等检索点，检索出满足某个检索点下引用或参考过该文献的全部文献。

下面介绍几个引文索引数据库中的常用概念。

- 参考文献：即引文，附在文献后面，表示该文献所引用的文献。
- 施引文献：如果文献 A 引用了文献 B，那么文献 A 就叫做文献 B 的施引文献。
- 被引文献：如果文献 A 引用了文献 B，那么文献 B 就叫做被引文献。文献的参考文献都是被引文献。

图 4-8-5 说明了文献引用和被引用的关系。

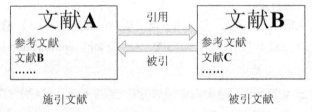

图 4-8-5　文献引用和被引用的关系

引文索引数据库常被用来实现以下功能。

- 用户可以获取机构、学科、学者、期刊等多种类型统计数据，为学术研究评价、科研绩效评价、期刊质量评价和科学发展等方面的评价提供定量依据。例如：可以查询某个作者发表的 SCI 文章数量；可以查询某篇文章是否被 SCI 检索；可以查询某个期刊的影响力等。
- 用户可以对某一学科领域的论文发表被引用情况进行检索与分析，获取该论文参考文献、被引文献、相关文献等，从而了解专业人员在该领域的研究工作，该学科领域学术研究的历史渊源，追踪学科的发展动态和最新进展。例如：可以从一篇某领域内的权威文献开始，从施引文献和相关文献中快速和全面的搜索到该领域最新研究动态和进展；从一篇文章的参考文献可以探索出该想法从最初提出到目前研究的发展及应用。

现在很多网络数据库中都具有引文数据库中的部分功能，如 CNKI 中的引文网络，维普中文期刊数据库中的文献引证追踪。

3.　SCI 和 SSCI 的使用方法

普通用户访问 http://webof knowledge.com 进入 Web of knowledge 平台，华东师范大学校园网用户在学校图书馆的电子资源导航页面中选择 Web of knowledge 平台进入。Web of knowledge 平台提供简体中文界面。在主页上方 "所有数据库" 中选择 "Web of Science™ 核心合集" 进入到 Web of Science 数据库，在 "更多设置" 的 "Web of Science 核心合集：引文索引" 中选择 SCI 和 SSCI，并清除其他的选择，然后进行检索条件和其他检索限制，就可以在 SCI 和 SSCI 数据库中检索文献，如图 4-8-6 所示。

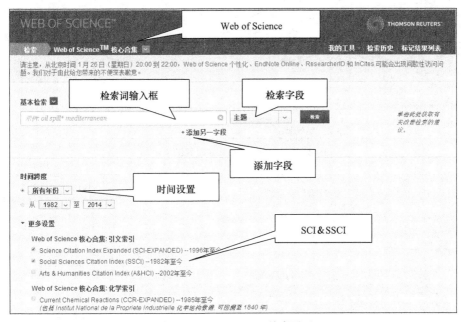

图 4-8-6 Web of Science 检索页面

在基本检索页面中可以选择检索字段、逻辑关系，在一个或多个检索字段中输入检索词以及检索限制设定。检索限制主要包括：时间跨度、引文索引库选择。单击 "添加另一字段" 按钮可添加更多的检索字段。单击 "检索" 按钮转至检索结果页面。例如，在检索主题中输入 "Ant Colony Optimization（蚁群算法）"，在检索结果中设置排序方式为 "被引频次（降序）"，检索蚁群算法相关文献，检索结果页面如图 4-8-7 所示。检索结果中的关键词黄色突出显示。

在检索结果页中可以查看检索式、检索记录个数、检索结果列表包括题名、作者、来源、被引频次、摘要等。其中被引频次表示文献被其他文献引用的次数，是判断一个文献重要程度的主要标识。被引频次越高，表示文献被参考的范围越广，文献权威性越高，越受到研究者们的重视。单击 "被引频次" 链接可以打开 "施引文献" 页，显示施引文献的收录情况，并将在 Web of Science 中收录的施引文献都显示在下方检索结果列表中。通过这一功能，可以检索到一批同主题相关文献。

单击文献题名转至所选文献详细页面，如图 4-8-8 所示，在文献详细页面中可以查看文献的标题、作者、来源期刊信息、作者信息、类别信息、SCI＆SSCI 收录信息以及被引频次、引用的参考文献和相关文献（查看 Related Records）。需要注意的是，Web of Science 数据库不收录文献全文，如果要阅读或下载全文，可以单击 "全文" 按钮链接到其他数据库中阅读或下载，但是并不是所有文献都提供全文链接。

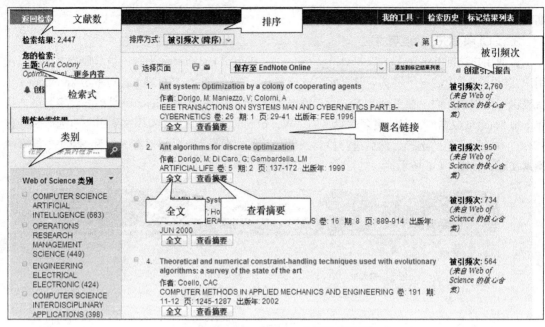

图 4-8-7　Web of Science 检索结果示例

图 4-8-8　Web of Science 文献详细页面示例

4.8.3　SpringerLink

德国斯普林格（Springer-Verlag）出版社是全球最大的科技出版社之一，它有着一百多年的发展历史，以出版学术性出版物而闻名于世，它也是最早将纸本期刊做成电子版发行的出版商。SpringerLink 网络数据库由 Springer 出版社出版，提供包括 Springer 和原 Kluwer 出版社出版的全文期刊、图书、科技丛书和参考书。Springer Link 包含自然科学、社会科学、经济、人文艺术、工程技术、计算机科学、医学、生命科学等 12 个在线图书馆，超过 2000 种电子期刊和 40000 种电子图书，并且每年新增 4000 余种图书。

普通用户访问 http://www.springerlink.com 进入 springer 平台，华东师范大学校园网用户在学校图书馆的电子资源导航页面中选择 SpringerLink Journals 或 SpringerLink Books 进入 Springer 的期刊或图书数据库。

4.8.4　IEEE/IEE

IEEE（Institute of Electrical and Electronic Engineers）美国电气电子工程师学会和 IEE（Institute of Electrical Engineers）英国电气工程师学会电子版全文数据库包含 IEEE 出版的期刊、会议录、标准和 IEE 出版的期刊、会议录等。IEEE/IEE 数据库主要覆盖工程技术各个领域，包括：计算机、自动化及控制系统、工程、机器人技术、电信、运输科技、声学、纳米、新材料、应用物理、生物医学工程、能源、教育、核科技、遥感等。数据库中文献回溯至 1988 年，IEEE 的期刊杂志最早回溯至 1913 年，会议录最早回溯至 1953 年，标准最早回溯至 1948 年。

普通用户访问 http://ieeexplore.ieee.org 进入 IEEE/IEE 数据库，华东师范大学校园网用户在学校图书馆的电子资源导航页面中选择 IEEE Xplore 进入 IEEE/IEE 数据库。

IEEE/IEE 数据库基本检索（Basic Search）是在所有字段包括全文、篇名、作者、出版物名称、文摘、关键词、作者单位中进行检索，检索框中可以输入检索词、检索词之间可以使用布尔逻辑运算符，基本检索界面是系统的默认界面。此外，IEEE/IEE 还提供作者检索（Author Search）、高级检索（Advanced Search）等。

4.8.5　EI

EI（Engineering Index，工程索引）创刊于 1884 年，由美国工程信息公司出版，收录工程技术各学科的期刊、会议论文、科技报告等文献，是世界三大著名检索工具之一。另外两种著名检索工具分别是 SCI 和 ISTP（Index to Scientific Technical Proceedings，科技会议录索引）。SCI 和 ISTP 都可以通过 Web of Knowledge 平台访问。EI 收录的学科覆盖工程技术各个领域，包括应用物理、光学技术、材料工程、电气工程、计算机、土木建筑、生物工程等。EI 收录的文献偏重技术应用，SCI 收录的文献偏重理论科学。EI 数据库包含 EI Compendex 和 EI Page One 两种。

- EI Compendex（Computerized Engineering Index）：是 EI 的核心数据库，收录论文的题录、摘要、标引主题词和分类号等，并进行深加工。
- EI Page One：EI 非核心数据库，一般为题录，不录入文摘，不标引主题词和分类号。有的 Page One 也带有摘要，但未标引主题词和分类号。有没有主题词和分类号是判断论文是否被 Compendex 数据库正式收录的唯一标志。

一般论文被 EI 收录指的是被 EI 核心数据库 Compendex 收录。

普通用户访问 http://www.ei.org 进入 EI 数据库，华东师范大学校园网用户在学校图书馆的电子资源导航页面中选择 Ei Village 2 进入 EI 数据库。

习题和思考

1. 选择题

（1）文献是记录有知识的_____。

    A. 载体   B. 纸张   C. 光盘   D. 磁盘

（2）下列哪种文献属于二次文献_____。

    A. 专利文献   B. 学位论文   C. 会议文献   D. 目录

（3）广义的信息检索包含两个过程_____。

    A. 检索与利用   B. 存储与检索   C. 存储与利用   D. 检索与报道

（4）期刊论文记录中的"文献出处"字段是指_____。

    A. 论文的作者

    B. 论文作者的工作单位

    C. 刊载论文的期刊名称及年卷期、起止页码

    D. 收录论文的数据库

（5）如果希望查找"对网络购物安全的思考"这个课题相关的文献，较好的检索词应该是_____。

    A. 网络，购物，安全，思考   B. 网络，购物，安全

    C. 网络，安全，思考   D. 网络，购物，思考

（6）在百度文库网站中查找有关生态农业的 PPT 课件，检索式表示为_____。

    A. 生态农业 intitle:wenku.baidu.com filetype:ppt

    B. 生态农业 insite:wenku.baidu.com filetype:ppt

    C. 生态农业 site:wenku.baidu.com filetype:ppt

    D. 生态农业 inurl:wenku.baidu.com filetype:ppt

（7）检索会议论文全文，可选择的数据库是_____。

    A. Web of Knowledge   B. 维普

    C. 超星数字图书馆   D. 万方

（8）万方数据库收录的文献类型不包括的是_____。

    A. 期刊论文   B. 学位论文   C. 百科全书   D. 专利文献

（9）下列哪些检索技术能够提高文献的查全率的检索技术_____。

    A. 位置算符和逻辑"与"   B. 逻辑"或"和截词检索

    C. 逻辑"或"和二次检索   D. 截词检索和逻辑"非"

（10）如果检索有关多媒体网络方面的文献，检索式为_____。

    A. 多媒体 and 网络   B. 多媒体 not 网络

    C. 多媒体 or 网络   D. 多媒体+网络

（11）有关如何确定检索词的方法，下列说法错误的是_____。

    A. 尽量考虑检索词的同义词

    B. 检索词尽量简短

    C. 尽量不选择不具有实际意义的检索词，例如"发展""研究"等

D. 检索词一定要在检索课题的题目中出现

（12）有关 ISI Web of Knowledge，下列说法错误的是_____。

    A. 可以检索期刊文献

    B. 可以检索到国际会议文献

    C. 不能实现跨库检索

    D. 具备知识的检索、提取、分析、评价等多项功能

（13）在 SCI 数据库中，已知一篇 2006 年发表的文献，可以了解与这篇文献有共同引文的文献是_____。

    A. 相关文献 Related Records   B. 被引频次 Times Cited

    C. 被引参考文献 Cited References   D. 出版年份 Publication Year

（14）在文献检索数据库中，任意多字符的截词符是_____。

    A. *   B. ?   C. #   D. $

（15）从文献的参考文献入手的检索方法是_____。

    A. 顺查法   B. 倒查法   C. 追溯法   D. 抽查法

（16）在 Elsevier 的 ScienceDirect 数据库中，big W/5 data 的含义是_____。

    A. big 和 data 必须同时出现在文献中，且最多间隔 5 个词，词序可以颠倒

    B. big 和 data 必须同时出现在文献中，且必须间隔 5 个词，词序可以颠倒

    C. big 和 data 必须同时出现在文献中，且必须间隔 5 个词，词序不可以颠倒

    D. big 和 data 必须同时出现在文献中，且最多间隔 5 个词，词序不可以颠倒

（17）除常规检索功能外，还提供图片检索功能的数据库是_____。

    A. CNKI   B. EI   C. ScienceDirect   D. Web of Knowledge

2. 填空题

（1）文献检索常用的方法有常用法、追溯法和_____。

（2）具有固定名称、统一出版形式和一定出版规律的定期或不定期的连续出版物，称为_____。

（3）CNKI 中下载的文献全文格式有_____和 PDF 两种。

（4）世界公认的三大科技文献检索系统是 SCI、_____和 ISTP。

（5）在文献检索中，用来连接多个检索词，缩小检索范围的逻辑运算符是_____运算符。

3. 思考题

（1）如果打算开始一项课题的研究，请思考如何选择合适的数据库，以及如何制定检索策略？

（2）在使用搜索引擎进行文献检索时，通过搜索引擎主页往往检索到大量不是所需要文献的网页链接，这时可以使用百度或 Google 的什么服务来检索文献呢？

（3）在进行文献检索时，在检索框中输入关键词是最简单的检索方式，但检索到的结果往往不令人满意，请思考在中国知网、维普和万方数据库中分别可以采用什么方式来提高检索的查准率？

（4）如何查找某一研究领域或研究方向中较权威的中、英文期刊论文？

（5）请写出学习本章课程后的收获和体会。

第 5 章
数据处理与管理综合应用

在前面章节中，已经介绍了用 Excel 和 Access 进行数据处理与管理的常用方法，本章将介绍一些更加灵活地利用 Excel 解决实际问题的方案，以及 Excel 和 Access 同其他数据处理与管理软件交换和共享数据的基本方法。

5.1　在非单元格中使用公式和名称

在第 1 章中，公式和名称出现在 Excel 工作表的单元格中，在本节将深入探讨在 Excel 中公式和名称更多的应用场合，提高数据处理的应用技巧。

5.1.1　名称与公式

Excel 中的名称可以理解为一个用户标识符，这个用户标识符可以表示一个数据或是一组数据，数据来源可以由公式给出。这里所说的公式是一个广义的公式，可以是一个常量、单元格、区域甚至表的引用，也可以是由上述元素构成的各种计算表达式。在图 5-1-1 所示的新建名称的对话框中，引用位置的文本框中以 "=" 开始，在 Excel 中以等号开始的式子表示公式，所以这里可以把名称理解成给公式命名的用户标识符。

图 5-1-1　新建名称对话框

单击 "公式" 选项卡 "定义的名称" 组选择 "定义名称" 命令，或者单击 "名称管理器" 命令，在弹出的 "名称管理器" 对话框中单击 "新建" 命令按钮，都可以打开 "新建名称" 对话框。

而定义名称之后，名称再应用于公式之中，使用名称的公式，可以通过文字更清楚地表示出公式的含义。表 5-1-1 对比了没有名称的公式和使用名称的公式，公式的可读性一目了然。

表 5-1-1　　　　　　　　　　　　　　　　名称的可读性示例

示例类型	没有名称的示例	有名称的示例
引用	=SUM(C20:C30)	=SUM(FirstQuarterSales)
常量	=PRODUCT(A5,8.3)	=PRODUCT(Price,WASalesTax)
公式	=SUM(VLOOKUP(A1,B1:F20,5,FALSE), -G5)	=SUM(Inventory_Level,-Order_Amt)
表	C4:G36	=TopSales06

1.　名称的命名规则

名称的命名不能在 Excel 的运用中产生异义，需要遵循以下规则。

（1）有效字符

名称中的第一个字符必须是字母、下划线（_）或反斜杠 \。名称中的其余字符可以是字母、数字、句点和下划线。

（2）不允许使用单元格引用

名称不能与单元格引用（例如 Z$100 或 R1C1）相同。

（3）空格无效

在名称中不允许使用空格。可以使用下划线(_)和句点线(.)作为单词分隔符，例如 Sales_Tax 或 First.Quarter。

（4）名称长度

一个名称最多可以包含 255 个字符。

（5）区分大小写

名称可以包含大写字母和小写字母。Excel 在名称中不区分大写字符和小写字符。例如，不能在同一工作簿中创建一个名称 Sales，然后再创建另一个名称 SALES。

2.　名称的类型

（1）常量名称

【例 5-1-1】为字符串常量创建快捷名称示例。

为字符串常量"华东师范大学"创建一个快捷名称，以后只要输入快捷名称就能得到完整的字符串。

【例 5-1-1 解答】可以创建一个新的名称，假如以"ecnu"为名，该名称的值为一个字符串常量"华东师范大学"，使用的时候只需应用名称，减少了中文输入的麻烦。如图 5-1-2 所示。

图 5-1-2　常量名称

说明：

在"引用位置"的文本框中编辑公式，要注意编辑的两种状态："输入"和"编辑"，可以在 Excel 窗口的左下角位置看到当前的编辑方式，如图 5-1-2 所示。默认是"输入"方式，在此状态下，移动光标，会将工作表中当前单元格的引用代入编辑的公式中，如果想在文本框中使用光标键左右移动插入光标或删除单个的字符，就需要切换到"编辑"方式，如上图中所示，按功能键 F2 切换编辑状态。

定义了名称后就可以在单元格中使用名称 ecnu 代替"华东师范大学"的输入。如图 5-1-3 所示，在单元格 D1 中输入"="，可以直接输入"ecnu"，也可以通过公式选项卡中的"用于公式"命令，直接选择"ecnu"，完成公式的输入。单元格 D1 显示公式计算结果："华东师范大学"。

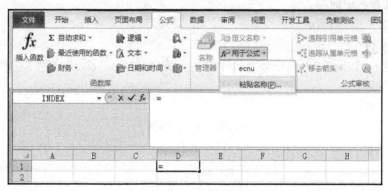

图 5-1-3　名称的使用

常量名称可以在算术运算公式中表示一些不变的值，例如现金收益率："名称：rate　公式：=0.053。"这样就不需要占用一个单元格作名称引用，直接定义常量名称就可以了。

（2）引用名称

引用名称描述了工作表中的单元格或区域的位置。创建引用名称的方法可以是选择引用单元格或区域后，在名称框中直接输入名称；也可以在"新建名称"对话框中完成；还可以使用"根据所选内容创建"命令批量地创建名称。

【例 5-1-2】 引用名称示例。

打开配套素材 fl5-1.1.xlsx 的【例 5-1-2】sheet。2013 研究生考试成绩（计算机专业）表中给出了 15 位报考该专业考生的三门课程的考试成绩，请建立查询区，查询指定学生的总分和指定的单科成绩，如图 5-1-4 所示。绿色区域姓名和课程名可以变换，当姓名和课程名发生变化后，单科成绩和总分自动计算。

	A	B	C	D	E	F	G	H	I
1	2013研究生考试成绩（计算机专业）								
2	准考证号	姓名	外语	程序设计	网络原理			单科成绩	总分
3	0901041	王润珏	63	79	69		姓名	网络原理	
4	0901042	吴凡	85	59	65		徐璐	64	230
5	0901043	刘一帆	75	88	55				
6	0901044	宋羽蕾	95	57	86				
7	0901045	王雅楠	87	56	77				
8	0901046	徐璐	74	92	64				
9	0901047	马诗雯	54	66	58				
10	0901048	傅晶晶	61	81	76				
11	0901049	舒馨	81	77	89				

图 5-1-4　【例 5-1-2】效果图

【例 5-1-2 解答】

① 为姓名 G4 和课程名单元格 H3 设置数据有效性：选择 G4 单元格，利用"数据"→"数据有效性"命令，设置有效性条件为允许"序列"，序列来源为$B$3:$B$17；类似地，选择 H3 单元格，序列来源为$C$2:$E$2。当光标进入 G4 和 H3 单元格时，会出现下拉框供选择。

② 为每一门课程记录和每一位学生记录批量创建名称。如图 5-1-5 所示，选择区域$B$2:$E$17，执行"公式"选项卡"根据所选内容创建"命令，在弹出的"以选定区域创建名称"对话框中选择"首行"创建课程名称，选择"最左列"创建考生名称，确定后打开名称管理器，可以看到所创建的一组名称，例如课程名称：程序设计，='【例 5-1-2】'!$D$3:$D$17；考生名称：傅晶晶，='【例 5-1-2】'!$C$10:$E$10。可以看出，出现在名称定义里的对单元格或区域的引用都是绝对引用。

 注意　名称管理器不仅显示了本例所创建的名称，还显示了当前工作簿文件其他范例 sheet 中所创建的名称。

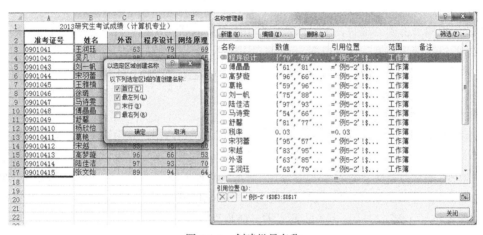

图 5-1-5　创建批量名称

③ 在 I4 单元格中输入总分计算公式"=SUM(INDIRECT(G4))"。indirect 函数的作用是返回由文本值指定的引用，此处返回 G4 单元格中的考生姓名，而考生的姓名已在步骤②中被定义三门课成绩的区域引用，sum 函数将对该引用中的三门课成绩区域的数值求和。

④ 在 H4 单元格中输入单科成绩的查询公式"=INDIRECT(G4) INDIRECT(H3)"。

 技巧　行列交叉点查询方法是指通过［行的名称列的名称］的交叉点确定的引用单元格。本例中 INDIRECT(G4)引用了考生姓名，INDIRECT(H3)引用了课程名称，如图 5-1-4 中表示的是考生徐璐的网络原理成绩。行列交叉点查询方法在数据量比较大的数据表中查找数据不仅意义明确，而且简单高效。

（3）表格名称

在 Excel 工作表中创建表格（早期版本中称为列表）后，便可对表格中的数据进行管理和分析，例如：可以筛选表格列、添加汇总行、应用表格格式等。创建表格后会自动地生成表名称，表名称可以修改。如图 5-1-6 所示创建的销售表，由标题行、数据区域和汇总行构成。汇总行可以根据需要选择不同的汇总方式。

表格名称引用的是除标题行和汇总行以外的数据区域，例如：如图 5-1-6 所示销售表，表名称"销售表"的引用位置是$A$2:$E$7。每一列的标题称为列说明符，与表名称相似，列说明符代表对除列标题和汇总之外的整列数据的引用，例如[地区]的引用位置是$B$2:$B$7。一对"[]"是列说明符。符号@表示此行，例如[@地区]表示当前行的地区值。在表内引用列说明符可以直接使用，在表外引用列说明符要加上表名，例如：销售表[地区]。在创建计算列时，就可以使用表名称、列说明符、表说明符、引用运算符等因素构造结构化引用方式，引用表中数据，例如："完成金额"列的计算公式为：[@销售额]*[@完成百分比]。

销售人员	地区	销售额	完成百分比	完成金额
洪国明	北部	2600	10%	260
吴健宏	南部	6600	15%	990
张婉璐	东部	7500	13%	975
蔡耀明	西部	4200	12%	504
关芝慈	北部	8200	15%	1230
曾蜀山	南部	7900	10%	790
汇总	6	37000	13%	4749

图 5-1-6　销售表

当使用引用表格的公式时，无论该公式引用了部分表格还是整个表格，结构化引用都可以使表格数据的处理变得容易、直观得多。同时，因为表格数据区域的范围经常变化，而结构化引用的单元格引用可随之自动调整，这样便在最大程度上减少了在表格中添加或删除行、列时以及刷新外部数据时重写公式的需要。

【例 5-1-3】表格名称示例。

打开配套素材 fl5-1.1.xlsx 的【例 5-1-3】sheet。建立"数据计算与数据库"分析模板，当输入一个班级学生的学号、姓名、平时成绩、实验成绩、考试成绩后，可以自动计算总评成绩和统计分析该课程的学习情况，其效果如图 5-1-7 所示。总评成绩的计算方法：平时成绩占 20%，实验成绩占 40%，考试成绩占 40%。说明：模板分为数据区域和分析区域，要求：当数据区域变化（增删改学生记录）时，分析区域不需要变动，能自动计算。

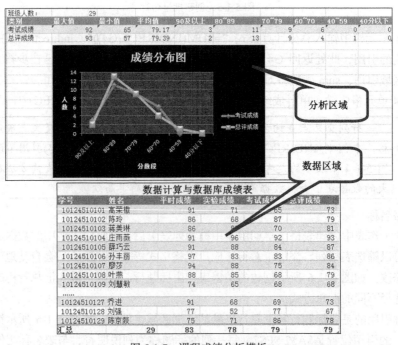

图 5-1-7　课程成绩分析模板

【例 5-1-3 解答】

① 选择"数据计算与数据库成绩表"的数据区域的 A 列到 F 列区域，在"插入"选项卡执行命令"表格"，在弹出的"创建表"对话框中默认"表包含标题"，单击"确认"按钮生成表格如图 5-1-8 所示。当光标位于表格内部时，出现"表格工具"选项卡，表名称默认为"表 N"（N为数字），可以修改。生成的表格默认自动筛选模式，如不需要可以清除自动筛选。在表格工具中还可以应用表格格式。

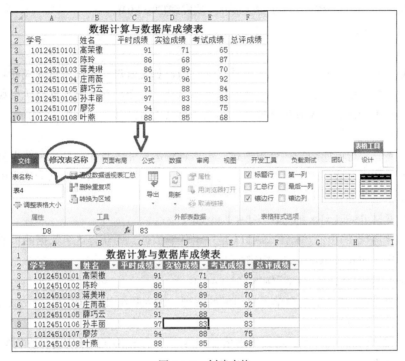

图 5-1-8　创建表格

　　在"开始"选项卡的"样式"组中执行"套用表格格式"命令，也可以创建一个表格。生成的表格可以通过执行表格工具的"转化为区域"命令转化回区域。

② 修改表名称为"成绩表"，在名称管理器中查看表名称，如图 5-1-9 所示，可以看到，"成绩表"在列表中，选择该名称，删除命令按钮不可使用，选择编辑按钮，打开"编辑名称"对话框，名称可以修改，引用位置不可修改。

图 5-1-9　名称管理器中管理表名称

③ 在 F3 单元格中输入总评成绩公式：=[@平时成绩]*0.2+[@实验成绩]*0.4+[@考试成绩]*0.4（在输入公式时，列说明符不需要输入，只需鼠标选择引用），按 Enter 键后，整个表格的总评成绩都计算并显示。

④ 在数据表的上方或下方插入空行，然后创建数据分析区域，如图 5-1-7 所示。在计算公式中使用表格名称，例如，在计算班级人数单元格 B1 中输入=COUNTA(成绩表[姓名])，计算考试成绩最大值的 B3 单元格中输入=MAX(成绩表[考试成绩])，计算考试成绩 80~89 的人数：=COUNTIFS(成绩表[考试成绩],"<90",成绩表[考试成绩],">=80")。

⑤ 创建成绩分布的折线图如图 5-1-7 所示。

说明：

以上步骤虽然是针对某一个班级成绩进行分析的，但是采用结构化引用方式的单元格引用，能自动调整，当数据区域中的学生记录被删除或添加后，或者粘贴另一个班的学生成绩记录到该数据区域，不需要对计算公式做任何调整，系统会自动重新计算得到结果。

（4）公式名称

名称的定义同样可以应用于一个表达式，包括各种运算和函数。尤其是和数组公式、查找公式的配合，引用的区域便突破了对固定单元格的引用，从而更加灵活，被称为动态引用。

【例 5-1-4】公式名称示例。

打开配套素材 fl5-1.1.xlsx 的【例 5-1-4】sheet。

① 获得一组数据的负值。$A\$2:\$A\$11 是一组任意数据，要获得这组数据的负值数据可以定义一个公式名称，如 negativevalue，内容如下。

negativevalue：=-1*公式名称示例!$A\$1:\$A\$10

选定任意的 10 个连续的空白单元格组成的一列，输入数组公式{=<negativevalue>}，就可以看到运算结果。

② 获得一系列同值的数据。可以将数值保存在一个单元格中，然后通过进行数组运算的 if 公式定义一个名称表示，例如：

width：=IF(公式名称示例!$A\$2:\$A\$11,公式名称示例!$C\$2)

这里，$A\$2:\$A\$11 是任意一组数，只要不等于 0，在 IF 函数第一个参数中就表示逻辑值为真，IF 函数的计算结果就会取参数$C\$2 的值。$A\$2:\$A\$11 有 10 个逻辑值，通过数组的扩维运算，生成 10 个$C\$2 组成的数组。为防止$A\$2:\$A\$11 中有 0 值，而得到结果"FALSE"，可以将 IF 的第一个参数改为 ROW（公式名称示例!$A\$2:\$A\$11），取单元格的行号。

③ F 列有一组测试数据，要求当测试数据的长度发生变化时，求和计数的结果能自动变化。可以用名称表示这段动态区域。用 INDIRECT 函数通过字符串构造动态区域的引用，区域的最后一个单元格的行号由 COUNTA 自动计算得到。

testregion: =INDIRECT("$F\$2:\$F\$"&COUNTA(公式名称示例!$F:\$F))

④ VLOOKUP 函数的参数要求查找列在所查找区域的第一列，但有时原始数据表中查找列和结果列的顺序恰好相反。可以通过 IF 的数组公式调整两列的顺序，构成新的数据区域，用名称记录更为清晰。【例 5-1-4】中 A 列是考生号，B 列是姓名，要使用 VLOOKUP 根据考生姓名查询准考证号，要先利用公式名称建立一个先姓名后准考证号的表，名称为 nametable：

nametable ：=IF({1,0},'【例 5-1-2】引用名称示例'!$B\$3:\$B\$17,'【例 5-1-2】引用名称示例'!$A\$3:\$A\$17)

然后执行 VLOOKUP 操作。

```
=VLOOKUP(C24,nametable,2,FALSE)
```

　【例 5-1-4】中的公式名称都对应计算得到的一个数据数组，要在工作表中检查计算结果是否正确，可以在工作表中选择存放结果的空白区域（大小与数组数据的个数一致），输入数组公式{=<名称>}，就可以显示名称所引用的数据。

5.1.2　条件格式中的公式应用

条件格式是在选定的区域中，对数据符合条件规则的单元设置特定的格式，条件规则的类型可以是使用公式确定，如图 5-1-10 所示，在"为符合此公式的值设置格式"文本框中要输入条件计算公式。

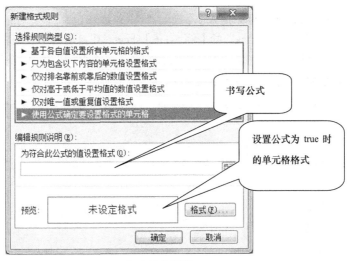

图 5-1-10　新建格式规则

在此书写的条件公式不是以区域为整体考虑，而是针对选中区域的活动单元格（反白单元格）书写，区域中的其他单元格获得该公式的复制，在复制的过程中，绝对引用不变，相对引用会以活动单元格为参考，进行偏移计算。

【例 5-1-5】在条件格式中使用公式示例。

打开配套素材 fl5-1.1.xlsx 的例【5-1-5】sheet，利用公式和条件格式，将库存量低于平均库存量的数据设置为红色加粗，将订购量和再订购量总数大于库存量行填充橙色，如图 5-1-11 所示。

产品ID	产品名称	供应商	类别	单位数量	单价	库存量	订购量	再订购量	中止
1	牛奶	佳佳乐	饮料	每箱24瓶	¥19.00	17	40	25	No
2	苹果汁	佳佳乐	饮料	每箱24瓶	¥18.00	39	0	10	Yes
3	番茄酱	佳佳乐	调味品	每箱12瓶	¥10.00	13	70	25	No
4	盐	康富食品	调味品	每箱12瓶	¥22.00	53	0	0	No
5	麻油	康富食品	调味品	每箱12瓶	¥21.35	0	0	0	Yes
6	酱油	妙生	调味品	每箱12瓶	¥25.00	120	0	25	No
7	海鲜粉	妙生	特制品	每箱30盒	¥30.00	15	0	10	No
8	胡椒粉	妙生	特制品	每箱30盒	¥40.00	6	0	0	No
9	鸡	为全	肉/家禽	每袋500克	¥97.00	29	0	0	Yes
10	蟹	为全	海鲜	每袋500克	¥31.00	31	0	0	No
11	民众奶酪	日正	日用品	每袋6包	¥21.00	22	30	30	No
12	德国奶酪	日正	日用品	每箱12瓶	¥38.00	86	0	0	No
13	龙虾	德昌	海鲜	每袋500克	¥6.00	24	0	5	No
14	沙茶	德昌	特制品	每箱12瓶	¥23.25	35	0	0	No
15	味精	德昌	调味品	每箱30盒	¥15.50	39	0	5	No

图 5-1-11　【例 5-1-5】效果图

【例 5-1-5 解答】

① 第一个条件：库存量低于平均库存量，可选择规则"仅对高于或低于平均值的数据设置格式"。选择库存量列，在新建规则中选择规则，下拉框中选择"低于"，格式设置为字体红色加粗，完成设置。

② 第二个条件的难度在于，条件的判断跨越了三列：订购量、再订购量、库存量，而一般的条件规则都只根据选择区域单元格本身的数据是否符合条件设置。该题要求对符合条件的一行设置格式，所以选择整个数据区域（除标题），当前活动单元格式是 A2，只考虑第二行，条件公式的描述是 H2+I2>G2，考虑到这个公式复制到其他单元格，同行的单元格公式是一样的，所以只需行偏移，不能列偏移，所以列号前要加上绝对引用符号：=$H2+$I2>$G2。然后设置格式填充橙色，完成设置。

【例 5-1-6】自动产生竖条底纹。

打开配套素材 fl5-1.1.xlsx"的【例 5-1-6】sheet。在自动套用表格中只有横条间隔条纹，当在表格中插入或删除一行，间隔条纹可以自动调整，要求自行设置竖条间隔条纹，并且插入或删除列时能也自动适应更新，如图 5-1-12 所示。

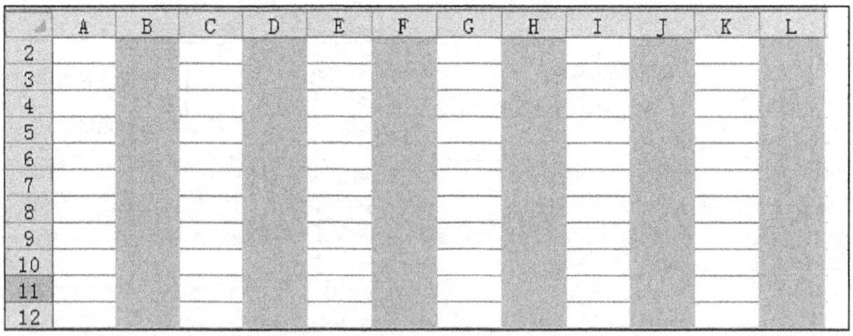

图 5-1-12　竖条间隔条纹示例

【例 5-1-6 解答】Column()函数可以计算当前单元格的列号，根据列号对 2 求余得到 true 或 false，设置不同的底纹。当插入或删除列时列号自动调整，通过计算底纹也能自动调整。

选中要设置底纹的区域，在条件格式的"新建规则"对话框中选择"使用公式确定要设置格式的单元格"，图例中是偶数列设置灰色底纹，输入公式"=MOD(COLUMN(),2)=0"，设置底纹为灰色。

如果奇数行设置黑色底纹，偶数行设置白色底纹如何设置？如果要求三色间隔又如何设置？

5.1.3　数据有效性中的公式应用

在数据有效性的"设置"选项卡中的文本框中可以输入公式，使有效性规则得到更灵活的应用。设置位置如图 5-1-13 所示。在左图"自定义"公式中输入条件公式，右图中输入是由序列制定，序列来源可以是由公式计算得到的数据序列，通常会使用查找函数。

【例 5-1-7】在设置数据有效性中使用公式和名称示例。

工作安排本周内需要完成的事项，开始时间和结束时间通过数据有效性设置序列，使用下拉框选择周一到周日，要求结束时间的输入序列，要大于等于开始时间。

图 5-1-13   在数据有效性中输入公式

【例 5-1-7 解答】打开配套素材 fl5-1.1.xlsx 的例【5-1-7】sheet。

方法一：在工作表中建立从"周一"到"周日"的数据列，在此为$A$2:$A$8。设置开始时间列的数据有效性为"序列"，来源为$A$2:$A$8。结束时间的数据有效性为"序列"，它的来源是动态的，由同行的开始时间决定，例如结束时间的第一个单元格为 D4，其对应的开始时间的单元格为 C4，可以通过 match 函数查找 C4 在$A$2:$A$8 中的序号，+1 后得到行号，再通过 indirect 函数构造动态引用确定结束时间的序列来源 "=INDIRECT("A"& MATCH(C4,$A$2:$A$8,0) +1&":$A$8")"，效果如图 5-1-14 所示。

图 5-1-14   【例 5-1-7】效果图

方法二：公式中$A$2:$A$8 的含义不明显，可以使用定义名称 list 表示$A$2:$A$8。设置开始时间列的数据有效性为"序列"，来源为 list。结束时间的数据有效性为"序列"，此时构造结束时间的来源就可以跳出显示序列来源存储行号的束缚，使用 offset 函数通过偏移计算得到：

```
=OFFSET(list,MATCH(C19,list,0)-1,0)
```

C19 表示开始时间的第一个单元格，同样 match 函数求出 C19 在 list 中的序号，对 list 序列偏移（序号-1）次就得到从 C19 表示的时间到"周日"的序列。例如 C19 的值是"周四"，"周四"在 list 中的序号为 4，list 行偏移 3，就得到"周一"到"周日"的序列。

比较两种方法可知，方法二使用名称，在为结束时间的数据有效性构造动态来源的公式时，不需要考虑 list 的真实存储位置，实现更为灵活。

【例 5-1-8】强制序时输入示例。

在输入日期时要求从小到大，如输入的日期比现有的日期要小，否则跳出出错警告，如图 5-1-15 所示。

图 5-1-15   【例 5-1-8】效果图

【例 5-1-8 解答】打开配套素材 fl5-1.1.xlsx 的【例 5-1-8】sheet。本题的数据有效性是在"设置"选项卡选择"自定义"，然后输入条件公式。输入条件公式时同样以选中区域的活动单元格为参考点，构造公式，在考虑公式复制时的偏移量计算。

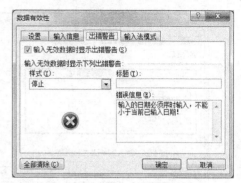

图 5-1-16　出错警告设置

方法一的思路是当前输入单元格的日期要大于前一个单元格的日期，公式中使用 N 函数将其他数据类型的数据转化为数值类型，然后比较大小，N(C2) 的值为 0，日期型数据转化为对应的长整型值。公式书写时以 C3 单元格为参照点，向下覆盖时行号自动偏移加 1。

方法二的思路是当前输入单元格的日期为已输入区域的最大值。公式书写时以 E3 单元格为参照点，从 E3 开始到当前单元格，所以区域引用的开始单元格绝对引用：$E$3，结束单元格行号相对引用，向下覆盖时行号自动偏移加 1。例如 E5 单元格的公式自动偏移计算为：=MAX（$E$3:$E5）。

出错警告样式为"停止"，编辑错误信息告知输入停止的原因如图 5-1-16 所示。

5.1.4　图表中的公式应用

图表中数据源的设置并不一定只能从工作表的区域中选择，还可以在选择数据源时通过"添加"命令添加。在打开的"编辑数据系列"对话框中（见图 5-1-17），系列值可以填写公式，可以是名称、数组计算公式、查找函数公式。以支持图表数据源的动态生成。

图 5-1-17　数据源的设置

【例 5-1-9】通过在图表数据源中使用名称产生动态图表示例。

打开配套素材 fl5-1.2.xlsx 的【例 5-1-9】sheet。已知两个班级《数据处理与数据库》课程的期末成绩，请统计各分数段人数并制作学生成绩构成分布图，如图 5-1-18 所示，对比两个班级的学习情况。调整宽度的值决定图表中间分数段文字的显示宽度。

【例 5-1-9 解答】

① 准备表格数据。

定义两个名称：*一班*：='例 5-1-9　学生成绩构成分析图'!$C$2:$C$43

　　　　　　　　二班：='例 5-1-9　学生成绩构成分析图'!$C$44:$C$84

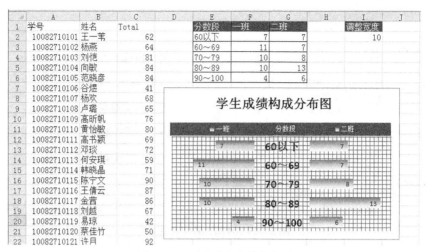

图 5-1-18　班级分段成绩分布图

使用 countif 和 countifs 函数分段统计两个班各分数段人数，单元格中输入调整宽度，准备好表格数据。

② 定义数据源名称。

该图表在一行的方向展开三段数据：一班分数段计数、中间空白宽度、二班分数段计数，可以选择"堆积条型图"完成。注意：中间分数段的文字说明不是分类坐标轴的标签，而是设置一个数据系列，用于显示文字说明。

要解决的难题一是一班的数据向左展开，应为负值数据；二是中间的宽度在工作表中只有一个数据，存放在单元格 I2，要扩展为 5 个相同数据构成的序列。解决的方法：不改动工作表中的数据，而是通过名称来构造数据源。定义三个数据源名称：

一班分数段：=-1*学生成绩构成分析图!$F$2:$F$6，得到一班分数段人数统计值的负值序列。

二班分数段：=学生成绩构成分析图!$G$2:$G$6，引用二班分数段人数统计值。

调整宽度：=IF(ROW(学生成绩构成分析图!$E$2:$E$6),学生成绩构成分析图!$I$2)，得到 6 个相同的调整宽度序列值{10，10，10，10，10}。

③ 创建表格，按名称设置数据源。

通过"插入"→"条形图"命令创建一个空白的"堆积条形图"，选中空白图表。

单击鼠标右键，在弹出的快捷菜单中执行"选择数据"命令，弹出"选择数据源"对话框。执行"添加"命令逐个建立数据源，图 5-1-19(a)所示。例如要添加数据系列"一班"，在"编辑数据系列"对话框中，系列名称选择 F1 单元格的分析表标题单元格"一班"，也可以直接输入文本，系列值输入名称公式='5-1.xlsx'!一班分数段。输入名称时，前缀不可缺少，可以点击工作表获得前缀，再输入名称。依次添加"一班""分数段"和"二班"数据系列，对应名称为："一班分数段"、"调整宽度"和"二班分数段"。

系列的顺序可以通过上下命令按钮调整。设置好水平轴标签，可以通过"编辑"按钮到工作表中选择相应区域。设置好后单击"确定"按钮得到右图的初始图表

④ 设置图表中各对象格式，得到如图 5-1-18 所示图表。

● 分类坐标轴设置：分类坐标轴逆序；垂直（分类）轴和水平（值）轴的刻度、坐标轴标签、线条颜色都设置为无。

● 网格线设置：无。

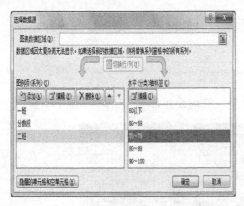
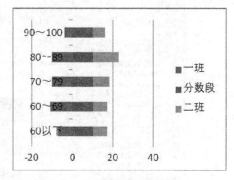

(a)图例项的设定　　　　　　　　　　　　　　　(b)选择数据源后的图表

图 5-1-19　使用名称定义数据源

- 图例设置：在顶部显示，并设置图例的填充颜色，调整图例的宽度以适应绘图区。
- 数据标签设置：分数段数据系列的数据标签的标签选项为类别名称，添加一班和二班数据系列的数据标签，其中一班数据系列的数据标签显示不能为负值，通过设置其数字格式为自定义格式"#,##0;#,##0"。
- 设置系列的显示格式，分数段数据系列不显示，一班和二班的数据系列渐变填充。
- 绘图区设置：填充合适的背景，美化图表。
- 图表标题设置。

在设置对象格式的时候，可以双击图表中要格式设置的对象，弹出该对象的属性设置对话框。但当对象很难选择到，还可以通过图表工具的布局选项卡的最左端的对象下拉框，可以选择图表中的子对象，再单击下方的 "设置所选内容格式" 命令打开对象的属性设置对话框。

【例 5-1-10】含有控件的动态图表示例。

打开配套素材 fl5-1.2.xlsx 的【例 5-1-10】sheet。制作 2010 上海车牌拍卖情况图，要求能通过复选框选择投标人数和投发数量数据源是否显示。如图 5-1-20 所示，图（a）中显示投标人数和投发数量的情况，图（b）只显示投放数量的变化趋势。

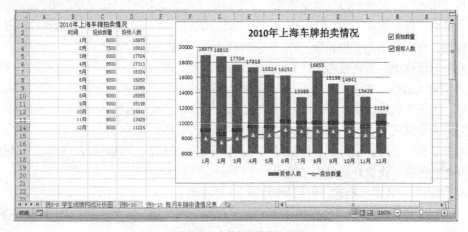

(a)包括投标人数和投放数量的图

图 5-1-20　【例 5-1-10】效果图

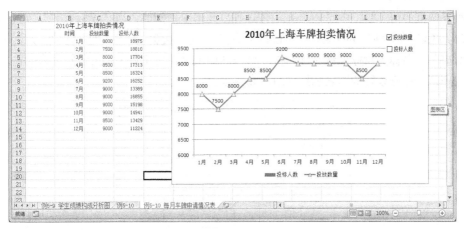

(b)仅显示投放数量的图

图 5-1-20　【例 5-1-10】效果图（续）

【例 5-1-10 解答】

利用 IF 函数判断图表连接的数据源，设置开关单元格，当开关单元格的值为 TRUE，数据源连接数据表中的相应列，如果开关单元格的值为 FALSE，数据源连接空序列，不显示。IF 计算的数据序列可以用公式名称来表示。开关单元格的值由控件控制，可供用户选择改变开关单元格的值。

① 定义名称。

$H$2 和$H$3 为开关单元格，值可以为 TRUE 或者 FALSE，定义两个名称计算数据源的序列值。

投放数量：=IF('例 5-1-10 每月车牌申请情况表'!$H$2=TRUE,'例 5-1-10 每月车牌申请情况表'!$C$3:$C$14,空序列)

投标人数：=IF('例 5-1-10 每月车牌申请情况表'!$H$3=TRUE,'例 5-1-10 每月车牌申请情况表'!$D$3:$D$14,空序列)

空序列：='例 5-1-10 每月车牌申请情况表'!$E$3:$E$14

名称空序列的作用是当选项按钮连接的单元格为 FALSE 时，显示同维空值。

② 制作图表。

插入图表，选择"柱形图"，选择数据源，在图例项依次增加 2 个系列，系列名称分别为投放数量和投标人数，值分别为前面定义的公式名称"投放数量"和"投标人数"。分类 x 轴标记为"B3:B14"显示月份。再修改投放数量数据源的图标类型为"折线图"。

技巧　　填写系列值等于名称时需加上前缀，例如（='5-1-4.xlsx'!投放数量），填写时可以通过点击工作表获取名称。

③ 设置图表中各对象格式，得到如图 5-1-20 所示图表。

- 设置数据坐标轴最小值为 6000。
- 修改数据系列的填充格式和折线的数据标记格式，增加数据标签。
- 底部显示图例，增加图标标题。

④ 插入复选框控件。

执行菜单命令"开发工具"插入表单控件"复选框"插入 2 个复选项控件。鼠标右键选中复选框，进入"设计模式"，可以直接修改控件的显示名称。在弹出的快捷菜单中选择"设置控件格式"，弹出如图 5-1-21 所示的对话框，将两个控件的单元格链接为：H2、H3。链接单元格的作用是会把复选框的值（TRUE 或 FALSE）传送到单元格中，例如，当"投标人数"复选框选中，H3 的值为 TRUE，否则为 FALSE。而 H3 的值直接影响数据源"投标人数"的值。数据源"投标人数"对应公式名称"投标人数"，if 函数计算 H3 的值是否为 TRUE，是则显示数据表数据，否则显示空序列。将修改好的图表和控件组合在一起。

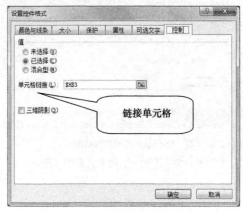

图 5-1-21　单元格链接的设置

　Excel 默认不显示"开发工具"选项卡，需要通过"文件"选项→自定义功能区"主选项卡"命令勾选并确定后，才会显示。

5.2　自动计算的工作表设计

本节通过两个案例说明能够实现自动计算的工作表设计，如何安排不同的功能区域，如何应用逻辑值启动自动计算，等。

5.2.1　测试自动阅卷设计

【例 5-2-1】有自动阅卷功能的工作表设计示例。

打开配套素材 fl5-2.xlsx 的【例 5-2-1】sheet。设计一个小测试工作表如图 5-2-1 所示，工作表的左边显示测试试卷，共有 10 道单项选择题，在右边的答题纸中填写答案，当答案填写完毕，Excel 会自动阅卷，判断对错，并给出测试成绩。

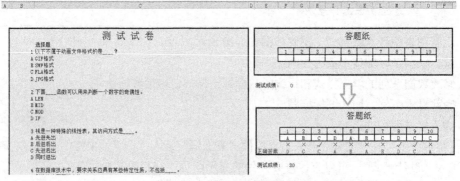

图 5-2-1　测试自动阅卷示例

【例 5-2-1 解答】

区域包括数据区域、输入区域和计算区域 3 部分构成。

其中数据区域包括测试试卷的内容和和答案两部分。输入区域就是填写答案的 10 个单元格，输入单元格与答案单元格应一一对应，方便比对。测试试卷只有显示的功能，与其他功能区没有关联，故设置 B:C 列为测试试卷区。输入区域设置在 F7:O7 区域，故答案区域对应在 F64:O64 区域。

计算区域要完成的功能是（1）计算答题数，达到 10 题启动判题。（2）根据答案判对错，并计算总分。计算区域的构成要素如下。

- 判断是否答题区域 F63:O63。

与输入区域对应，通过 Len 函数计算输入区域的单元格是否输入文字，输入计 1，否则为 0。例如单元格 F63 的公式为："LEN(TRIM(F7))"，判断 F7 是否输入。

- 开关单元格 F62。

计算答题数是否为 10，公式为 "=IF(SUM($F$63:$O$63)=10,TRUE,FALSE)"。

- 判题区域 F8:08。

当开关单元格 F62 的值为 TRUE 时，比对输入区和答案区，给出对错符号，否则不显示，例如 F8 公式为 "=IF($F$62,IF(F7=F9,"√"," × "),"")"。

- 计算总分单元格：F11。

计算判题区域 "√" 的个数乘以 10 得到总分，输入数组公式 "SUM(IF(F8:O8="√",10,0))"。

- 正确答案显示区域（红色）F9:O9。

正确答案只有在判题后显示，答题时不能显示，例如 F9 公式为 "=IF($F$62,F64,"")"。

在整个测试工作表中，测试试卷区域、判题区域和答案区域都应该不能随便修改，可以设置不能输入，只允许光标进入输入区域，设置方法为：选择输入区域，执行"设置单元格格式"命令，在"保护"选项卡中取消"锁定"默认选项。然后执行"审阅"→"保护工作表"命令，在弹出的"保护工作表"对话框中取消"选定锁定单元格"的选项，完成设置。

计算区域中的判断是否答题区域，开关单元格以及答案区域，都应该隐藏不显示，可以设置文本颜色与单元格填充颜色一致，也可以设置自定义格式";;;"。

5.2.2　试算表设计

【例 5-2-2】试算表设计示例。

烘培店预算表。打开配套素材 fl5-2.xlsx 的【例 5-2-2】sheet。

大学生们想在学校附近的步行街创业开一家烘培店，烘培店的固定投资为 5 万元，初期店面每月租金为 3600 元，假设烘培店点心的平均成本是 5 元，成本每年递增 3%，平均销售价是 15元，销售价每年递增 5%。预期每月的销售量受学校寒暑假影响设定为 1500 元、1500 元、2000元、2500 元、2500 元、2500 元、1000 元、1000 元、2500 元、2500 元、2500 元、2500 元。第一年的前三个月设定为 150、500、1000 元。店铺工作人员每月工资 2000 元，初定两人，当每月销售量每大于 2000 元时要增加 1 人。店铺的经营费用（水电等）根据销售量变化，为销售额的 20%。请为他们创建一张预算表，计算烘培店 3～5 年预期的收益、费用和利润。

【例 5-2-2 解答】

① 区域设计。

区域包括可变量区域、辅助计算区域和收支计算区域三部分构成，如图 5-2-2 所示。

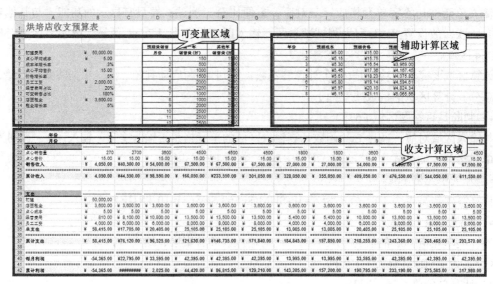

图 5-2-2　烘培店预算表示例

可变量区域包括初建费用、点心平均成本、成本年增长率、点心平均售价、价格增长率、员工工资、经营费用占比、店面租金、租金增长率等影响因素，还包括每个月的预期销售量，还可设置可变销售占比调整销售量的增减量。

辅助计算区域按年份根据增长率计算每年的点心预期成本、预期价格以及店铺的预期租金。收支计算区域计算某一年的收入、支出和毛利润。

② 实现步骤。

可变量区域：在区域 A5:B14 中依次输入可变量数据。在区域 D4:F17 绘制预期销售量表格，如图 5-2-3（a）所示。

辅助计算区域：按成本、销售价格和租金的增长率，分别计算第 n 年的预期成本、预期价格以及店铺的预期租金，如图 5-2-3（b）所示，公式如下。

初建费用	￥	50,000.00
点心平均成本	￥	5.00
成本年增长率		3%
点心平均售价	￥	15.00
价格增长率		5%
员工工资	￥	2,000.00
经营费用占比		20%
可变销售占比		100%
店面租金	￥	3,600.00
租金增长率		5%

预期量销售	第一年	其他年
月份	销售量(打)	销售量(打)
1	150	1500
2	500	1500
3	1000	2000
4	1500	2500
5	2000	2500
6	2200	2500
7	1000	1000
8	1000	1000
9	2000	2000
10	2500	2500
11	2500	2500
12	2500	2500

图 5-2-3(a)　可变量区域

年份	预期成本	预期价格	预期租金
1	￥5.00	￥15.00	￥3,600.00
2	￥5.15	￥15.75	￥3,780.00
3	￥5.30	￥16.54	￥3,969.00
4	￥5.46	￥17.36	￥4,167.45
5	￥5.63	￥18.23	￥4,375.82

图 5-2-3(b)　辅助计算区域

预期成本 I5：=$B$6*POWER(1+$B$7,$H5-1)

$B$6 是点心的平均成本，$B$7 是成本年增长率，H5 是年份。

预期价格 J5：=$B$8*POWER(1+$B$9,$H5-1)

$B$8 是点心的平均售价，$B$9 是价格年增长率，H5 是年份。

店铺的预期租金 K5：=B$13*POWER(1+$B$14,$H5-1)

$B$13 是店面租金，$B$14 是租金年增长率，H5 是年份。

其他单元格的公式通过公式填充完成。

收支计算区域包括收入区域，支出区域和利润区域，如图 5-2-4 所示。年份 B19 是一个可变量，填入不同的值，计算第 n 年的收支预算。

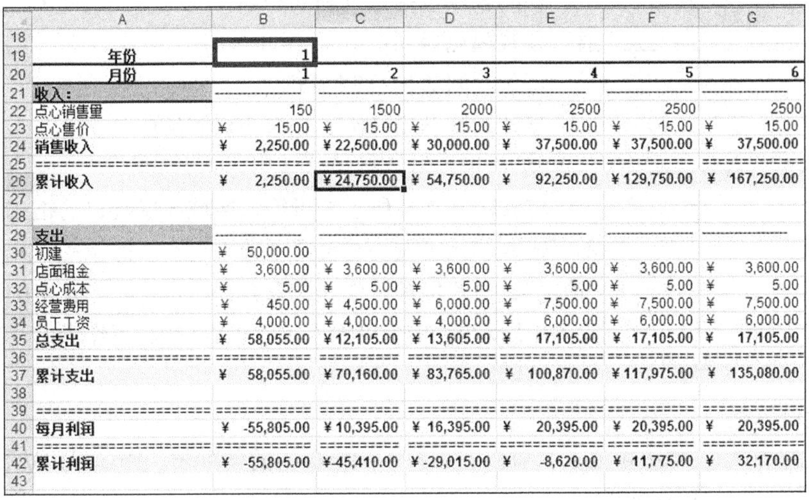

	A	B	C	D	E	F	G
18							
19	年份	1					
20	月份	1	2	3	4	5	6
21	收入：						
22	点心销售量	150	1500	2000	2500	2500	2500
23	点心售价	¥ 15.00	¥ 15.00	¥ 15.00	¥ 15.00	¥ 15.00	¥ 15.00
24	销售收入	¥ 2,250.00	¥ 22,500.00	¥ 30,000.00	¥ 37,500.00	¥ 37,500.00	¥ 37,500.00
25							
26	累计收入	¥ 2,250.00	¥ 24,750.00	¥ 54,750.00	¥ 92,250.00	¥ 129,750.00	¥ 167,250.00
27							
28							
29	支出						
30	初建	¥ 50,000.00					
31	店面租金	¥ 3,600.00	¥ 3,600.00	¥ 3,600.00	¥ 3,600.00	¥ 3,600.00	¥ 3,600.00
32	点心成本	¥ 5.00	¥ 5.00	¥ 5.00	¥ 5.00	¥ 5.00	¥ 5.00
33	经营费用	¥ 450.00	¥ 4,500.00	¥ 6,000.00	¥ 7,500.00	¥ 7,500.00	¥ 7,500.00
34	员工工资	¥ 4,000.00	¥ 4,000.00	¥ 4,000.00	¥ 6,000.00	¥ 6,000.00	¥ 6,000.00
35	总支出	¥ 58,055.00	¥ 12,105.00	¥ 13,605.00	¥ 17,105.00	¥ 17,105.00	¥ 17,105.00
36							
37	累计支出	¥ 58,055.00	¥ 70,160.00	¥ 83,765.00	¥ 100,870.00	¥ 117,975.00	¥ 135,080.00
38							
39							
40	每月利润	¥ -55,805.00	¥ 10,395.00	¥ 16,395.00	¥ 20,395.00	¥ 20,395.00	¥ 20,395.00
41							
42	累计利润	¥ -55,805.00	¥ -45,410.00	¥ -29,015.00	¥ -8,620.00	¥ 11,775.00	¥ 32,170.00
43							

图 5-2-4　收支计算区域部分区域

收入区域包括点心销售量，从每月销售量表格中读取；点心售价，从辅助计算区读取；销售收入和累计收入计算得到，公式如下，其他单元格通过公式填充得到：

点心销售量 B22=VLOOKUP(B20,$D$6:$F$17,IF(B19=1,2,3))*$B$12

B20 是月份，$D$6:$F$17 是销售量表，IF 函数根据 B19 计算如果第一年返回第 2 列，否则返回第 2 列，$B$12 是可变销售占比，表示销售量可能的增减量比例。

点心售价 B23=VLOOKUP($B$19,$H$5:$J$17,3)

$B$19 表示第几年，在辅助计算表$H$5:$J$17 中，查找预先计算好的该年点心平均售价。

销售收入 B24=B22*B23

销售收入等于销售量乘以售价。

累计收入 B26 =B24；C26=B26+C24

第一个月累计收入等于销售收入，第二个月开始前一个月累计值 B26 加上本月销售收入 C24。

支出区域包括初建费用、店面租金、点心成本、经营费用、员工工资、总支出和累计支出。公式如下，其他单元格通过公式填充得到：

初建费用 B30=IF(B19=1,B5,0)

初建费用只有第一年有，根据 B19 的值判断，如果是第一年，等于 B5 的值，否则为 0。

店面租金 B31=VLOOKUP($B$19,$H$5:$K$17,4)

点心成本 B32=VLOOKUP($B$19,$H$5:$J$17,2)

店面租金和点心成本从辅助计算区读取，$B$19 表示第几年，在辅助计算表$H$5:$K$17 中，查找预先计算好的该年店面租金和点心成本。

经营费用 B33=B24*20%

经营费用等于销售收入的 20%，计算得到。

员工工资 B34 =$B$10*(2+INT((B22-1)/2000))

员工人数随销售量变化，基数为 2 人，每超过 2000 增加 1 人，由 INT 函数计算得到。B22 是该月销售量。

总支出=SUM(B30:B34)

图 5-2-5　可输入区域设置

累计支出 B37=B35；C37=B37+C35

利润区域包括每月利润和累计利润，公式如下，其他单元格通过公式填充得到：

每月利润 B40=B24-B35

累计利润 B42=B40；C42=B42+C40

③ 设置可输入区域。

将如图 5-2-5 所示的可输入区域设置醒目的格式，以与其他不可输入单元区域。并设置不选中可输入区域的单元格保护属性"锁定"，设置保护工作表，只允许用户选择未锁定的区域，这样除图中所示的 11 个可输入单元可以输入，工作表的其他单元格都不可访问。

④ 可变试算表。

试算表创建好后，修改可变量，可以看到在不同情况下的预算表。例如可以执行以下任务：

- 观看第一年的预算结果。
- 观看第三年的预算结果。
- 员工工资增加 500 元。
- 提高 20%的销售量。
- 提高房租。
- 降低经营费用。

5.3　调查问卷的设计和数据分析

问卷调查是社会调查的一种主要的数据收集手段。当一个研究者想通过社会调查来研究一个现象时（比如是什么因素在影响大学生对一门课程教学的满意度），就可以用问卷调查的方式来收集数据。因特网上一些支持在线调查的网站如网题在线调查平台、问卷星、数据 100、爱调研使问卷调查的开展更加便捷，受众面更广。

完成调查问卷工作的一般步骤包括四步，如图 5-3-1 所示。

图 5-3-1　调查问卷的工作流程

5.3.1 调查问卷的设计

1. 调查问卷设计的准备工作

一份理想的调查问卷立足于充分的调研。研究者首先要通过一定的途径（例如：阅读论文资料、与个别对象作初步的访谈、收集素材等）理解调查问题的实质和背景，从而确定问卷调查的目的和内容。阅读收集的资料可以帮助研究者加深对所调查研究问题的认识，最终形成对目标总体的清楚概念，其次可以为问题设计提供丰富的素材，是设计好的问卷设计的根本。对个别调查对象进行访问，可以帮助了解受访者的经历、习惯、文化水平以及对问卷问题知识的丰富程度等。调查对象的群体差异越大，就越难设计一个适合整个群体的问卷。

2. 调查问卷的构成

一份调查问卷通常由卷首语、主体等部分组成。卷首语通常包括：问卷调查的发起人、调查的目的和用处、指导语以及其他事项（如告诉对方本次调查的匿名性和保密性原则，调查不会对被调查者产生不利的影响，感谢受调查者的合作，答卷的注意事项，等）。问卷的主体，即问题。

（1）问题的类型

问题的类型一般分为开放式和封闭式两种。

开放式问题就是调查者不提供任何可供选择的答案，由被调查者自由答题，这类问题能自然地充分反映调查对象的观点，态度，因而所获得的材料比较丰富、生动，但统计和处理所获得的信息的难度较大。开放式问题通常为填空和问答题。

封闭式问题则会提供调查者几种不同的答案，这些答案既可能相互排斥，也可能彼此共存，让调查对象根据自己的实际情况在答案中选择。封闭式问题便于统计分析，所获得的信息的价值很大程度上取决于问卷设计自身的科学性、全面性的程度。封闭式问题通常可分为是否题、选择题和判断题。

（2）问题主体的结构

问题主体内容的安排应体现调查内容的逻辑性，可以根据调查的内容分为若干部分。其中第一个部分通常为个人信息，可以包括：性别、年龄、学历、工作部门、专业等内容，这些内容通常构成数据分析中的分类字段，支持分类统计等分析操作。

3. 调查问卷设计应注意的问题

（1）问卷的内容能正确反映调查的目的。题目目的明确，突出重点，没有可有可无的问题，也不要一题多问。

（2）结构合理、逻辑性强。问题的排列应有一定的逻辑顺序，符合应答者的思维程序。一般是先易后难、先简后繁、先具体后抽象。

（3）问卷的用词要准确恰当。问卷的用词要符合应答者的理解能力和认识能力。问卷中语气要亲切，避免使用专业术语。对敏感性问题采取一定的技巧调查，使问卷具有合理性和可答性，避免使用有倾向性的问题，以免答案失真。

（4）便于资料的校验、整理和统计。

（5）调查报告不是调查数据的简单堆砌，而是要归纳提升，阐述自己从问卷调查中看到的事实，得出的结论。调查报告的书写应分析数据的显示方式，统计结果可以使用图表、数据透视表、表格等多种方式进行展示；分析结果的结构化阐述；针对分析数据，进一步寻找产生这样结果的原因和根源。

4. 调查问卷示例

华东师范大学教职工健康促进行动计划问卷调查表 〔标题〕

尊敬的老师：您好！

我们是体育与健康学院"华东师范大学教职工健康促进"项目组，为了协助学校工会将我校教职工健康促进工作落实得更好，特进行此问卷调查。本次调查可能需要占用您5~8分钟时间，调查内容主要包括您的身体健康状况、体育锻炼意识以及体育锻炼的现状和需求。本调查采用匿名方式，调查结果仅作为项目论证所用，恳请您能根据个人情况如实填写这份问卷。您的意见将对我们设计和实施"华东师范大学教职工健康促进行动计划"提供非常有价值的参考信息，衷心感谢您的支持与帮助，谢谢！ 〔卷首语〕

体育与健康学院

"华东师范大学教职工健康促进"项目组

一、个人基本信息 〔主体结构分四部分〕

1. 您的性别是：_____ A 男　B 女 〔单选题〕

2. 您的年龄是：_____ A 20-29 岁　B 30-39 岁　C 40-49 岁　D 50-59 岁　E 60 岁以上

3. 您所属的院系/部门：_____ 〔填空题〕

4. 您的岗位类型属于下列哪一类？

A 专任教师岗位　B 其他专业技术岗位　C 管理岗位　D 工勤技能岗位　E 其他

二、身体健康基本现状

1. 您是否有吸烟的习惯？　A 是　　B 否 〔是否题〕

2. 您每天看电视或使用电脑的时间超过 2 小时吗？

A 是，平均每天花费_____小时　B 否

三、体育锻炼基本现状

1. 您经常锻炼的体育场所是：_____（最多选三项，并按使用频率高低排序） 〔评判题〕

A 公园、广场　B 学校体育场所　C 社区公共体育场所

D 健身俱乐部/会所　E 自家庭院

2. 您在过去 7 天中，每个工作日处于静态的时间是（例如在工作单位和家中，坐在办公桌前、电脑前、坐着或躺着看电视、聊天和看书的时间，但不包括坐在车里的时间。下一题同）：平均每天_____小时。

四、体育锻炼的意识与需求

1. 您参加体育锻炼的主要目的是：____（可多选，最多选 3 项） 〔多选题〕

A 提高身体素质　B 满足运动兴趣　C 社会交往、联络感情　D 提高运动技术水平　E 调节情绪、调节精神　F 健美体形　G 缓解疲劳　H 磨练意志　I 参赛取胜

五、对本项目的意见和建议

您对于我们在校内通过体育活动和相应服务来保持和促进教职工们的健康是否认同？如愿意，请在以下空行处留下您的宝贵意见和建议： 〔问答题〕

_____

最后，再次感谢您的积极配合，我们将根据您填写的内容制定相应的计划。我们将以全心全意为您服务为宗旨，以改善您的身体健康状况为目标，愿您在参与我们的行动计划后，获得满意的效果！

体育与健康学院

"华东师范大学教职工健康促进"项目组

5.3.2　问卷原始数据的录入

原始数据的录入就是将每一份答卷的答案录入到 Excel 工作表中，录入后再进一步地统计分析。故在录入时要考虑到方便统计的进行。对于不同的题型可做不同的录入设计，如图 5-3-2 所示。

	A	B	C	D	E	F	G
1	问卷编号	（一）1 是否题	（一）2 单选题	（四）2 多选题	（三）4 评判题	（三）7 填空题	（五）问答题
2	1	1	1	139	135	1	XXXXXXXXXXXXXXXXXXXXXXXXX
3	2	0	3	256	431	1	XXXXXXXXXXXXXXXXXXXXXXXXX
4	3	1	2	148	315	2	XXXXXXXXXXXXXXXXXXXXXXXXX
5	4	1	5	367	251	1	XXXXXXXXXXXXXXXXXXXXXXXXX
6	5	1	3	147	215	2	XXXXXXXXXXXXXXXXXXXXXXXXX
7	6	0	2	245	415	3	XXXXXXXXXXXXXXXXXXXXXXXXX
8	7	0	1	168	235	4	XXXXXXXXXXXXXXXXXXXXXXXXX
9	8	1	4	369	435	1	XXXXXXXXXXXXXXXXXXXXXXXXX
10	9	1	5	456	152	1	XXXXXXXXXXXXXXXXXXXXXXXXX
11	10	0	2	159	321	2	XXXXXXXXXXXXXXXXXXXXXXXXX
12							
13							
14							
15							
16							
17							
18							
19							

图 5-3-2　问卷原始数据录入示例

图 5-3-2 以《华东师范大学教职工健康促进行动计划问卷调查表》的题目为例说明录入设计的方法：

（1）对每一份问卷进行编号，方便录入后问卷答案的备查，也方便对数据排序后返回到原始录入的状态。

（2）是否题的数据转换为 1 和 0 录入，1 表示"是"或"满意"，0 表示"不是"或"不满意"，录入结束只需累加，得到的累加值是选择"是"的人数，类似性别的字段也可以采用这种方式录入。

（3）选择题的数据转换为 1～n 的数字，代替 ABCDE 的字母。单选题直接写转换后的数字，多选题和评判题的区别在于：多选题按 1～n 的升序录入，评判题要反映重要性评判等级，故需要按答卷人指定的顺序录入。

（4）填空题的设计尽可能不要填写过于分散的有异议的答案，可以是填写数值或固定字符串，录入时直接录入。问答题可选择性文字录入。

图 5-3-3　问卷原始数据录入记录单界面示例

（5）录入的两种方法。一是在工作表中直接录入，左手方向键，右手小键盘。问卷的答案已统一为数字，所以直接输入也有较快的速度，在录入时，可冻结窗口的首行，使标题始终显示；二是记录单录入，左手 Tab 键，右手小键盘，将工作表区域转化为表格后，执行"记录单"命令，以记录单的模式录入，如图 5-3-3 所示，以增加录入的可靠性。

技巧　　记录单命令不是常用命令，需要自行添加。添加的方法：执行"文件"→"选项"→"自定义功能区"命令，在左边"从下列位置选择命令"的下拉框中选择"所有命令"，在下方的列表框中找到"记录单"，添加到右面自己创建的新建组中。

5.3.3　数据的统计分析方法

数据录入完毕，就要统计每一道题每一个选项的计数情况，如图 5-3-4 所示是否题、单选题和多选题的统计结果。

L	M	N 计数	O 百分比
	10	计数	百分比
（一）1	1	6	60.00%
	0	4	40.00%
（一）2	1	2	20.00%
	2	3	30.00%
	3	2	20.00%
	4	1	10.00%
	5	2	20.00%
（四）2	1	5	50.00%
	2	3	30.00%
	3	2	20.00%
	4	4	40.00%
	5	4	40.00%
	6	5	50.00%
	7	2	20.00%
	8	2	20.00%
	9	3	30.00%

图 5-3-4　答卷的问题分项统计示例

1. 是否题的统计

是否题的统计比较简单，"是"的值为 1，"否"的值为 0，只需使用累和公式完成。计算"是"的公式为：SUM(B:B)，计算"否"的公式为总人数减去选择"是"的人数：COUNT (B:B)-N2。

2. 单选题的统计

单选题的选项有 1～n 多个，为每一个选项和选项的计数设置单元格。计算 C 列中不同选项的个数可以使用 countif 函数完成，例如统计选择选项 1 的人数的公式：=COUNTIF(C:C,"=1")，考虑到公式填充，可以修改公式为 "=COUNTIF(C:C,"="&M4)"，m4 表示选项"1"。

也可以使用 FREQUENCY 数组公式完成，选择区域 N4:N8，输入数组公式："FREQUENCY(C2:C11,M4:M8)"，返回垂直数组结果。

3. 多选题的统计

多选题的答案虽然是由数字构成的，但我们关注的不是构成的数值大小，而是要将其中的数字逐一分离出来，所以应按数字字符串来看待，设置该类数字属性为"文本"后再输入数据。如果输入时没有设置"文本"类型，可以使用"分列"工具在第三步选择"文本"修改。

统计每一个选项的出现次数可以用 countif 公式配合通配符完成，公式为："COUNTIF(D2:D11,"*1*")"。考虑到公式填和通用性，可以修改公式为："COUNTIF(INDIRECT("D2:D"&COUNTA (A:A)),"*"&M9&"*"，"M9 是选项"1"，公式填充后自动偏移修改。

还可以使用 SUMPRODUCT 函数配合 FIND 函数完成，例如统计选项"1"的公式为：=SUMPRODUCT(ISNUMBER(FIND("1",$D$2:$D$11))*1)

解释为：先使用 find 函数查找 1 是否在 D2 中出现，如果 D2 包含"1"，返回 1 在字符串中出现的位置序号，如果不包含，返回 Excel 错误#VAULE!。接着顺次查找 D3，一直到 D11，得到一个返回值数组{1, #VAULE!, 1, #VAULE!, 1, #VAULE!, 1, #VAULE!, #VAULE!,1}，接着 ISNUMBER 函数判断数组中的值是否为数值型数据，得到结果数组{TRUE,FALSE, TRUE,FALSE , TRUE,FALSE , TRUE,FALSE ,FALSE,TRUE}，数组乘 1，逻辑类型数据自动转化为 0 和 1 参加运算得到数组{1,0,1,0,1,0,1,0,0,1}，SUMPRODUCT 函数最后累和数组中的数据得到 5。

同学们可以自行修改该公式，完成每一个选项的统计。

4. 评判题的统计

评判题的统计不仅要统计每一个选项出现的次数，还要考虑出现的位置，是第一个出现，还是第二个出现，还是第三个出现，位置的不同表示重要性和优先级别的不同。所以可以有不同的统计方式。

首先将数据分列如图 5-3-5（a）所示，第一列表示按重要性作的第一选择，第二列表示第二选择，依次下去，本例中分三列。

第一种统计方法如图 5-3-5（b）所示，加权统计每一选项出现的频度值。假设三个选项的权值分配为（50%，30%,20%），计算选项 1 出现的频度的公式为：=COUNTIF(F:F,"=1")*0.5+COUNTIF(G:G,"=1")*0.3+COUNTIF(H:H,"=1")*0.2。

第二种统计方法如图 5-3-5（c）所示，按出现顺序分别进行统计各个选项在不同位置出现的次数，统计选项 1 在第一位置出现次数的公式：COUNTIF(F:F,"="&$M24)。M24 表示选项“1”，M 前要用$锁定，以便于公式向右填充。

E	F	G	H
（三）4 评判题			
135	1	3	5
431	4	3	1
315	3	1	5
251	2	5	1
215	2	1	5
415	4	1	5
235	2	3	5
435	4	3	5
152	1	5	2
321	3	2	1

(a) 数据分列

（三）4	1	2.5	25.00%
	2	2	20.00%
	3	2.2	22.00%
	4	1.5	15.00%
	5	1.8	18.00%

(b) 加权统计

（三）4		1	2	3
	1	2	3	3
	2	3	1	1
	3	2	4	0
	4	3	0	0
	5	0	2	6

(c) 分组统计

图 5-3-5 评判题的统计示例

5. 分类字段的交叉统计

上面叙述的是对所有问卷数据的选项统计，还可以根据分类字段进行深入的数据分析，上面示例中（一）1 表示性别，0 为女，1 为男，示例（二）的单选题的 5 个选项表示 5 各个年龄段，使用数据透视表可以进一步揭示不同年龄段的男女比例，数据透视表行标签取性别，列标签取年龄段，数据区对年龄段的人数计数，如图 5-3-6 所示。数据表的第一行表示各个年龄段女性的人数，数据表的第一列表示 20～29 岁年龄段的男性和女性的人数。行总计统计每一年龄段的人数，列总计统计男女的人数。

		20-29岁	30-39岁	40-49岁	50-59岁	60岁以上	
	计数项：						
		1	2	3	4	5	总计
女	0	1	2	1			4
男	1	1	1	1	1	2	6
	总计	2	3	2	1	2	10

图 5-3-6　数据透视表分析示例

根据嵌套分类字段组合查询，还可以得到更多的分析信息，例如要研究性别、年龄段和看电视的时间（题（二）第 6 题）之间的关系，可将性别、年龄段设置为分类标签，使用数据透视表进行交叉统计。示例数据源如图 5-3-7（a）所示，因示例数据有限，把年龄段缩小在 1、3、5 三段；是否看电视一列中“1”表示看电视，“0”表示不看电视。看电视的时间以小时整数表示。

数据透视表中行标签取字段：性别、是否看电视；列标签取字段：年龄段；数据区域取是否看电视的计数项和看电视时间的平均值得到数据透视图如图 5-3-7（b）所示。

性别	年龄段	是否看电视	看电视时间
1	1	0	0
0	3	1	2
1	5	1	4
1	5	1	3
1	3	0	0
0	5	1	2
0	5	1	2
1	3	0	0
0	5	1	3
0	5	1	4

(a) 相关原始数据

		20-29岁		40-49岁		60岁以上			
		计数项：是否看电视	平均值项：看电视时间	计数项：是否看电视	平均值项：看电视时间	计数项：是否看电视	平均值项：看电视时间		
女	⊟0	1	0.0	1	2.0	3	2.7	5.0	2.0
不看电视	0	1	0.0					1.0	0.0
看电视	1			1	2.0	3	2.7	4.0	2.5
男	⊟1	1	0.0	2	0.0	2	3.5	5.0	1.4
不看电视	0	1	0.0	2	0.0			3.0	0.0
看电视	1					2	3.5	2.0	3.5
	总计	2	0.0	3	0.7	5	3.0	10.0	1.7

(b) 性别、年龄段和看电视的时间的数据透视表

图 5-3-7

从图中可以读出的信息：20～29 岁无论男性和女性都不看电视；40～49 岁的女性看电视，平均每天看电视 2 小时，40～49 岁的男性不看电视；60 岁以上无论男性和女性都看电视，女性平均每天看电视 2.7 小时，男性平均每天看电视 3 小时。随着年龄的增长，看电视的时间随之增长。

由此看出，在设计问卷时，多设计几个关于分类字段的问题，有助于数据分析的多样化，从而挖掘出更多相关性的信息。

5.4　Excel 和 Access 的连接

通过前面的学习可以看出，Excel 和 Access 在数据处理与管理功能上各有所长，Excel 的强项是图表分析、财务计算和数据分析，并且有诸多方便快捷的数据输入方式；而 Access 在数据的组织、管理、存储、完整性约束和数据安全性上，有 Excel 所欠缺的能力。在实际应用中，如果能够把 Excel 和 Access 的特长结合起来，"各取所需"，优势互补，就可以大大提高工作效率，达到事半功倍的效果。要想实现这一点，前提是能够在两种软件之间方便地进行数据共享和互访。本节将主要介绍在 Excel 和 Access 之间进行数据交换的常用方法，同时也介绍一些 Excel 和 Access 对其他类型数据的访问方法。

5.4.1　Excel 和 Access 与外部数据交换概述

Excel 作为一款电子表格类的数据处理软件，和数据库系统类的 Access 软件，有着本质的不同，主要体现在：

第一，Excel 的工作表之间是相互独立的，各工作表之间彼此没有直接关系，无法根据表中数据的内在联系，跨表进行数据的查询和检索；而关系型数据库管理系统的最大特点就是表与表之间具有关系和相互约束，根据表与表的关系，可以方便地利用连接查询或子查询进行跨表的数据查询和检索。

第二，Excel 不具备数据的完整性约束，这使得 Excel 中的数据相对比较"随意"，要保证大量数据的有效性和正确性必须反复设置和使用者主动验证；而数据库管理系统通过完整性约束可以自动对数据的有效性、关联性进行验证，并在安全性和并行事物处理方面提供保证机制。

另外，Access 是一款小型的桌面数据库管理系统，如果把 Access 的其他大型关系数据库管理系统软件拿来一起和 Excel 进行比较，Excel 所能直接存储和处理的数据容量就更加捉襟见肘了，要想对海量数据加以分析，需要通过大型数据库管理系统预处理。

但 Excel 在图表分析、财务计算上和表格格式的花样翻新上，都具有 Access 等数据库管理系统软件所不具备的能力，要把 Excel 和数据库的优势结合起来，就需要不同软件间的数据交换和互访。

目前，Excel 和 Access 等数据库管理系统、Access 和其他数据库管理系统之间进行数据交换和互访有很多便捷的方式，有些软件之间可以相互直接打开对方的数据类型文件，有些则要通过 ODBC 进行。

开放数据库互连（Open Database Connectivity，ODBC）是微软公司所提供的 WOSA（Windows Open Services Architecture，开放服务架构）中有关数据库的部分，其本质是一个数据库之间互联的协议标准，同时提供了一组对数据库访问的标准 API（Application Programming Interface，应用程序编程接口）。这些 API 利用 SQL 来为应用程序，例如 C++等，提供对底层数据的操作服务。ODBC 本身也提供了对 SQL 语言的支持，用户可以直接将 SQL 语句送给 ODBC。

5.4.2　Excel 与 Access 的数据交换

Excel 与当前的所有主流数据库管理系统之间，如 Access、SQL Server、FoxPro、Oracle、dBase、Paradox 等，都能够很方便地进行数据交换和共享，本小节重点介绍 Excel 与 Access 的数据共享方式。

1. Excel 访问外部数据的前提

相对于 Excel 而言的外部数据，指由其他应用程序所创建的数据文件，例如：本书第 1.1.3 节介绍过的.txt 类型的纯文本文件，本书第 3 章介绍的由 Access 创建的数据库文件，由 SQL Server、FoxPro、Oracle、dBase、Paradox 等数据库管理系统所创建的数据库文件，以及 Web 页上的数据。Excel 使用外部数据需要满足以下条件之一。

（1）具有访问权限

Excel 只能访问具备使用权限的外部数据，对于数据源不在本地计算机上的数据库，要具备访问密码、用户权限等。

（2）具有 Microsoft Query 以及 ODBC 驱动程序

Excel 2010 版已经默认安装了 Microsoft Query 以及 Access、SQL Server、FoxPro、Oracle、dBase、Paradox 等数据库的 ODBC 驱动程序。

（3）具有 Web 查询文件

可以通过 Web 查询文件.iqy 进行 Web 页的检索。

2. Excel 与 Access 之间的数据交换

Excel 和 Access 同为微软公司 Office 系列软件的成员，所以这两种软件的互相利用和数据共享比与其他类型的外部数据交换要方便得多。总的来说，Excel 与 Access 的数据交换方式分为两类，一类是直接导入或打开对方的数据表，另存为本软件的文件格式；另一类是建立链接，数据仍以原来的文件格式保存在原来的文件中，何时选择何种形式，视需求而定。

（1）在 Access 中将表中数据导出到 Excel

为了充分利用 Excel 的图表分析、财务汇总等优势，可以将 Access 数据库中的表对象导出为 Excel 文件，在 Excel 中处理和保存。

【例 5-4-1】将 Access 数据库中的表导出为 Excel 表格示例。

将素材"fl5-4-1 供 Excel 访问的数据库文件.accdb 中的"名单"表导出为 Excel 表格，以文件名 fljg5-4-1 名单.xlsx 保存。

【例 5-4-1 解答】

① 在 Access 中打开"fl5-4-1 供 Excel 访问的数据库文件.accdb"。

② 选择表对象中的"名单"表，单击"外部数据"选项卡中的"导出/Excel"，在如图 5-4-1 所示的"导出-Excel 电子表格"对话框中，根据题目要求设定文件名和保存格式，单击"确定"按钮。

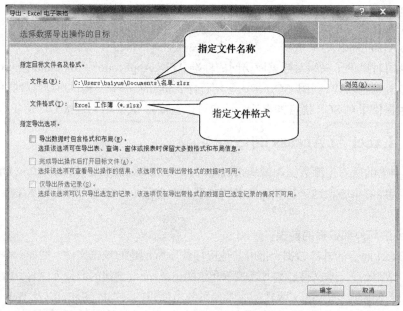

图 5-4-1　将 Access 表导出为 Excel 文件

（2）在 Access 中导入 Excel 中的 sheet

Access 在数据输入的方便性上远不如 Excel，为了有效利用 Excel 的自动填充输入系列数据、记忆输入等方便快捷的功能，可以把要在数据库中管理的数据首先在 Excel 中输入，然后再在 Access 中进行导入。

【例 5-4-2】在 Access 中导入 Excel 中的 sheet 示例。

新建一个数据库文件 fljg5-4-2.accdb，将素材文件"fl5-4-2 供 Access 使用的表格"中的 Total 表导入为数据库中的表，表名为 Total。

【例 5-4-2 解答】

① 新建一个空数据库 fljg5-4-2.accdb，单击"外部数据"选项卡中的"导入并链接/Excel"按钮，打开如图 5-4-2（a）所示的"获取外部数据-Excel 电子表格"对话框，选择指定素材文件作为数据源，并指定数据在当前数据库中的存储方式和存储位置为"将源数据导入当前数据库中的新表中"，单击"确定"按钮。

② 在随后打开的如图 5-4-2（b）所示"导入数据向导"对话框中，因原 Excel 素材文件含有多个工作表，所以需根据要求指定导入哪个 sheet，本例中选择 total 后，单击"下一步"按钮。

③ Access 可以使用数据源表的列标题作为本表的字段名称，本例中可如图 5-4-2（c）所示，在"导入数据向导"的下一步中选择"第一行包含列标题"选项，然后单击"下一步"按钮；在接下来的步骤中，如图 5-4-2（d）所示，对导入数据的字段名称、数据类型以及是否添加索引等信息加以修改，也可以选择不导入原表中的某些列，本例中不加修改并单击"下一步"按钮。

④ 在接下来的步骤中将制定新表的主键，可以由 Access 自行添加一个自动编号类型的字段作为主键，也可以自己制定原表中的字段作为主键，或不选择主键，并单击"下一步"按钮。

⑤ 在"导入数据向导"的最后两步中，根据题目要求指定所建表对象的名称，并可以选择是否将导入步骤保存起来以后重复使用。

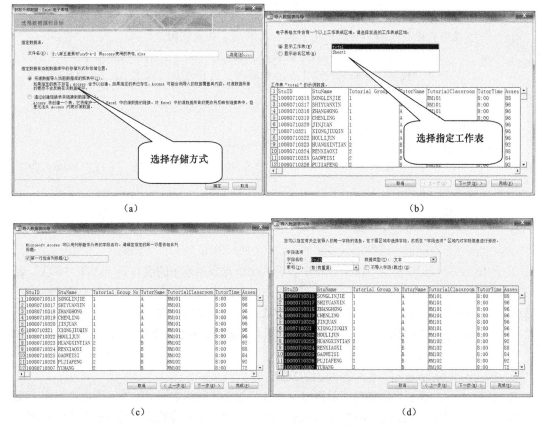

（a）　　　　　　　　　　　　　　　　　　（b）

（c）　　　　　　　　　　　　　　　　　　（d）

图 5-4-2　在 Access 中导入 Excel 中的工作簿

说明：

在导入数据时，Excel 数据源表中的数据类型应符合 Access 对数据类型的要求，数据的宽度应该限制在 Access 的允许范围内。

（3）建立 Access 表和 Excel 中的表的链接

在 Excel 中难以实现的跨表查询，在 Access 中可以轻而易举做到，如果想对 Excel 中的多个表格中的数据进行跨表查询，又不想分别保存两套数据，即在 Excel 中存一个电子表格形式的数据，同时又在 Access 中有一个重复的备份，可以仅在 Access 中存 Excel 表的链接。

【例 5-4-3】在 Access 数据库中链接 Excel 表格中 sheet 示例。

在上例中的数据库 fljg5-4-2.accdb 中，将素材文件 "fl5-4-2 供 access 使用的表格.xlsx" 中的 "2010 年上海车牌拍卖情况" 表链接到数据库中，链接表名为 "2010 年上海车牌拍卖情况"。

【例 5-4-3 解答】

方法一：步骤和【例 5-4-2】类似，不过在打开如图 5-4-2(a)所示的 "获取外部数据-Excel 电子表格" 对话框中，指定数据在当前数据库中的存储方式和存储位置时，应选择 "通过创建链接表来链接到数据源"，然后单击 "确定" 按钮。链接创建完成后，在 Access 的相应表对象前的图标为 。

方法二：在 Access 中创建和 Excel 表的链接，还可以直接通过 Access "文件" 选项卡的 "打开" 命令实现，注意在 "打开" 对话框中，要选择打开对象的文件类型为 "Excel 工作簿"。

链接表建立后，可以利用链接表的数据和当前数据库中的其他数据一起实现连接查询。

提示

在 Access 中，用链接的形式而不是用导入的方式引入 Excel 数据的好处是，既能够充分利用到两种软件的长处，又节省了存储空间。

但是，用链接的方式共享数据时，在 Access 中无法修改链接表中的数据，也就是说，数据的更新只能在 Excel 中进行，这种更新可以在 Access 中反映出来。

（4）在 Excel 中导入 Access 表

在 Excel 中可以直接打开 Access 文件。

【例 5-4-4】在 Excel 中导入 Access 表示例。

在 Excel 中，将素材 "fl5-4-1 供 Excel 访问的数据库文件.accdb" 中的 "成绩" 表导入为新的工作表，表标签为 "成绩"。

【例 5-4-4 解答】

① 启动 Excel 程序，选择 "数据" 选项卡的 "获取外部数据" → "自 Access" 命令，在打开的 "选取数据源" 对话框中选择题目要求的 excel 文件，单击 "打开" 按钮。

② 在随后弹出的如图 5-4-3(a)对话框中，会列出所选数据库中的现有表，选择 "成绩" 表，单击 "确定" 按钮，然后在如图 5-4-3(b)对话框中，选择表在工作簿中的显示方式是普通的表还是数据透视表或数据透视图，以及数据的安放位置，单击 "确定" 按钮。

③ 导入进 Excel 的表如图 5-4-3(c)所示，根据题目要求，修改表的标签名，然后利用 "文件" → "保存" 命令保存文件。

3. Excel 和 Access 与其他外部数据的交换

Excel 和 Access 除了可以如前所示很方便地进行相互之间的数据交换外，还可以利用 ODBC 等途径，各自与 SQL Server、FoxPro、Oracle、dBase、Paradox 等其他数据库管理系统所创建的数据库文件，纯文本文件.txt 以及 Web 页上的数据进行数据交换。

（1）Excel 和本地 Web 页的数据交换

在 Excel 中，如图 5-4-4 所示，可以利用 "数据选项卡" 的 "获取外部数据" 组中的相应命令，导入来自网站、文本以及 SQL Server、XML 等其他数据来源的命令。

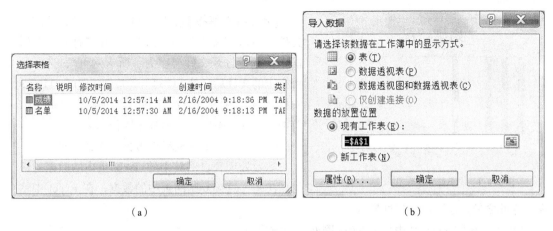

（a）　　　　　　　　　　　　　　　　（b）

准考证号	身份证号	考试年份	考试月份	外语	专业课1	专业课2
2004008	790310123	2004	3	60	50	80
2004007	810421213	2004	10	51	60	62
2004006	800208441	2004	3	49	79	65
2005003	810421213	2005	3	56	65	65
2004005	810315321	2004	10	55	85	68
2004004	800626224	2004	10	53	76	77
2004003	780512002	2004	10	51	69	81
2004002	810424004	2004	10	64	76	70
2004001	790618124	2004	10	39	82	91
2005002	790618124	2005	3	59	70	90
2005001	820303012	2005	3	70	71	69

（c）

图 5-4-3　在 Excel 中导入 Access 表

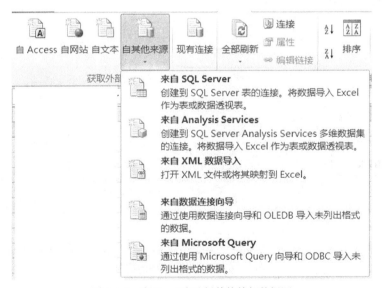

图 5-4-4　在 Excel 中选择其他外部数据源

【例 5-4-5】在 Excel 中打开并编辑本地 Web 页示例。

在 Excel 中打开并编辑本地 Web 页。在 Excel 中打开"fl5-4-3 Exel 网页.html"文件，制作如图 5-4-5 所示的图表后，保存并发布网页。

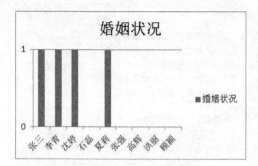

图 5-4-5 用 Excel 编辑和发布网页

【例 5-4-5 解答】在 Excel 中可以直接打开网页文件。单击"文件"→"打开"，在"打开"对话框中，选择打开文件类型为"所有网页"，选择题目指定的文件后，单击"打开"按钮，即可在 Excel 中打开网页。按照 Excel 绘制图表的常规步骤操作，单击"保存"按钮，根据提示操作即可。

（2）在 Excel 中导入 Web 网站中的数据

需要处理来自网站中的 Web 页中的数据的常见做法是，直接复制网页中的数据，在 Excel 中粘贴。除此之外，还可以选择性导入。

【例 5-4-6】在 Excel 中导入 Web 网站中的数据。

在 Excel 中，从某基金网站 http://www.99fund.com/main/products/index.shtml 中，导入当日的"理财产品"数据，以当天日期为文件名保存为 Excel 文件。

【例 5-4-6 解答】

① 启动 Excel 程序，选择"数据"选项卡的"获取外部数据"→"自网站"命令。

② 打开"新建 Web 查询"对话框，在"地址"栏中输入网站的 URL 地址，单击"转到"按钮。

③ 根据提示，单击"理财产品"表旁边的黄色箭头 ，如图 5-4-6 所示，选择数据后单击"导入"按钮。

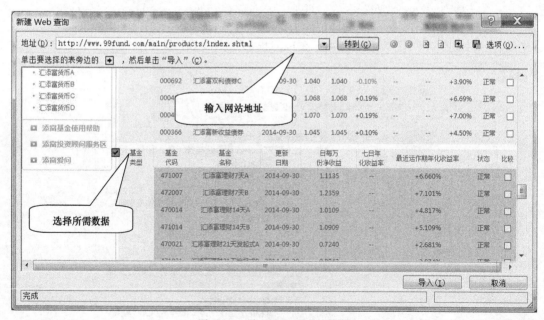

图 5-4-6 导入 Web 页中的数据

④ 在"导入数据"对话框中，选择默认设置，单击"确定"按钮，对表格格式做适当调整后，按题目要求保存文件。

（3）Access 和其他外部数据的交换

在 Access 中，利用"外部数据"选项卡中的"导入并链接"组中的相应命令，也以在随后打开的导入向导帮助下完成数据交换任务，如图 5-4-7 所示，读者可以根据需要自行探索，这里不再介绍。

图 5-4-7　在 Access 中选择其他外部数据源

5.4.3　Microsoft Query

Microsoft Query 是微软提供的用于在 Excel 中用对外部数据进行查询的程序。通过使用 Microsoft Query，可以从外部数据源中检索数据，而不用在 Excel 里重新输入或导入要分析的数据。当外部原始源数据库对数据进行了更新，Excel 可以通过 Microsoft Query 进行刷新，保持和外部数据源的同步。

1. Microsoft Query 概述

利用 Microsoft Query 对外部数据进行检索和利用，与直接将外部数据导入到 Excel 里面相比，有很多不同之处，优点也是明显的。

（1）可以从外部数据库中选择数据

通过 Microsoft Query，不但可以从多种类型的外部数据源中检索数据，包括 Access、SQL Server、SQL Server OLAP Services 以及文本文件等，而且，可以仅导入外部庞大数据库中的符合检索条件的数据，而不是像直接导入那样无选择地全部纳入。

（2）可以方便地更新、同步外部数据

如果 Excel 工作簿中包含外部数据，当外部数据库中的数据发生更改时，可以通过刷新 Excel 工作簿中包含的外部数据来更新原来的检索结果，而不必重新对照修改数据、重新创建汇总报表和图表。

（3）可以实现跨表查询

通过普通方式难以完成的跨工作簿、跨工作表的数据分析，通过 Microsoft Query 则很容易实现。

（4）Microsoft Query 使用外部数据源的方式

在 Excel 中为特定数据库设置数据源后，不必重新输入所有连接信息，Microsoft Query 会使用该数据源连接到外部数据库并显示可用数据。如图 5-4-8 所示，创建查询并将数据返回到 Excel 后，Microsoft Query 会为 Excel 工作簿提供查询和数据源信息，以便在需要刷新数据时重新连接到数据库。

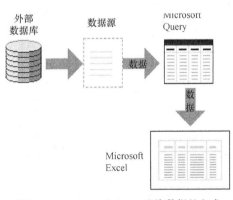

图 5-4-8　Microsoft Query 查询数据的方式

2. 使用 Microsoft Query 创建数据源

要在 Excel 中使用 Microsoft Query 对外部数据源进行查询，首先要创建或指定外部数据源。

【例 5-4-7】使用 Microsoft Query 创建数据源示例。

在 Excel 中为"配套素材\范例素材\第 5 章\fl5-4-4MQuery 练习.accdb"数据库中的三个表建立数据源。

【例 5-4-7 解答】

① 启动 Excel 程序，选择"数据"选项卡的"获取外部数据"→"自其他来源"→"来自 Microsoft Query"命令，打开如图 5-4-9(a)所示的"选择数据源"对话框，取消"使用'查询向导'创建"→"编辑查询"前的复选项（如果不取消"查询向导"会跳出查询向导对话框，步骤和下述的有所不同），然后单击"确定"按钮，弹出如图 5-4-9(b)所示的"创建新数据源"对话框，输

入数据源名称"考试管理"，选择 ODBC 驱动程序类型为 Microsoft Access Driver(*.mdb, *.accdb)，然后单击"连接"按钮。

② 在随后弹出的"选择数据库"对话框中，如图 5-4-9（c）所示，选择题目要求的数据库文件，单击"确定"按钮。

③ 在如图 5-4-9（d）所示"ODBC Microsoft Access 安装"会话框中，单击"确定"按钮。

④ 返回"创建新数据源"对话框，如图 5-4-9（e）所示，单击"确定"按钮后，返回如图 5-4-9（f）所示的"选择数据源"对话框，可以看到在此对话框中的数据源列表中，已经有了新建的"考试管理"数据源。至此，创建数据源完成。

说明：

① 已经存在的外部数据库要经过上述步骤，才建立起和 Excel 的连接关系，建立数据源之后，Excel 对数据源的访问其实就是对所连接的数据库的访问。

② 要对数据源进行安全保护，可以在如图 5-4-9（d）所示的对话框中单击"高级"按钮，在弹出的"设置高级选项"对话框中设置"登录名称"和"密码"。

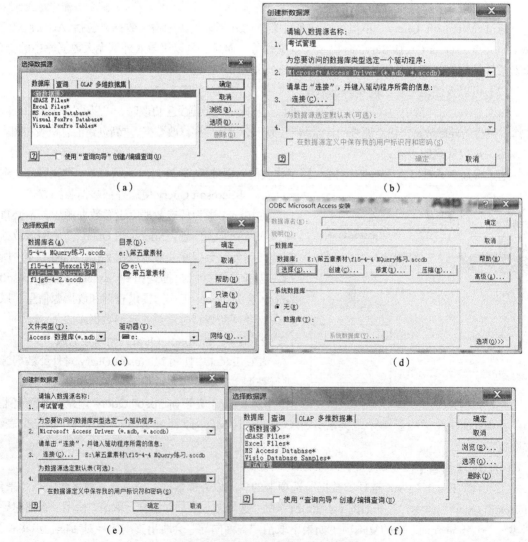

图 5-4-9　在 Excel 中建立外部数据源

3. 使用 Microsoft Query 定义查询

Excel 可以对已经建立了的数据源进行查询。

【例 5-4-8】使用 Microsoft Query 定义查询示例。

在 Excel 中，对"配套素材\范例素材\第 5 章\f15-4-4MQuery 练习.accdb"数据库进行查询，查询全体学生的学号、课程名称和成绩。

【例 5-4-8 解答】

①启动 Excel 程序，选择"数据"选项卡的"获取外部数据"→"自其他来源"→"来自 Microsoft Query"命令，可以看到，在【例 5-4-7】中已经为目标数据库建立起的名为"考试管理"的数据源，如图 5-4-9（f）所示，撤选"使用'查询向导'创建/编辑查询"复选项（如果不撤选"查询向导"会跳出查询向导对话框，步骤和下述的有所不同），然后单击"确定"按钮。

② 在随后打开的"添加表"对话框中，分别选择 STU、CLASS、SGRADE 后单击"添加"按钮，可以看到，在如图 5-4-10 所示的 Microsoft Query 应用程序窗口上半段的表窗口中，出现三个数据表的列表，选择好数据源表后单击"关闭"按钮。

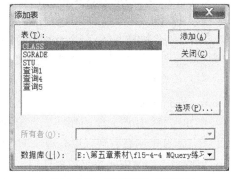

图 5-4-10　"添加表"对话框

③ 先后双击 STU 表中的"学号"、CLASS 表中的"课程名称"和 SGRADE 表中的"成绩"字段名，可见在如图 5-4-11 所示的 Microsoft Query 应用程序窗口的下半段，数据视窗中，已经按照题意选择的相应数据。

图 5-4-11　Microsoft Query 窗口

① 如果对 SQL 比较熟练，可以单击 Microsoft Query 应用程序窗口的按钮，在如图 5-4-11 所示的 SQL 对话框中，根据查询要求，直接写出查询语句，然后单击按钮运行查询，从而实现在 Excel 中进行单表查询、多表的连接查询和子查询。

② 在本例的第一步，如果选择数据源时，在如图 5-4-9（e）所示的对话框中，没有取消"使用'查询向导'创建/编辑查询"复选项，在后面的步骤中将会跳出多步"Microsoft Query 查询向导"的对话框，比较适合不熟悉 Access 查询的使用者。

4. 处理 Microsoft Query 查询结果

对于 Microsoft Query 的查询结果，可选择直接将查询结果返回给 Excel 工作簿，也可以将查询条件保存为可以修改、重用和共享的.dqy 文件。

（1）将查询结果返回到 Excel 工作簿

单击 Microsoft Query 程序"文件"菜单"将数据返回 Microsoft Excel"命令，则查询结果直接显示在 Excel 工作表中，然后可以对查询结果数据用 Excel 进行各种处理，最后以 Excel 文件的形式保存。

（2）保存查询条件

【例 5-4-9】将 Microsoft Query 查询条件保存为.dqy 文件示例。

将【例 5-4-8】的查询条件保存为"查成绩.dqy"文件。

【例 5-4-9 解答】单击 Microsoft Query 程序"文件"菜单"保存"命令，在随后打开的"另存为"对话框中，按照题目要求设置文件名为"查成绩"，文件类型为"查询文件（*.dqy）。

双击保存后的.dqy 文件，会直接打开 Excel，并显示查询结果。

5. 刷新来自 Microsoft Query 的数据

正如本节开始所介绍的那样，当用 Microsoft Query 建立过数据源的外部数据库发生更新时，可以在 Excel 中刷新数据以更新原来的检索结果，而不必重新创建汇总报表和图表。

要刷新工作簿中的特定数据连接，单击外部数据区域中的任意单元格，在"数据"选项卡上的"连接"组中，单击"连接"按钮，然后单击"刷新"按钮；如果要刷新当前工作簿中的所有数据连接，可单击"数据"选项卡"连接"组中的"全部刷新"按钮。注意，如果有多个打开的工作簿，必须在每个工作簿中重复上述操作。

【例 5-4-10】刷新来自 Microsoft Query 的数据。

在 Access 数据库中修改"配套素材\范例素材\第 5 章\fl5-4-4MQuery 练习.accdb"中的 CLASS 表，将"C 语言"课程名称修改为"C++语言"，打开"查成绩.dqy"文件，刷新检索结果。

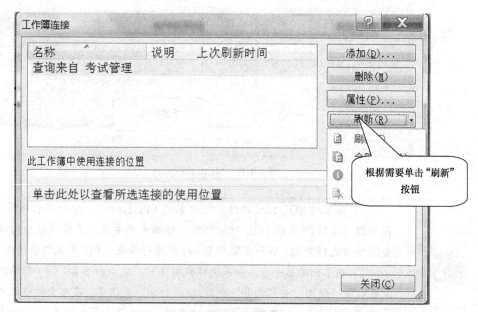

图 5-4-12　工作簿连接对话框

【例 5-4-10 解答】按题目要求在 Access 中修改数据，双击"查成绩.dqy"文件，在 Excel 中打开数据连接，单击"数据"→"连接"→"连接"命令，打开如图 5-4-12 所示的"工作簿"连接对话框，单击"刷新"按钮后，关闭对话框。可以看到，查询结果已经更新。

注意，不论将 Microsoft Query 的查询结果保存为 Excel 工作簿还是保存为.dqy 文件，都可以用上述方法进行数据刷新和同步。

　利用 Microsoft Query 应用程序窗口的命令按钮，或者 SQL 语句，在 Excel 中查询"配套素材\范例素材\第 5 章\fl5-4-4MQuery 练习.accdb"数据库里不及格同学的学号、姓名、课程编号和成绩。

实验 1　数据的表示

1．实验目的

（1）掌握数值型、文本型、日期与时间型、以及逻辑型数据的输入和运算方法。

（2）掌握不同的数据输入方法：能利用外部数据导入和快速输入方法输入数据。

（3）掌握数据表格布局的方法，能利用合理的布局实现数据试算的目的。

（4）掌握数据有效性规则的设置方法，并能应用便于调整数据。

（5）掌握数据格式化的基本方法，会使用自定义格式和基本的条件格式设置和管理。

2．实验内容

（1）参照图 1-1-19 建立自己的家庭预算表，将工作簿保存为"学号姓名-家庭预算.xlsx"。假设，

- 一月工资：2310 元，二月到五月的工资与一月相同。
- 六月工资会调整到 3450 元，七月到十二月工资与六月份相同。
- 一月奖金：300 元，以后每月比上月增长 2.5%。
- 每月税率：收入的 8.5%。
- 年存款利率 3.25%。
- 每月房租：680 元。
- 每月水、电、煤：258 元。
- 一月电话、上网费：120 元，以后每月会增加 5 元。
- 每月食物费用占净收入的 30%。
- 一月各种用品支出占净收入的 28%，以后每月比上月增加 2.8%。
- 每月休闲占净收入的 15%。

① 在 Sheet1 表格中列表计算该年一年的收支情况：列出每月净收入、各项支出、总支出、结余、累计存款，按合理的格式对表格数据进行格式化，使其清晰美观易读，并将表名更改为"收支基本表"。

② 将"收支基本表"复制到"收入增加表"，分析：假如每月奖金的增长量为 3.5%，到年底的累计存款将变成多少？

③ 分别将"收支基本表"复制到新的表格（表格名字自定）后进行以下分析：

- 如果存款年利率变为 12%，结果会怎么样？
- 如果税率变为 30%，结果会怎么样？
- 如果休闲费用变为占净收入的 25%，你能负担得起吗？
- 如果支出中增加了一项汽车，每月消耗 1250 元，你能负担得起吗？

（2）原始数据在 sy1-1.txt 中，请按以下要求完成某校高一两个班期末考试成绩单制作。

① 添加序号列，并用快速输入法输入序号和学号，序号从 1 开始按顺序编号，学号规则为：New101～New135 为 1 班学生，New201～New235 为 2 班学生，并将该列设置为文本类型，随意输入学生的姓名，并用随机函数产生每位学生每门课程的 0～100 分成绩。

如果希望产生的分数在 50～100，该用什么函数？将输入后的表格用选择性粘贴到"值"的方法复制到 Sheet1 中，以避免用随机数产生的数据的变化，并在粘贴后手动调整数据，使之比较合理。

② 计算每位学生的平均分、总分和名次，放入相应的列中，平均分计算结果保留 1 位小数。

③ 语文、数学、英语的成绩在 60 分以上，且总分在 400 分以上的为合格，请为每位学生评定是否合格。

需要使用 AND()函数和 IF()函数嵌套。

④ 平均分 90 分以上的为 A，80～89 分为 B，70～79 分为 C，70 分以下为 D，请给出每位学生的等级。

可以使用 IF 函数嵌套计算。

⑤ 请使用 COUNTIF()函数统计平均分在 0～59、60～74、75～84、85 分以上的人数，将结果显示在平均分列的最下端，将对应的说明写在"地理"列的下方。

⑥ 将表格中的平均分保留 1 位小数，对 60 分以下的成绩用红色加粗表示成绩，对总分设置为橙色数据条和三色交通灯图标集，若总分在前 20%以上，用绿色表示，后 20%，用红色表示。

使用条件格式进行设置。后 20%实际设置的是 80%。

⑦ 设置名次相同的数据用黄色底纹显示，为班级中最后 20%学生的总分设置 25%绿色底纹。

通过新建规则可以设置重复值的条件格式和指定条件单元格的格式。

最终效果参考图实 1-1 所示。

序号	学号	姓名	语文	数学	英语	物理	化学	政治	地理	平均分	总分	名次	合格否	等第
1	New001	高荣徹	87	98	88	90	79	96	95	90.4	633	1	合格	A
2	New002	陈玲	56	69	54	73	52	50	94	64.0	448	69	不合格	D
3	New003	蒋美琳	94	56	93	82	53	59	70	72.4	507	51	不合格	C
4	New004	庄雨薇	71	95	75	64	80	60	100	77.9	545	22	合格	C
5	New005	薛巧云	98	69	99	94	97	82		89.9	629	2	合格	B
6	New006	孙丰丽	65	72	71	89	85	54	71	72.4	507	51	合格	C
7	New007	廖莎	72	72	50	55	89	89		72.6	508	49	不合格	C
8	New008	叶燕	82	92	86	99	85	88	85	88.1	617	3	合格	B
9	New009	刘慧敏	99	57	93	93	68	75	61	78.0	546	21	不合格	C
10	New010	陈絮秋	71	87	75	89	95	71	50	76.9	538	26	合格	C
11	New011	吴坤楷	63	62	86	73	81	65	90	75.1	526	31	合格	C
12	New012	王瑞蕾	97	55	87	82	53	76	66	74.6	522	37	不合格	C
13	New013	罗志心	92	83	56	80	86	56	68	74.4	521	39	不合格	C
14	New014	还林	87	71	100	76	53	88	56	75.9	531	30	合格	C
15	New015	孙洋洋	87	87	55	71	57	51	58	66.6	466	65	不合格	D
16	New016	苏雨豪	50	73	66	59	63	59	77	63.9	447	70	不合格	D
17	New017	马雄	73	57	67	83	73	75	91	74.1	519	40	不合格	C
18	New018	赵福东	83	60	57	77	100	97	91	80.7	565	15	不合格	B
19	New019	刘雪松	83	72	90	90	94	56	84	81.3	569	12	合格	B
20	New020	杨铭	51	80	54	90	51	96	50	67.4	472	64	不合格	D
21	New021	程亚南	83	67	52	81	59	80	86	72.6	508	49	不合格	C
22	New022	张林超	94	78	90	82	81	58	84	81.0	567	14	合格	B
23	New023	胡俊超	79	75	84	83	100	89	93	86.1	603	6	合格	B
24	New024	曹阳	94	88	95	53	100	69	70	81.3	569	12	合格	B
25	New025	王鹏	61	86	95	97	92	100	77	86.9	608	4	合格	B
26	New026	周艾艾	63	77	97	54	58	62	98	72.7	509	48	合格	C

图实 1-1　实验参考结果

实验 2　公式与函数的高级应用

1．实验目的

掌握数学函数、逻辑函数、文本函数、日期与时间函数、查找函数等的使用方法。

2．实验内容

（1）数学函数（SUMIF、SUM、ROUND 等）和数组公式的应用。打开"sy2-1 商品销售.xlsx"文件，完成以下操作要求，计算结果如图实 2-1 所示。

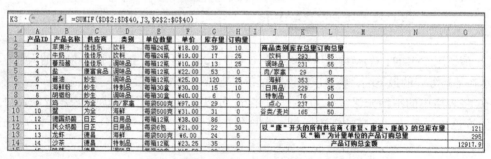

图实 2-1　商品销售统计信息

① 在数据区域 K3:L10 中统计每类产品的库存总量和订购总量。

② 统计以"康"开头的所有供应商（康复、康堡、康美）的总库存量，结果置于单元格 O12 中。

③ 统计以"箱"为计量单位的产品订购总量，结果置于单元格 O13 中。

④ 统计产品订购总金额（四舍五入到小数点后一位），结果置于单元格 O14 中。

操作提示：

① 库存总量 K3 单元格的公式为：=SUMIF($D$2:$D$40,J3,$G$2:$G$40)。

② 订购总量 L3 单元格的公式为：=SUMIF($D$2:$D$40,J3,$H$2:$H$40)。

③ 以"康"开头的所有供应商（康复、康堡、康美）的总库存量 O12 单元格的公式为：=SUMIF

(C2:C40,"康*",G2:G40)。

④ 以"箱"为计量单位的产品订购总量 O13 单元格的公式为：=SUMIF(E2:E40,"*箱*",H2:H40)。

⑤ 产品订购总金额 O13 单元格的数组公式为：{=ROUND(SUM(F2:F40*H2:H40),1)}。

（2）数学函数、三角函数、逻辑函数（IF、AND、OR、RAND、ROUND、SQRT、ABS、EXP、LOG、COS、LN、PI）等的应用。打开"sy2-2 分段函数.xlsx"文件，计算当 x 取值为-15～20 之间的随机实数（保留两位小数）时，分段函数 y 的值。要求使用两种方法实现：一种方法先判断 $-2 \leqslant x \leqslant 5$ 条件（AND 条件），第二种方法先判断 $x < -2$ 或 $x > 5$ 条件（OR 条件）。结果均四舍五入到小数点后两位。计算结果如图实 2-2 所示。

	A	B	C
1	x	分段函数AND	分段函数OR
2	-7.13	9.66	9.66
3	-3.46	5.17	5.17
4	10.11	9.62	9.62
5	-3.34	5.00	5.00
6	8.63	9.07	9.07
7	12.88	12.32	12.32
8	18.31	13.63	13.63
9	19.58	13.79	13.79

图实 2-2　分段函数结果

$$y = \begin{cases} x^3 - 2\sqrt{|x|} + e^x - \log_2(x^2+1) & -2 \leqslant x \leqslant 5 \\ \cos x + \ln(\pi x^4 + e) & x < -2 \text{或} x > 5 \end{cases}$$

操作提示：

① 生成-15～20 之间的随机实数（保留两位小数）的公式为：=ROUND(RAND()*35-15,2)。

② 利用 IF 函数、AND 函数和数学函数计算分段函数 y 的值的公式为：=IF(AND(A2>=-2,A2<=5),A2^3-2*SQRT(ABS(A2))+EXP(A2)-LOG(A2^2+1,2),COS(A2)+LN(PI()*A2^4+EXP(1)))。

（3）逻辑函数（SUM、IF、AND、OR 等）的应用。打开"sy2-3 学生成绩录取标准.xlsx"文件，完成以下操作要求，实验结果如图实 2-3 所示。

	A	B	C	D	E	F	G	H	I
1	学号	语文	数学	外语	物理	化学	政治	总成绩	是否录取
2	S01001	94	95	78	98	96	92	553	录取
3	S01002	84	97	97	76	97	99	550	录取
4	S01003	50	75	62	63	81	78	409	不录取
5	S01004	69	56	87	74	65	66	417	录取
6	S01005	64	72	57	59	80	83	415	不录取
7	S01006	74	79	75	73	91	52	444	不录取
8	S01007	73	67	84	75	59	57	415	录取
9	S01008	74	61	77	74	81	54	421	录取
10	S01009	51	87	96	93	72	72	471	不录取
11	S01010	63	88	50	64	75	58	398	不录取
12	S01011	77	51	97	57	55	65	402	录取
13	S01012	82	50	68	87	66	88	441	录取
14	S01013	84	96	78	75	99	52	484	录取
15	S01014	75	64	73	74	72	63	421	不录取

图实 2-3　学生成绩录取标准

① 计算所有学生的总成绩。

② 根据学生 6 门功课的成绩，确定是否录取学生，假设录取标准为：6 门功课的总分大于或等于 400，语文和外语均及格，并且语文和外语至少有一门不小于 80 分。

操作提示：

利用 IF 函数、AND 函数和 OR 函数判断是否录取学生的公式为：=IF(AND(H2>=400, B2>=60, D2>=60, OR(B2>=80, D2>=80)),"录取","不录取")。

（4）逻辑函数的应用。利用逻辑函数 IF、AND、OR 和数学函

	A	B
1	年份	闰/平年
2	1980	闰年
3	1981	平年
4	1982	平年
5	1983	平年
6	1984	闰年
7	1985	平年
8	1986	平年
9	1987	平年
10	1988	闰年
11	1989	平年

图实 2-4　闰/平年的判断结果

数 MOD 函数判断"sy2-4 闰年平年.xlsx"中所存放的年份（1980—2040）是闰年还是平年。判断闰年的条件是：年份能被 400 整除，或者能被 4 整除但不能被 100 整除。结果如图实 2-4 所示。

操作提示：

IF、AND、OR 和 MOD 函数判断闰平年的公式为：=IF(OR(MOD(A2,400)=0,AND(MOD(A2,4)=0,MOD(A2,100)<>0)),"闰年","平年")。

身份证号码	年龄	称谓
510725198509127000	29	小姐/女士
510725197604103877	38	先生
510725197307257085	41	小姐/女士
510725197706205778	37	先生
510725197008234010	44	先生
510725197607164512X	38	先生
510725197701136405	37	小姐/女士
510725197107162112	43	先生
510725197402266352	40	先生
510725198307258738	31	先生
510725198810921489X	33	先生
510725197803239245	36	小姐/女士
510725198505144256	29	先生
510725198008215123	34	小姐/女士
510725198509178234	29	先生
510725198602225170	28	先生
510725197904171572	35	先生
510725198705177837	27	先生

图实 2-5 年龄和称谓信息

（5）数学函数、逻辑函数、文本函数、日期与时间函数等的应用。打开"sy2-5 身份证信息.xlsx"文件，利用 MID、IF、MOD、YEAR 以及 NOW 等函数，根据身份证号获取称谓和当前年龄信息。在 18 位身份证号码中，第 7 位、第 8 位、第 9 位、第 10 位为出生年份（四位数），第 11 位、第 12 位为出生月份，第 13、14 位代表出生日期，第 17 位代表性别，奇数为男（称谓：先生），偶数为女（称谓：小姐/女士）。实验结果参见图实 2-5 所示。

操作提示：

① 根据身份证信息获取当前年龄的公式为：=YEAR(NOW())-MID(A2,7,4)。

② 根据身份证信息获取称谓的公式为：=IF(MOD(MID(A2,17,1),2)=1,"先生","小姐/女士")。

（6）逻辑函数、文本函数、信息函数、查找与引用函数（CONCATENATE、LOOKUP、MID、MIDB、SEARCHB、ROW、LEFT、RIGHT、LENB、LEN、IF、ISERROR、SUBSTITUTE）等的应用。打开"sy2-6 供应商信息 2.xlsx"文件，完成以下操作要求，实验结果参见图实 2-6 所示。

① 根据街道地址信息获取城市地址（可利用 CONCATENATE 函数）和街道号码（可利用 LOOKUP、MIDB、SEARCHB、ROW 等函数）。

② 根据城市邮编（合成）信息获取城市名称（可利用 LEFT、LENB、LEN 等函数）和邮政编码（可利用 RIGHT、LENB、LEN 等函数）。

③ 根据区号电话号码（合成）信息获取区号（可利用 LEFT、FIND 等函数）和市话号码（可利用 RIGHT、FIND、LEN 等函数）。

④ 根据街道地址和电话号码信息获取位于开发区的供应商电话号码（可利用 IF、ISERROR、SEARCH、LEN 等函数。可利用信息函数 ISERROR 判断指定值是否为错误值，因为如果 SEARCH 函数在 C 列指定单元格中找不到要查找的文本"开发区"，将返回错误值#VALUE!，而不是显示空或者逻辑值 TRUE、FALSE）。

E2 ▾   fx =LOOKUP(,-MIDB(C2,SEARCHB("?",C2),ROW($2:$15)))

	A	B	C	D	E	F	G	H	I	J	K	L
1	姓名	城市	街道地址	城市地址	街道号码	城市邮编	城市	邮政编码	电话号码	区号	市话号码	开发区供应商电话号码
2	王歆文	石家庄	光明北路854号	石家庄光明北路854号	854	石家庄050007	石家庄	050007	0311-97658386	0311	97658386	
3	王郁立	海口	明成街19号	海口明成街19号	19	海口567075	海口	567075	0898-712143	0898	712143	
4	刘倩芳	天津	重阳路567号	天津重阳路567号	567	天津300755	天津	300755	022-9113568	022	9113568	
5	陈熔洁	大连	冀州西街6号	大连冀州西街6号	6	大连116654	大连	116654	0411-85745549	0411	85745549	
6	于鹏瑛	天津	新技术开发区43号	天津新技术开发区43号	43	天津300755	天津	300755	022-81679931	022	81679931	022-81679931
7	周一蓝	长春	志新路37号	长春志新路37号	37	长春130745	长春	130745	0431-5327434	0431	5327434	
8	赵国馨	重庆	志明东路84号	重庆志明东路84号	84	重庆488705	重庆	488705	852-6970831	852	6970831	
9	张楠祺	天津	明正东街12号	天津明正东街12号	12	天津300755	天津	300755	022-71657062	022	71657062	
10	范起灵	长春	高新技术开发区3号	长春高新技术开发区3号	3	长春130745	长春	130745	0431-8293735	0431	8293735	0431-8293735
11	王琪琪	天津	津东路19号	天津津东路19号	19	天津300755	天津	300755	022-68523326	022	68523326	
12	邓丽丽	温州	吴越大街35号	温州吴越大街35号	35	温州325904	温州	325904	0577-64583321	0577	64583321	
13	张娟娟	石家庄	新技术开发区36号	石家庄新技术开发区36号	36	石家庄050125	石家庄	050125	0311-82455173	0311	82455173	0311-82455173
14	覃依婉	南京	崇明路9号	南京崇明路9号	9	南京210453	南京	210453	025-97251968	025	97251968	
15	宣华华	南昌	崇明二路丁93号	南昌崇明二路丁93号	93	南昌330975	南昌	330975	0791-56177810	0791	56177810	

图实 2-6 供应商信息合成和抽取

操作提示：

① 可参考课本【例 1-2-11】文本函数应用示例完成本实验。

② 可以利用 CONCATENATE 函数，根据城市（B 列）和街道地址（C 列）信息获取城市地址（D 列）。

③ 可以利用 LOOKUP 函数、MIDB 函数、SEARCHB 函数以及 ROW 函数，根据街道地址（C 列）信息获取街道号码。

④ 可以利用 LEFT 函数、LENB 函数以及 LEN 函数，根据城市邮编（F 列）信息获取城市名称（G 列）。

⑤ 可以利用 RIGHT 函数、LENB 函数以及 LEN 函数，根据城市邮编（F 列）信息获取邮政编码（H 列）。

⑥ 可以利用 LEFT 函数和 FIND 函数，根据电话号码（I 列）信息获取区号（J 列）。

⑦ 可以利用 RIGHT 函数、FIND 函数以及 LEN 函数，根据电话号码（I 列）信息获取市话号码（K 列）。

⑧ 可以利用 IF 函数、ISERROR 函数、SEARCH 函数以及 LEN 函数，根据街道地址（C 列）和电话号码（I 列）信息获取位于开发区的供应商电话号码（L 列）。

（7）数学函数、统计函数以及数组公式等的应用。打开"sy2-7 学习成绩表.xlsx"文件，分别利用四种方法（COUNTIF/COUNTIFS、数组公式和 SUM 以及 IF 配合、数组公式和 SUM 以及*配合、SUMPRODUCT），完成以下操作要求，最终结果参见图实 2-7 所示。

图实 2-7　学习成绩统计表

① 统计 90～100 分、80～89 分、70～79 分、60～69 分以及小于 60 分的各分数段的人数，并计算出占班级人数的百分比。

② 分别统计两个班的优秀（平均分>=90）男生人数、优秀女生人数。

操作提示：

可参考课本【例 1-2-7】数学函数（SUM、SUMPRODUCT、ROUND）、逻辑函数（IF）、统计函数（COUNTIF、COUNTIFS）以及数组公式的应用示例完成本实验。

（8）数学函数、统计函数、逻辑函数、日期与时间函数（SUM、IF、MONTH、COUNTIF 等）以及数组公式的应用。打开"sy2-8 产品清单.xlsx"文件，完成以下操作要求，最终结果参见图实 2-8 所示。

① 计算库存剩余量（要求利用数组公式），结果置于 K2:K40 单元格区域中。

② 统计库存商品的金额（保留一位小数），结果置于单元格 N2 中。

③ 统计海鲜 2 月的订购总量，结果置于单元格 N3 中。

④ 统计点心和饮料的订购总金额，结果置于单元格 N4 中。

⑤ 统计等级分类总数，结果置于单元格 N6 中。

N6			fx	{=SUM(1/COUNTIF(E2:E40, E2:E40))}									
	A	B	C	D	E	F	G	H	I	J	K	L	M	N
1	产品ID	产品名称	供应商	类别	等级	单位数量	单价	库存量	订购量	订购日期	剩余库存量			
2	1	苹果汁	佳佳乐	饮料	3	每箱24瓶	¥18.00	39	10	2014/2/15	29		库存商品总金额	¥ 42,540.1
3	2	牛奶	佳佳乐	饮料	1	每箱24瓶	¥19.00	17	25	2014/6/10	-8		海鲜2月份订购总量	40
4	3	蕃茄酱	佳佳乐	调味品	6	每箱12瓶	¥10.00	13	25	2014/3/20	-12		点心和饮料订购总金额	¥ 7,185.0
5	4	盐	康富食品	调味品	5	每箱12瓶	¥22.00	53	0	2014/2/17	53			
6	6	酱油	妙生	调味品	1	每箱12瓶	¥25.00	120	25	2014/6/23	95		等级分类总数	10
7	7	海鲜粉	妙生	特制品	9	每箱30盒	¥30.00	15	10	2014/3/20	5			
8	8	胡椒粉	妙生	调味品	1	每箱30盒	¥40.00	6	0	2014/2/15	6			
9	9	鸡	为全	肉/家禽	4	每袋500克	¥97.00	29	0	2014/4/25	29			
10	10	蟹	为全	海鲜	5	每袋500克	¥31.00	31	0	2014/5/17	31			
11	12	德国奶酪	日正	日用品	7	每箱12瓶	¥38.00	86	0	2014/6/10	86			
12	11	民众奶酪	日正	日用品	1	每袋6包	¥21.00	22	30	2014/6/20	-8			
13	13	龙虾	德昌	海鲜		每袋500克	¥6.00	24	5	2014/2/15	19			

图实 2-8　产品清单统计结果

操作提示：

① 计算库存剩余量的数组公式为：{=H2:H40-I2:I40}。

② 统计库存商品总金额的数组公式为：{=SUM(G2:G40*H2:H40)}。

③ 统计海鲜 2 月份订购总量的数组公式为：{=SUM(IF((D2:D40="海鲜")*(MONTH(J2:J40)=2), I2:I40, 0))}。

④ 统计点心和饮料订购总金额的数组公式为：{=SUM(IF((D2:D40="点心")+(D2:D40="饮料"),G2:G40*I2:I40))}。

⑤ 统计等级分类总数的公式为：{=SUM(1/COUNTIF(E2:E40, E2:E40))}。

（9）数学函数和统计函数的应用。打开"sy2-9 学生成绩统计.xlsx"文件，利用 FREQUENCY、COUNT 等函数，统计学生成绩各分数段的人数和百分比。注意，为了使用 FREQUENCY 函数统计数值在区域内的出现频率，需要重新整理分数段（置于 H1:H8 数据区域）。最终结果参见图实 2-9 所示。

E2			fx	{=FREQUENCY(B2:B68, H2:H8)}			
	A	B	C	D	E	F	G	H
1	学号	数学		分数段	人数	百分比		分数段
2	S01001	81		40以下	1	1%		39
3	S01002	56		49~40	1	1%		49
4	S01003	80		59~50	3	4%		59
5	S01004	79		69~60	8	12%		69
6	S01005	74		79~70	15	22%		79
7	S01006	68		89~80	22	33%		89
8	S01007	90		99~90	16	24%		99
9	S01008	95		100	1	1%		

图实 2-9　学生成绩统计结果

操作提示：

① 统计学生成绩各分数段人数的数组公式为：{=FREQUENCY(B2:B68, H2:H8)}。

② F2 单元格中统计学生成绩各分数段百分比的公式为：=E2/COUNT($B$2:$B$68)。

（10）数学函数和统计函数的应用。打开"sy2-10 学生成绩排名.xlsx"，利用 RANK、LARGE、SMALL、MEDIAN 以及 MODE 等函数，统计语文数学的总分、名次、第四名总分、倒数第四名的总分、语文中间成绩以及语文和数学成绩中出现次数最多的分数。实验结果参见图实 2-10 所示。

	A	B	C	D	E
1	学号	语文	数学	总分	名次
2	S01001	94	95	189	1
3	S01002	90	94	184	3
4	S01003	50	75	125	10
5	S01004	69	70	139	8
6	S01005	64	72	136	9
7	S01006	93	94	187	2
8	S01007	73	67	140	7
9	S01008	89	61	150	6
10	S01009	91	87	178	4
11	S01010	63	88	151	5
12					
13	第四名总分			178	
14	倒数第四名总分			140	
15	语文中间成绩			81	
16	出现次数最多的分数			94	

图实 2-10　学生成绩排名结果

操作提示：

① E2 单元格中按总分统计学生排名的公式为：=RANK(D2,$D$2:$D$11)。

② 计算第四名总分的公式为：=LARGE(D2:D11,4)或者=SMALL(D2:D11,7)。

③ 计算倒数第四名总分的公式为：=SMALL(D2:D11,4)或者=LARGE(D2:D11,7)。

④ 计算语文中间成绩的公式为：=MEDIAN(B2:B11)。

⑤ 计算出现次数最多的分数的公式为：=MODE(B2:C11)。

（11）查找与引用函数（ROW、INDIRECT）、统计函数（LARGE、SMALL）、数学函数（ABS）以及数组公式和数组常量的应用。在"sy2-11 产品信息.xlsx"中，存放着 20 种产品的单价、库存量、订购量等信息。请完成以下操作要求，结果如图实 2-11 所示。

	A	B	C	D	E	F	G	H	I	J	K
1	产品名称	单位数量	单价	库存量	订购量	单价1	库存量1	订购量1	单价2	库存量2	订购量2
2	苹果汁	每箱24瓶	¥18.00	39	10	¥16.00	44	18	¥16.20	47	13
3	牛奶	每箱24瓶	¥19.00	17	25	¥17.00	22	33	¥17.10	20	33
4	蕃茄酱	每箱12瓶	¥10.00	13	25	¥8.00	18	33	¥9.00	16	33
5	盐	每箱12瓶	¥22.00	53	2	¥20.00	58	10	¥19.80	64	3
6	酱油	每箱12瓶	¥25.00	120	25	¥23.00	125	33	¥22.50	144	33
7	海鲜粉	每箱30盒	¥30.00	15	10	¥28.00	20	18	¥27.00	18	13
8	胡椒粉	每箱30盒	¥40.00	6	7	¥38.00	11	15	¥36.00	7	9
9	鸡	每袋500克	¥97.00	29	9	¥95.00	34	17	¥87.30	35	12
10	蟹	每袋500克	¥31.00	31	30	¥29.00	36	38	¥27.90	37	39
11	德国奶酪	每箱12瓶	¥38.00	86	50	¥36.00	91	58	¥34.20	103	65
12	民众奶酪	每袋6包	¥21.00	22	110	¥19.00	27	118	¥18.90	26	143
13	龙虾	每袋500克	¥6.00	24	5	¥4.00	29	13	¥5.40	29	7
14	沙茶	每箱12瓶	¥23.25	35	32	¥21.25	40	40	¥20.93	42	42
15	味精	每箱30盒	¥15.50	39	5	¥13.50	44	13	¥13.95	47	7
16	饼干	每箱30盒	¥17.45	29	10	¥15.45	34	18	¥15.71	35	13
17	墨鱼	每袋500克	¥62.50	42	40	¥60.50	47	48	¥56.25	50	52
18	猪肉	每袋500克	¥39.00	10	5	¥37.00	15	13	¥35.10	12	7
19	糖果	每箱30盒	¥9.20	25	6	¥7.20	30	14	¥8.28	30	8
20	桂花糕	每箱30盒	¥81.00	40	39	¥79.00	45	47	¥72.90	48	51
21	糯米	每袋3公斤	¥21.00	104	25	¥19.00	109	33	¥18.90	125	33

（a）产品信息调整

23	单价、库存量、订购量最高的三种产品	¥97.00	120	110
24		¥81.00	104	50
25		¥62.50	86	40
26	单价、库存量、订购量最低的三种产品	¥6.00	6	2
27		¥9.20	10	5
28		¥10.00	13	5
29				
30	排名前三的剩余库存量	95		
31		79		
32		51		
33	排名后三的剩余库存量	-88		
34		-12		
35		-8		
36	库存量订购量相差最多的前三种产品	95		
37		88		
38		79		

（b）产品统计结果

图实 2-11　产品信息统计

① 请利用数组公式和数组常量，并根据两种方案调整产品的单价、库存量、订购量。

单价降低 2 元，库存量和订购量分别增加 5 和 8，调整后的信息存放于数据区域 F2:H21 中。

单价降低 10%，库存量和订购量分别增加 20%和 30%，调整后的信息存放于数据区域 I2:K21 中。

② 利用 SMALL 函数以及 ROW 和 INDIRECT 函数，分别统计单价、库存量、订购量最高的前三种产品的信息，存放于数据区域 C23:E25 中。

③ 利用 LARGE 函数以及数组公式和数组常量，分别统计单价、库存量、订购量最低的三种产品的信息，存放于数据区域 C26:E28 中。

④ 利用 LARGE 函数以及数组公式和数组常量，统计剩余库存量最多的三种产品信息，存放于数据区域 C30:E32 中。

⑤ 利用 SMALL 函数以及数组公式和数组常量，统计剩余库存量最少的三种产品的信息，存放于数据区域 C33:E35 中。

⑥ 利用 LARGE 函数、ABS 函数以及数组公式和数组常量，统计库存量订购量相差最多的三种产品的信息，存放于数据区域 C36:E38 中。

操作提示：

可参考课本【例 1-2-17】，并利用查找与引用函数（ROW、INDIRECT）、统计函数（LARGE、SMALL）、数学函数（ABS）以及数组公式和数组常量完成本实验。

（12）财务函数的应用（PMT 函数）。在"sy2-12 购车贷款.xlsx"中，记录着王先生欲从银行贷款买车的信息。总车价为 30 万元，贷款利率为 6.5%，分 10 年还清，计算每月还给银行的贷款数额以及总还款额（假定每次为等额还款，还款时间为每月月初）。实验结果如图实 2-12 所示。

B4		f_x	=PMT(B2/12, B3*12, B1, 0, 1)	
	A		B	C
1	总车款额		¥300,000.00	
2	贷款年利率		6.50%	
3	还款时间（年）		10	
4	每月还款数额（期初）		¥-3,388.09	
5	总还款额		¥-406,570.46	

图实 2-12　买车贷款结果

操作提示：

利用 PMT 函数，注意给定的贷款利率是年利率，需除以 12 转换为月利率；给定的还款时间是年，需乘以 12 转换为月。还要注意是月初还款。

（13）财务函数的应用（PMT 函数）。在"sy2-13 定额存款.xlsx"中，记录着小李夫妻俩欲为他们的孩子按月定额存款的信息。夫妻俩希望在 20 年后存款总金额达到 100 万元，假设存款年利率为 5.6%，计算他们每月的存款额。实验结果参见图实 2-13 所示。

B4		f_x	=PMT(B2/12, B3*12, 0, B1)	
	A		B	C
1	期望存款总金额		¥1,000,000	
2	存款年利率		5.6%	
3	存款时间（年）		20	
4	每月存款额		¥-2,268.81	

图实 2-13　定额存款结果

操作提示：

利用 PMT 函数，注意给定的存款利率是年利率，需除以 12 转换为月利率；给定的存款时间是年，需乘以 12 转换为月。

（14）财务函数的应用（FV 函数）。在"sy2-14 购房存款.xlsx"中，记录着张先生存款积累资金以购置住房的情况。假设存款年利率为 5.8%，每月月初存入 5000 元。张先生今年 25 岁，请问到他 35 岁时，共有多少存款。实验结果参见图实 2-14 所示。

	B4	▼	f_x =FV(B2/12,B3*12,B1,0,1)	
	A		B	C
1	月初存款		¥-5,000	
2	存款年利率		5.8%	
3	存款时间（年）		10	
4	存款总额		¥814,481.29	

图实 2-14　购房存款结果

操作提示：

利用 FV 函数，注意给定的存款利率是年利率，需除以 12 转换为月利率；给定的存款时间是年，需乘以 12 转换为月。还要注意是月初存款。

（15）查找与引用函数、数学函数、逻辑函数（VLOOKUP、INDEX、MATCH、CHOOSE、INT、TRUNC、IF）等的应用。打开"sy2-15 学生成绩等级 2.xlsx"文件，分别利用：（1）VLOOKUP 函数；（2）INDEX 函数和 MATCH 函数；（3）CHOOSE 函数、INT 函数或者 TRUNC 函数和 IF 函数，确定学生百分制的课程分数所对应的五级制（优、良、中、及格、不及格）评定等级，结果分别置于 C2:C31、D2:D31、E2:E31 数据区域。实验结果如图实 2-15 所示。

	A	B	C	D	E	F	G	H	I	J	K
1	学号	语文	等级1	等级2	等级3		五级制成绩的评定条件				
2	S01001	94	优	优	优		>=90	优			
3	S01002	84	良	良	良		80~89	良			
4	S01003	50	不及格	不及格	不及格		70~79	中			
5	S01004	69	及格	及格	及格		60~69	及格			
6	S01005	64	及格	及格	及格		<60	不及格			
7	S01006	74	中	中	中						
8	S01007	73	中	中	中		0	不及格			
9	S01008	74	中	中	中		60	及格			
10	S01009	51	不及格	不及格	不及格		70	中			
11	S01010	63	及格	及格	及格		80	良			
12	S01011	77	中	中	中		90	优			
13	S01012	82	良	良	良						
14	S01013	84	良	良	良						
15	S01014	75	中	中	中						
16	S01015	74	中	中	中						
17	S01016	90	优	优	优						
18	S01017	58	不及格	不及格	不及格						

图实 2-15　学生成绩五级制等级

操作提示：

① 为了使用 VLOOKUP 函数，需要调整成绩等级评定条件的格式（置于 G8:H12 数据区域），以确保包含数据的单元格区域第一列中的值按升序排列。

② 为了使用 CHOOSE 函数，如果成绩<60 对应于序号 1，则需要利用 INT 或 TRUNC 函数将成绩区间 60~69、70~79、80~89、90~100 分别转换为 2、3、4、5。

③ C2 单元格中利用 VLOOKUP 函数评定等级的公式为：=VLOOKUP(B2,$F$8:$G$12,2)。

④ D2 单元格中利用 INDEX 函数和 MATCH 函数评定等级的公式为：=INDEX($H$8:$H$12, MATCH(B2,$G$8:$G$12,1))。

⑤ E2 单元格中利用 CHOOSE 函数、INT 函数和 IF 函数评定等级的公式为：=CHOOSE(IF(B2<60,1,INT((B2-50)/10)+1),"不及格","及格","中","良","优")。

（16）查找与引用函数、数学函数（VLOOKUP、LOOKUP、ROUND）等的应用。打开 "sy2-16 党费和补贴.xlsx" 文件，利用 VLOOKUP 函数、LOOKUP 函数、ROUND 等函数，计算有固定工资收入的党员每月所交纳的党费（四舍五入保留两位小数）和补贴金额。月工资收入 400 元以下者，交纳月工资总额的 0.5%；月工资收入 400 元到 599 元者，交纳月工资总额的 1%；月工资收入在 600 元到 799 元者，交纳月工资总额的 1.5%；月工资收入在 800 元到 1499 元者（税后），交纳月工资收入的 2%；月工资收入在 1500 元及以上（税后）者，交纳月工资收入的 3%。补贴金额视不同的补贴类型而不同，要求分别利用 VLOOKUP 函数和 LOOKUP 函数计算补贴金额，结果分别置于 E3:E16 和 F3:F16 数据区域。实验结果如图实 2-16 所示。

图实 2-16　党费收缴和补贴结果

操作提示：

① 为了使用 VLOOKUP 函数，需要调整党费费率表的格式（置于 H10:I16 数据区域），以确保包含数据的单元格区域第一列中的值按升序排列。

② C3 单元格中计算党员每月所交纳党费（结果保留两位小数）的公式为：=ROUND(VLOOKUP(B3,$H$12:$I$16,2)*B3,2)。

③ E3 单元格中利用 VLOOKUP 函数计算党员补贴金额的公式为：=VLOOKUP(D3,$K$4:$L$7,2)。

④ F3 单元格中利用 LOOKUP 函数计算党员补贴金额的公式为：=LOOKUP(D3,$K$4: $K$7,$L$4:$L$7)。

（17）查找与引用函数（INDEX、MATCH 等）的应用。打开 "sy2-17 学生成绩查询器.xlsx" 文件，设计两个学习成绩查询器，分别根据姓名和课程查询成绩以及根据学号和课程查询成绩。请利用数据有效性设置查询条件（姓名、学号、课程）下拉列表框。当在学习成绩查询器中利用下拉列表选择姓名、课程，或者学号、课程时，将自动显示其所对应的成绩（可利用 INDEX 函数、MATCH 等函数）。实验结果如图实 2-17 所示。

图实 2-17　学习成绩查询器结果

操作提示：

① 利用数据有效性设置姓名、学号、课程查询条件下拉列表框。注意，有效性条件中允许选择"序列"，数据来源分别选择$B$2: $B$16、$A$2: $A$16、$C$1: $E$1。

② H4 单元格中根据姓名和课程查询成绩的公式为：=INDEX($A$1:$E$16,MATCH (H2,$B$1:$B$16,0),MATCH(H3,$A$1:$E$1,0))。

③ H10 单元格中根据学号和课程查询成绩的公式为：=INDEX($A$1:$E$16,MATCH(H8, $A$1:$A$16,0),MATCH(H9,$A$1:$E$1,0))。

实验 3　数据分析和决策（1）

1. 实验目的

掌握自动筛选、高级筛选、自定义排序、随机排序、数据透视表、单变量求解的方法。

2. 实验内容

（1）打开"sy3-1 自动筛选-产品.xlsx"，利用自动筛选命令，筛选出单价为 20～50 元的、库存量最大的 5 种产品。其中，"自定义筛选"设置如图实 3-1 所示，"10 个最大的值"设置如图实 3-2 所示，实验结果如图实 3-3 所示。

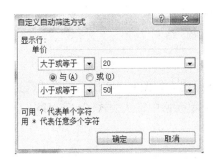

图实 3-1　"自定义筛选"设置

图实 3-2　"10 个最大的值"设置

产品I	产品名称	供应商I	类别I	单位数量	单价	库存量	订购量	再订购量	中止
6	酱油	3		2 每箱12瓶	25	120	0	25	FALSE
55	鸭肉	25		6 每袋3公斤	24	115	0	20	FALSE
61	海鲜酱	29		2 每箱24瓶	28.5	113	0	25	FALSE

图实 3-3　自动筛选结果

（2）打开"sy3-2 高级筛选-产品.xlsx"，利用高级筛选命令，筛选出供应商为"佳佳乐"且类别为"饮料"的数据，或者供应商为"百达"且类别为"调味品"的产品。实验结果如图实 3-4 所示。

产品ID	产品名称	供应商	类别	单位数量	单价	库存量	订购量	再订购量	中止
1	苹果汁	佳佳乐	饮料	每箱24瓶	¥18.00	39	0	10	Yes
2	牛奶	佳佳乐	饮料	每箱24瓶	¥19.00	17	40	25	No
61	海鲜酱	百达	调味品	每箱24瓶	¥28.50	113	0	25	No

图实 3-4　高级筛选（供应商类别）结果

操作提示：

在原数据表最前面增加 4 行空行，从 B1 单元格开始，建立如图实 3-5 所示的高级筛选条件区域。"高级筛选"对话框设置如图实 3-6 所示。

B	C
供应商	**类别**
佳佳乐	饮料
百达	调味品

图实 3-5　高级筛选条件区域（供应商）　　　　　图实 3-6　高级筛选设置（供应商）

（3）打开"sy3-3 高级筛选-库存订购.xlsx"，利用高级筛选命令，筛选出库存量小于订购量的产品。实验结果如图实 3-7 所示。

产品ID	产品名称	供应商	类别	单位数量	单价	库存量	订购量	再订购量	中止
2	牛奶	佳佳乐	饮料	每箱24瓶	¥19.00	17	40	25	No
3	蕃茄酱	佳佳乐	调味品	每箱12瓶	¥10.00	13	70	25	No
11	民众奶酪	日正	日用品	每袋6包	¥21.00	22	30	30	No
21	花生	康堡	点心	每箱30包	¥10.00	3	40	5	No
31	温馨奶酪	福满多	日用品	每箱12瓶	¥12.50	0	70	20	No
32	白奶酪	福满多	日用品	每箱12瓶	¥32.00	9	40	25	No
37	干贝	小坊	海鲜	每袋3公斤	¥26.00	11	50	25	No
45	雪鱼	日通	海鲜	每袋3公斤	¥9.50	5	70	15	No
48	玉米片	顺成	点心	每箱24包	¥12.75	15	70	25	No
49	薯条	利利	点心	每箱24包	¥20.00	10	60	15	No
64	黄豆	义美	谷类/麦片	每袋3公斤	¥33.25	22	80	30	No
66	肉松	康富食品	调味品	每箱24瓶	¥17.00	4	100	20	No
68	绿豆糕	康堡	点心	每箱24包	¥12.50	6	10	15	No
74	鸡精	为全	特制品	每盒24个	¥10.00	4	20	5	No

图实 3-7　高级筛选（库存量订购量）结果

操作提示：

在原数据表最前面增加 4 行空行，从 B1 单元格开始，建立如图实 3-8 所示的高级筛选条件区域，即在 B1 单元格中输入"库存量<订购量"，在 B2 单元格中输入公式"=G6<H6"。"高级筛选"对话框设置如图实 3-9 所示。

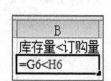

B
库存量<订购量
=G6<H6

图实 3-8　高级筛选条件区域（库存订购）　　　　图实 3-9　高级筛选设置（库存订购）

（4）打开"sy3-4 高级筛选-肉.xlsx"，利用高级筛选命令，筛选出产品名称中包含"肉"的产品。筛选结果如图实 3-10 所示。

5	产品ID	产品名称	供应商	类别	单位数量	单价	库存量	订购量	再订购量	中止
22	17	猪肉	正一	肉/家禽	每袋500克	¥39.00	0	0	0	Yes
32	27	牛肉干	小当	点心	每箱30包	¥43.90	49	0	30	No
33	28	烤肉酱	义美	特制品	每箱12瓶	¥45.60	26	0	0	Yes
34	29	鸭肉	义美	肉/家禽	每袋3公斤	¥123.79	0	0	0	Yes
56	51	猪肉干	涵合	特制品	每箱24包	¥53.00	20	0	10	No
59	54	鸡肉	佳佳	肉/家禽	每袋3公斤	¥7.45	21	0	10	No
60	55	鸭肉	佳佳	肉/家禽	每袋3公斤	¥24.00	115	0	20	No
71	66	肉松	康富食品	调味品	每箱24瓶	¥17.00	4	100	20	No

图实 3-10　高级筛选（肉类产品）结果

说明：

在原数据表最前面增加 4 行空行，建立高级筛选的条件区域：在 B1 单元格中输入"产品名称"，在 B2 单元格中输入字符串"*肉*"。"高级筛选"对话框设置如图实 3-11 所示。

（5）打开"sy3-5 自定义排序-职工.xlsx"，对某大学计算机系的职工按"职称"从低到高排列。其中，"讲师"职位最低，"副教授"职位较高，"教授"职位最高。排序次序的"自定义序列"如图实 3-12 所示，排序结果如图实 3-13 所示。

图实 3-11　高级筛选设置（肉类产品）

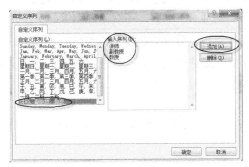

图实 3-12　"自定义序列"对话框

姓名	职称	基本工资	补贴	奖金	总计
赵丹	讲师	¥ 3,436	¥ 1,210	¥ 4,523	¥ 9,169
钱军	讲师	¥ 3,374	¥ 1,299	¥ 5,068	¥ 9,741
陶建国	讲师	¥ 3,340	¥ 1,263	¥ 5,465	¥ 10,068
周斌	讲师	¥ 3,230	¥ 1,226	¥ 4,893	¥ 9,349
汪文	讲师	¥ 4,182	¥ 1,210	¥ 4,708	¥ 10,100
王洁	副教授	¥ 4,168	¥ 1,257	¥ 5,745	¥ 11,170
孙莹莹	副教授	¥ 3,612	¥ 1,200	¥ 7,338	¥ 12,150
顾如海	副教授	¥ 3,326	¥ 1,219	¥ 4,745	¥ 9,290
吴士鹏	副教授	¥ 3,302	¥ 1,200	¥ 4,728	¥ 9,230
祖武	副教授	¥ 3,560	¥ 1,343	¥ 5,143	¥ 10,046
李明	教授	¥ 6,028	¥ 1,301	¥ 5,438	¥ 12,767
胡安	教授	¥ 3,394	¥ 1,331	¥ 5,138	¥ 9,863
吴洋	教授	¥ 3,280	¥ 1,209	¥ 5,545	¥ 10,034
李楠	教授	¥ 4,140	¥ 1,315	¥ 4,568	¥ 10,023
梅红	教授	¥ 3,822	¥ 1,305	¥ 4,665	¥ 9,792

图实 3-13　职工按职称从低到高排序结果

（6）打开"sy3-6 随机排序.xlsx"，对某班级 12 名学生进行随机排序，以用于考试随机安排座位，或者演讲时随机抽取上场顺序。原始数据内容如图实 3-14（a）所示，某一次随机排位的结果如图实 3-14（b）所示。

	A	B
1	学号	姓名
2	B501	朱洋洋
3	B502	赵霞霞
4	B503	周萍萍
5	B504	阳一昆
6	B505	田一天
7	B506	翁华华
8	B507	王丫丫
9	B508	宋平平
10	B509	范华华
11	B510	董华华
12	B511	苏依依
13	B512	陈天乐

（a）原始数据

	A	B
1	学号	姓名
2	B508	宋平平
3	B510	董华华
4	B511	苏依依
5	B501	朱洋洋
6	B503	周萍萍
7	B502	赵霞霞
8	B505	田一天
9	B512	陈天乐
10	B506	翁华华
11	B504	阳一昆
12	B509	范华华
13	B507	王丫丫

（b）随机排位结果

图实 3-14　随机排位

操作提示：

可利用随机函数 RAND 添加辅助列 C 列，然后以辅助列为关键字进行排序。

（7）打开"sy3-7 职工工资数据透视表.xlsx"，为职工工资数据列表创建如图实 3-15 所示的数据透视表，放置在 H1 单元格开始的区域。数据保留一位小数。无汇总信息。

H	I
部门	(全部) ▼
行标签 ▼	平均值项:奖金
工程师	1070.5
技术员	1539.5
助工	931.0

图实 3-15　职工工资数据列表的数据透视表

（8）加载 Excel 的"分析工具库""分析工具库—VBA 函数"、"规划求解"加载项。

执行"文件"选项卡中"选项"命令，打开"Excel 选项"对话框，选择"加载项"类别，在"管理"下拉列表中选择"Excel 加载项"，然后单击"转到"按钮，打开"加载宏"对话框。在"可用加载宏"列表框中，勾选"分析工具库""分析工具库—VBA 函数"和"规划求解加载项"复选框，然后单击"确定"按钮，即可激活 Excel 加载项（如果 Excel 显示一条消息，指出无法运行此加载项，并提示安装该加载项，单击"是"按钮安装该加载项即可）。如果在"可用加载项"列表框中找不到要激活的加载项，可以单击"浏览"按钮，然后定位并加载相应的加载项。在安装和激活分析工具库和规划求解加载项之后，"数据分析"和"规划求解"命令将出现在"数据"选项卡的"分析"组中。

（9）"sy3-9 最多贷款金额.xlsx"存放着张三计划从银行贷款购置住房的有关信息，假定贷款年利率为 7.8%，计划分 20 年还清贷款，如果张三每年可支付贷款额 6 万元，则他最多可贷款多少万元（假定每次为等额还款，还款时间为每月月末）？实验结果如图实 3-16 所示。

操作提示：

在 B3 单元格输入计算每年应偿还的贷款金额公式"=PMT(B1,B2,B4)"。"单变量求解"对话框设置如图实 3-17 所示。

图实 3-16　单变量求解（可贷款额）结果

图实 3-17　"单变量求解"对话框设置（贷款）

（10）在"sy3-10 单变量求解方程.xlsx"中，使用单变量求解命令求 1 元 n 次方程"$3X^5-4X^4+X^3+5X^2-8=0$"的解。

操作提示：

① 在 A1 单元格输入"求解 1 元 n 次方程"；将 A2 单元格命名为"X"，并在单元格 A2 中输入 X 的初始值：0（合理假设）。

② 在 B2 单元格输入公式：=3*X^5-4*X^4+X^3+5*X^2-8。

③ "单变量求解"对话框设置如图实 3-18 所示。求解结果如图实 3-19 所示。

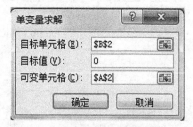

图实 3-18　"单变量求解"对话框设置（解方程）

图实 3-19　单变量求解（求解方程）结果

（11）在"sy3-11 鸡兔同笼.xlsx"中，利用单变量求解方法解决鸡兔同笼问题：已知在同一个笼子里总共有 10 只鸡和兔，鸡和兔的总脚数为 26 只，求鸡和兔各有多少只？求解过程和结果如图实 3-20 所示。

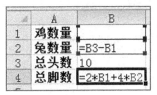

(a) 建立表格　　　　　　　　(b) 单变量求解　　　　　　　　(c) 求解结果

图实 3-20　鸡兔同笼问题

实验4　数据分析和决策（2）

1. 实验目的

掌握单变量模拟运算、双变量模拟运算、规划求解和方案分析的方法。

2. 实验内容

（1）在 "sy4-1 单变量模拟运算-贷款.xlsx" 中，利用单变量模拟运算表，分析贷款总额变化（10 万元、20 万元、30 万元、40 万元、50 万元）时，月偿还额的变化情况。假设贷款年利率为5.70%，贷款期限为 10 年。实验结果如图实 4-1 所示。

操作提示：

① 在 A1 单元格开始的相应区域输入如图实 4-1 所示的前 5 行数据。

② 在单元格 A6 中输入模拟运算目标单元格公式：=PMT(B3/12,B4*12,B2)。

③ 将 A6 单元格数字格式自定义为："月偿还额";"月偿还额"。

④ "模拟运算表" 对话框设置如图实 4-2 所示。

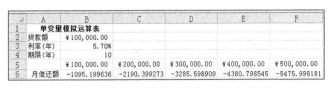

图实 4-1　单变量模拟运算表（贷款）结果

图实 4-2　单变量模拟运算参数设置

（2）打开 "sy4-2 单变量模拟运算-家具.xlsx"，利用单变量模拟运算表，分析光华家具厂所生产的家具件数变化（0 件、2 件、4 件、6 件、8 件、10 件、12 件、14 件、16 件、18 件、20 件）时，家具厂的总收入、总支出和总利润（净收入）变化情况。其中，每件家具的销售佣金是家具单价的 5%。实验结果如图实 4-3 所示（注意设置数据的货币格式）。

操作提示：

① 在单元格 C6 中输入公式 "=C4*C5"。在单元格 C11 中输入公式 "=5%*C5"。在单元格 C12 中输入公式 "=SUM(C9:C11)*C4"。在单元格 C17 中输入公式 "=SUM(C15:C16)"。在单元格 C20 中输入公式 "=C6"。在单元格 C21 中输入公式 "=C12+C17"。在单元格 C22 中输入公式 "=C20-C21"。

② 在单元格 E3 中输入 "家具件数"。利用自动填充方法在 E4:E14 数据区域自动生成家具件数数据系列 0～20（步长 2）。

③ 在单元格 F3 中输入公式 "=C20"。将 F3 单元格数字格式自定义为："收入"。

	A	B	C	D	E	F	G	H
1		光华家具厂利润情况预算				家具件数	收入	支出	净收入
2						0	¥0	¥8,500	¥-8,500
3	收入					2	¥4,100	¥11,063	¥-6,963
4		家具件数	10			4	¥8,200	¥13,626	¥-5,426
5		单价	¥ 2,050			6	¥12,300	¥16,189	¥-3,889
6		总收入	¥ 20,500			8	¥16,400	¥18,752	¥-2,352
7						10	¥20,500	¥21,315	¥-815
8	可变支出（每件家具）					12	¥24,600	¥23,878	¥722
9		人工费	¥ 561			14	¥28,700	¥26,441	¥2,259
10		材料费	¥ 618			16	¥32,800	¥29,004	¥3,796
11		销售佣金	¥ 102.50			18	¥36,900	¥31,567	¥5,333
12		可变总支出（所有家具件数）	¥ 12,815			20	¥41,000	¥34,130	¥6,870
13									
14	固定支出								
15		房租	¥ 2,500						
16		水电煤等	¥ 6,000						
17		固定总支出	¥ 8,500						
18									
19	利润								
20		收入	¥ 20,500						
21		总支出（可变支出 +固定支出 ）	¥ 21,315						
22		净收入	¥ -815						

图实 4-3　单变量模拟运算（家具）结果

④ 在单元格 G3 中输入公式 "=C21"。将 G3 单元格数字格式自定义为："支出"。

⑤ 在单元格 H3 中输入公式 "=C22"。将 H3 单元格数字格式自定义为："净收入";"净收入"。

⑥ "模拟运算表"对话框中"输入引用列的单元格"文本框指定单元格 "$C$4"。

（3）打开 "sy4-3 双变量模拟运算-贷款.xlsx"，在固定月还贷能力（1000 元）的情况下，利用双变量模拟运算表，分析贷款年利率变化（5.0%、6.0%、7.0%、8.0%、9.0%、10.0%）并且付款分期总数变化（5 年、10 年、15 年、20 年、25 年、30 年）时，可贷款总额的变化情况。实验结果如图实 4-4 所示。

	A	B	C	D	E	F	G
1	双变量模拟运算表						
2	月返款额	¥ 1,000.00					
3	利率(年)	5.0%					
4	期限(年)	5					
5	贷款总额	5	10	15	20	25	30
6	5.0%	52,990.71	94,281.35	126,455.24	151,525.31	171,060.05	186,281.62
7	6.0%	51,725.56	90,073.45	118,503.51	139,580.77	155,206.86	166,791.61
8	7.0%	50,501.99	86,126.35	111,255.96	128,982.51	141,486.90	150,307.57
9	8.0%	49,318.43	82,421.48	104,640.59	119,554.29	129,564.52	136,283.49
10	9.0%	48,173.37	78,941.69	98,593.41	111,144.95	119,161.62	124,281.87
11	10.0%	47065.36902	75671.16337	93057.43882	103624.6187	110047.2301	113950.82

图实 4-4　双变量模拟运算（贷款）结果

操作提示：

① 分别利用自动填充方法，在 A6:A11 数据区域生成贷款年利率数据系列 5.0%~10.0%（步长 1.0），在 B5:G5 数据区域生成付款分期总数数据系列 5~30（步长 5）。

② 在 A5 单元格中输入模拟运算目标单元格公式：=PV(B3/12,B4*12,-B2)，并将 A5 单元格数字格式自定义为："贷款总额";"贷款总额"。

③ "模拟运算表"对话框中"输入引用行的单元格"文本框指定单元格 "$B$4"，"输入引用列的单元格"文本框指定单元格 "$B$3"。

（4）打开 "sy4-4 双变量模拟运算-家具.xlsx"，利用双变量模拟运算表，分析光华家具厂所生产的家具件数变化（2 件、4 件、6 件、8 件、10 件、12 件）以及家具单价变化（2000 元、2100 元、2200 元、2300 元、2400 元、2500 元、2600 元、2700 元、2800 元、2900 元、3000 元）时，家具厂净收入的变化情况。其中，每件家具的销售佣金是家具单价的 5%。实验结果如图实 4-5 所示。

	A	B	C	D	E	F	G	H	I	J	K
1		光华家具利润情况预算									
2											
3	收入				净收入			所生产的家具件数			
4		家具件数	10		单价	2	4	6	8	10	12
5		单价	¥ 2,050		¥ 2,000	-$ 7,058	-$ 5,616	-$ 4,174	-$ 2,732	-$ 1,290	$ 152
6		总收入	¥ 20,500		¥ 2,100	-$ 6,868	-$ 5,236	-$ 3,604	-$ 1,972	-$ 340	$ 1,292
7					¥ 2,200	-$ 6,678	-$ 4,856	-$ 3,034	-$ 1,212	$ 610	$ 2,432
8	可变支出（每件家具）				¥ 2,300	-$ 6,488	-$ 4,476	-$ 2,464	-$ 452	$ 1,560	$ 3,572
9		人工费	¥ 561		¥ 2,400	-$ 6,298	-$ 4,096	-$ 1,894	$ 308	$ 2,510	$ 4,712
10		材料费	¥ 618		¥ 2,500	-$ 6,108	-$ 3,716	-$ 1,324	$ 1,068	$ 3,460	$ 5,852
11		销售佣金	¥ 103		¥ 2,600	-$ 5,918	-$ 3,336	-$ 754	$ 1,828	$ 4,410	$ 6,992
12		可变总支出（所有家具件数）	¥ 12,815		¥ 2,700	-$ 5,728	-$ 2,956	-$ 184	$ 2,588	$ 5,360	$ 8,132
13					¥ 2,800	-$ 5,538	-$ 2,576	$ 386	$ 3,348	$ 6,310	$ 9,272
14	固定支出				¥ 2,900	-$ 5,348	-$ 2,196	$ 956	$ 4,108	$ 7,260	$ 10,412
15		房租	¥ 2,500		¥ 3,000	-$ 5,158	-$ 1,816	$ 1,526	$ 4,868	$ 8,210	$ 11,552
16		水电煤等	¥ 6,000								
17		固定总支出	¥ 8,500								
18											
19	利润										
20		收入	¥ 20,500								
21		总支出（可变支出+固定支出）	¥ 21,315								
22		净收入	¥ -815								

图实 4-5　双变量模拟运算（家具）结果

操作提示：

① 分别利用自动填充方法，在 E5:E15 数据区域生成家具单价数据系列 2000~3000（步长 100），在 F4:K4 数据区域生成家具件数数据系列 2~12（步长 2）。

② 在单元格 C6 中输入公式"=C4*C5"。在单元格 C11 中输入公式"=5%*C5"。在单元格 C12 中输入公式"=SUM(C9:C11)*C4"。在单元格 C17 中输入公式"=SUM(C15:C16)"。在单元格 C20 中输入公式"=C6"。在单元格 C21 中输入公式"=C12+C17"。在单元格 C22 中输入公式"=C20-C21"。

③ 在单元格 E4 中输入公式"=C22"并将 E4 单元格数字格式自定义为："单价";"单价"。

④ "模拟运算表"对话框中"输入引用行的单元格"文本框指定单元格"$C$4"，"输入引用列的单元格"文本框指定单元格"$C$5"。

（5）在"sy4-5 规划求解-最低成本.xlsx"文件中，存放某电冰箱厂生产计划表，最近接收了一份电冰箱年度订货单，需要根据每季度的交货量和生产能力，使用"规划求解"安排季度产量，使得总成本为最低。

① 问题决策对象：每季度的计划产量。

② 规划求解目标：总成本为最低。

③ 约束条件：

- 每季度电冰箱的交货能力 >= 订货量。
- 每季度的计划产量 <= 每季度的生产能力。

（6）计算公式。

- 假设成本计算公式为：200+50*产量-产量*产量*11%。
- 每台电冰箱的仓储费为 2 元。
- 总成本计算公式：总成本+总仓储费。

实验结果如图实 4-6 所示。

操作提示：

① 在 E3 单元格创建公式"=D3-C3"；在 E4 单元格创建公式"=E3+D4-C4"；在 E5 单元格创建公式"=E4+D5-C5"；在 E6 单元格创建公式"=E5+D6-C6"。

	A	B	C	D	E	F	G	H
1	电冰箱生产计划表							
2		生产能力	订货量	计划产量	库存量	成本	仓储费	交货能力
3	第一季度	90	80	80	0	¥ 3,496.00	0	80
4	第二季度	80	75	75	0	¥ 3,331.25	0	75
5	第三季度	100	70	100	30	¥ 4,100.00	60	100
6	第四季度	120	110	80	0	¥ 3,496.00	0	110
7	合计	390	335	335	30	14423.25	60	365
8								
9	总成本	¥ 14,483.25						

图实 4-6　规划求解（最低成本）结果

② 在 F3 单元格创建公式 "=200+D3*50-D3*D3*0.11"；利用自动填充方法计算第二季度到第四季度的成本。

③ 在 G3 单元格创建公式 "=2*E3"；利用自动填充方法计算第二季度到第四季度的仓储费。

④ 在 H3 单元格创建公式 "=D3"；在 H4 单元格创建公式 "=E3+D4"；利用自动填充方法计算第三季度到第四季度的交货能力。

⑤ 在 B7 单元格创建公式 "=SUM(B3:B6)"；利用自动填充方法计算订货量、计划产量、库存量、成本、仓储费、交货能力的合计。

⑥ 在 B9 单元格创建公式 "=F7+G7"。

⑦ "规划求解参数"对话框设置参见图实 4-7 所示。

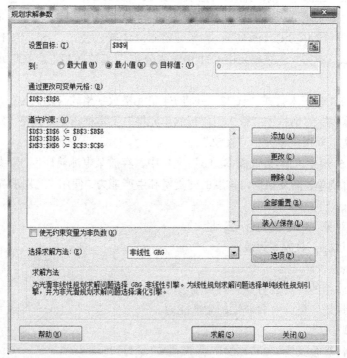

图实 4-7　规划求解参数设置

（7）假设企业利润=销售收入-生产销售成本+营业外收入。打开 "sy4-6 方案-增收.xlsx"，为公司的销售部门制定一个增收方案：预期增加投资收益 20%；增加营业外收入 15%。

操作提示：

① 在 C2 单元格创建公式 "=SUM(C3:C4)"；在 C5 单元格创建公式 "=SUM(C6:C14)"；在 C15 单元格创建公式 "=SUM(C16:C17)"；在 C18 单元格创建公式 "=C2-C5+C15"。

② 在"添加方案"对话框的"方案名"文本框中输入"增收";在"可变单元格"文本框中借助 Ctrl 键指定用于增收方案的两个可变单元格:$C$16、$C$17。

③ 在"方案变量值"对话框的$C$16 文本框中输入公式"=2659872*(1+20%)";在$C$17 文本框中输入公式"=7914747*(1+15%)"。如图实 4-8 所示。

图实 4-8 输入公式

（8）假设企业利润=销售收入-生产销售成本+营业外收入。打开"sy4-7 方案-减支.xlsx",为公司的生产部门制定一个减支方案:通过优化管理,预期减少管理费支出 10%;减少仓储费 20%。

操作提示:

"方案变量值"对话框中的设置如图实 4-9 所示。

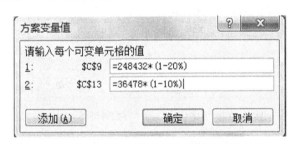

图实 4-9 "方案变量值"对话框设置

（9）打开"sy4-8 方案-减员.xlsx",继续为公司的人事部门制定一个减员方案:通过裁员,预期减少工资支出 8%。

操作提示:

"方案变量值"对话框中的设置如图实 4-10 所示。

图实 4-10 "减员"方案"方案变量值"对话框设置

（10）打开"sy4-9 方案-投资.xlsx",继续为公司的投资部门制定一个投资方案:通过增加投资额,预期增加投资收益 20%。

操作提示:

"方案变量值"对话框中的设置如图实 4-11 所示。

图实 4-11　"投资"方案"方案变量值"对话框设置

（11）通过方案合并创建同时包含"增收""减支""减员""投资"这四个方案的工作表。如图实 4-12 所示。

图实 4-12　方案合并后的"方案管理器"对话框

（12）为"增收""减支""减员""投资"这四个方案创建方案总结。如图实 4-13 所示。

方案摘要		当前值：		增收		减员		减支		投资
可变单元格：										
$C$16	¥	2,659,872	¥	3,191,846	¥	2,659,872	¥	2,659,872	¥	3,191,846
$C$17	¥	7,914,747	¥	9,101,959	¥	7,914,747	¥	7,914,747	¥	7,914,747
$C$12	¥	20,249,828	¥	20,249,828	¥	18,629,842	¥	20,249,828	¥	20,249,828
$C$9	¥	248,432	¥	248,432	¥	248,432	¥	198,746	¥	248,432
$C$13	¥	36,478	¥	36,478	¥	36,478	¥	32,830	¥	36,478
结果单元格：										
$C$18	¥	22,929,396	¥	24,648,582	¥	24,549,382	¥	22,982,730	¥	23,461,370

注释："当前值"这一列表示的是在
建立方案汇总时，可变单元格的值。
每组方案的可变单元格均以灰色底纹突出显示。

图实 4-13　方案总结结果

实验 5　图表深入

1.　实验目的

掌握 Excel 图表的灵活使用方法。

2．实验内容

（1）打开"sy5-1 销售业绩 1.xlsx"，参照图实 5-1 绘制柱形-折线组合图。

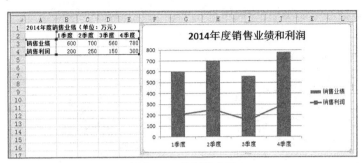

图实 5-1　绘制组合图

操作提示：

先绘制簇状柱形图，然后将"销售利润"数据系列修改为带数据标记的折线图即可。

（2）打开"sy5-2 身高体重表图.xlsx"，为身高添加误差百分比为 10% 的误差线，结果如图实 5-2 所示。

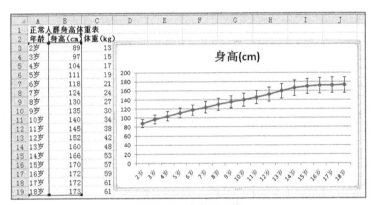

图实 5-2　身高误差线

操作提示：

添加"百分比误差线"后，设置误差线格式，设置误差百分比为 10%。

（3）打开"sy5-3CPI 指示.xlsx"文件，为 CPI 指示添加指数趋势线，并设置趋势线格式使趋势预测向前推 2 个周期。水平轴主要刻度单位为 1。实验结果如图实 5-3 所示。

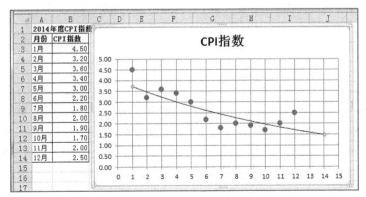

图实 5-3　CPI 指示趋势线

（4）打开"sy5-4 人口抽样统计.xlsx"文件，绘制如图实 5-4 所示的人口金字塔。其中，图表标题为"人口数据抽样统计"；在底部显示图例；不显示横坐标轴；不显示纵网格线；适当调整图表大小；设置数据系列的格式：分类间距为 0%；边框为黑色"实线"。

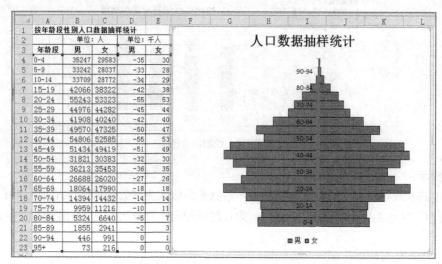

图实 5-4　人口抽样统计金字塔图

操作提示：

在绘制人口金字塔之前，请分别在数据区域 D4:D23 和 E4:E23，利用公式添加以"千人"为单位的人口统计数据。注意，D4:D23 数据区域的值是 B4:B23 数据区域以"千人"为单位的数据的负值（可利用"选择性粘贴"对话框中的"乘"以及"值和数字格式"选项按钮生成数据的相反数）。

（5）打开"sy5-5 期末考试安排.xlsx"文件，制作期末考试安排甘特图，实验结果如图实 5-5 所示。

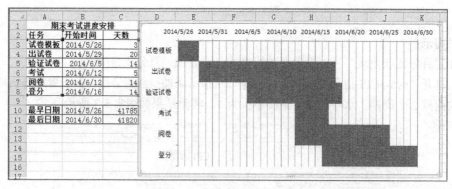

图实 5-5　期末考试安排甘特图

（6）打开"sy5-6 职工工资表.xlsx"文件，至少使用两种方法：①利用"数据有效性"设置控制单元格，并使用 VLOOKUP、COLUMN 等函数，生成对应类别的图表动态数据区域；②使用 Excel 的 ADDRESS、CELL、INDIRECT、COLUMN 等函数，建立对应类别的图表动态数据区域，制作基于不同部门的工资（基本工资、津贴、奖金和补贴）均值动态条形图表，实验结果如图实 5-6 所示。

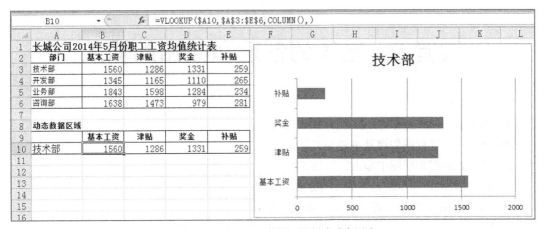

图实 5-6 基于动态数据区域创建动态图表

操作提示：

方法 1

① 设置单元格 A13 的"数据有效性"：在允许下拉列表框中，选择"序列"；"来源"文本框中输入=$A$3:$A$6。如图实 5-7 所示。

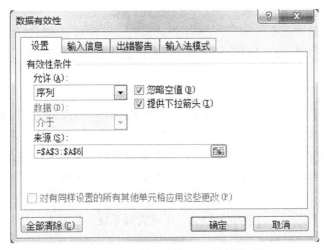

图实 5-7 利用数据有效性设置控制单元格

② 在 B10 单元格中输入公式：=VLOOKUP($A10,$A$3:$E$6,COLUMN(),)，并填充至E10。A9:E10 为动态数据区域。通过 A10 单元格的下拉列表框，选择不同部门的数据，观察动态数据。

③ 为 A9:E10 数据区域绘制"簇状条形图"。不显示图例。

④ 通过 A10 单元格的下拉列表框选择不同部门的数据，从而动态更新图表。

方法 2

① 在 A10 单元格中输入公式：=INDIRECT(ADDRESS(CELL("ROW"),COLUMN(A3)))，并填充至 E10。A9:E10 为动态数据区域。

② 按 F9 功能键重新计算 A10:E10 数据区域中的公式，或者双击 A3:A6 数据区域中的部门名称，也可以得到各部门职工的基本工资、津贴、奖金和补贴均值动态图表。

实验 6　基表的创建和数据的输入

1. 实验目的

（1）熟悉 Access 的编辑环境。

（2）掌握用设计视图创建基本表和关系的方法。

（3）掌握在数据表视图中输入数据的方法。

（4）练习用 SQL 语句创建基本表的方法。

（5）掌握用 SQL 语句向表中插入记录的方法。

2. 范例

创建 3.2.2 节中所介绍的"考试管理系统"数据库，并向表中插入记录。"学生管理"数据库包含 STU、CLASS 和 SGRADE 表，其中：STU 表的主键为"学号"，姓名不能为空，性别只能为"男"或者"女"；CLASS 表的主键为"课程编号"，课程名称唯一；SGRADE 表的主键为（学号，课程编号），且"学号"和"课程编号"分别是参照 STU 表的"学号"和参照 CLASS 表的"课程编号"的外键，成绩为空值或介于 0～100。

（1）用设计视图创建表和关系

① 创建空数据库。

参考本书 3.2 节【例 3-2-1】的介绍，创建"考试管理系统"空数据库，熟悉图 3-2-2 所示的 Access 窗口主界面。

② 创建表。

参考本书 3.2 节【例 3-2-2】～【例 3-2-6】的介绍，创建 STU、CLASS 和 SGRADE 表。

提示：创建完成后，如图实 6-1 所示，在导航窗格中选择"所有 Access 对象"，则所有已创建完成的 Access 对象将分类显示在导航窗格，包括后续试验中将创建的查询对象。在导航窗格双击对象名称可以进入对象的默认视图：双击表和查询名称进入数据表视图。

③ 创建关系。

参考本书 3.2 节【例 3-2-7】的介绍，为"考试管理系统"数据库中的三个表 STU、CLASS、SGRADE 建立关系。

④ 设置 Access 选项。

参考本书 3.2 节图 3-2-3～图 3-2-4，尝试用"选项卡式"和"重叠窗口"方式显示文档的不同效果，改变文档显示方式的 Access 选项后要关闭当前数据库并重新打开后才能看到效果。

（2）用 SQL 语句完成

结构化查询语言 SQL 不仅具有数据查询功能，也具有定义功能，用 SQL 中的 CREATE 语句创建表，操作简便，逻辑清晰，一旦掌握，比用设计视图更为便捷。接下来仍以创建"考试管理系统"数据库中的三个表 STU、CLASS、SGRADE 为例介绍 SQL 视图的进入和编辑方式，以及用 CREATE 语句完成第一步所完成的工作的方法，读者可以自行比较两种方式的优劣，选择适合自己的方式完成基本表的创建。

① 进入 SQL 视图。

创建完成"考试管理系统"空数据库后，如图实 6-2（a）所示，单击选择"创建"→"查询"→"查询设计"命令，如图实 6-2（b）所示单击"关闭"按钮，关闭随后弹出的"显示表"对话框。如图实 6-2（c）所示，单击"查询工具"工具栏左边的视图切换按钮，选择"SQL 视图"命令，进入 SQL 视图。

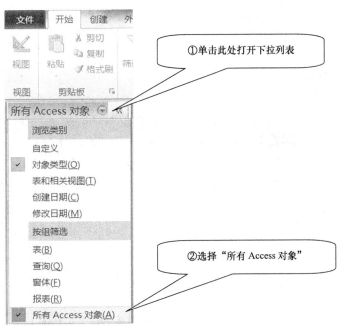

图实 6-1　设置导航窗格

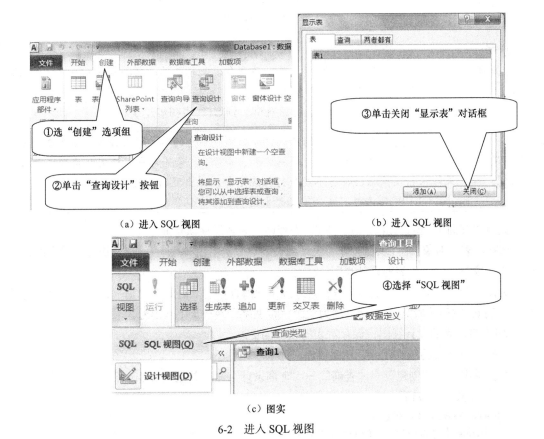

（a）进入 SQL 视图　　　　　　　　　　　　　　（b）进入 SQL 视图

（c）图实

6-2　进入 SQL 视图

② 输入 SQL 语句并执行。

如图实 6-3 所示，首先在查询的 SQL 视图中输入创建 STU 表的 SQL 语句，具体如下：

```
CREATE TABLE STU(
    学号 TEXT(7) PRIMARY KEY,
    姓名 TEXT(16) NOT NULL,
    性别 TEXT(2),
    系别 TEXT(10),
    生日 DATE);
```

图实 6-3 运行 SQL

说明：

题目要求"性别只能为'男'或者'女'"，涉及自定义完整性约束，而 Access 不支持 check 语句，所以只能在表建立后再用设计视图完成。

单击工具栏上的"运行"按钮，运行该查询，则 STU 表初步建成。

（1）SQL 语句中所有的标点符号必须是半角的英文标点符号，当语句中含有中文字段名时应特别小心不要误将逗号、等号、括号等标点以中文全角形式输入，如果输入错误，Access 将不能执行相应语句，并出现错误提示对话框。

（2）SQL 语句不区分英文大小写。

关闭"查询 1"窗口，以"创建 STU 表查询"为名保存该查询。

选择"表"对象，可以看到 STU 表已经初步建好。右击 STU 表，选择快捷菜单上的的"设计视图"按钮，进入表的设计视图。

选择字段名称中的"性别"字段，再选择字段属性中的"有效性规则"，在其中输入：男 or 女，按 Enter 键确认后 Access 会自动为这个字符型字段两段加上双引号。

关闭 STU 表的设计视图，保存对表的设计的更改。

至此，STU 表的结构设计全部完成。

再次单击选择"创建"→"查询"→"查询设计"命令并进入 SQL 设计视图，输入创建表 CLASS 的 SQL 语句如下：

```
CREATE TABLE CLASS(
    课程编号 TEXT(3) PRIMARY KEY,
```

```
    课程名称 TEXT(20) UNIQUE,
    先修课程编号 TEXT(3),
    学时 SMALLINT,
    学分 SMALLINT);
```

单击工具栏上的"运行"按钮，运行该查询，关闭查询窗口，以"创建 CLASS 表查询"为名保存该查询。

再次单击选择"创建"→"查询"→"查询设计"命令并进入 SQL 设计视图，输入创建表 SGRADE 的 SQL 语句如下：

```
CREATE TABLE SGRADE(
    学号 TEXT(7) REFERENCES STU(学号),
    课程编号 TEXT(3) REFERENCES CLASS(课程编号),
    成绩 SMALLINT,
    PRIMARY KEY(学号,课程编号));
```

单击"运行"按钮运行 SQL 查询，并以"创建 SGRADE 表查询"为名保存该查询。

（在 Access 系统中，SQL 视图中的查询窗口中的语句每次只能执行一句，即输入第一条 SQL 语句，执行第一条 SQL 语句，删除第一条 SQL 语句；再输入第二条 SQL 语句，执行第二条 SQL 语句，删除第二条 SQL 语句……所以在本例中，创建 CLASS 表和创建 SGRADE 表的语句需要分别输入和运行。

进入 SGRADE 表的设计视图，选择"成绩"的"有效性规则"，修改为：

```
IS NULL OR BETWEEN 0 AND 100。
```

关闭 SGRADE 表的设计视图，保存对表的设计的更改。

至此，3 个表的结构设计全部完成。

说明：

在 CREATE 语句中已经通过设计 Primary key 和 Foreign Key References 参数完成了对主键和外键的设置，也就是关系已经添加，无须再像在设计视图中设计那样单独创建关系。

（3）插入记录

① 用数据表视图完成。

参考本书第 3.2.4 节记录的输入和编辑的介绍，在三个表的数据表视图中完成记录的输入，记录的值如图实 6-4～图实 6-6 所示。

修改表的设计，尝试给"生日"字段设置输入掩码，使"生日"的输入格式为"××××年×月×日"。

② 用 SQL 语句完成。

单击选择"创建"→"查询"→"查询设计"命令并进入 SQL 设计视图，输入向 STU 表插入第一条记录（0601025，李铭，男，地理，1987-7-5）的 SQL 语句如下：

```
INSERT INTO STU VALUES("0601025","李铭","男","地理",#87-7-5#)
```

单击工具栏上的【运行】按钮运行后，选择【表】对象，双击打开 STU 表，可以发现 STU 表有了第一条记录。

用类似方法完成 STU 表、CLASS 表和 SGRADE 表的全部数据插入，注意含有空值的字段的语法。

SGRADE		
学号 ▾	课程编号 ▾	成绩 ▾
1301025	1	75
1301025	3	84
1301025	4	69
1303011	1	94
1303011	7	87
1303072	1	58
1303072	2	81
1303072	4	72
1303072	6	55
1305032	2	91
1305032	6	74

STU				
学号 ▾	姓名 ▾	性别 ▾	系别 ▾	生日 ▾
⊞ 1301025	李铭	男	地理	1995/7/5
⊞ 1303011	孙文	女	计算机	1995/10/13
⊞ 1303072	刘易	男	计算机	1997/6/5
⊞ 1305032	张华	男	电子	1996/12/3
⊞ 1308055	赵恺	女	物理	1997/11/4

图实 6-4　STU 表　　　　　　　　　　　　　　图实 6-5　SGRADE 表

CLASS				
课程编号 ▾	课程名称 ▾	先修课程编号 ▾	学时 ▾	学分 ▾
⊞ 1	数据库	5	72	4
⊞ 2	高等数学		108	6
⊞ 3	信息系统	1	54	3
⊞ 4	操作系统	6	72	4
⊞ 5	数据结构	7	72	4
⊞ 6	数据处理		54	3
⊞ 7	C语言	6	72	3

图实 6-6　CLASS 表

 提示　　查询窗口具有编辑功能，输入类似语句时可以通过简单编辑得到下一条语句，以节约输入时间。

3. 实验内容 2

用设计视图或者用 SQL 语句完成如下数据库的创建。

某校博士生入学考试于每年 10 月和次年 3 月各举行一次，包括外语和两门专业课考试，通过标准为：

① 各门课都不得低于 50 分，且总分不低于 200 分。

② 如果当年 10 月的考试未能通过，次年 3 月可以重新报名以新准考证号再次参加考试。

③ 所有考试通过的同学于每年 9 月一起入学。

（1）根据上述要求创建并保存一个考试数据库 EXAMLIST，包含两张表：考生登记表 REGI 和成绩表 GRADE。其中，

① REGI 表包含 5 个字段：身份证号、姓名、性别、婚姻状况、考生类别；考生类别在"统分"和"在职"中选择，婚姻状况为"是/否"类型数据。

② GRADE 表包含 7 个字段：准考证号、身份证号、考试年份、考试月份、外语、专业课 1、专业课 2。

两个表的结构如表实 6-1 和表实 6-2 所示。

表实 6-1　　　　　　　　　　　　　　　　　　表 REGI

属性名	身份证号	姓名	性别	婚姻状况	考生类别
数据类型	CHAR	CHAR	CHAR	YESNO	CHAR

表实 6-2

GRADE

属性名	准考证号	身份证号	考试年份	考试月份	外语	专业课 1	专业课 2
数据类型	CHAR	CHAR	SMALLINT	SMALLINT	SMALLINT	SMALLINT	SMALLINT

（2）指出两个表的主键、候选键和外键分别是什么。

（3）根据题目要求找出两个表中的用户自定义完整性约束条件。

（4）向两表中插入记录，结果如图实 6-7 和图实 6-8 所示。

图实 6-7　REGI 表数据

图实 6-8　GRADE 表数据

 提示

样张为"重叠窗口"样式。

（5）尝试向 REGI 表中插入如下记录，看能否执行，如果不能执行，原因是什么：

（"810315321"，"张三"，"男"，-1，"在职"）

（6）尝试向 GRADE 表中插入如下记录，看能否执行，如果不能执行，原因是什么：

（"2004079"，"786512002"，2004，10，60，60，60）

（1）在数据表视图中，调整列宽的方法是，将鼠标放在字段名称之间，当鼠标的光标变成单线双箭头时，按住左键拖曳。

（2）在数据表视图中，要数据以最佳宽度显示可以在字段名称上右击，选择"字段宽度"，然后在跳出的"列宽"对话框里单击"最佳匹配"按钮。

实验 7　数据库设计

1. 实验目的

掌握数据库设计的基本方法，掌握从 E-R 图转化为关系模式的基本方法。

2. 范例

根据本书 3.3 节数据库设计方法中介绍的内容，对图实 7-1 所示的某校公共数据库进行分析。

（1）根据系统 E-R 图列出系统中的全部实体：

① 学生（学号，姓名，性别，身份证号码，生日）

② _____

③ _____

④ _____

⑤ _____

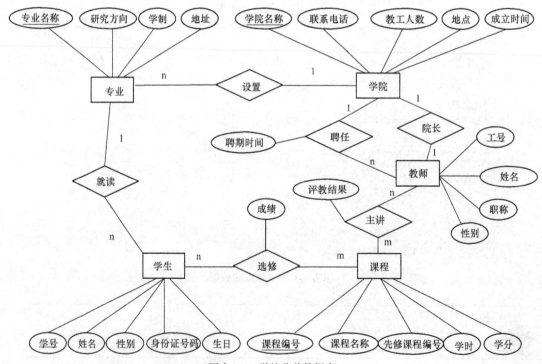

图实 7-1　学校公共数据库

（2）分析实体之间的联系的种类。

（3）分析 E-R 图，将其转化成关系模式：

① 学生（<u>学号</u>，姓名，性别，身份证号码，生日）

② _____

③ _____

④ _____

⑤ _____

⑥ _____

⑦ _____

（4）根据关系模式，进行规范化处理后，在 Access 中建立表，根据本校实际情况（例如教师工号为 8 位数字字符）自行设计数据类型和属性，并给表创建关系。

3. 实验内容

自行调研和设计一个实用数据库（规范化设计后，系统中关系模式的个数不得少于 4 个），例如校医院、图书馆、本系学生奖助管理、校勤工助学中心等，画出 E-R 图，设计关系模式，在 Access 中创建表和关系，并输入少量调试数据进行完整性约束检测。

提示：可以到学校公共数据库寻找合适的部门、题材。

实验 8　单表的查询

1. 实验目的

熟悉用 SQL 语言进行单表的行、列选择以及分组、排序和集函数的用法。

2. 范例

启动 Access，打开配套实验素材上的第 3 章文件夹下的 "fl 考试管理系统.accdb" 数据库文件，选择"查询"对象，新建查询并进入 SQL 视图。

完成本书第 3.4 节中【例 3-4-6】～【例 3-4-25】的题目要求，输入 SQL 语句并运行查询，将查询以例题名称为名分别保存。

3. 实验内容

打开配套实验素材上的第 3 章文件夹下的 "sy 考试数据库 EXAMLIST.accdb" 数据库，完成下列查询。

（1）查询类别为统分的考生的全部信息。

（2）查询已婚、在职的女考生的姓名。

提示：Access 中，是/否类型数据在 WHERE 条件里，当属性值为"否"时表达为 0，当属性值为"是"时表达为-1。

（3）查询 20 世纪 80 年代出生的考生的姓名，查询结果按身份证号升序排列。

提示：身份证号码前 6 位为出生日期。

（4）查询考试成绩合格的考生的身份证号。结果如图实 8-1 所示。

（5）查询考试成绩合格的考生的人数，结果如图实 8-2 所示。

身份证号
810315321
800626224
780512002
810424004
790618124
820303012

图实 8-1　第 4 题结果

图实 8-2　第 5 题结果

（6）查询每个考生的身份证号以及参加考试的次数，结果如图实 8-3 所示。

（7）查询成绩合格且平均成绩在 70 分以上的考生的身份证号，结果如图实 8-4 所示。

身份证号	考试次数
780512002	1
790310123	1
790618124	2
800208441	1
800626224	1
810315321	1
810421213	2
810424004	1
820303012	1

图实 8-3　第 6 题结果

身份证号
810424004
790618124
820303012

图实 8-4　第 7 题结果

（8）查询考试成绩合格考生的总分的平均值，结果如图实 8-5 所示。

（9）查询全体考生的准考证号和平均成绩，结果如图实 8-6 所示。

准考证号	平均成绩
2004003	67
2004008	63.33333333333
2004001	70.66666666667
2005002	73
2004006	64.33333333333
2004004	68.66666666667
2004005	69.33333333333
2004007	57.66666666667
2005003	62
2004002	70
2005001	70

总分平均
209

图实 8-5　第 8 题结果

图实 8-6　第 9 题结果

（10）比较考生在 3 月和 10 月考试的情况，查询考生的外语、专业课 1、专业课 2 成绩以及总分的平均值，查询结果如图实 8-7 所示。

（11）查询参加了两次考试的考生的身份证号，查询结果如图实 8-8 所示。

考试月份	外语之平均值	专业课1之平均值	专业课2之平均值	总分平均
3	58.8	67	73.8	199.6
10	52.1666666666667	74.6666666666667	74.8333333333333	201.666666666667

身份证号
790618124
810421213

图实 8-7　第 10 题结果

图实 8-8　第 11 题结果

实验 9　连接查询和子查询

1. 实验目的

熟悉用 SQL 语言进行连接查询和子查询的方法。

2. 范例

打开配套实验素材上的第 3 章文件夹下的"sy 考试数据库 EXAMLIST.accdb"数据库，选择

"查询"对象，新建查询并进入 SQL 视图。

完成本书第 3.4 节【例 3-4-26】～【例 3-4-37】的题目要求，输入 SQL 语句并运行查询，将查询以例题名称为名分别保存，带*的例题可以根据个人情况选择完成。

3. 实验内容

打开配套实验素材上的第 3 章文件夹下的"sy 考试数据库 EXAMLIST.accdb"数据库，完成下列查询。

（1）查询全部考生的姓名、准考证号、外语、专业课 1、专业课 2 的成绩，查询结果按考生姓名排序，结果如图实 9-1 所示。

（2）查询考生的身份证号、姓名、参加考试的次数，查询结果如图实 9-2 所示。

姓名	准考证号	外语	专业课1	专业课2
高辉	2005003	56	65	65
高辉	2004007	51	60	62
顾颖	2005001	70	71	69
洪丽	2004002	64	76	70
李青	2004008	60	50	80
沈婷	2005002	59	70	90
沈婷	2004001	39	82	91
石磊	2004006	49	79	65
夏莉	2004004	53	76	77
张强	2004005	55	85	68
赵莹	2004003	51	69	81

图实 9-1　第 1 题结果

姓名	身份证号	考试次数
高辉	810421213	2
顾颖	820303012	1
洪丽	810424004	1
李青	790310123	1
沈婷	790618124	2
石磊	800208441	1
夏莉	800626224	1
张强	810315321	1
赵莹	780512002	1

图实 9-2　第 2 题结果

（3）查询参加过 2 次考试的考生的身份证号、姓名，查询结果如图实 9-3 所示。

（4）查询已经通过考试的考生的身份证号和姓名，查询结果如图实 9-4 所示。

（5）查询参加过 2 次考试且仍未通过的考生的身份证号、姓名。查询结果如图实 9-5 所示。

身份证号	姓名
790618124	沈婷
810421213	高辉

图实 9-3　第 3 题结果

身份证号	姓名
780512002	赵莹
790618124	沈婷
800626224	夏莉
810315321	张强
810424004	洪丽
820303012	顾颖

图实 9-4　第 4 题结果

身份证号	姓名
810421213	高辉

图实 9-5　第 5 题结果

（6）查询只参加一次考试就通过的考生的姓名和身份证号。查询结果如图实 9-6 所示。

（7）比较在职考生和统分考生的总分的平均。查询结果如图实 9-7 所示。

身份证号	姓名
810315321	张强
800626224	夏莉
780512002	赵莹
810424004	洪丽
820303012	顾颖

图实 9-6　第 6 题结果

考生类别	总分的平均
统分	195.7142857143
在职	209.5

图实 9-7　第 7 题结果

（8）查询比全体同学的总分平均高 10 分的考生的准考证号、姓名和总分，查询结果如图实 9-8 所示。

准考证号	姓名	总分
2004001	沈婷	212
2005002	沈婷	219

图实 9-8　第 8 题结果

实验 10　信息搜索引擎和电子书检索

1. 实验目的

掌握常用搜索引擎、电子书及其阅读器的使用方法。

2. 范例

（1）某位同学打算报考复旦大学金融系研究生，请利用搜索引擎查找复旦大学经济学院研究生往年的招考简章、考试大纲，学院介绍，院系设置，并了解经济学院的导师信息，以及华东师范大学闵行校区到复旦大学经济学院的路线图。

① 在 IE 浏览器中打开百度或 Google 搜索引擎，在搜索框中输入"复旦大学研究生院"，搜索到复旦大学研究生院主页链接，单击进入。在研究生院主页上方导航栏中单击"招生工作"——"硕士招生"，在硕士招生网页中可以查看招生简章、在"考试大纲"中可以查看"经济学院专业学位研究生入学考试参考书目"。

② 在研究生院主页左下方的"院系链接"下拉框中选择"经济学院"，打开复旦大学经济学院主页。在学院主页上方导航栏中单击"学院概况"，在左侧导航栏中可以单击查看学院简介、系所中心等。在学院主页上方导航栏中单击"师资队伍"，在左侧导航栏中可以单击老师名录、千人计划、长江学者等，该分类下的教师列表会显示在右侧，单击某一教师姓名链接可以查看该教师信息。

③ 在 IE 浏览器中打开 Google 地图，单击"查询路线"，在出发方式中选择公交车图标 ，在出发地 A 中输入"华东师范大学闵行校区"，在目的地 B 中输入"复旦大学经济学院"，打开"高级选项"，在"交通工具偏好"中选择"地铁"，单击"查询路线"按钮，查看搜索到的路线。

（2）某位同学打算自学 flash 二维动画制作，想利用百度和 Google 搜索引擎搜索 flash 8 动画制作方面相关的电子书。

在 IE 浏览器中打开百度或 Google 搜索引擎，在搜索框中输入"flash8 动画 filetype:pdf"。

（3）红楼梦是中国古典四大名著之一，某位同学想找一本介绍《红楼梦》中诗词及注解的书。请在超星数字图书馆中检索，并按照出版日期远近排序，选择其中一本电子书用超星阅读器阅读并下载。将书中著名的《枉凝眉》一诗复制到文本文件中保存。

① 在 IE 浏览器中打开华东师范大学图书馆主页，在导航栏中选择"资源导航"→"电子资源"→"电子资源导航"，进入电子资源导航页面，在"常用中文数据库"中选择"超星数字图书馆"进入超星数据库。

② 下载并安装超星阅读器：在超星数字图书馆首页上方导航栏中单击"阅读器下载"按钮，下载超星阅读器 SSreader 图书馆版。下载完成后安装。

③ 搜索图书：在超星数字图书馆首页中单击"高级检索"，输入书名关键词"诗词"，并且主题词的检索词为"红楼梦"，图书出版年选择 2000 至 2014，单击检索按钮。检索结果排序方式选择"按出版日期降序"。

④ 阅读图书：打开 2009 年 3 月出版的《红楼梦诗词赏析》，查看作者及图书简介，并选择"阅读器阅读"，在超星阅读器中打开图书阅读。

⑤ 提取图书文字：在图书阅读页面左侧"章节目录"中选择"枉凝眉"，在右侧正文页中阅读《枉凝眉》诗词。选中上方工具栏中文字识别工具，使用该工具选中《枉凝眉》诗词，弹出的识别文字对话框如图实 10-1 所示。单击"保存"按钮将文字保存为 TXT 文本文件，或直接选中文字进行复制。需要注意的是，超星阅读器的文字识别率并不是完全正确，有识别错误或没有识别出来的文字需要用户自己进行比照原文修改。

图实 10-1　识别文字对话框

⑥ 下载图书：单击"下载本书"按钮，在超星阅读器的"下载监视"页面下载本书。图书下载完后，在"资源列表"页面中打开"本地图书馆"→"个人图书馆"→"文学"分类中查看下载图书。双击书名进入图书阅读页面。

（4）某位同学想了解复旦大学出版社出版的有关房地产经济学方面的图书，请在 Apabi 数字图书馆中检索，并完成借阅、阅读、续借和归还。

① 在 IE 浏览器中打开华东师范大学图书馆主页，在导航栏中选择"资源导航"→"电子资源"→"电子资源导航"，进入电子资源导航页面，在"常用中文数据库"中选择"Apabi 电子书"进入 Apabi 数字资源平台。

② 在首页左侧阅读器下载栏内下载 Apabi Reader 阅读器并安装。

③ 在首页上方单击"数字资源"进入数字图书馆，在分类中选择"中国图书馆图书分类法"，在类别中选择经济，在快速查询栏中，检索检索项选择"主题/关键词"，输入检索词"房地产"，单击"在结果中查"，检索结果显示在下方。在快速查询样中，选择检索项"出版社"，输入检索词"复旦大学"，再次单击"在结果中查"，检索结果显示在下方，共查询到 7 条记录。

④ 选择作者是"华伟"，书名是"房地产经济学"的电子书，查看图书摘要等信息，单击"借阅"按钮，在 Apabi 阅读器中下载该书。

⑤ 下载完成后，在阅读器的整理夹页面中双击该书，打开该书正文页面进行阅读。在整理

夹页面左侧的"书架"中，选择"我的图书"→"借阅的书"，所有借阅的图书显示在右侧。右击该书，在弹出的快捷菜单中查看借阅信息，并进行续借和归还。

3. 实验内容

（1）利用百度搜索引擎中查找你自己所在专业的核心期刊有哪些，如教育、法律、经济等。

（2）食品安全是人们广泛关注的问题，很多食品中都添加了一种叫做"苯甲酸钠"的食品添加剂，它是什么？对人体有害吗？请在百度百科中查找什么叫做苯甲酸钠，以及其他感兴趣的内容。如果发现该词条有需要补充的内容或错误，请尝试编辑该词条（在使用编辑功能之前，请先注册百度用户）。

（3）利用 Google 搜索引擎查找网页标题中包含完整关键词"生态农业"，并且检索最近一年的网页。

（4）在学习了本课程后，相信大家已经发现了 Excel 强大的功能。课堂上的讲解只是一部分，可以利用搜索引擎找到更多的 Excel 数据处理方面的资料进行更深入地学习。请在百度文库找到有关 Excel 数据处理方面的文档阅读并下载，并试着查找其他感兴趣的内容（下载文档请先注册百度用户）。

（5）在超星数字图书馆中查找自己感兴趣的图书阅读并下载。

（6）在 Apabi 数字图书馆中查找自己感兴趣的图书阅读并下载。

实验 11　常用中英文文献数据库检索

1. 实验目的

熟悉常用 CNKI、维普中、万方、ScienceDirect 等常用中英文文献数据库的检索方法。

2. 范例

（1）在实验 10 范例（1）中，查找到复旦大学经济学院的师资情况，假如学生打算报考陆铭老师的研究生，在报考前想先了解下该老师的研究方向及研究内容，可以通过查找 2013 年之前十年以来陆铭老师的论文发表情况以及指导的硕、博研究生毕业论文情况来了解他的主要研究方向及内容。请在中国知网 CNKI 中查找该老师发表的中文核心期刊论文以及该导师培养的硕士和博士生的毕业论文，并在 SCIE 数据库中查找该老师论文收录情况。

① 在 IE 浏览器中打开华东师范大学图书馆主页，在导航栏中选择"资源导航"→"电子资源"→"电子资源导航"，进入电子资源导航页面，在"常用中文数据库"中选择"中国知网"进入中国知网 CNKI 数据库。

② 检索中文核心期刊发文情况：在页面上方数据库选择下拉菜单中选择"期刊"，定义检索条件如下：检索字段一选择"作者"，检索词"陆铭"，单击 + 按钮，添加检索字段二选择"单位"，检索词"复旦大学"，逻辑关系"并且"，时间范围为 2004—2013 年，"来源类别"选择"核心期刊"，在左侧学科领域中选择"经济与管理科学"，单击"检索"按钮，检索到 7 条记录，检索结果列表显示在下方，在排序方式中选择"发表时间"可按发表时间新旧查看检索到的文献。单击文献题名打开文献详细信息页面查看文献摘要、来源、参考文献等信息，单击"预览"按钮在线预览文献，单击"下载"按钮将文献下载到本地磁盘。

③ 检索指导博、硕士毕业论文情况：在页面上方数据库选择下拉菜单中选择"博硕士"，定义检索条件如下：检索字段一选择"导师"，检索词"陆铭"，单击 + 按钮，添加检索字段二选择

"学位授予单位"，检索词"复旦大学"，逻辑关系"并且"，时间范围为2004—2014年，"优秀论文级别"选择"不限"，在左侧学科领域中选择"经济与管理科学"，单击"检索"按钮，检索结果列表显示在下方，在"分组浏览"的"学位年度"内可查看该导师每年指导的毕业论文数量。

④ 检索 SCIE 论文收录情况：打开华东师范大学图书馆"电子资源导航"页面，在"常用外文数据库"中选择"Web of knowledge 平台"主站进入 Web of knowledge 数据库。

⑤ 在首页"所有数据库"中选择"Web of ScienceTM 核心集"，在"基本检索"中定义检索条件：检索字段一选择"作者"，检索词"Lu,Ming"，单击"添加另一字段"添加检索字段，检索字段二选择"地址"，检索词"Fudan Univ"，时间跨度为2004—2014年，打开"更多设置"，在"Web of Science 核心合集：引文索引"中选择"SSCI"。单击"检索"按钮，打开检索结果页，检索到7条记录。单击文献题名打开文献详细页面查看文献来源、摘要、关键词以及左侧引文网络中的被引频次和引用的参考文献。

（2）随着社会信息化，计算机、手机、平板电脑等电子产品广泛地出现在人们的日常生活中，这些电子产品都会发出电磁辐射，这种电磁辐射到底对人体健康是否有影响呢？请在维普中文科技期刊数据库中查找相关文献，并总结电磁辐射对人体健康的影响。

① 分析检索主题并提取检索词：检索学科为工程技术，检索关键词：电磁辐射，人，健康。其中，电磁辐射的同义词是电磁波。为缩小检索范围，将检索时间定义为2000年至今。

② 在 IE 浏览器中打开华东师范大学图书馆主页，在导航栏中选择"资源导航"→"电子资源"→"电子资源导航"，进入电子资源导航页面，在"常用中文数据库"中选择"维普中文科技期刊数据库"站点1进入维普期刊资源整合服务平台。

③ 在"期刊文献检索"中单击"高级检索"按钮，定义检索条件如下：检索字段一选择"题名或关键词"，检索词"电磁辐射"，检索字段二选择"题名或关键词"，检索词"电磁波"，逻辑关系"或"，检索字段三选择"题名"，检索词"人"，逻辑关系"与"，检索字段三选择"题名"，检索词"影响"，逻辑关系"与"。更多检索条件中设置时间2000—2013年，专业限制选择"工程技术"。单击"检索"按钮，检索到38篇文献显示在"期刊全文"中。

④ 单击文献题名进入到文献详细页查看文献作者、出处、摘要、关键词、相似文献等信息；单击"在线阅读"按钮在线打开文献全文；单击"下载全文"将文献下载到本地磁盘。

⑤ 阅读相关的文献，总结电磁辐射对人体健康的影响。

（3）在万方数据库中查找 2012 年召开的有关可持续发展的会议有多少个，打开最近的一个会议浏览会议时间、地点、内容及会议论文。

① 在 IE 浏览器中打开华东师范大学图书馆主页，在导航栏中选择"资源导航"→"电子资源"→"电子资源导航"，进入电子资源导航页面，在"常用中文数据库"中选择"万方资源"站点1进入万方数据库。

② 在万方数据库页面上方选择数据库"会议"，在检索框中输入检索词"可持续发展"，单击"检索会议"。在检索结果列表上方定义更多检索条件，会议年份设置超始年和结束年都为2012年，单击"在结果中检索"按钮，检索到4个2012年召开的有关可持续发展的会议。

③ 排序方式为"新会议优先"，单击第一个会议题名，打开该会议论文列表页，查看会议论文，单击某一论文进入文献详细页可查看会议时间、地点、论文作者、单位、摘要等信息；单击"查看全文"按钮在线打开文献浏览；单击"下载全文"将文献下载到本地磁盘。

3. 实验内容

（1）在中国知网 CNKI 中查找《流动性过剩、通货膨胀与货币政策》一文的作者，发表时间，发表期刊、摘要，并下载文献进行阅读；通过该文的引证文献查看其他有关通货膨胀的文献。

（2）在中国知网 CNKI 检索关键词中包含"经济"一词、华东师范大学发表在核心期刊上且按相关度排序的文献。

（3）在维普中查找文献篇名包含关键词"人力资源"，被引次数大于 20 次的文献。

（4）在维普中查找清华大学和北京大学发表论文的情况，统计发表论文数量，学科等信息。

（5）在万方数据库中查找数据挖掘在金融方面的会议、会议论文以及学位论文。

（6）在 ScienceDirect 中查找 2010—2012 年文章篇名中包含"computer education"的文章有多少篇，阅读并下载其中的一篇。

（7）检索上海交通大学 2013 年被 SCI 收录的论文有多少篇。

（8）请利用 CNKI、维普或万方查找感兴趣的文献，下载并阅读。

附　录

表1   Excel 数学和三角函数

类型	函数	说明	举例	结果
数值求和	SUM	求和	=SUM("6",18,TRUE)	25（将 6、18 和 1 相加。文本值被转换为数字，逻辑值 TRUE 被转换为数字 1，FALSE 被转换为数字 0）
	SUMIF	对满足条件的单元格的数值求和	=SUMIF(B2:B25,">5") =SUMIF(B2:B5,"Mary",C2:C5)	B2:B25 中大于 5 的数值之和 对单元格区域 B2:B5 中等于 Mary 的单元格，计算其在单元格区域 C2:C5 中相对应单元格中的数值之和
	SUMIFS	对区域中满足多个条件的单元格求和	=SUMIFS(A1:A20,B1:B20, ">0", C1:C20, "<10")	对区域 A1:A20 中同时满足以下条件的单元格的数值求和:（1）B1:B20 中的相应数值大于零;（2）C1:C20 中的相应数值小于 10
乘积、求和	PRODUCT	计算乘积	=PRODUCT(A1:A2, C1:C2)	A1 × A2 × C1 × C2 的积
	SUMPRODUCT	多个数组的元素之间的乘积后求和	=SUMPRODUCT(A1:B2, C1:D2)	A1 × C1+B1 × D1+A2 × C2+B2 × D2（乘积之和）
	SUMSQ	平方和	=SUMSQ(3, 4)	25（$3^2+4^2=25$）
数组的平方	SUMX2PY2	两个数组中对应元素的平方和之和	=SUMX2PY2(A1:A3, B2:B4)	$A1^2+A2^2+A3^2+B2^2+B3^2+B4^2$（平方和之和）
	SUMX2MY2	两个数组中对应元素的平方差之和	=SUMX2MY2(A1:A3, B2:B4)	$A1^2-B2^2+A2^2-B3^2+A3^2-B4^2$（平方差之和）
	SUMXMY2	两个数组中对应元素之差的平方和	=SUMXMY2(A1:A3, B2:B4)	$(A1-B2)^2+(A2-B3)^2+(A3-B4)^2$（差的平方之和）
总计值	SUBTOTAL	列表或数据库中的分类汇总	=SUBTOTAL(9,A2:A5) =SUBTOTAL(1,A2:A5)	=SUM(A2:A5) =AVERAGE(A2:A5) SUBTOTAL 第一个参数指定使用何种函数进行分类汇总计算，常用的包括: 1 为 AVERAGE, 2 为 COUNT, 4 为 MAX, 5 为 MIN, 6 为 PRODUCT, 9 为 SUM
数值舍入取整	INT	将数值向下舍入为最接近的整数	=INT(6.7) =INT(-6.7)	6 -7
	TRUNC	将数字的小数部分截去，返回整数	=TRUNC(6.7) =TRUNC(-6.7)	6 -6

续表

类型	函数	说明	举例	结果
数值舍入取整	ROUNDDOWN	靠近零值，向下（绝对值减小的方向）舍入数字	=ROUNDDOWN(6.2,0) =ROUNDDOWN(6.7,0) =ROUNDDOWN(-3.19,1)	6 6 -3.1
	ROUNDUP	远离零值，向上舍入数字	=ROUNDUP(6.2,0) =ROUNDUP(6.7,0) =ROUNDUP(-3.19, 1)	7 7 -3.2
	ROUND	根据指定的位数四舍五入	=ROUND(845.16,0) =ROUND(845.16,1) =ROUND(845.16,-1) =ROUND(845.16,-2)	845（四舍五入到整数部分） 845.2（四舍五入到小数点后一位） 850（四舍五入到小数点左侧一位） 800（四舍五入到小数点左侧两位）
	FLOOR	向下舍入为指定的倍数	=FLOOR(6.7, 1) =FLOOR(-6.7, -2)	6 -6
	CEILING	向上舍入为指定的倍数	=CEILING(6.7,1) =CEILING(-6.7,-2)	7 -8
	MROUND	舍入指定值的倍数	=MROUND(10,3) =MROUND(-10,-3)	9（将 10 四舍五入到最接近 3 的倍数） -9（将-10 四舍五入到最接近-3 的倍数）
	EVEN	向上舍入到最接近的偶数	=EVEN(6.7) =EVEN(5)	8 6
	ODD	向上舍入到最接近的奇数	=ODD(6.7) =ODD(5)	7 5
商的整数或余数	QUOTIENT	商的整数部分	=QUOTIENT(5,2)	2
	MOD	两数相除的余数。结果的正负号与除数相同	=MOD(3,2) =MOD(3,-2)	1 -1
公约数或公倍数	GCD	最大公约数	=GCD(24,36)	12
	LCM	最小公倍数	=LCM(24,36)	72
转换或检查符号	ABS	绝对值	=ABS(-2)	2
	SIGN	数字的符号	=SIGN(2) =SIGN(0) =SIGN(-2)	1（数字为正数时返回 1） 0（数字为零时返回 0） -1（数字为负数时返回-1）
组合计算	FACT	阶乘	=FACT(5)	120（$5 \times 4 \times 3 \times 2 \times 1$ 的结果）
	FACTDOUBLE	双倍阶乘	=FACTDOUBLE(6) =FACTDOUBLE(5)	48（$6 \times 4 \times 2$ 的结果） 15（5×3 的结果）
	PERMUT	从给定元素数目的集合中选取若干元素的排列数	=PERMUT(5,3)	60（从 5 个不同元素中每次取出 3 个不同元素的排列总数 $A_5^3 = \dfrac{5!}{2!} = 60$）
	COMBIN	组合数或二项系数	=COMBIN(5,3)	10（从 5 个不同元素中每次取出 3 个不同元素的组合总数 $C_5^3 = \dfrac{5!}{3! \times 2!} = 10$）
	MULTINOMIAL	参数和的阶乘与各参数阶乘乘积的比值	=MULTINOMIAL(2,3, 4)	1260（$\dfrac{(2+3+4)!}{2! \times 3! \times 4!}$ 的结果）

类型	函数	说明	举例	结果
幂级数	SERIESSUM	幂级数	=SERIESSUM(PI()/4, 0,2,COS(RADIANS(45)))	0.707103（pi/4 弧度或 45° 的余弦值的近似值）
平方根	SQRT	平方根	=SQRT(16)	4
	SQRTPI	参数与圆周率的乘积的平方根	=SQRTPI(2)	2.506628($\sqrt{2\times\pi}$ 的结果)
指数函数	POWER	乘幂	=POWER(5,2)	25（即 5^2）
	EXP	自然对数 e 的乘幂	=EXP(1)	2.718282
对数函数	LOG	以指定的数值为底的对数	=LOG(8,2)	3
	LOG10	常用对数（以 10 为底的对数）	=LOG10(1E5)	5
	LN	自然对数	=LN(EXP(3))	3
圆周率	PI	圆周率的近似值	=PI()	3.14159265358979
角度和弧度	RADIANS	角度转换为弧度	=RADIANS(90)	1.570796327 或 π/2 弧度（将 90° 转换为弧度）
	DEGREES	弧度转换为度	=DEGREES(PI())	180
三角函数	SIN	正弦值	=SIN(PI()/2)	1
	COS	余弦值	=COS(RADIANS(60))	0.5
	TAN	正切值	=TAN(45*PI()/180)	1
反三角函数	ASIN	反正弦值	=DEGREES(ASIN(−0.5))	−30
	ACOS	反余弦值	=ACOS(−0.5)*180/PI()	120
	ATAN	反正切值	=ATAN(1)	0.785398163
	ATAN2	给定 X 和 Y 坐标值的反正切值	=DEGREES(ATAN2(−1, −1))	−135
双曲函数	SINH	双曲正弦值	=SINH(1)	1.175201194
	COSH	双曲余弦值	=COSH(EXP(1))	7.610125139
	TANH	双曲正切值	=TANH(0)	0
反双曲函数	ASINH	反双曲正弦值	=ASINH(10)	2.99822295
	ACOSH	反双曲余弦值	=ACOSH(10)	2.993222846
	ATANH	反双曲正切值	=ATANH(−0.1)	−0.100335348
矩阵运算	MDETERM	矩阵行列式的值	假设有 ，则 =MDETERM(A1:C3)	1（对一个三行三列的数组 A1:C3，其行列式的值 MDETERM(A1:C3)=A1 × (B2 × C3−B3 × C2)+A2 × (B3 × C1−B1 × C3)+A3 × (B1 × C2−B2 × C1)）
	MINVERSE	矩阵的逆矩阵	假设有 ，则 =MINVERSE(A1:B2)	（对一个两行两列的矩阵 ，其逆矩阵为：。注意逆矩阵公式必须以数组公式的形式输入）

续表

类型	函数	说明	举例	结果
矩阵运算	MMULT	两数组矩阵的乘积	矩阵 1：和矩阵 2：，则 =MMULT(A1:B2,A3:B4)	（两个数组 b 和 c 的矩阵乘积 a 为：$a_{ij}=\sum_{k=0}^{n}(b_{ik}\times c_{kj})$，其中 i 为行数，j 为列数。注意矩阵乘积公式必须以数组公式的形式输入）
随机数	RAND	产生≥0 且<1 的随机实数	=RAND()	0.610600216（随机数）
	RANDBETWEEN	产生指定数值之间的随机整数	=RANDBETWEEN(1,10)	10（随机数）

表 2　　　　　　　　　　　　　　　　　　　Excel 逻辑函数

类型	函数	说明	举例	结果
根据条件分开处理	IF	根据条件满足与否返回不同的值	=IF(A1>=60,"合格","不合格")	A1 中的数值<=60,显示"合格"；否则显示"不合格"
	IFERROR	如果所计算的表达式出错则返回指定值，否则返回该表达式本身的值	假设有：，则 =IFERROR(A1/B1,"错误") =IFERROR(A2/B2,"错误")	4 错误（#DIV/0!）
判断多个条件	AND	检测所有的条件是否为真	=AND(0<A1, A1<100)	如果 A1 中的数值介于 0 和 100 之间，返回 TRUE；否则返回 FALSE
	OR	检测任意一项条件是否为真	=OR(A1<=90, A1<60)	如果 A1 中的数值>=90 或 <60，返回 TRUE；否则返回 FALSE
否定条件	NOT	对参数值求反	=NOT(FALSE)	TRUE
逻辑值	TRUE	返回逻辑值 TRUE	=TRUE()	TRUE
	FALSE	返回逻辑值 FALSE	=FALSE()	FALSE

表 3　　　　　　　　　　　　　　　　　　　Excel 文本函数

类型	函数	说明	举例	结果
全角字符和半角字符的转换	ASC	全角字符(双字节字符)转换成半角字符(单字节字符)	=ASC("Excel")	Excel
	WIDECHAR	半角字符转换成全角字符	=WIDECHAR(12)	1 2
大写字母和小写字母的转换	UPPER	所有英文字母转换成大写字母	=UPPER("abc")	ABC
	LOWER	所有英文字母转换成小写字母	=LOWER("ABC")	abc
	PROPER	文本字符串的首字母及任何非字母字符之后的首字母转换成大写，其余的字母转换成小写	=PROPER("car")	Car
文本转换成数值	VALUE	将表示数值的文本字符串转换成数值	=VALUE("$1,000")	1000

类型	函数	说明	举例	结果
文本长度	LEN	文本字符串中的字符数	=LEN("丰田 car")	5
	LENB	文本字符串中用于代表字符的字节数	=LENB("丰田 car")	7
合并字符	CONCATENATE	多个文本字符串联接成一个文本字符串	=CONCATENATE("Good","Bye")	GoodBye
提取文本	LEFT	从一个文本字符串的第一个字符开始，截取指定数目的字符	=LEFT("丰田汽车",2)	丰田
	LEFTB	基于所指定的字节数返回文本字符串中的第一个或前几个字符	=LEFTB("丰田汽车",2)	丰
	RIGHT	从一个文本字符串的最后一个字符开始，截取指定数目的字符	=RIGHT("丰田汽车",2)	汽车
	RIGHTB	根据所指定的字节数返回文本字符串中最后一个或多个字符	=RIGHTB("丰田汽车",2)	车
	MID	从文本字符串的指定位置开始，截取指定数目的字符	=MID("丰田汽车",2,4)	田汽车
	MIDB	根据指定的位置和字节提取字符	=MIDB("丰田汽车",2,4)	田
检索文本	FIND	检索字符位置(区分大小写)	=FIND("b","帅 Bob")	4
	FINDB	检索字节位置(区分大小写)	=FINDB("b","帅 Bob")	5
	SEARCH	检索字符位置(不区分大小写)	=SEARCH("b","帅 Bob")	2
	SHARCHB	检索字节位置(不区分大小写)	=SEARCHB("b","帅 Bob")	3
替换文本	SUBSTITUTE	替换检索的文本	=SUBSTITUTE("仨 ababab","ab","xy")	仨 xyxyxy
	REPLACE	替换指定字符数的文本	=REPLACE("仨 ababab",2,4,"xy")	仨 xyab
	REPLACEB	替换指定字节数的文本	=REPLACEB("仨 ababab",2,4,"xy")	xybab
删除字符	TRIM	除了单词之间的单个空格外，清除文本中所有的空格	=TRIM(" Good bye! ")	Good bye!
	CLEAN	删除非打印字符	=CLEAN(CHAR(7)&"text")	text
字符代码	CODE	返回字符代码	=CODE("A")	65
	CHAR	返回与字符代码相对的字符	=CHAR(65)	A
数值转换成各种格式	RMB	给数值添加¥符号和千位分隔符	=RMB(1234.567, 2)	¥1,234.57
	DOLLAR	给数值添加美元符号和千位分隔符	=DOLLAR(1234.567, 2)	$1,234.57
	FIXED	给数值附加千位分隔符和小数分隔符	=FIXED(1234.567, 2)	1,234.57
	TEXT	将数值转换成指定显示格式的文本	=TEXT(1234.567," ¥ 0.00") =TEXT(1234.56,"#####.#") =TEXT(1234.56,"00000") =TEXT("2014-2-1","mmmm")	¥1234.57 1234.6 01235 February Feb

续表

类型	函数	说明	举例	结果
数值转换成各种格式	TEXT	将数值转换成指定显示格式的文本	=TEXT("2014-2-1","mmm") =TEXT("2014-2-1","mm") =TEXT("2014-2-1","m") =TEXT("2014-2-1","dddd") =TEXT("2014-2-1","ddd") =TEXT("2014-2-1","dd") =TEXT("2014-2-1","d") =TEXT("2014-2-1","aaaa") =TEXT("2014-2-1","aaa") =TEXT("2014-2-1","yy") =TEXT("2014-2-1","yyyy")	02 2 Saturday Sat 01 1 星期六 六 14 2014
文本比较	EXACT	检查两文本是否完全相同	=EXACT("Car","car")	FALSE
重复文本	REPT	根据指定次数重复文本	=REPT("*-", 3)	*-*-*-
返回文本	T	只在参数为文本时返回	=T("Car")	Car
数值转换为汉字数字	NUMBERSTRING	将小写数字转换成中文大写数字	=NUMBERSTRING(12,1) =NUMBERSTRING(12,2) =NUMBERSTRING(12,3)	一十二 壹拾贰 一二

表 4 　　　　　　　　　　Excel 日期与时间函数

假设当前日期和时间为 2014/1/19 17:08，单元格 A1 存放日期 2014/2/1（星期六），单元格 B1 存放日期 2015/4/10（星期五），单元格 C1 存放时间 18:24:46。

类型	函数	说明	举例	结果
计算日期	DATE	返回表示特定日期的连续序列号	=DATE(2014,7,8)	2014/7/8 或 41828
	DATEVALUE	将日期型文本转换为日期序列号	=DATEVALUE("2014/7/8")	2014/7/8 或 41828
	EDATE	返回指定月份数之前或之后的日期	=EDATE(A1,3) =EDATE(A1,-3)	2014/5/1 或 41760 2013/11/1 或 41579
	EOMONTH	返回指定月份数之前或之后的某月份最后一天的日期	=EOMONTH(A1,-3)	2013/11/30 或 41608
	WORKDAY	返回与起始日期相隔指定天数之前或之后(不包括周末和专门指定的假日)的日期	=WORKDAY(A1,3)	2014/2/5 或 41675
计算天数	NETWORKDAYS	除了周六、日和休息日之外的工作天数	=NETWORKDAYS(A1,B1)	310
	DATEDIF	两日期间相差的年数、月数和天数	=DATEDIF(A1,B1,"Y") =DATEDIF(A1,B1,"M") =DATEDIF(A1,B1,"D")	1（年数） 14（月数） 433（天数）
	DAYS360	按一年 360 天计算两日期间相差的天数	=DAYS360(A1,B1)	429

类型	函数	说明	举例	结果
指定期间的比率	YEARFRAC	计算指定期间占全年天数的百分比	=YEARFRAC(A1,B1)	119.17%
计算周数	WEEKNUM	计算从1月1日算起的周数	=WEEKNUM(A1)	5
计算时间	TIME	返回指定时分秒的时间序列号值	=TIME(1,10,15)	1:10:15 或 0.048784722
	TIMEVALUE	将时间型文本转换为时间序列号	=TIMEVALUE("2:24 AM")	2:24:00 或 0.1
日期时间	TODAY	返回当前日期	=TODAY()	2014/1/19
	NOW	返回当前日期和时间	=NOW()	2014/1/19 17:08
年月日星期	YEAR	从日期中提取年份	=YEAR(TODAY()) =YEAR(NOW())	2014 2014
	MONTH	从日期中提取月份	=MONTH(A1)	2
	DAY	从日期中提取日份	=DAY(A1)	1
	WEEKDAY	返回日期的星期数	=WEEKDAY(A1) =WEEKDAY(A1,2)	7 6
时分秒	HOUR	从时间中提取时	=HOUR(C1)	18
	MINUTE	从时间中提取分	=MINUTE(C1)	24
	SECOND	从时间中提取秒	=SECOND(C1)	46

表5　　　　　　　Excel 统计函数

假定 A2:A51 存放某班级50名学生的姓名，B2:B51 存放该班学生的语文成绩（缺考则成绩为空），并且规定60分及格。

类型	函数	说明
数据个数	COUNT	数字、日期或代表数字的文本的个数。例如 COUNT(A2:A51)统计班级人数（50）
	COUNTA	不为空的单元格的个数。例如 COUNTA(B2:B51)统计班级参加语文考试的学生人数
	COUNTBLANK	空白单元格的个数。例如 COUNTBLANK(B2:B51)统计语文缺考的学生人数
	COUNTIF	统计满足条件的单元格个数。例如 COUNTIF(B2:B51,">=60")统计语文及格的人数
	COUNTIFS	统计满足多个条件的单元格个数。例如 COUNTIFS(B2:B51,">=80",B2:B51,"<90")统计语文成绩良好（80~89）的人数
平均值	AVERAGE	数值数据的算术平均值。例如 AVERAGE(B2:B51)统计语文成绩的平均分（不包括该区域中的逻辑值和代表数字的文本）
	AVERAGEA	所有数据的算术平均值。TRUE 为1、FALSE 和空文本("")均为0。例如 AVERAGEA(B2:B51)统计语文成绩的平均分（包括该区域中的逻辑值和代表数字的文本）

类型	函数	说明
平均值	TRIMMEAN	剔除异常数据后计算平均值。例如 TRIMMEAN(B2:B51)统计去掉一个最高分、一个最低分后的平均分
	GEOMEAN	几何平均值（即 $\sqrt[n]{x_1 x_2 \cdots x_n}$ ）。例如 GEOMEAN(B2:B51)统计语文成绩的几何平均值（即 $\sqrt[50]{x_1 x_2 \cdots x_{50}}$ ）
	HARMEAN	调和平均值（即 $\dfrac{n}{\sum_{k=1}^{n} \frac{1}{x_k}}$ ）。例如 HARMEAN(B2:B51)统计语文成绩的调和平均值（即 $\dfrac{50}{\sum_{k=1}^{50} \frac{1}{x_k}}$ ）
中位数（又称中值）	MEDIAN	数值的中值。对于包含奇数个数值的参数集合，返回位于中间的那个数值；否则返回位于中间的两个数值的平均值。例如，1、2、3、4 和 5 的中值是 3；1、2、3、4、5 和 6 的中值是 3 和 4 的平均值（3.5）
众数	MODE	出现频率最高的数值。例如，2、3、3、5、7 和 10 的众数是 3
最大值最小值	MAX	数值的最大值。例如 MAX(B2:B51)统计语文成绩的最高分（不包括该区域中的逻辑值和代表数字的文本）
	MAXA	所有数据的最大值。TRUE 为 1、文本或 FALSE 为 0。例如 MAXA(B2:B51)统计语文成绩的最高分（包括该区域中的逻辑值和代表数字的文本）
	MIN	数值的最小值。例如 MIN(B2:B51)统计语文成绩的最低分（不包括该区域中的逻辑值和代表数字的文本）
	MINA	所有数据的最小值。TRUE 为 1、文本或 FALSE 为 0。例如 MINA(B2:B51)统计语文成绩的最低分（包括该区域中的逻辑值和代表数字的文本）
位置	LARGE	数据集中第 k 个最大值。例如 LARGE(B2:B51,2)返回语文成绩的第二最高分
	SMALL	数据集中第 k 个最小值。例如 SMALL(B2:B51,2)返回语文成绩的倒数第二最低分
	RANK	位置(排位)。例如 RANK(90,B2:B51)返回 90 分在班级语文成绩的排名（从高到低降序）；RANK(90,B2:B51,1)返回 90 分在班级语文成绩的排名（从低到高升序）
制作频度一览表	FREQUENCY	数值在区域内的出现频率。例如，对于 A2:A7 区域中的分数，在 E1:E3 中统计各分数段人数的方法为：选择区域 E1:E3，在编辑栏输入公式 =FREQUENCY(A2:A7,B2:B3)，再按 Ctrl+Shift+Enter 组合键创建数组公式
百分位数四分位数	PERCENTILE	百分位数。例如 PERCENTILE(B2:B51,0.9) 返回语文成绩的在第 90 个百分点的值
	QUARTILE	四分位数。例如 QUARTILE(B2:B51,0)返回语文成绩的最低分；QUANTILE(B2:B51,1)返回语文成绩的第一个四分位数（第 25 个百分点值）；QUANTILE(B2:B51,3)返回语文成绩的第三个四分位数（第 75 个百分点值）；QUANTILE(B2:B51,4)返回语文成绩的最高分
	PERCENTRANK	百分比排位。例如 PERCENTRANK(B2:B51,90)返回 90 分在语文成绩的百分比排位

类型	函数	说明
方差	VAR	无偏方差（即 $\dfrac{n\sum x^2-\left(\sum x\right)^2}{n(n-1)}$，其中 x 为样本平均值，n 为样本大小）。例如 VAR(B2:B51)返回语文成绩的方差（不包括该区域中的逻辑值和代表数字的文本）
	VARA	所有数据的无偏方差。例如 VARA(B2:B51)返回语文成绩的方差（包括该区域中的逻辑值和代表数字的文本）
	VARP	整个样本（不包括逻辑值和代表数字的文本）的总体方差（即 $\dfrac{n\sum x^2-\left(\sum x\right)^2}{n^2}$，其中 x 为样本平均值，n 为样本大小）
	VARPA	整个样本所有数据（包括逻辑值和代表数字的文本）的总体方差
标准偏差	STDEV	估算基于样本（不包括逻辑值和代表数字的文本）的标准偏差（即 $\sqrt{\dfrac{n\sum x^2-\left(\sum x\right)^2}{n(n-1)}}$，其中 x 为样本平均值，n 为样本大小），反映数值相对于平均值的离散程度
	STDEVA	估算基于样本所有数据（包括逻辑值和代表数字的文本）的标准偏差
	STDEVP	整个样本（不包括逻辑值和代表数字的文本）总体的标准偏差（即 $\sqrt{\dfrac{n\sum x^2-\left(\sum x\right)^2}{n^2}}$，其中 x 为样本平均值，n 为样本大小）
	STDEVPA	整个样本（包括逻辑值和代表数字的文本）总体的标准偏差
平均偏差和变动	AVEDEV	数据集与其均值的绝对偏差的平均值（即 $\dfrac{1}{n}\sum|x-\overline{x}|$），用于评测数据集的离散度
	DEVSQ	数据点与各自样本平均值偏差的平方和（即 $\sum(x-\overline{x})^2$）
数据标准化	STANDARDIZE	指定平均值和标准偏差分布的正态化数值
峰值和偏斜度	KURT	数据集的峰值（即 $\left\{\dfrac{n(n+1)}{(n-1)(n-2)(n-3)}\right\}\sum\left(\dfrac{x_i-\overline{x}}{s}\right)^4-\dfrac{3(n-1)^2}{(n-2)(n-3)}$，其中 s 为样本的标准偏差），反映与正态分布相比某一分布的尖锐度或平坦度。正峰值表示相对尖锐的分布。负峰值表示相对平坦的分布
	SKEW	数据集的偏斜度度量分布的不对称度（即 $\dfrac{n}{(n-1)(n-2)}\sum\left(\dfrac{x_i-\overline{x}}{s}\right)^3$，其中 s 为样本的标准偏差），反映以平均值为中心的分布的不对称程度。正不对称度表示不对称部分的分布更趋向正值。负不对称度表示不对称部分的分布更趋向负值
使用回归曲线预测	FORECAST	根据已有的数值使用回归曲线计算或预测未来值，常用于对未来销售额、库存需求或消费趋势进行预测
	TREND	线性回归拟合线（最小二乘法）
	SLOPE	线性回归直线的斜率（即 $\dfrac{n\sum xy-\left(\sum x\right)\left(\sum y\right)}{n\sum x^2-\left(\sum x\right)^2}$）。斜率为直线上任意两点的垂直距离与水平距离的比值，也就是回归直线的变化率

续表

类型	函数	说明
使用回归曲线预测	INTERCEPT	线性回归直线的截距（即 $\bar{Y}-b\bar{X}$，其中 $\bar{X}$ 和 $\bar{Y}$ 是样本平均值，b 是线性回归直线的斜率）。截距是线性回归线与 y 轴的交点
	LINEST	通过重回归分析计算系数和常数项
	STEYX	通过线性回归法计算每个 x 的 y 预测值时所产生的标准误差，用于度量根据单个 x 变量计算出的 y 预测值的误差量
	RSQ	Pearson 乘积矩相关系数的平方，用于度量回归曲线的适合度
利用指数回归预测	GROWTH	使用指数回归曲线预测。根据现有的 x 值和 y 值，返回一组新的 x 值对应的 y 值
	LOGEST	指数回归曲线的系数和底数
相关系数	CORREL	两个单元格区域间的相关系数。用于确定两种属性之间的关系。例如，检测某地的平均温度和空调使用情况之间的关系
	PEARSON	Pearson 乘积矩相关系数（即 $\dfrac{n\sum XY-\left(\sum X\right)\left(\sum Y\right)}{\sqrt{\left[n\sum X^2-\left(\sum X\right)^2\right]\left[n\sum Y^2-\left(\sum Y\right)^2\right]}}$），度量两个数据集合之间的线性相关程度
	COVAR	协方差，即两个数据集中每对数据点的偏差乘积的平均数。度量两个数据集之间的关系。例如，检验教育程度与收入档次之间的关系
置信区间	CONFIDENCE	使用正态分布返回样本总体平均值的置信区间
下限值到上限值的概率	PROB	区域中的数值落在指定区间内的概率
二项分布概率	BINOMDIST	一元二项式分布的概率值，适用于固定次数的独立试验，当试验的结果只包含成功或失败两种情况，且当成功的概率在实验期间固定不变。例如，计算三个婴儿中两个是男孩的概率
	CRITBINOM	使累积二项式分布大于等于临界值的最小值，可用于质量检验。例如，决定最多允许出现多少个有缺陷的部件，才可以保证当整个产品在离开装配线时检验合格
	NEGBINOMDIST	负二项分布的概率。例如，如果要找 10 个反应敏捷的人，且已知具有这种特征的候选人的概率为 0.3。函数 NEGBINOMDIST 将计算出在找到 10 个合格候选人之前，需要对给定数目的不合格候选人进行面视的概率
超几何分布概率	HYPGEOMDIST	超几何分布的概率。给定样本容量、样本总体容量和样本总体中成功的次数，返回样本取得给定成功次数的概率。可用于解决有限总体的问题，其中每个观察值或为成功或为失败，且给定样本容量的每一个子集有相等的发生概率
POISSON 分布概率	POISSON	POISSON（泊松）分布概率，通常用于预测一段时间内事件发生的次数，例如一分钟内通过收费站的轿车的数量
正态分布概率	NORMDIST	指定平均值和标准偏差的正态分布函数
	NORMINV	指定平均值和标准偏差的正态累积分布函数的反函数
	NORMSDIST	标准正态累积分布函数，该分布的平均值为 0，标准偏差为 1
	NORMSINV	标准正态累积分布函数的反函数。该分布的平均值为 0，标准偏差为 1

类型	函数	说明
对数正态分布累积概率	LOGNORMDIST	对数正态分布累积概率
	LOGINV	对数正态分布累积概率反函数
卡方检验	CHIDIST	卡方分布的上侧（右尾）概率。使用 X^2 检验可以比较观察值和期望值。例如，某项遗传学实验假设下一代植物将呈现出某一组颜色。通过比较观测结果和期望结果，可以确定初始假设是否有效
	CHIINV	卡方分布上侧（右尾）概率的反函数。可用于比较观测结果和期望结果，从而确定初始假设是否有效
	CHITEST	独立性检验值（ X^2 分布的统计值及相应的自由度）
t 检验	TDIST	t 分布的概率。t 分布常用于小样本数据集合的假设检验
	TINV	t 分布的反函数
	TTEST	t 检验，可用于判断两个样本是否可能来自两个具有相同平均值的总体
z 检验	ZTEST	z 检验的概率，即样本平均值大于数据集中观察平均值的概率
F 检验	FDIST	F 分布的概率，可用于比较两个数据集的变化程度。例如，分析进入高中的男生、女生的考试分数，确定女生分数的变化程度是否与男生不同；分析美国和加拿大的收入分布，判断两个国家是否有相似的收入变化程度等
	FINV	F 分布的反函数
	FTEST	F 检验，可用于判断两个样本的方差是否不同。例如，给定公立和私立学校的测试成绩，可以检验各学校间测试成绩的差别程度
Fisher 变换	FISHER	FISHER 变换，生成一个正态分布而非偏斜的函数，以完成相关系数的假设检验
	FISHERINV	FISHER 变换的反函数，分析数据区域或数组之间的相关性
指数分布	EXPONDIST	指数分布函数的值，可用于建立事件之间的时间间隔模型，例如，计算银行 ATM 机支付一次现金所花费的时间时，可通过该函数确定这一过程最长持续一分钟的发生概率
伽玛分布	GAMMADIST	伽玛分布函数的值，可用于研究具有偏态分布的变量，例如排队分析
	GAMMAINV	伽玛分布函数的反函数，可研究可能出现偏态分布的变量
	GAMMALN	伽玛函数的自然对数
Beta 分布	BETADIST	累积 beta 分布的概率密度函数，通常用于研究样本中一定部分的变化情况。例如，人们一天中看电视的时间比率
	BETAINV	累积 beta 分布函数的反函数
韦伯分布	WEIBULL	韦伯分布函数的值，可进行可靠性分析，例如计算设备的平均故障时间

表6　　　　　　　　　　　　　　　　　　Excel 财务函数

类型	函数	说明
贷款还款额储蓄存款额	PMT	基于固定利率及等额分期付款方式，返回贷款的每期付款额
贷款偿还额本金	PPMT	基于固定利率及等额分期付款方式，返回投资在给定期间内的本金偿还额
	CUMPRINC	贷款在给定期间累计偿还的本金数额

类型	函数	说明
贷款偿还额利息	IPMT	基于固定利率及等额分期付款方式，返回给定期数内对投资的利息偿还额
	CUMIPMT	贷款在给定期间累计偿还的利息数额
	ISPMT	本金均分偿还时的利息
投资现值	PV	一系列未来付款的当前值的累积和
投资到期额	FV	基于固定利率及等额分期付款方式，返回投资的未来值
	FVSCHEDULE	利率变动存款的未来值
投资总期数	NPER	贷款的偿还时间和分期储蓄的存款时间
年金各期利率	RATE	贷款或分期储蓄的利率
实际利率	EFFECT	利用给定的名义年利率和每年的复利期数，计算有效的年利率
名义年利率	NOMINAL	基于给定的实际利率和年复利期数，返回名义年利率
净现值	NPV	定期现金流量的净现值
	XNPV	由不定期的现金流量计算净现值
内部收益率	IRR	由定期的现金流量计算内部收益率
	XIRR	由不定期的现金流量计算内部收益率
	MIRR	由定期现金流量计算内部收益率
定期付息证券	YIELD	定期付息证券的收益率
	PRICE	定期付息证券的当前价格
	ACCRINT	定期付息证券的利息
	COUPNCD	结算日之后的下一个付息日
	COUPNCDAYBS	最近的付息日到成交日的天数
	COUPDAYS	成交日到下一付息日的天数
	COUPNUM	成交日和到期日间的付息次数

表 7 　　　　　　　　　　　　　　Excel 查找与引用函数

函数类型	函数	说明	举例	结果
搜索区域	VLOOKUP	按照垂直方向搜索区域	假设有 （表），则 =VLOOKUP(2, $A$2:$C$4, 3)	700
	HLOOKUP	按照水平方向搜索区域	假设有 （表），则 =HLOOKUP(3, $B$1:$D$3, 2)	600
	LOOKUP	向量形式搜索单行或单列，或数组形式搜索区域	=LOOKUP(95, {0,60,70,80,90}, {"不及格","及格","中","良","优"})	优秀
搜索位置或值	MATCH	搜索值在单元格区域中的相对位置	若数据区域 A1:A3 包含值 5、25 和 40，则 =MATCH(25,A1:A3,0) =MATCH(15,A1:A3)	2 1

续表

函数类型	函数	说明	举例	结果
搜索位置 或值	OFFSET	指定位置的单元 格引用	（1）=OFFSET(C3,2,-1,1,1) （2）=SUM(OFFSET(C3,-1,1,3,2))	（1）显示 C3 靠下 2 行靠左 1 列的 1 行 1 列即单元格 B5 中的 值；（2）对单元格 C3 靠上 1 行靠右 2 列的 3 行 2 列的区域 数据区域 D2:E4 求和
	INDEX	表格或区域中的 值或值的引用	假设有 ，则 =INDEX(A1:B3,3,2)	97
引用单 元格	INDIRECT	间接引用单元格 的内容	假设有 ，且 B2 被命 名为 Mary，则 =INDIRECT(A1) =INDIRECT(A2)	100 98
选择参数 表值	CHOOSE	从参数表中选择 特定的值	=CHOOSE(2,"优","良","中","差")	良
单元格 引用	ADDRESS	返回单元格引用 或单元格位置	=ADDRESS(2,3,1)或 =ADDRESS(2,3) =ADDRESS(2,3,2) =ADDRESS(2,3,3) =ADDRESS(2,3,4)	$C$2 C$2 $C2 C2
区域要素	ROW	引用的行号	=ROW(C10)	10（第 10 行）
	ROWS	引用或数组的行数	=ROWS(C1:E4)	4（共 4 行）
	COLUMN	引用的列号	=COLUMN(C10)	3（第 3 列）
	COLUMNS	引用或数组的列数	=COLUMNS(C1:E4)	3（共 3 列）
	AREAS	引用中包含的区 域个数	=AREAS((B2:D4,E5,F6:I9))	3（共 3 个数据区域）
行列转置	TRANSPOSE	行和列的转换	假设有 ，则在一个 2 行 4 列数据区域中输入数组公式 {=TRANSPOSE(A1:B4)}	
超链接	HYPERLINK	创建快捷方式或 跳转，以打开超链 接文档	=HYPERLINK("http://www.ecnu.e du.cn /report/budget.xlsx", "单击显 示预算报表")	

表8 Excel 工程函数

类型	函数	说明	举例	结果
数制 转换	BIN2DEC	将二进制数转换为十进制数	=BIN2DEC(1000101)	69
	BIN2HEX	将二进制数转换为十六进制数	=BIN2HEX(1000101)	45
	BIN2OCT	将二进制数转换为八进制数	=BIN2OCT(1000101)	105

类型	函数	说明	举例	结果
数制转换	DEC2BIN	将十进制数转换为二进制数	=DEC2BIN(200)	11001000
	DEC2HEX	将十进制数转换为十六进制数	=DEC2HEX(200)	C8
	DEC2OCT	将十进制数转换为八进制数	=DEC2OCT(200)	310
	OCT2BIN	将八进制数转换为二进制数	=OCT2BIN(67)	110111
	OCT2DEC	将八进制数转换为十进制数	=OCT2DEC(67)	55
	OCT2HEX	将八进制数转换为十六进制数	=OCT2HEX(67)	37
	HEX2BIN	将十六进制数转换为二进制数	=HEX2BIN("EF")	11101111
	HEX2DEC	将十六进制数转换为十进制数	=HEX2DEC("EF")	239
	HEX2OCT	将十六进制数转换为八进制数	=HEX2OCT("EF")	357
度量转换	CONVERT	将数字从一种度量系统转换为另一种度量系统	=CONVERT(68,"F","C")	20（将华氏度转换为摄氏度）
			=CONVERT(1,"lbm","kg")	0.45359237（将磅转换为千克）
			=CONVERT(1.5,"hr","mn")	90（将小时转换为分钟）
复数运算	COMPLEX	将实系数和虚系数转换为复数	=COMPLEX(3,-4)	3-4i
	IMABS	返回复数的绝对值（模数）$\|z\|$（即 $\sqrt{x^2+y^2}$）	=IMABS(A1) =IMABS("5+12i")	5 13
	IMREAL	返回复数的实系数	=IMREAL("3-4i")	3
	IMAGINARY	返回复数的虚系数	=IMAGINARY("3-4i")	-4
	IMCONJUGATE	返回复数的共轭复数 $\bar{z}$（即 $x-yi$）	=IMCONJUGATE("3-4i")	3+4i
	IMSUM	返回多个复数的和，即 $(a+bi)+(c+di)=(a+c)+(b+d)i$	=IMSUM(A1,B1)	i
	IMSUB	返回两个复数的差，即 $(a+bi)-(c+di)=(a-c)+(b-d)i$	=IMSUB(A1,B1)	6-9i
	IMPRODUCT	返回多个复数的乘积，即 $(a+bi)*(c+di)=(ac-bd)+(ad+bc)i$	=IMPRODUCT(A1,B1)	11+27i
	IMDIV	返回两个复数的商，即 $(a+bi)/(c+di)=\dfrac{(ac+bd)+(bc-ad)i}{c^2+d^2}$	=IMDIV("-238+240i","10+24i")	5+12i

假设表中复数 z 采用 $x+yi$ 的形式表示，单元格 A1 存放复数 3-4i，单元格 B1 存放复数-3+5i。

参考文献

[1] 杜茂康. Excel 与数据处理（第 5 版）. 北京：电子工业出版社，2014.

[2] 张仿，吴建，杜茂康. Excel 在数据管理与分析中的应用（第 2 版）. 北京：清华大学出版社，2013.

[3] Excel Home. Excel2010 数据处理与分析实战技巧精粹. 北京：人民邮电出版社，2014.

[4] 王巧伶. Excel 2013 函数就用实战从入门到精通. 北京：清华大学出版社，2013.

[5] 王建发，李术彬，黄朝阳. Excel 疑难千寻千解丛书·普及版：函数与公式+操作与技巧+数据透视表大全（套装共 3 册）. 北京：电子工业出版社，2013.

[6] 刘卫国，熊拥军. 数据库技术与应用——Access. 北京：清华大学出版社，2011.